Jürgen Ruge (†)
Helmut Wohlfahrt

Technologie der Werkstoffe

Aus dem Programm
Grundlagen Maschinenbau

Einführung in die Festigkeitslehre
von V. Läpple

Lösungsband Einführung in die Festigkeitslehre
von V. Läpple

Festigkeitslehre und Werkstoffmechanik
Band 1 und 2
von R. Bürgel

Handbuch Hochtemperatur-Werkstofftechnik
von R. Bürgel

Vieweg Handbuch Maschinenbau
herausgegeben von A. Böge

Technologie / Technik
von A. Böge

Werkstoffkunde und Werkstoffprüfung
von W. Weißbach

Aufgabensammlung Werkstoffkunde
und Werkstoffprüfung
von W. Weißbach und M. Dahms

vieweg

Jürgen Ruge (†)
Helmut Wohlfahrt

Technologie der Werkstoffe

Herstellung
Verarbeitung
Einsatz

8., überarbeitete und erweiterte Auflage

Mit 289 Abbildungen und 68 Tabellen

Studium Technik

vieweg

Bibliografische Information Der Deutschen Nationalbibliothek
Die Deutsche Nationalbibliothek verzeichnet diese Publikation in der Deutschen Nationalbibliografie; detaillierte bibliografische Daten sind im Internet über <http://dnb.d-nb.de> abrufbar.

1. Auflage 1972
2. Auflage 1979
3., durchgesehene Auflage 1983
4., überarbeitete Auflage 1987
5., verbesserte Auflage 1989
6., vollständig neubearbeitete Auflage Oktober 2001
7., durchgesehene und erweiterte Auflage Oktober 2002
8., überarbeitete und erweiterte Auflage 2007

Lektorat: Thomas Zipsner

Der Vieweg Verlag ist ein Unternehmen von Springer Science+Business Media.
www.vieweg.de

Technische Redaktion: Hartmut Kühn von Burgsdorff, Wiesbaden
Umschlaggestaltung: Ulrike Weigel, www.CorporateDesignGroup.de
Druck und buchbinderische Verarbeitung: Wilhelm & Adam, Heusenstamm
Gedruckt auf säurefreiem und chlorfrei gebleichtem Papier.
Printed in Germany

ISBN 978-3-8348-0286-6

Vorwort zur ersten Auflage

Die Werkstofftechnologie ist ein Teilgebiet der Werkstoffwissenschaften. Der Ausdruck „Technologie“ als Begriff bedarf dabei einer neuen Definition, da er z. Z. in unterschiedlicher Bedeutung verwendet wird. Hier soll unter Werkstofftechnologie die Lehre von der Erzeugung und Verarbeitung der Werkstoffe zu Halb- und Fertigfabrikaten verstanden werden.

Das Buch wendet sich in erster Linie an Studenten der Ingenieurwissenschaften und lehnt sich an eine entsprechende Vorlesung an, die vom Verfasser am Institut für Schweißtechnik und Werkstofftechnologie der TU Braunschweig gehalten wird. Der Zwang zur Stoffbegrenzung führt dazu, dass die Nichteisenmetalle trotz ihrer Bedeutung nur gestreift werden können. Da die Maschinenbaustudenten in den ersten Semestern vorwiegend mit naturwissenschaftlichen Grundlagen konfrontiert werden, hinter denen die Ingenieurwissenschaften zunächst zurücktreten müssen, wurde besonderer Wert darauf gelegt, die Fragen der Werkstofftechnologie möglichst praxisnah zu gestalten. Dies kommt insbesondere zum Ausdruck in der Behandlung der für die Massenfertigung bedeutsamen spanlosen Umformverfahren, der Gießereitechnik und der Materialprüfung. Dagegen konnten die spangebenden Umformverfahren und die Schweißtechnik nicht berücksichtigt werden. Das außergewöhnlich umfangreiche Bildmaterial soll das Verständnis für den dargebotenen Stoff erleichtern und dem Studenten unnötige Zeichenarbeit ersparen.

Herrn Dr.-Ing. W. Herrnkind sowie meinen Mitarbeitern, den Herren Dipl.-Phys. H.-D. Wallheinke und H. Wösle sei für ihre Unterstützung bei Abfassung und Korrektur des Manuskriptes herzlich gedankt, desgleichen Frau G. Köter für die Anfertigung der Gefügeaufnahmen und Herrn P. Schindler für die Herstellung der zahlreichen Zeichnungen. Dem Verlag schließlich, insbesondere Herrn A. Schubert, gilt mein besonderer Dank für sorgfältige Drucklegung und angenehme Zusammenarbeit.

Braunschweig, im Juli 1971 *Jürgen Ruge*

Vorwort zur achten Auflage

Auch diese achte vollständig überarbeitete Auflage der „Technologie der Werkstoffe“ hat das Anliegen, anhand aufeinander abgestimmter Kapitel die vielfältigen Zusammenhänge zwischen der Herstellung und Verarbeitung der Werkstoffe und ihren Eigenschaften und Anwendungen darzustellen. Dementsprechend zeigen Kapitel über metallische, keramische und polymere Konstruktionswerkstoffe deren jeweils spezifische, herstellungs- und verarbeitungsgeprägte Eigenschaften auf sowie die daraus resultierenden typischen Anwendungsfelder. Der Leser erhält damit Hinweise zur anwendungsorientierten Auswahl von Werkstoffen und Werkstoffzuständen.

Im Folgenden beschreiben Kapitel zur Herstellung und Verarbeitung von Werkstoffen die Wege zu werkstofftypischen Halbzeugen und Fertigprodukten. Dabei haben die Herstellungsverfahren von Roheisen und Stahl Vorrang. Zur Erzeugung der Nichteisenmetalle und der nichtmetallischen Werkstoffe finden sich in den Werkstoffkapiteln kurzgefasste Ausführungen. Die spanlosen Formgebungsverfahren für Metalle und für Kunststoffe sowie die Beschichtungs- und Fügeverfahren werden in gebotener Ausführlichkeit behandelt. Neue und erweiterte Teilkapitel zur Herstellung keramischer Werkstoffe, zur Pulvermetallurgie, zum Kugelstrahlumformen, zum Sprühkompaktieren, zum Fügen durch Umformen sowie zum Kleben von Metallen und Kunststoffen bauen diesen technologischen Schwerpunkt noch aus. Die spanenden Fertigungs- und die Trennverfahren, die häufig in gesonderten Vorlesungen behandelt werden, bleiben jedoch auch in dieser Auflage unberücksichtigt.

Einführende Kapitel zum Aufbau der Werkstoffe und zu den Möglichkeiten der Prüfung und Veränderung wichtiger Werkstoffeigenschaften, die teilweise sehr kurz gehalten sind, sollen vorab wichtige Grundlagenkenntnisse vermitteln, wie sie für das das Verständnis der speziellen Bedingungen und Abläufe technologischer Prozesse und ihrer Auswirkungen auf die Eigenschaften der Werkstoffe und Halbzeuge nötig sind. Eine umfassende, vertiefte Darstellung der Grundlagen der Werkstoffkunde ist dabei nicht möglich und beabsichtigt, sondern muss einschlägigen Lehrbüchern überlassen werden, wie sie im Kapitel „Weiterführende Literatur“ für metallische, keramische und polymere Werkstoffe ausführlich zitiert sind.

Der technologieorientierten Ausrichtung des Bandes entspricht die ausführliche auf den neuesten Stand gebrachte Nennung einschlägiger Normen mit jeweiliger Angabe des Erstellungsdatums. Das umfangreiche Verzeichnis weiterführender Literatur enthält außer werkstoff- und fertigungsorientierten Lehrbüchern auch Monographien und Handbücher zum aktuellen Wissensstand auf verschiedenen Sachgebieten. Damit verbunden ist der Wunsch, den Studierenden über die vorlesungsbegleitende Nutzung hinaus, ein auch im Gesamtstudium und in der beruflichen Praxis nutzbares Nachschlagewerk anzubieten. Möge der Band in der vorliegenden Konzeption vielen Studierenden der Ingenieur- und Werkstoffwissenschaften sowie Jungingenieuren eine wegweisende Hilfe im Studium und bei der täglichen Arbeit sein.

Den Herren Prof. Dr.-Ing. K. Dilger und Dipl.-Ing. M. Frauenhofer danke ich für die Übernahme der Kapitel zum Kleben von Metallen und Kunststoffen, Herrn Dipl.-Ing. M. Schlüter für die bewährt gründliche Durchsicht des Skriptes und die Überarbeitung des gesamten Layouts, den Damen B. Wolfrum und S. Sternberg für die Überarbeitung von Bildmaterial.

Dem Verlag und insbesondere Herrn Dipl.-Ing. Th. Zipsner vom Lektorat Technik spreche ich meinen Dank aus für die angenehme Zusammenarbeit bei der Vorbereitung und die hilfreiche Unterstützung bei der Drucklegung dieser Neuauflage, der Thyssen Krupp Steel AG für wichtige sachlicheHinweise und die Bereitstellung der dem Band beigefügten DVD.

Waldbronn/Braunschweig, im August 2007 *Helmut Wohlfahrt*

Inhaltsverzeichnis

1 Der Begriff Werkstofftechnologie

Unter dem Begriff „Werkstofftechnologie“ soll die Lehre von der Erzeugung der Werkstoffe und ihrer Verarbeitung zu Halb- und Fertigprodukten sowie wichtiger Behandlungsverfahren zum Erzielen bestimmter Eigenschaften verstanden werden. Man unterscheidet:

– *Chemische Technologie* (= chemische Umwandlung der Rohstoffe in Werkstoffe)
– *Mechanische Technologie* (= mechanische Verarbeitung der Werkstoffe, Formgebung)

Die Tabelle 1.1 gibt einen schematischen Überblick über den Weg vom Rohstoff bis zum endbearbeiteten Bauteil und damit über die verschiedenen Teilgebiete der Werkstofftechnologie.

Tabelle 1.1 Der Weg vom Rohstoff bis zum endbearbeiteten Bauteil, schematisch

Rohstoff
chemische Umwandlung
Werkstoff im Rohzustand, z. B. Roheisen
Weiterverarbeitung (chemisch oder mechanisch) und Verfahren des Urformens
Werkstoff im Urzustand
Veredelnde Weiterverarbeitung
Werkstoff oder Bauteil im veredelten Zustand
Endbearbeitung und / oder Schlussveredelung, wie Schleifen, Oberflächenbehandeln, Beschichten
Bauteil, endbearbeitet und / oder schlussveredelt

Jede einzelne Maßnahme im technologischen Verfahrensablauf ist für die Merkmale und Eigenschaften des Endproduktes von Bedeutung. Seine Qualität wird schon durch die ersten Verfahrensschritte wesentlich mitbestimmt. Jeder weitere Verfahrensschritt muss so ausgeführt werden, dass er die Eigenschaften des Endproduktes günstig beeinflusst.

In erweitertem Sinn lässt sich Werkstoffrecycling in die Werkstofftechnologie einbeziehen.

2 Aufbau der Werkstoffe[1]

2.1 Submikroskopische Betrachtung – kristalline und nichtkristalline Strukturen

Viele feste Körper, wie z. B. Metalle, besitzen eine kristalline Struktur. Das bedeutet, dass regelmäßige, räumliche Atomanordnungen, so genannte *Kristall-* oder *Raumgitter*, den Aufbau bestimmen. Die kleinste Einheit der Atomanordnungen ist die Elementarzelle (EZ). Fügt man einer solchen Elementarzelle in den drei Richtungen des Raumes weitere hinzu, so erhält man das Raumgitter. Die Kantenlänge der Elementarzelle nennt man *Gitterkonstante*, fiktive Ebenen im Raumgitter, die in gleichmäßigen Abständen mit Atomen besetzt sind, *Netzebenen.*

Der Nachweis der kristallinen Struktur der Metalle gelang 1912 *Max von Laue* und seinen Mitarbeitern durch Röntgenstrahlinterferenzen. Dies war möglich, weil die Wellenlänge der Röntgenstrahlen um 10^{-8} cm liegt und die Atomabstände einige 10^{-8} cm betragen. Bei bekannter Wellenlänge der Röntgenstrahlen lassen sich Abstand und Anordnung der Atome im Gitter ermitteln.

Nichtkristalline Festkörper mit unregelmäßiger Atomanordnung bezeichnet man als *amorph.* Keramische Werkstoffe kommen mit regelmäßiger (kristalliner) oder mit unregelmäßiger (amorpher) räumlicher Atomanordnung vor. Glas besitzt zum Beispiel eine amorphe räumlicher Atomanordnung.

Die Kettenmoleküle der Polymerwerkstoffe liegen entweder ungeordnet, knäuelartig durcheinander (Wattebauschstruktur) vor, oder bilden Strukturen miteinander vernetzter Molekülketten. In besonderen Fällen können in kleinen Bereichen durch parallel liegende Molekülketten geordnete Strukturen auftreten. In teilkristallinen Polymerwerkstoffen wechseln solche „kristallinen“ Bereiche mit „amorphen“ Bereichen ab.

2.1.1 Kristallisationsformen metallischer Werkstoffe [2.1 – 2.20]

Analog zu den verschiedenen *Kristallsystemen* kennt man Kristallgitter mit unterschiedlicher Atomanordnung. Den meisten Metallen liegen kubische oder hexagonale Gitter zugrunde, wobei die folgenden Unterscheidungen wichtig sind.

Kubisch primitives Gitter *(kommt in der Natur nicht vor!)*

Zahl der Atome je EZ: 1

(8 Eckatome, die alle jeweils 8 Zellen gemeinsam angehören.)

---

[1] Für umfassendere Ausführungen zum Inhalt dieses Kapitels sei auf die grundlgenorientierten Lehrbücher der Werkstoffkunde und Werkstoffwissenschaften [2.1 – 2.20] verwiesen.

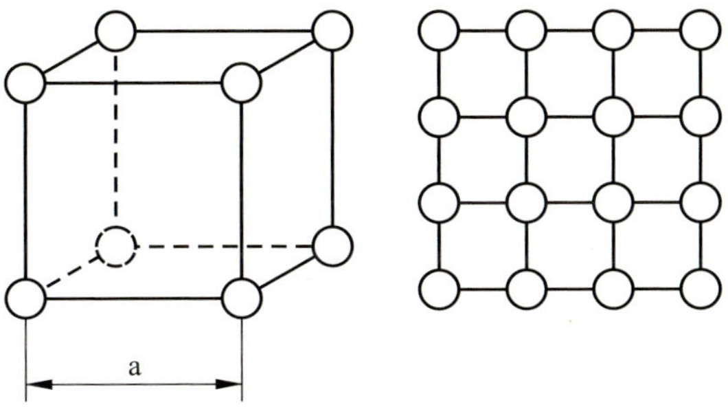

Bild 2.1 Kubisch primitives Gitter und Darstellung einer Netzebene

Koordinationszahl: 6

(Zahl der nächsten Nachbarn, d. h. Zahl der Atome, die von einem Atom den kürzesten, gleich großen Abstand aufweisen.)

Raumerfüllung: 52 %

Die Raumerfüllung RE durch die Atome berechnet sich wie folgt:

$$V_{EZ} = a^3$$

$$V_{Kugel} = \frac{4}{3} \cdot \pi \cdot r^3$$

mit $r = \frac{a}{2}$ wird

$$V_{Kugel} = \frac{\pi \cdot a^3}{6}$$

$$RE = \frac{V_{Kugel}}{V_{EZ}} \cdot 100 = \frac{\pi}{6} \cdot 100 = \underline{\underline{52\,\%}}$$

Dabei wird angenommen, dass die Atome kugelförmige Gestalt besitzen und sich im Gitterverband gegenseitig berühren.

Kubisch raumzentriertes Gitter *(krz)*

Zahl der Atome je EZ: $\frac{8}{8} + 1 = 2$

(8 Eckatome + 1 Atom in Würfelmitte)

Koordinationszahl: 8

Raumerfüllung: 68 %

Beispiele:

Metall	α-Eisen	Chrom	Tantal	Molybdän	Wolfram
Gitterkonstante in 10^{-8} cm	2,87	2,87	3,29	3,14	3,15

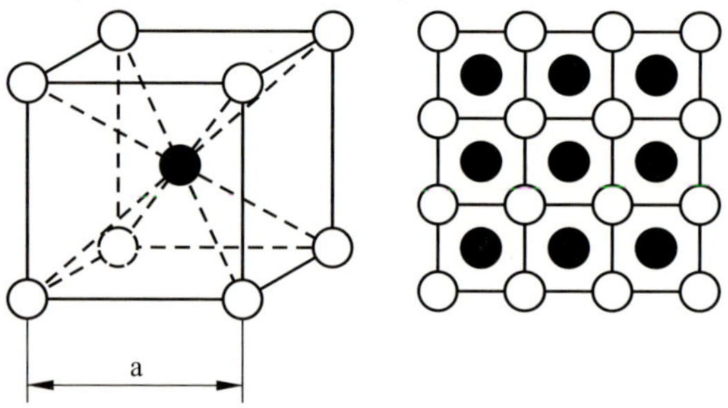

Bild 2.2
Kubisch raumzentriertes Gitter und Darstellung von Netzebenen (übereinanderliegende Würfelflächen-Ebenen, {100}-Ebenen gemäß Bezeichnung mit Miller´schen Indizes)

Der Atomdurchmesser bzw. Atomradius lässt sich über die Dichte bestimmen. Es sei N die spezifische Atomzahl (Avogadro Konstante) und A das Atom- bzw. Molekulargewicht. Dann gilt:

$$N = \frac{6 \cdot 10^{23}}{A} \qquad \text{in } \frac{1}{\text{g}}$$

Ein Atom hat dann das Volumen

$$V_{at} = \frac{RE}{\rho \cdot N} \qquad \text{in } \frac{\text{cm}^3}{\text{Atom}}$$

wenn man die Raumerfüllung RE berücksichtigt.

Geht man davon aus, dass das Atom Kugelform hat (Kugelradius = r), dann ist

$$V_{at} = \frac{4}{3} \cdot \pi \cdot r^3 = \frac{RE}{\rho \cdot N}$$

$$(2r)^3 = \frac{6}{\pi} \cdot \frac{RE}{\rho \cdot N} \qquad \text{mit} \qquad r = \frac{1}{2} \cdot \sqrt[3]{\frac{6}{\pi} \cdot \frac{RE}{\rho \cdot N}}$$

Wählt man als Beispiel kubisch raumzentriertes α-Eisen mit dem Atomgewicht A = 55,85, der Dichte $\rho = 7{,}86$ g/cm^3 und der Raumerfüllung RE = 0,68, dann ergibt sich für den Atomradius

$$(2\text{r})^3 = \frac{6 \cdot 0{,}68 \cdot 55{,}85}{\pi \cdot 7{,}86 \cdot 6 \cdot 10^{23}} = 15{,}38 \cdot 10^{-24}$$

und

$$r = 1{,}243 \cdot 10^{-8} \text{ cm}$$

Da die Gitterkonstante von α-Eisen bekannt ist (vgl. die Beispiele von Seite 3), lässt sich der gefundene Wert leicht kontrollieren. Aus den geometrischen Beziehungen der Elementarzelle kann man für die Länge der Raumdiagonalen entnehmen:

$$4r = a \cdot \sqrt{3}$$

also

$$a = \frac{4r}{\sqrt{3}} = \frac{4 \cdot 1{,}243}{\sqrt{3}} \cdot 10^{-8} \text{ cm} = 2{,}87 \cdot 10^{-8} \text{ cm}$$

Kubisch flächenzentriertes Gitter *(Kfz)*

Zahl der Atome je EZ: $\frac{8}{8} + \frac{6}{2} = 4$

(8 Eckatome + 6 Atome auf den Würfelflächen, die jeweils 2 Zellen gemeinsam angehören)

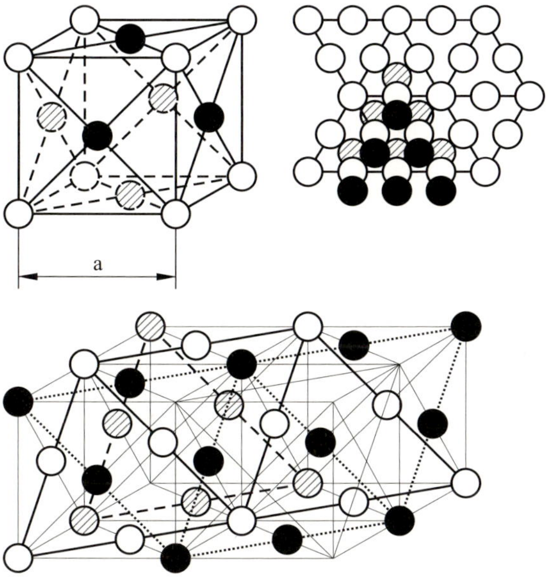

Koordinationszahl: 12

Raumerfüllung: 74 %,

es liegt die dichtest mögliche Kugelpackung vor.

Die hohe Koordinationszahl und die dichtest mögliche Kugelpackung sind Voraussetzung für eine große Kristallplastizität.

Bild 2.3
Kubisch flächenzentriertes Gitter und Darstellung von Netzebenen (drei übereinander liegende dichtest gepackte Ebenen, sog. {111}-Ebenen)[2]

Beispiele:

Metall	Aluminium	γ-Eisen	Nickel	Kupfer	Silber	Gold	Blei
Gitterkonstante in 10^{-8} cm	4,04	3,65	3,52	3,61	4,08	4,07	4,90

[2] Kennzeichnung der Ebenen durch Miller'sche Indizes siehe z. B. [2.1, 2.2, 2.4, 2.6]

Hexagonales Gitter

Zahl der Atome je EZ:

$$\left.\begin{aligned} 2\cdot\left(\frac{6}{6}+\frac{1}{2}\right)+3 &= 6 \\ 2\cdot\frac{4}{8}+1 &= 2 \end{aligned}\right\}\text{ große bzw. kleine EZ}$$

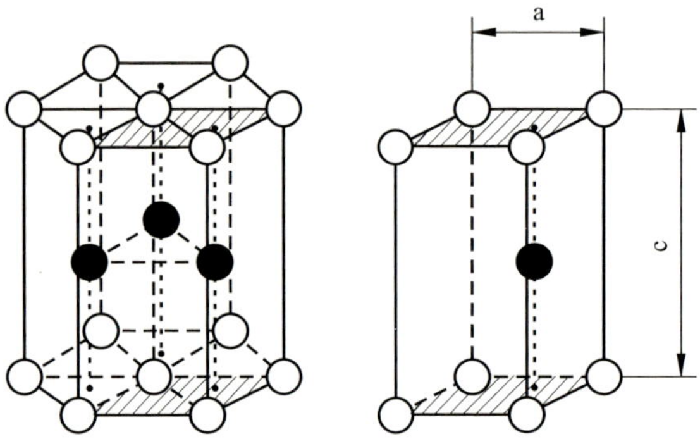

Bild 2.4 Hexagonales Gitter (große und kleine EZ)

Koordinationszahl: 12

Raumerfüllung: 74 %

Ein hexagonales Gitter besitzt ebenfalls die dichteste Kugelpackung, ist aber schlecht verformbar, da wenig Gleitebenen bzw. Gleitrichtungen zur Verfügung stehen.

Beispiele:

Metall	Parameter	Magnesium	Kadmium	α-Titan	Zink	Zircon
Gitterkonstante in 10^{-8} cm	a c	3,21 5,21	2,38 5,62	2,95 4,69	2,66 4,95	3,23 5,15

Allotrope Modifikationen

Manche Stoffe, darunter wichtige Metalle, können in zwei oder mehr Kristallarten kristallisieren. Solche Kristallarten bezeichnet man als allotrope Modifikationen des Stoffes.

2.1.2 Bindekräfte [2.1 – 2.19]

Um die Atome im Kristallgitter zusammenzuhalten, sind Bindekräfte erforderlich. Werden zwei Atome einander genähert, so zieht der Kern des einen die Elektronenwolke des anderen an. Diese Anziehungskraft wächst mit kleiner werdendem Abstand (Bild 2.5), bis bei noch weiterer Annäherung Abstoßungskräfte wirksam werden. Zwischen Abstoßung und Anziehung besteht im Punkt kleinster potentieller Energie Gleichgewicht (Ruhelage).

Um diese Ruhelage schwingen die Atome, wobei die Schwingungsamplitude mit der Temperatur zunimmt. Bei Erhöhung der Schwingungsamplitude verschiebt sich die Ruhelage, d. h. der mittlere Atomabstand vergrößert sich, weil die abstoßenden Kräfte bei Annäherung viel stärker zunehmen als die anziehenden Kräfte bei wachsender Entfernung abnehmen. Daraus lässt sich die Wärmedehnung erklären.

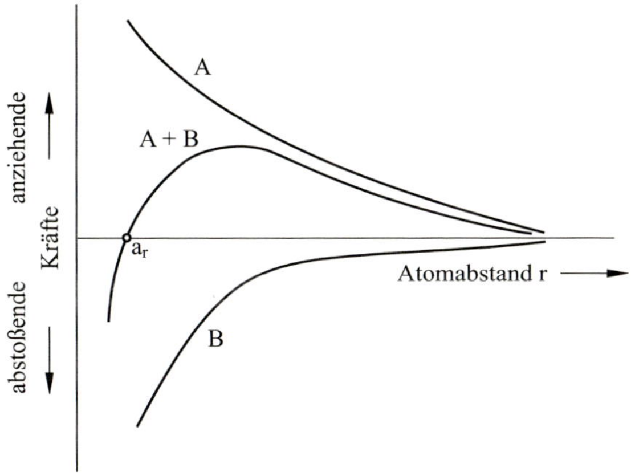

Bild 2.5
Schematische Darstellung des Verlaufs der Bindekräfte von Atomen

A anziehende Kraft zwischen Elektronengas und Atomkern,
B abstoßende Kraft zwischen zwei Kernen,
A + B resultierende Kraft,
a_r Abstand nächster Nachbarn

2.1.3 Platzwechsel, Gitterstörungen, Diffusion [2.1 – 2.19]

Selbstdiffusion

Atome können ihren Platz im Gitter wechseln, und zwar im Austausch mit leeren Plätzen = Leerstellen (Bild 2.6 a). Ist U_{LW} die Energie, die zugeführt werden muss, damit ein Atom wandert, so ist die Wahrscheinlichkeit W eines Sprunges in die benachbarte Leerstelle

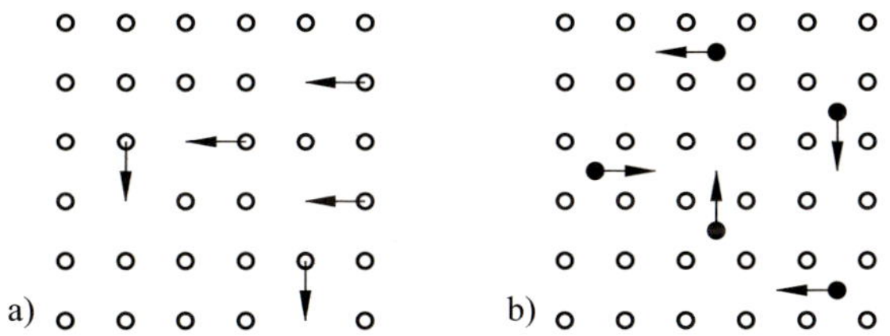

$$W = e^{\frac{-U_{LW}}{R \cdot T}}$$

mit: U_{LW}: Wanderungsenergie; R: Gaskonstante; T: Absolute Temperatur (in Kelvin)

Bild 2.6 Diffusionsmodelle
a) Modell der Leerstellendiffusion
b) Modell der Zwischengitterdiffusion,
o Atom A, • Atom B

Die Leerstellenkonzentration ist abhängig von der molaren Bildungsenergie der Leerstellen

$$c_L = \frac{n}{N} = e^{\frac{-U_{LB}}{R \cdot T}}$$

mit: n: Zahl der Leerstellen; N: Zahl der Atome; U_{LB}: Bildungsenergie der Leerstellen

Als Maßstab für den Massenfluss in der Zeiteinheit je Einheitsquerschnitt wählt man den Diffusionskoeffizienten D,

$$D = D_0 \cdot e \cdot \frac{-(U_{LW} + U_{LB})}{R \cdot T} \qquad \text{in } \frac{\text{cm}^2}{\text{s}}$$

mit: D_0: Diffusionskonstante

mit der Aktivierungsenergie Q für Diffusion

$$Q = U_{LW} + U_{LB} \text{ (Energie auf 1 Mol bezogen)}$$

Ein Nachweis von Leerstellen kann z. B. durch Dichtebestimmungen erfolgen. Die tatsächliche Dichte wird beim Vorhandensein von Leerstellen kleiner als die aus Atomgewicht, Gitterkonstante und Struktur errechnete Dichte (Röntgendichte). Die Selbstdiffusion lässt sich durch radioaktive Markierung nachweisen.

Fremddiffusion

Auch über Zwischengitterplätze (Bild 2.6 b) können Platzwechsel erfolgen, wenn eine kleinere Atomart vorliegt, die auf Zwischengitterplätzen Platz findet. Eine solche Fremddiffusion ist bereits bei niedrigeren Temperaturen möglich als die Selbstdiffusion.

Leerstellen und auf Zwischengitterplätzen eingebaute Einlagerungs- (Interstitions-) Atome sind ebenso wie Substitutionsatome (s. Abschnitt 4.1.1.1) punktförmige Gitterstörungen, die das Grundgitter verzerren. Gitterstörungen verschiedener Art[3] bestimmen viele Werkstoffeigenschaften und sind die Grundvoraussetzung für werkstofftechnologische Prozesse, die z. B. auf der Diffusion beruhen.

2.2 Mikroskopische Betrachtung – Entstehung von Kristallen und Kristallgefügen

In der Schmelze liegen die Atome in weitgehend ungeordnetem Zustand vor. Die Kristallisation beginnt an *Keimen*. Arteigene Keime können in Form von Kristallresten in nur wenig über den Schmelzpunkt hinaus erwärmten Metallen oder als Gruppen von zufällig geordnet vorliegenden Atomen auftreten, wofür eine gewisse Unterkühlung vorhanden sein muss. Artfremde Keime werden von Verunreinigungen gebildet.

Bild 2.7
Tannenbaumkristalle

[3] Wegen der verschiedenen Arten von Gitterstörungen siehe z. B. E. Macherauch. Praktikum in Werkstoffkunde. Friedr. Vieweg u. Sohn. Braunschweig/Wiesbaden, 10. Aufl. 1992

Bei der Erstarrung eines metallischen Festkörpers aus der Schmelze wachsen von den Keimen oder Keimstellen aus einzelne Kriställchen – Kristallite genannt – bis sie aneinander stoßen und schließlich die ganze Schmelze kristallisiert ist. Es entsteht so ein *Vielkristall (Polykristall)*, in dem sich jeweils an den räumlichen Grenzen der einzelnen Kristallite oder Körner *(Korngrenzen)* die Ausrichtung der Kristallachsen (Orientierung der Körner) ändert. Die Bedingungen für das Kristallwachstum sind nicht nach allen Gitterrichtungen hin gleich günstig. Bei kubisch kristallisierenden Metallen findet z. B. die Kristallisation bevorzugt in Richtung der Oktaederecken statt. Dadurch entstehen als räumliche Kristallgebilde z. B. so genannte Tannenbaumkristalle (Dendriten), wie man sie bei unbehinderter Kristallisation in Hohlräumen (Lunkern) von Gusskörpern vorfindet (Bild 2.7). Das Kristallwachstum verläuft außerdem vor allem entgegen der Richtung des stärksten Wärmeabflusses (Stängelkristallisation).

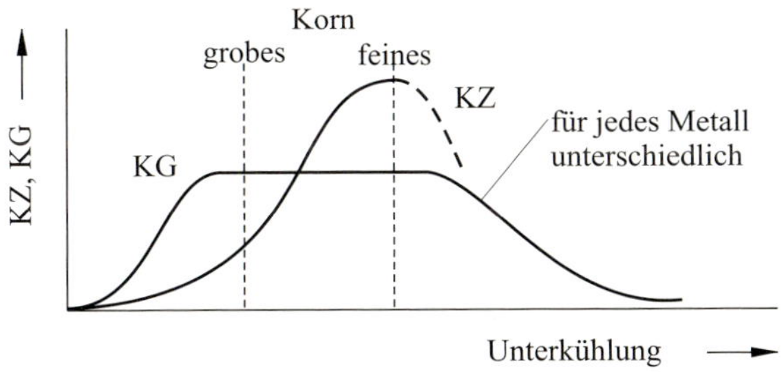

Bild 2.8
Keimzahl und Kristallisationsgeschwindigkeit in Abhängigkeit von der Unterkühlung
(**KZ** Keimzahl, **KG** Kristallisationsgeschwindigkeit)

Bild 2.8 gibt den Zusammenhang zwischen Keimzahl und Kristallisationsgeschwindigkeit einerseits und Unterkühlung andererseits wieder. Bei geringer Unterkühlung, geringer Keimzahl und hoher Kristallisationsgeschwindigkeit ergibt sich ein grobes Korn mit ungünstigen mechanischen Eigenschaften (im Extremfall ein Einkristall). Bei stärkerer Unterkühlung und großer Keimzahl dagegen erhält man ein feines Korn (Kokillenguss). Bei sehr großen Abkühlungsgeschwindigkeiten (z. B. 10^6 K/s) lassen sich metallische Werkstoffe mit amorpher Struktur, d. h. regellosem Aufbau, herstellen, die als amorphe Metalle oder als metallische Gläser bezeichnet werden.

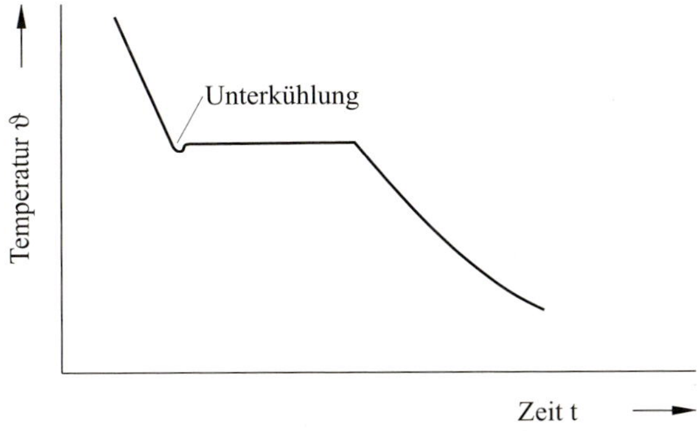

Bild 2.9
Zeit-Temperatur-Diagramm für die Erstarrung reiner Metalle

Der Verlauf der Erstarrung lässt sich anhand von Temperatur-Zeit-Kurven (Bild 2.9) verfolgen (vgl. Abschnitt 4.1.2). Bei reinen Metallen ergibt sich am Schmelzpunkt ein „Haltepunkt" der Temperatur.

Als Konstruktionswerkstoffe verwendete Metalle liegen als Vielkristalle vor und weisen dann, wenn die Orientierungen der einzelnen Körner regellos verteilt sind, gleiche Eigenschaften in allen Raumrichtungen auf. Sie sind quasiisotrop, auch wenn viele Eigenschaften eigentlich von der Richtung im Kristallgitter abhängen (*Anisotropie*). Die Anätzbarkeit der Körner durch Säuren ist eine Eigenschaft, die von der Richtung in einem Kristallit abhängig ist. Deshalb werden die unterschiedlich orientierten Körner eines Vielkristalls beim Ätzen mit geeigneten Säuren unterschiedlich stark angegriffen und in einem geschliffenen, polierten und geätzten

Metallstück unter dem Lichtmikroskop sichtbar und unterscheidbar. Man erkennt so z. B. das bei der Erstarrung entstehende *Primärgefüge*.

a) b)

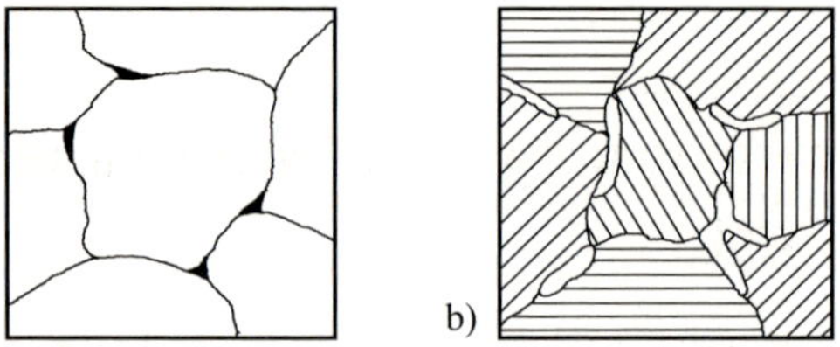

Gefüge können gemäß Bild 2.10 a als reine *Korngefüge* oder, gemäß Bild 2.10 b, mit netzartiger Anordnung einzelner Phasen (z. B. Zementitnetz um Perlitkörner, *Netzgefüge*) vorliegen.

Bild 2.10 Gefüge als a) Korngefüge und b) Netzgefüge

Finden bei weiterer Abkühlung nach dem vollständigen Erstarren allotrope Umwandlungen statt, entstehen als *Sekundärgefüge* vielfach mehr oder weniger kugelige Körner (Globulite). Bei besonderen Behandlungen vielkristalliner Metalle, z. B. beim Kaltwalzen, bleibt die Orientierung der einzelnen Körner nicht mehr vollkommen regellos, sondern ein erhöhter Prozentsatz der Körner bekommt etwa die gleiche Orientierung (*Textur*). Die Eigenschaften derartiger texturbehafteter Metalle sind richtungsabhängig. Unter besonderen Umständen lassen sich auch Einkristalle mit einer einzigen Orientierung züchten (Körper aus einem einzigen Korn), an denen die Abhängigkeit verschiedener Eigenschaften von der Orientierung untersucht werden kann.

Die Darstellung und Dokumentation der Gefüge unterschiedlicher oder unterschiedlich behandelter, z. B. verformter oder wärmebehandelter Metalle (vgl. Gefügebilder in Kapitel 4) ist Aufgabe der *Metallographie* [2.20, 2.21].

3 Eigenschaften der Werkstoffe

3.1 Ermittlung von Werkstoffeigenschaften (Werkstoffkennwerten) als Aufgabe der Werkstoffprüfung

Die Ermittlung und Kontrolle von Eigenschaften und Qualitätsmerkmalen von Werkstoffen und Bauteilen, aber auch deren Überprüfung auf Fehler- und Schädigungsfreiheit sind Aufgaben der Werkstoffprüfung [3.1 - 3.23][4]. Die dabei angewendeten Verfahren lassen sich in zerstörende und zerstörungsfreie Prüfverfahren einteilen.

Zur Beschreibung wichtiger und typischer Werkstoffeigenschaften werden möglichst einfach zu ermittelnde *Werkstoffkennwerte* benötigt. Deren Erfassung erfolgt häufig mit zerstörenden Prüfverfahren. Diese Kennwerte sind nötig:

- zur Kontrolle von Behandlungen, die die Eigenschaften der Werkstoffe verändern
- zum Vergleich wichtiger Eigenschaften unterschiedlicher Werkstoffe und Werkstoffzustände
- zur Dimensionierung (Ermittlung von zulässigen Querschnitten) von Bauteilen für vorgegebene Beanspruchungen (Lastspannungen).

Zur Kontrolle, ob die Werkstoff- oder Bauteilbeschaffenheit bestimmte Anforderungen erfüllt oder ob vorgegebene Qualitätsmerkmale erreicht werden und wie groß die Abweichungen von vorliegenden Anforderungen sind, dienen sowohl zerstörende als auch zerstörungsfreie Verfahren. Mögliche prüfbare Anforderungen sind:

- die chemische Zusammensetzung
- der Gefügezustand (Kornform, Korngröße, Kornorientierung)
- die Größe und Verteilung von Einschlüssen, Ausscheidungen oder dispergierten Teilen
- der Eigenspannungszustand
- der Oberflächenzustand (Oberflächenrauhigkeit, Traganteil)
- die Dicke von Oberflächenschichten (Schutzschichten).

Zur Prüfung von Werkstoffen oder Bauteilen auf Fehler- oder Schädigungsfreiheit finden vielfach zerstörungsfreie Prüfverfahren Anwendung. Mögliche Werkstoff- oder Bauteilfehler sind:

- innere Risse und Oberflächenrisse
- Lunker (Gussfehler)
- Poren, Schlauchporen und Porennester
- Doppelungen (Schmiedefehler)
- Einschlüsse (Schlackeneinschlüsse, Schlackennester, Schweißfehler)
- Delaminationen (z. B. Ablösung des Harzes von Fasern).

[4] Kapitel über Werkstoffprüfung finden sich auch in den zitierten Lehrbüchern [2.1 – 2.20].

3.2 Prüfverfahren mit Zerstörung des Werkstückes

3.2.1 Prüfung der physikalischen Eigenschaften

Zum Beispiel werden die Wärmeleitfähigkeit (bei kleinen Teilen zerstörungsfrei möglich), die elektrischen und magnetischen Eigenschaften, die Dämpfung usw. geprüft.

3.2.2 Prüfung der mechanisch-technologischen Eigenschaften [3.7 – 3.9]

Die hierfür üblichen Verfahren sollen, da sie für den Maschinenbau von besonderer Bedeutung sind, ausführlich beschrieben werden.

3.2.2.1 Der Zugversuch (DIN EN 10 002-1:01)[5]

Der Zugversuch ist ein klassisches Prüfverfahren zur Bestimmung der mechanischen Gütewerte von Metallen und Nichtmetallen und gehört zu den statischen Festigkeitsprüfungen, bei denen der Werkstoff einer ruhenden oder langsam und stoßfrei anwachsenden Belastung ausgesetzt wird, so dass keine nennenswerten Beschleunigungskräfte auftreten. Es liegt eine einachsige, momentenfreie Beanspruchung vor.

Normung des Zugversuchs

Begriffe:	DIN EN 10 002-1
Probestabformen:	DIN EN 50 125:04

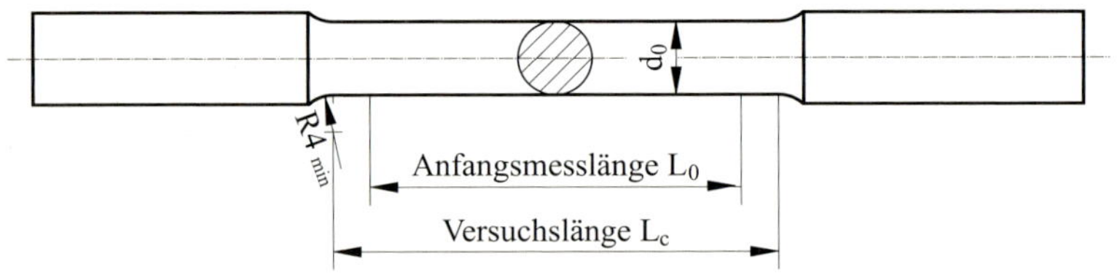

Bild 3.1 Proportionalstab nach DIN 50 125

Proportionalstäbe (Bild 3.1):

a) kurzer Proportionalstab

Messlänge $L_0 = 5 \cdot d_0$ (Rundstab mit $d = d_0$)

bzw. $L_0 = 5 \cdot 1{,}13 \cdot \sqrt{S_0}$ (Stab mit rechteckigem Querschnitt S_0)

Bezeichnung der Bruchdehnung: A (früher A_5)

---

5 Den angegebenen Normen ist jeweils das Jahr angefügt, in dem sie erstellt wurden.

b) langer Proportionalstab

Messlänge $L_0 = 10 \cdot d_0$

bzw. $L_0 = 10 \cdot 1{,}13 \cdot \sqrt{S_0}$

Bezeichnung der Bruchdehnung: $A_{11,3}$ (früher A_{10})

Bei Stahl ist A etwa 30 % größer als $A_{11,3}$, was auf den verstärkten Einfluss der Einschnürungs- gegenüber der Gleichmaßdehnung zurückzuführen ist.

Als Ergebnis eines Zugversuchs erhält man ein Kraft-Verlängerungs-Schaubild. Um eine Abmessungsunabhängigkeit zu erreichen, führt man im Spannungs-Dehnungs-Schaubild (Bild 3.2 und 3.3) auf die Ausgangsgrößen bezogene Größen ein.

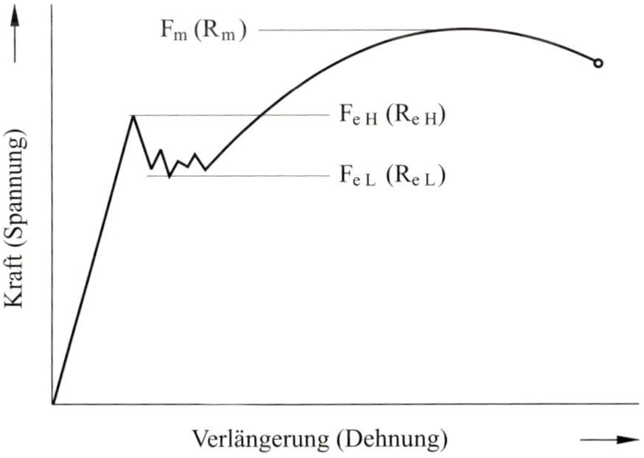

Bild 3.2 Kraft-Verlängerungs- (Spannungs-Dehnungs-) Diagramm eines normalisierten Stahles (schematisch)

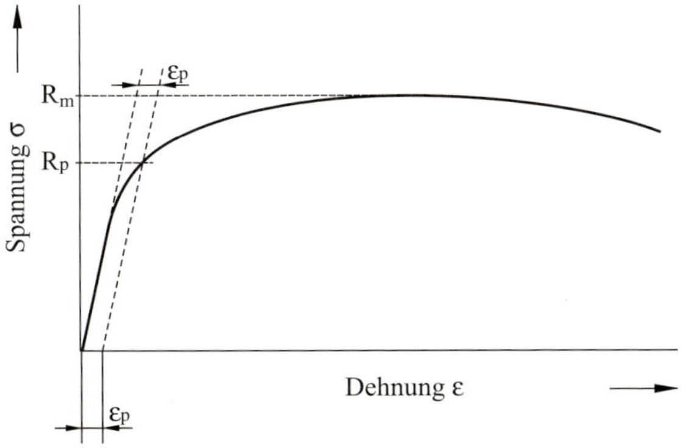

Bild 3.3 Spannungs-Dehnungs-Diagramm von Al, Cu, Ni, Pb, austenitischem Stahl (schematisch)

Die auf den Ausgangsquerschnitt S_0 des Probestabes bezogene Zugkraft F wird als Nennspannung σ_n bezeichnet

$$\sigma_n = \frac{F}{S_0} \quad \text{in N/mm}^2$$

die auf die Messlänge bezogene Gesamtverlängerung als Gesamtdehnung ε_{ges}

$$\varepsilon_{ges} = \frac{L - L_0}{L_0} \cdot 100 \text{ in \%}$$

Das Nennspannungs-Gesamtdehnungs-Diagramm oder technische Spannungs-Dehnungs-Diagramm dient zur Bestimmung von Werkstoffkennwerten und hat deshalb große Bedeutung in der Ingenieurpraxis. Seine Form ist für die verschiedenen metallischen und nichtmetallischen Werkstoffe unterschiedlich.

Spannungs-Dehnungs-Diagramme metallischer Werkstoffe

Bei Stahl (Bild 3.2) und Nichteisen- (NE-) Metallen (Bild 3.3) findet man zunächst einen linearen Anstieg der Kurve, d. h. Proportionalität von Spannung und Dehnung.

Es gilt das Hooke´sche Gesetz

$$\sigma = \varepsilon \cdot E$$

wobei E als Elastizitätsmodul bezeichnet wird, z. B.

Stahl: $E = 210.000\ \text{N/mm}^2$

Aluminium: $E = 70.000\ \text{N/mm}^2$

Im Bereich der Hooke´schen Geraden liegt elastisches Verhalten vor, d. h. bei Entlastung federt der Stab auf seine Ausgangslänge zurück. Oberhalb des elastischen Spannungsanstiegs bleibt nach Entlastung eine Restdehnung zurück, der Werkstoff wurde zusätzlich plastisch verformt, und die Dehnung setzt sich aus einem elastischen und einem plastischen Anteil zusammen:

$$\varepsilon_{ges} = \varepsilon_{el} + \varepsilon_{pl}$$

Bei kubisch flächenzentrierten Metallen, wie Aluminium, Kupfer, Nickel, oder auch bei austenitischem Stahl, steigt der plastische Anteil zunächst langsam, dann rasch an, und es liegt ein stetiger Übergang vom elastischen in den plastischen Bereich vor (typische Spannungs-Dehnungs-Kurve in Bild 3.3). Bei unlegiertem Stahl mit nicht zu großem Kohlenstoffgehalt tritt am Ende der elastischen Verformung ein plötzlicher Spannungsabfall auf, an den sich ein gezackter Kurvenverlauf auf niedrigerem Nennspannungsniveau anschließt (Bild 3.2). In diesem Verformungsbereich (Bereich der Lüdersdehnung) liegen örtlich nebeneinander noch rein elastische und schon plastische Verformungen vor. Das Fortschreiten der plastischen Verformung ist durch die Ausbreitung makroskopisch sichtbarer *Fließlinien*, eines so genannten *Lüdersbandes* gekennzeichnet. Bei vielen Kupfer- und Aluminiumlegierungen findet man Bereiche der Lüdersdehnung ohne gleichzeitiges Auftreten einer oberen Streckgrenze.

Beim stetigen Übergang vom elastischen zum plastischen Bereich gemäß Bild 3.3 werden *Dehngrenzen*, beim unstetigen Übergang, wie in Bild 3.2, wird die *Streckgrenze* bestimmt. Als *Dehngrenze* definiert man die Nennspannung R_p, bei der der plastische Dehnungsanteil ε_p einen vorgegebenen, kleinen Wert, z. B. 0,2 %, erreicht. Man spricht dann von der 0,2 %-Dehngrenze $R_{p\,0,2}$ oder von der 0,01 %-Dehngrenze $R_{p\,0,01}$. Die *Streckgrenze* ist der Nennspannungswert, bei dem mit zunehmender Dehnung die Spannung erstmals gleich bleibt oder abfällt. Tritt ein merklicher Abfall der Spannung auf (Bild 3.2), so wird zwischen der oberen und der unteren Streckgrenze $R_{e\,H}$ und $R_{e\,L}$ unterschieden. Das Auftreten einer ausgeprägten Streckgrenzenerscheinung bei Kohlenstoffstählen ist die Folge der Verankerung von Versetzungen durch interstitiell gelöste C-Atome oder N-Atome und des Losreißens von diesen Verankerungen bei einer hinreichend hohen Spannung, die der oberen Streckgrenze entspricht. Streckgrenzen und Dehngrenzen stellen wichtige Werkstoffkennwerte dar, die als Werkstoffwiderstand gegen einsetzende plastische Dehnung bzw. gegen Überschreiten einer plastischen Verformung von z. B. 0,2 % aufzufassen sind.

Nach Überschreiten der Dehngrenze oder nach Ende des Bereiches mit Lüdersdehnung muss zur weiteren elastisch-plastischen Verformung (sowohl ε_{el} als auch ε_{pl} nehmen zu) die Spannung stetig ansteigen. Da der Werkstoffwiderstand gegen die weitere plastische Verformung offenbar zunimmt, spricht man von *Kaltverfestigung*.

Im Bereich der ansteigenden σ_n-ε_{ges}-Kurve metallischer Werkstoffe kommt es innerhalb der Versuchslänge mit konstantem Querschnitt zu einer gleichmäßigen bleibenden Querschnittsverminderung. Die bis zum Erreichen der Höchstkraft F_m eintretende bleibende Dehnung wird als *Gleichmaßdehnung* A_{Gleich} bezeichnet.

Es gilt

$$A_{Gleich} = \frac{L_m - L_0}{L_0} \cdot 100 \quad \text{in \%} \qquad \text{mit: } L_m\text{: Länge bei Höchstkraft}$$

Die beim Erreichen der maximalen Zugkraft F_m vorliegende Nennspannung (siehe Bild 3.2) wird als *Zugfestigkeit* R_m definiert

$$R_m = \frac{F_m}{S_0} \quad \text{in N/mm}^2$$

und ist als Werkstoffwiderstand gegen beginnende Brucheinschnürung ein weiterer wichtiger Werkstoffkennwert.

Die Ursache für den Nennspannungsabfall nach Erreichen der Zugfestigkeit ist die starke Querschnittsverminderung, die örtlich begrenzt im Einschnürungsbereich auftritt. Diese Probeneinschnürung bedingt eine Abnahme der für die weitere Verformung benötigten Kraft und damit zwangsläufig der auf den Ausgangsquerschnitt bezogenen Nennspannung. Die während der Probeneinschnürung bis zum Bruch im Einschnürungsbereich eintretende bleibende Dehnung wird als *Einschnürungsdehnung* bezeichnet, die insgesamt bis zum Bruch auftretende bleibende Dehnung als *Bruchdehnung A*

$$A = \frac{L_U - L_0}{L_0} \cdot 100 \quad \text{in \%} \qquad \text{mit: } L_U\text{: Messlänge nach dem Bruch}$$

$$A = A_{Gleich} + A_{Ein}$$

Die nach dem Bruch ausmessbare, bleibende Querschnittsabnahme, bezogen auf den Ausgangsquerschnitt, ergibt die *Brucheinschnürung Z*

$$Z = \frac{S_0 - S_U}{S_0} \cdot 100 \quad \text{in \%} \qquad \text{mit: } S_U\text{: Querschnitt nach dem Bruch}$$

Spannungs-Dehnungs-Diagramme in verschiedenen Wärmebehandlungszuständen

Die Nennspannungs-Gesamtdehnungs-Diagramme sind nicht nur kennzeichnend unterschiedlich für verschiedene Werkstofftypen (Bild 3.2 und 3.3), sondern auch für verschiedene Behandlungszustände ein und desselben Werkstoffs. Bild 3.4 zeigt als Beispiel die Nennspannungs-Gesamtdehnungs-Kurven für einen Stahl in verschiedenen Wärmebehandlungszuständen (vergleiche Kapitel 4). Während der normalisierte und der vergütete Zustand des Stahls bei geringer bzw. mittlerer Streck- oder Dehngrenze und Zugfestigkeit beträchtliche, bleibende Verformungen und damit Bruchdehnungen aufweisen, also eine große Verformungsfähigkeit besitzen, zeigt der gehärtete Zustand bei sehr hoher Dehngrenze und Zugfestigkeit nur minimale plastische Dehnungen, ist also wenig verformungsfähig, spröde. Der Elastizitätsmodul bleibt in allen Zuständen des Werkstoffs derselbe.

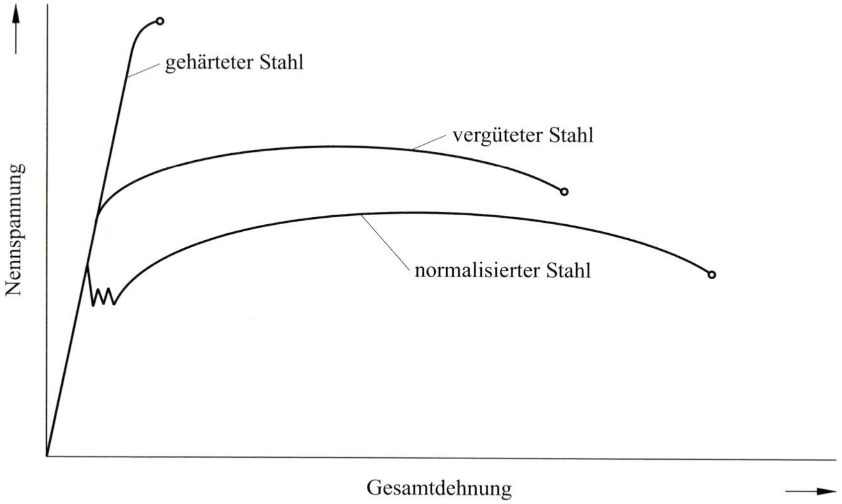

Bild 3.4 Nennspannungs-Gesamtdehnungs-Kurven eines Stahls in verschiedenen Wärmebehandlungszuständen

Werkstoffkennwerte aus dem Zugversuch

Durch die nachfolgend zusammengestellten Werkstoffkenngrößen (mechanische Gütewerte), die sich bis auf die Brucheinschnürung aus Nennspannungs-Gesamtdehnungs-Diagrammen ermitteln lassen, sind also unterschiedliche Werkstoffe oder Werkstoffzustände gut zu kennzeichnen.

Obere Streckgrenze $$R_{eH} = \frac{F_{eH}}{S_0}$$ in N/mm² (vgl. Bild 3.2)

Untere Streckgrenze $$R_{eL} = \frac{F_{eL}}{S_0}$$ in N/mm² (vgl. Bild 3.2)

0,2 %-Dehngrenze $$R_{p\,0,2} = \frac{F_{p\,0,2}}{S_0}$$ in N/mm² (vgl. Bild 3.3)

Zugfestigkeit $$R_m = \frac{F_m}{S_0}$$ in N/mm²

Bruchdehnung $$A = \frac{L_U - L_0}{L_0} \cdot 100$$ in %

Brucheinschnürung $Z = \frac{S_0 - S_U}{S_0} \cdot 100$ in %

Streckgrenzenverhältnis $\frac{R_e}{R_m} \cdot 100$ bzw. $\frac{R_p}{R_m} \cdot 100$ in %

Streckgrenze oder Dehngrenze und Zugfestigkeit sind ein Maß für die Belastbarkeit bei statischer Beanspruchung, Bruchdehnung, Brucheinschnürung und Streckgrenzenverhältnis für die Verformbarkeit (Duktilität) eines Werkstoffes.

Querkontraktion

Bei der Zugbelastung einer Probe tritt schon im elastischen Verformungsbereich neben der Verlängerung auch eine Querschnittsabnahme auf, die mit der Poisson´schen Querkontraktionszahl beschrieben werden kann. Legt man eine Volumenkonstanz zugrunde, so lässt sich ein oberer Grenzwert für die Querkontraktionszahl wie folgt abschätzen:

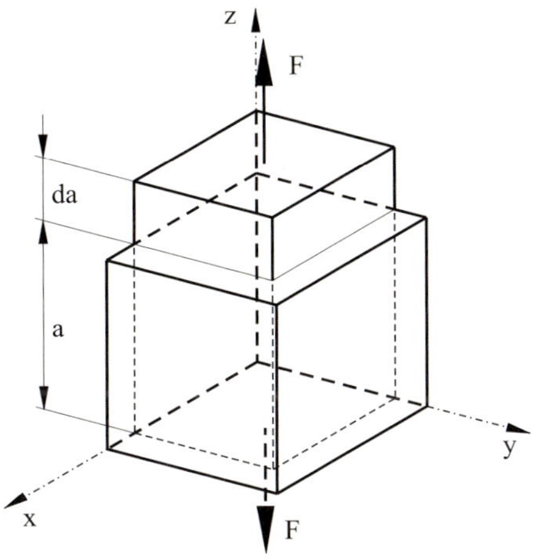

Bild 3.5 Verformung eines einachsig zugbeanspruchten Würfels

Man denke sich einen Würfel mit der Kantenlänge a einem einachsigen Zugversuch in z-Richtung unterworfen (Bild 3.5). Dann sind die neuen Längen in den drei Richtungen:

z-Richtung: $a + da$

y-Richtung: $a - \nu \cdot da$

x-Richtung: $a - \nu \cdot da$

Bei Volumengleichheit gilt:

$$a^3 = (a + da) \cdot (a - \nu \cdot da)^2$$

$$a^3 = a^3 + a^2 \cdot da \cdot (1 - 2 \cdot \nu) + \\ + \nu \cdot a \cdot da^2 \cdot (\nu - 2) + \nu^2 \cdot da^3$$

$$0 = a^2 \cdot da \cdot (1 - 2\nu) + \nu \cdot a \cdot da^2 \cdot (\nu - 2) + \\ + \nu^2 \cdot da^3$$

Bei nicht zu großen Verformungen sind die Glieder mit da^2 und da^3 gegenüber dem Restglied zu klein und werden vernachlässigt. Damit ist $0 = a^2 \cdot da \cdot (1 - 2\nu)$ und $\nu = 0{,}5$. Tabelle 3.1 zeigt ν für einige Metalle.

Tabelle 3.1 Die Poisson´sche Querkontraktionszahl

Werkstoff	Stahl	Blei	Aluminium	Kupfer	Magnesium	Zink
ν	0,3	0,44	0,34	0,35	0,28	0,25

Verfestigung

Ist ein Metall durch eine Kraft F_1 oberhalb R_e plastisch verformt worden, so ist eine größere Kraft F_2 erforderlich, um eine weitere plastische Verformung zu ermöglichen. Diese für Metalle typische Eigenschaft wird als Verfestigung bezeichnet. Belastet man einen Stahl über die Streckgrenze hinaus bis σ_1 (Bild 3.6), so erfolgt die Entlastung entsprechend einer Linie parallel zur Hooke´schen Geraden, da lediglich die elastische Verformung rückgängig gemacht wird. Bei erneuter Belastung bewegt man sich auf der gleichen Geraden in umgekehrter Richtung, bis bei der erhöhten Spannungen σ_1 die elastische Verformung in eine elastisch-plastische übergeht. Es tritt keine ausgeprägte Streckgrenze mehr auf, der Widerstand gegen plastische Verformung (Fließwiderstand) und die jetzt ermittelte $R_{p\,0,2}$-Grenze haben sich erhöht. Bei weiterer Verformung bis σ_2, Entlastung und nachfolgender Belastung, findet man eine noch weiter erhöhte Fließspannung σ_2 und $R_{p\,0,2}$-Grenze. Gleichzeitig hat sich der Querschnitt verkleinert. Die kaltverformungsbedingte Verfestigung kommt noch deutlicher zum Ausdruck im wahren Spannungs-Dehnungs-Diagramm (Bild 3.8), oder wenn man mit schon kaltverfestigten Stäben eine Reihe neuer Zugversuche durchführt und dabei die gemessenen Werte der Zugkraft auf die jeweils neuen, ständig verringerten Ausgangsquerschnitte S'_0, S''_0, S'''_0 usw. bezieht. Dabei ergeben sich in jedem neuen Versuch erhöhte Werte für die $R_{p\,0,2}$-Dehngrenze und die Zugfestigkeit und verringerte Werte für die Bruchdehnung. Bild 3.7 veranschaulicht die Veränderung des technischen Spannungs-Dehnungs-Diagramms.

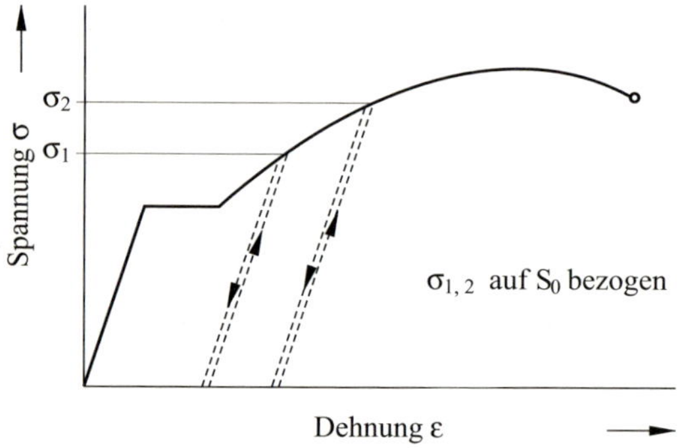

Bild 3.6
Spannungs-Dehnungs-Diagramm mit Ent- und Belastung im plastischen Bereich

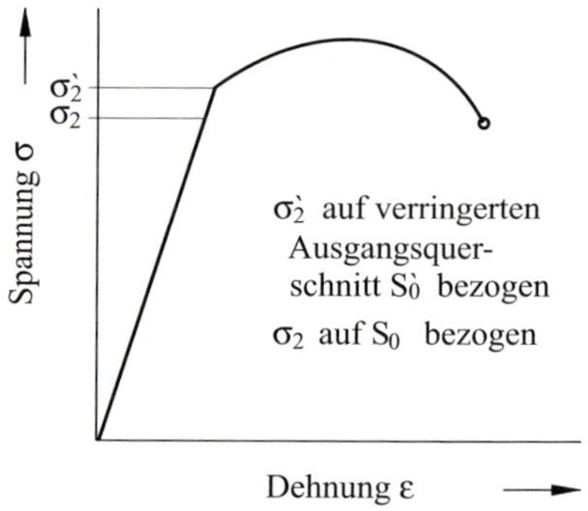

Bild 3.7
Spannungs-Dehnungs-Diagramm eines mit σ_2 (Bild 3.6) kaltverfestigten Werkstoffs mit verringertem Ausgangsquerschnitt S'_0

Tabelle 3.2 Festigkeitseigenschaften von AlMg 4,5 Mn im weichen (w), gepressten (p) und harten, d. h. kaltgewalzten oder kaltgezogenen (h) Zustand

Zustand		Festigkeitseigenschaften			
		R_m mind. in N/mm^2	$R_{p\,0,2}$ mind. in N/mm^2	A_5 mind. in %	HB
weich	w	270	125	17	60
gepresst	p	270	155	12	60
hart	h	300	235	8	85

Die Kaltverfestigung wird in der Technik ausgenutzt, wenn man Draht kaltzieht, Betonstähle verdrillt, Bleche kaltwalzt. Tabelle 3.2 gibt das Ergebnis einer Kaltverfestigung am Beispiel der Aluminiumlegierung AlMg 4,5 Mn wieder.

Zulässige Spannungen in einer Konstruktion

Da in einer Konstruktion plastische Verformungen unerwünscht sind, ist die Streckgrenze im Allgemeinen Ausgangspunkt zur Festlegung ertragbarer oder zulässiger Beanspruchungen von Konstruktionen, so z. B. im Kranbau für die Ableitung zulässiger Spannungen (DIN 15 018 -1:84) und im Stahlbau von Grenzzuständen der Tragfähigkeit (DIN 18 800-1:90).

Wahres Spannungs-Dehnungs-Diagramm

Bezieht man bei der Auswertung von Zugversuchen die Zugkraft nicht auf den Ausgangsquerschnitt, sondern auf den jeweils vorliegenden, aufgrund der *Querkontraktion* schon im elastischen Bereich abnehmenden Probenquerschnitt, so erhält man die *wahre oder effektive Spannung*

$$\sigma = \frac{F}{S} \qquad \text{in N/mm}^2$$

Im wahren Spannungs-Dehnungs-Diagramm (Bild 3.8) steigt die Spannung im Bereich elastisch-plastischer Verformungen stetig bis zur *Reißfestigkeit* σ_R beim Bruch an.

$$\sigma_R = \frac{F_B}{S} \qquad \text{in N/mm}^2$$

mit: F_B: Zugkraft beim Bruch

Werkstoffkennwerte, wie z. B. die Zugfestigkeit, können aus dem wahren Spannungs-Dehnungs-Diagramm nicht entnommen werden.

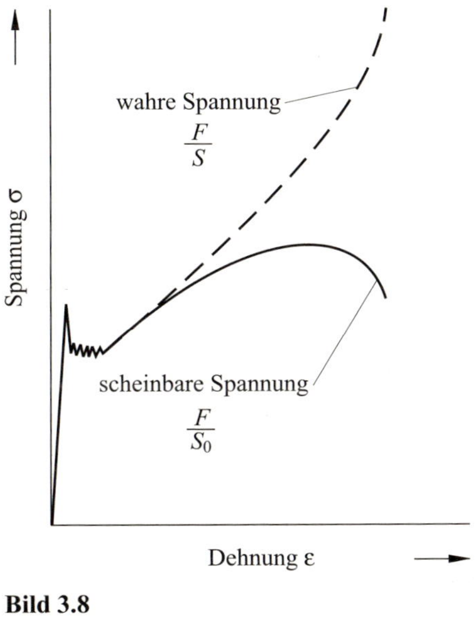

Bild 3.8
Wahres Spannungs-Dehnungs-Diagramm für normalisierten Stahl

Spannungsverhältnisse beim Zugversuch und Bruchformen

Die Betrachtung der Bruchflächen (Bild 3.9) von Zugproben gibt wichtige Hinweise auf die Verformungsfähigkeit eines Werkstoffes.

Spröder Werkstoff

Bruchfläche eben und senkrecht zur Beanspruchungsrichtung verlaufend, als Folge von Normalspannungen. Trennbruch mit teilweise grobkristallinen Spaltbrüchen (a).

Duktiler (zäher) Werkstoff

Bruchflächen teilweise im Winkel von 45° zur Beanspruchungsrichtung verlaufend, als Folge des Gleitens unter dem Einfluss von Schubspannungen (b, e). Verformungsbruch.

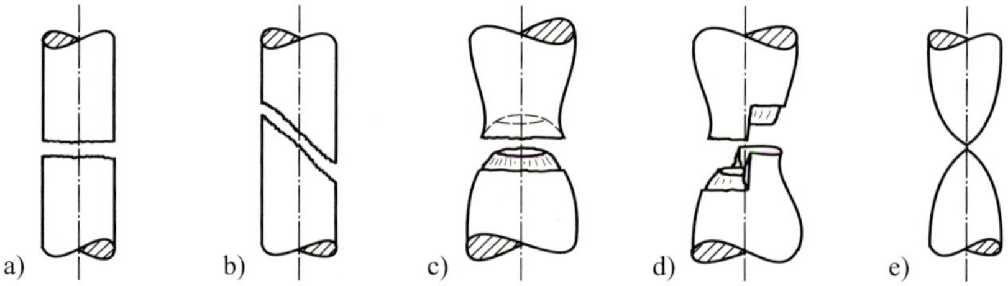

Bild 3.9 Bruchformen. **a)** Normalspannungsbruch, **b)** Scherbruch, **c)** Kegel-Tasse-Bruch (Mischbruch), **d)** Mischbruch, **e)** Duktiler Bruch

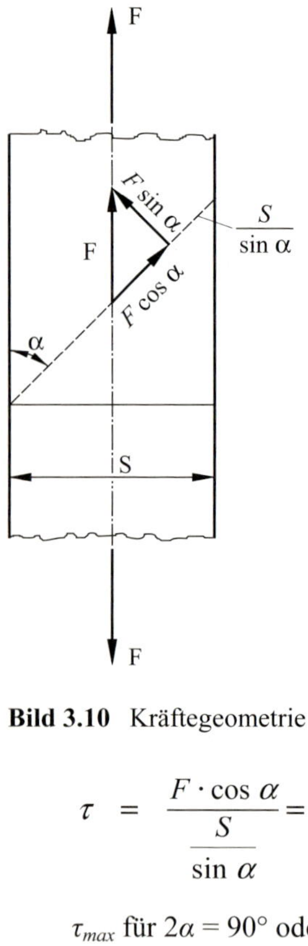

Bild 3.10 Kräftegeometrie am Zugstab

Mischbrüche treten als Kombination von Trenn- und Scherbrüchen auf (z. B. bei Rundproben duktiler Stähle). Sie sind eine Folge der Einschnürung, durch die ein mehrachsiger Spannungszustand und eine Verformungsbehinderung auftritt, die einer Versprödung entspricht. Deshalb findet man im Kern der Probe einen Trennbruch mit glatter Kratergrundfläche und an den Kraterrändern einen Scherbruch unter 45°.

Die beim Zugversuch aufgebrachte Normalkraft hat außer den senkrecht zur Querschnittsebene wirksamen Normalspannungen auch Schubspannungen in allen Ebenen mit Winkeln $0° < \alpha < 90°$ zur Beanspruchungsrichtung zur Folge.

Die maximale Schubspannung tritt unter einem Winkel von 45° zur Beanspruchungsrichtung auf, denn nach Bild 3.10 gilt folgende Beziehung:

$$\tau = \frac{F \cdot \cos\alpha}{\frac{S}{\sin\alpha}} = \frac{F}{S} \cdot \sin\alpha \cdot \cos\alpha = \frac{1}{2} \cdot \frac{F}{S} \cdot \sin 2\alpha$$

τ_{max} für $2\alpha = 90°$ oder $\alpha = 45°$ ($\sin 2\alpha = 1$)

$$\tau_{\max} = \frac{1}{2} \cdot \frac{F}{S} = \frac{1}{2} \cdot \sigma$$

Die bei polierten Probestäben aus Werkstoffen mit ausgeprägter Streckgrenze im Zugversuch beobachteten Lüdersbänder treten unter 45° gegen die Beanspruchungsrichtung geneigt auf. Sie weisen also in die Richtung der maximalen Schubspannung. Diese Fließlinien sind auf bevorzugtes Gleiten in diesen Richtungen zurückzuführen.

Trennfestigkeit

Unter Trennfestigkeit versteht man den Widerstand gegen Bruch beim Fehlen jeglicher plastischer Verformung. Sie ist am glatten Zerreißstab nicht feststellbar. Am Beispiel einer Lötverbindung lässt sich dieser Begriff plausibel machen (Bild 3.11). Hat der Grundwerkstoff eine höhere Festigkeit als das Lot, so findet man bei einer stumpf gelöteten Verbindung im Zerreißversuch eine Verbindungsfestigkeit, die erheblich oberhalb der Lotfestigkeit liegt. Sie nähert sich der Trennfestigkeit des Lotes, weil dieses durch den benachbarten Grundwerkstoff an einer Verformung (Einschnürung) gehindert wird (Stützwirkung). Je breiter der Lötspalt (Bild 3.11) ist, umso geringer ist die Verformungsbehinderung und damit die Verbindungsfestigkeit, bis diese schließlich auf die Lotfestigkeit absinkt. Man wird daher bei Lötverbindungen einen kleinen Spalt von 0,1 bis 0,2 mm anwenden.

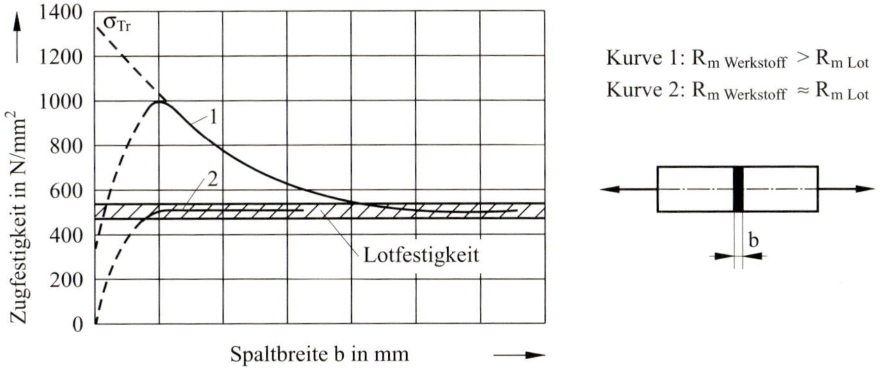

Bild 3.11 Festigkeit einer Hartlötverbindung als Funktion der Spaltbreite und der Werkstofffestigkeit

Durch Extrapolation der Kurve 1 bis zur Spaltbreite $b = 0$ erhält man angenähert die Trennfestigkeit des Lotes.

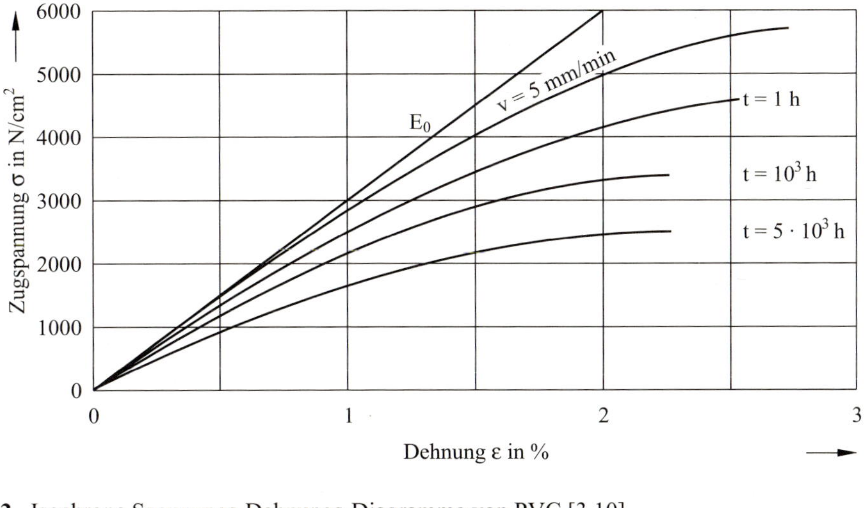

Bild 3.12 Isochrone Spannungs-Dehnungs-Diagramme von PVC [3.10]

Spannungs-Dehnungs-Diagramme von Polymerwerkstoffen

In den Spannungs-Dehnungs-Kurven von Polymerwerkstoffen spielen Temperatur und Belastungszeit (Belastungsgeschwindigkeit) eine wichtige Rolle. Anstelle des E-Moduls lässt sich ein Ursprungstangentenmodul E_0 definieren. Bild 3.12 zeigt als Beispiel isochrone σ-ε-Diagramme für Polyvinylchlorid (PVC).

3.2.2.2 Der Druckversuch (DIN 50 106:78)

Der Druckversuch hat im Maschinenbau eine weit geringere Bedeutung als der Zugversuch. Er wird bei Werkstoffen angewendet, die vorzugsweise auf Druck beansprucht werden: Grauguss, Lagermetalle, Beton. Es handelt sich um eine Umkehrung des Zugversuchs. An die Stelle der Streckgrenze tritt die Quetschgrenze $\sigma_{d\,S}$ bei zähen Werkstoffen.

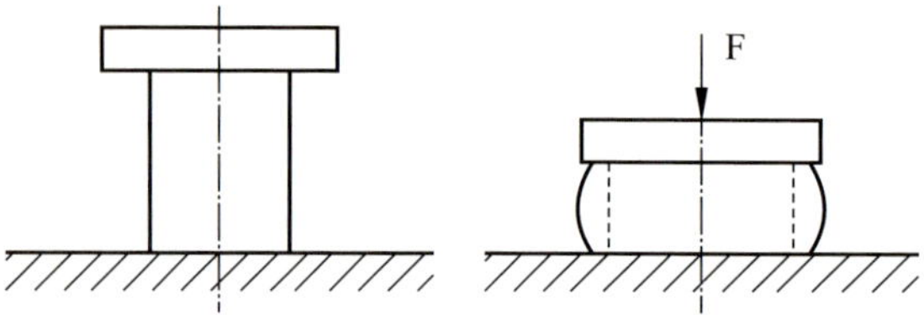

Bild 3.13 Druckversuch an einer Zylinderprobe

Beim Druckversuch eines Zylinders (Bild 3.13) wird die Verformung im Bereich der Druckplatten durch Reibung behindert. Sie erfolgt vorwiegend in den äußeren Bezirken, während innen ein kegelförmiger Bereich unverformt bleibt („Rutschkegel").

Abhilfe: Herabsetzen der Radial- und Tangentialkräfte durch Schmieren der Druckplatten oder Kegelstauchversuch nach *Siebel* und *Pomp* [33] (Bild 3.14).

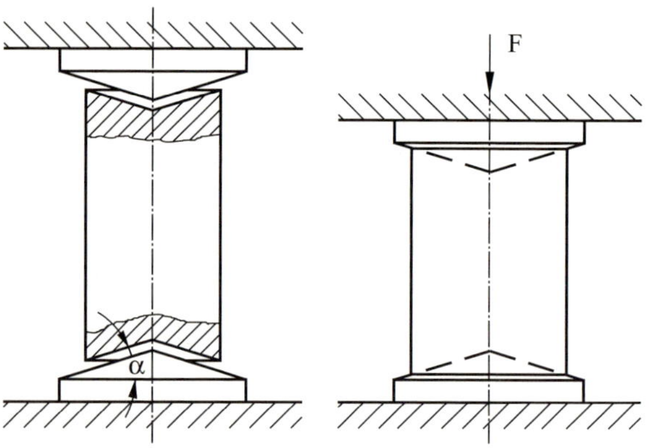

Bild 3.14 Kegelstauchversuch nach Siebel und Pomp [3.10]

tan α = 0,2
Leichte Ausbauchung

tan α = 0,25
Probekörper bleibt zylindrisch

tan α = 0,3
Leichte „Einschnürung"

3.2.2.3 Der technologische Biegeversuch (DIN EN ISO 7438:05)

Der Biegeversuch dient zur Bestimmung der Verformbarkeit von Werkstoffen (maximal erreichbarer Biegewinkel, Biegedehnung) und bei Schweißverbindungen (DIN EN 910:96) zur Bestimmung der Bindungsgüte (Beschaffenheit der Bruchflächen).

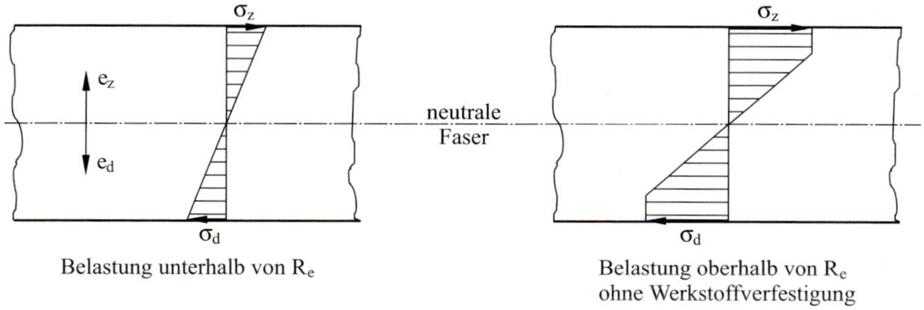

Bild 3.15 Spannungsverteilung im Biegestab

Es erfolgt keine gleichmäßige Beanspruchung des Querschnitts. Die Spannungsverteilung entspricht bei Belastung durch eine Einzellast Bild 3.15. Im elastischen Bereich ist:

$$\sigma_z = \frac{M_b \cdot e_z}{I}; \quad \sigma_{z,\,\max} = \frac{M_b}{W_z}$$

$$\sigma_d = \frac{M_b \cdot e_d}{I}; \quad \sigma_{d,\,\max} = \frac{M_b}{W_d}$$

mit:

M_b : Biegemoment;
I : axiales Flächenträgheitsmoment;
W : Widerstandsmoment;
e : Abstand von der neutralen Faser

Bei symmetrischem Querschnitt und isotropem Werkstoffverhalten ist $\sigma_z = \sigma_d$. Ein Fließen beginnt bei Erreichen der Biegefließgrenze $\sigma_{b\,F}$, die der Streckgrenze im Zugversuch entspricht. Der Bruch tritt bei Erreichen der Biegefestigkeit $\sigma_{b\,B}$ ein.

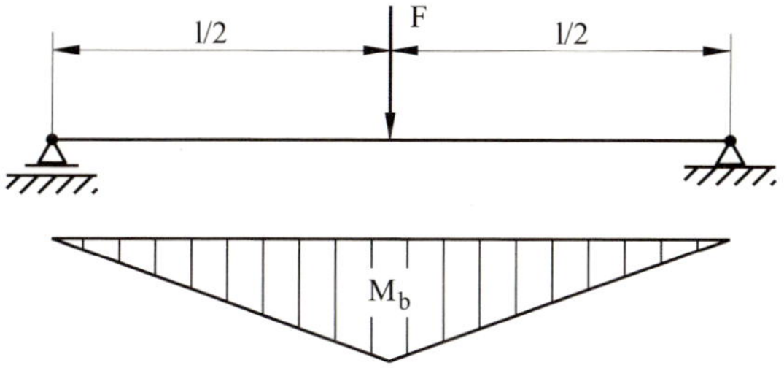

Bild 3.16 Momentenverlauf beim Träger auf zwei Stützen und Einzellast in der Mitte

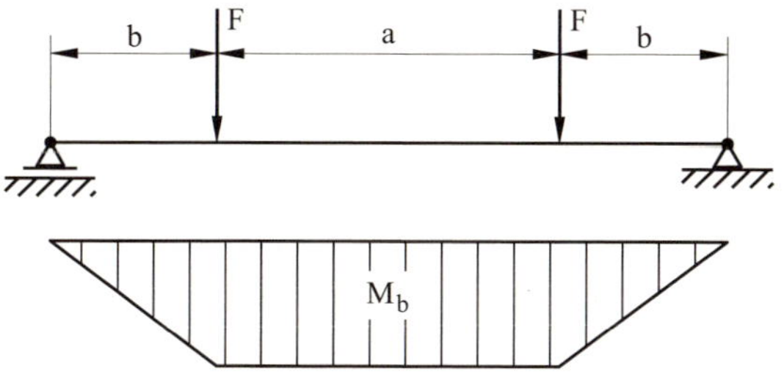

Bild 3.17 Momentenverlauf beim Träger auf zwei Stützen und zwei symmetrischen Lasten

Der Biegeversuch mit Beanspruchung durch eine Einzellast in der Mitte (Bild 3.16)

$$M_{b,\,\max} = \frac{F \cdot l}{4}$$

erfährt seine Anwendung vor allem als technologischer Biegeversuch (Faltversuch) an Schweißverbindungen und ferner zur Ermittlung der Biegefestigkeit von Grauguss. Als Maß für die Verformungsfähigkeit der Verbindung wird der maximal erreichte Biegewinkel benutzt.

Eine Beanspruchung durch zwei symmetrische Einzellasten (Bild 3.17)

$$M_{b,\,\max} = F \cdot b$$

wird vorgenommen, wenn größere Bauteilbereiche einer konstanten Spannung unterliegen sollen.

3.2.2.4 Die Härteprüfung [3.12]

Härte ist der Widerstand, den ein Stoff dem Eindringen eines Körpers aus einem härteren Stoff entgegensetzt. Ein Prüfkörper wird in den zu prüfenden Werkstoff eingedrückt und ein teils plastischer, teils elastisch-rückfedernder Eindruck erzeugt. Einfluss haben Form und Größe des eindringenden Körpers und die Art und Höhe der Belastung. Es wird eine Kennziffer ermittelt, die Härtezahl H.

- *Statische Prüfverfahren* sind die Verfahren nach Brinell, Vickers, Rockwell.
- *Dynamische Prüfverfahren* wie die Härteprüfung mit dem Poldihammer oder die Rücksprung-Härteprüfung nach Shore ermöglichen Vergleichswerte an sehr großen Bauteilen oder an Bauwerken.
- Ein *Sonderverfahren* ist z. B. das Ultraschallverfahren (Ultrasonic Compact Impedance-Verfahren), bei dem die Härte über die Frequenzänderung eines in eine Probe gedrückten, schwingenden Metallstabs ermittelt wird.

Statische Härteprüfung

***Brinell** (DIN EN ISO 6506-1 bis -4:05)*

Der Eindringkörper ist eine polierte Hartmetallkugel mit genormtem Durchmesser D. Aus der Kraft F und der bleibenden Eindruckfläche O (Kalottenoberfläche) wird die Brinellhärte bis 650 HBW bestimmt (Bild 3.18).

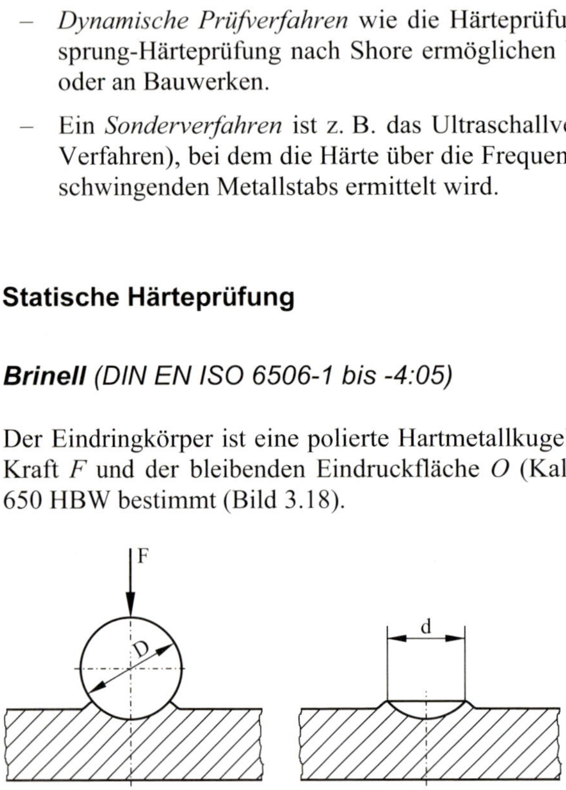

Die elastischen Verformungen der Stahlkugel und der Probe bleiben unberücksichtigt. Die Belastung muss so groß sein, dass der Eindruckdurchmesser d zwischen 0,24 und $0{,}6 \cdot D$ liegt (Tabelle 3.3).

Bild 3.18 Brinell-Härteprüfung, schematisch

Um für die Härte nach Umstellung auf das SI-System unveränderte Zahlenwerte zu erhalten, wird die Prüfkraft mit dem Faktor $1/g = 0{,}102$ multipliziert. Dementsprechend ist die

$$\text{Härte} \quad HBW = \frac{0{,}102 \cdot F}{A} = \frac{0{,}102 \cdot 2F}{\pi \cdot D \cdot \left(D - \sqrt{D^2 - d^2}\right)}$$

Beispiel für die vollständige Angabe eines Brinell-Härtewertes:

275 HBW 2,5 / 187,5 / 20

Der Härtewert 275 HBW wurde unter Verwendung einer Kugel mit 2,5 mm Durchmesser gemessen. Die Prüfkraftzahl 187,5 steht für eine Prüfkraft von $g \cdot 187{,}5 = 1.840$ N. Dies entspricht einem Belastungsgrad $0{,}102 \cdot F/D^2$ von 30 (Tabelle 3.3). Die Belastungszeit betrug 20 s.

Tabelle 3.3 Belastungen bei der Brinell-Härteprüfung

Kugeldurchmesser	Eindruckdurchmesser	Prüfkraft in N für einen Belastungsgrad $\frac{0{,}102 \cdot F}{D^2}$				
D in mm	d in mm	30	10	5	2,5	1,25
10	2,4 - 6,0	29.420	9.800	4.900	2.450	1.225
5	1,2 - 3,0	7.355	2.450	1.225	613	306,5
2,5	0,6 - 1,5	1.840	613	306,50	153,2	76,6
1	0,24 - 0,6	294	98	49	24,5	12,25
Verwendung		Stahl, Stahlguss	NE-Metalle			
			(CuZn und ausgehärtete Al-Leg.)	Geglühte Al-Leg.	Lagermetalle	Weiche Werkstoffe, z. B. Blei

Der *Zeiteinfluss* ist bei der Härteprüfung zu beachten. 10 s sind als normal anzusehen, 30 s werden für sehr weiche Werkstoffe wie Blei, Selen und Zink gewählt.

Fehlermöglichkeiten: Grobes Korn, Textur von Blechen (anisotropes Verhalten, daher unrunder Eindruck).

Der Zusammenhang zwischen *Zugfestigkeit* und *Vickers- bzw. Brinellhärte* kann bei Stahl mit einfachen Faustformeln abgeschätzt werden:

$$R_m \approx x_1 \cdot HV \quad \text{bzw.} \quad x_2 \cdot HBW$$

wobei der Faktor x von Festigkeit und Streckgrenzenverhältnis abhängig ist. Es gilt insbesondere bis $R_m = 1.555$ N/mm² nach DIN 50 150

$$x_1 = 3{,}21$$

$$x_2 = 3{,}38$$

Beispiel: Gemessen sei 195 HBW bei einem niedriglegierten Stahl. Dann ist $R_m \approx 3{,}38 \cdot 195 = 660$ N/mm².

DIN EN ISO 18 265:03 ermöglicht auch die Umwertung von mit verschiedenen Prüfverfahren gemessenen Härtewerten untereinander.

Vickers *(DIN EN ISO 6507-1 bis -4:05)*

Als Eindringkörper dient eine regelmäßige vierseitige Diamantpyramide mit einem Öffnungswinkel von 136° (Bild 3.19 a).

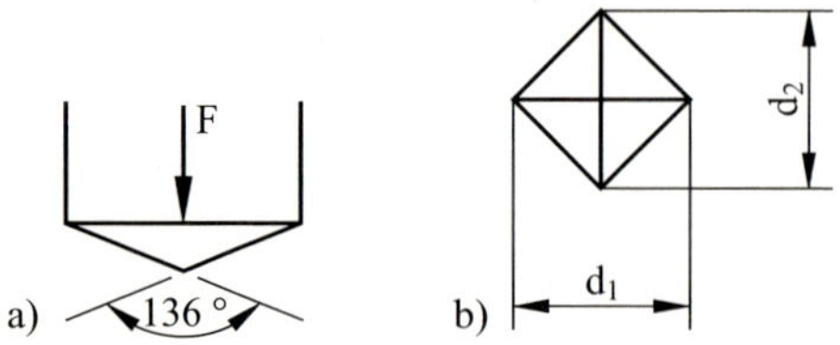

Bild 3.18 Vickers-Härteprüfung
a) Diamantpyramide **b)** Eindruck

Durch die Kraft F wird im Prüfstück ein der Pyramidenspitze des Diamanten entsprechender Eindruck erzeugt (Bild 3.19 b). Aus den Diagonalen d in mm berechnet man die Eindruckoberfläche A in mm². Die elastischen Verformungen bleiben unberücksichtigt. Aus F und A erhält man die Vickershärte HV.

Mit

$$A = \frac{d^2}{2 \cdot \sin \frac{136°}{2}} = \frac{d^2}{1{,}854}$$

ergibt sich die Vickershärte zu

$$\text{HV} = \frac{0{,}102 \cdot F}{A} = \frac{0{,}102 \cdot 1{,}854 \cdot F}{d^2} \qquad \text{Eindruckdiagonale } d = \frac{d_1 + d_2}{2}$$

Prüfkräfte:

Makrohärte:	49 bis 980 N	(für gehärtete Teile), HV 5 bis HV 100
Kleinlasthärte:	1,96 bis 49 N	(für Härteverläufe), HV 0,2 bis HV 5
Mikrohärte:	< 1,96 N	(für Gefügebestandteile), < HV 0,2

Rockwell (DIN EN ISO 6508-1 bis -3:05)

Bei der Härtemessung nach Rockwell dient die Eindringtiefe des Prüfkörpers als Härtemaß. Das Verfahren unterscheidet sich also grundlegend von Brinell und Vickers. Die Härtezahlen sind bei der Prüfung über eine Messuhr mit Rockwell-Skala direkt als Rockwell-Einheiten ablesbar. Vorteile dieses Verfahrens sind die kurzen Messzeiten und die dadurch erhöhte Wirtschaftlichkeit. Die Messwerte sind jedoch ungenauer.

Bei der Rockwell-Härteprüfung werden zwei Verfahren mit unterschiedlichen Eindringkörpern unterschieden:

- *Rockwell-B-Prüfung* (ball = Kugel)

  Belastung durch Stahlkugel mit einer Vorkraft $F_0 = 98$ N und Zusatzkraft $F_1 = 883$ N, Summe: 981 N. Bezeichnung: HRB, selten angewendet, für Werkstoffe mittlerer Härte.

- *Rockwell-C-Prüfung* (cone = Kegel)

  Diamantkegel als Eindringkörper. Vorkraft $F_0 = 98$ N und Zusatzkraft $F_1 = 1.373$ N, Summe : 1.471 N. Bezeichnung: HRC.

Bild 3.20 lässt das Prinzip der Rockwell-Härteprüfung erkennen.

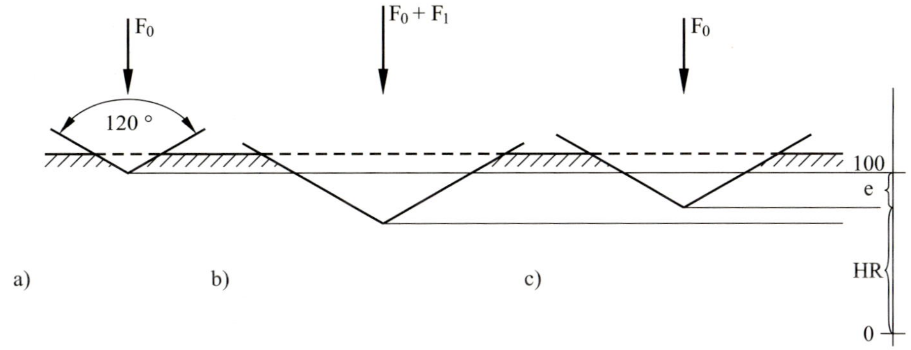

Bild 3.19 Prinzip der Rockwell-Härteprüfung.
a) Eindruck unter Vorkraft, **b)** Eindruck unter Vor- und Prüfkraft,
c) verbleibender Resteindruck unter Vorkraft, Rockwellhärte HRC = 100 – *e*

Dynamische Härteprüfung

Rücksprunghärte (Shore-Härte)

Die durch das Rückfedern einer auf das Werkstück aufprallenden Kugel gewonnene Arbeit wird aus der Rücksprunghöhe bestimmt und als Maß für die Härte gewählt. Mit einem handlichen Gerät lassen sich Prüfungen auf Baustellen nach dieser Methode durchführen (Leeb).

Poldihammer

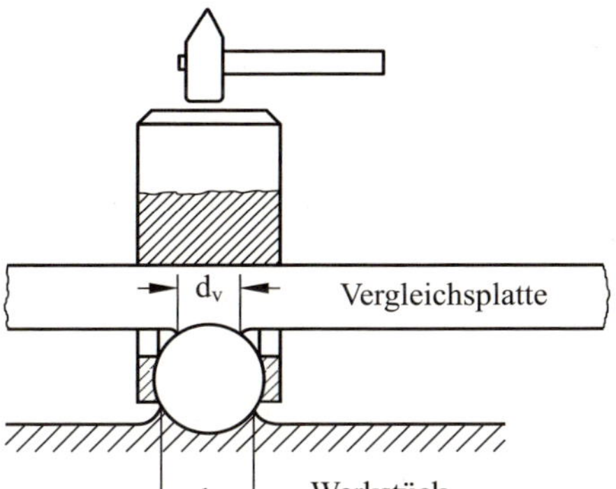

Bild 3.20 Härteprüfung mit dem Poldihammer

Ein Eindringkörper wird in das Werkstück und in eine Vergleichsplatte aus demselben Werkstoff eingeschlagen (Bild 3.21). Die Härteeindrücke in der Vergleichsplatte mit bekannter Härte und im Werkstück werden miteinander verglichen. Wird die Prüflast über einen Scherstift übertragen, lässt sie sich mit guter Genauigkeit (± 1 %) bestimmen. Sie ist dann gleich der Bruchlast des Stiftes. Das Verfahren findet für Kontrollen auf Baustellen Anwendung.

3.2.2.5 Der Kerbschlagbiegeversuch *(DIN EN 10 045-1:90, -2:92, DIN 50 115:91)*

Die Kerbschlagbiegeprüfung dient zur Beurteilung der Trennbruchneigung und damit der Zähigkeit von Stahl unter verschärften Versprödungsbedingungen. Die Prüfung erfolgt im Pendelschlagwerk (Bild 3.22) bei unterschiedlichen Temperaturen zur Bestimmung von Hochlage, Tieflage, Steilabfall bzw. Übergangstemperatur (Bild 3.23) der Kerbschlagzähigkeit.

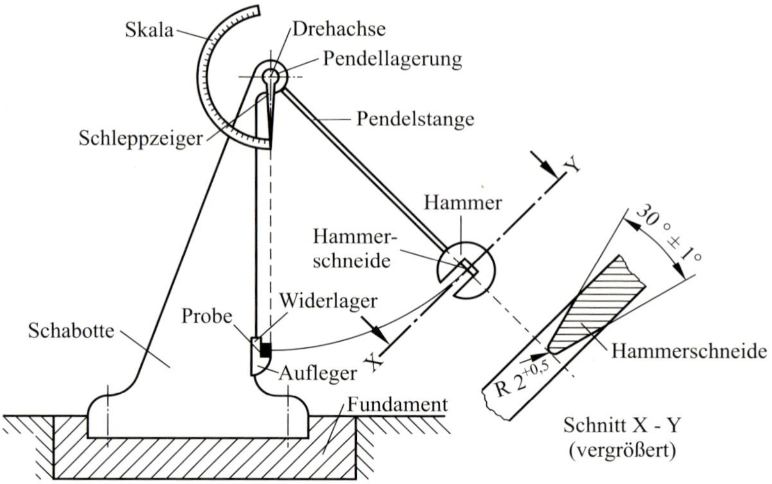

Bild 3.21 Pendelschlagwerk

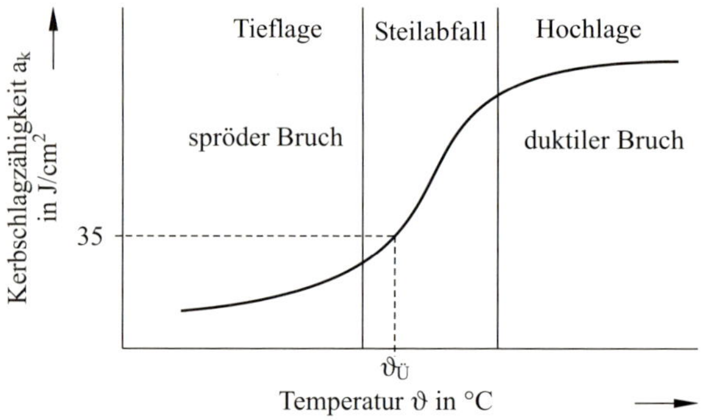

Bild 3.22 Kerbschlagzähigkeits-Temperaturkurve

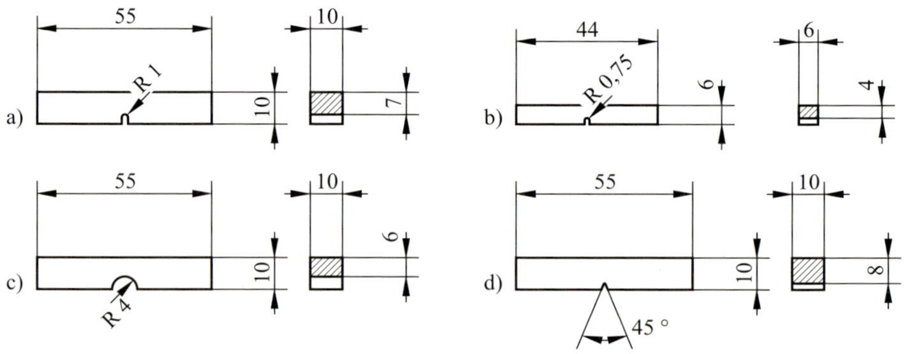

Bild 3.23 Formen von Kerbschlagbiegeproben,
nach DIN 50 115: **a)** DVM-Probe, **b)** DVMK-Probe, **c)** DVMF-Probe,
nach DIN EN 10 045: **d)** Charpy-V-Probe (ISO-V-Probe)

Zähigkeitsmaß ist die auf den gekerbten Probenquerschnitt bezogene Schlagarbeit, die zum Bruch der Kerbschlagbiegeprobe benötigt wird. Die Übergangstemperatur wird auf verschiedene Weise definiert, z. B. als Temperatur, bei der eine Kerbschlagzähigkeit von 35 J/cm^2 oder eine Schlagarbeit von 27 J erreicht wird, und ist kein eindeutiger Werkstoffkennwert, sondern von der Probenform (Kerbschärfe, Probengröße) abhängig. Die Übergangstemperatur $\vartheta_Ü$ wird durch Grobkorn, Alterung, Kaltverformung und erhöhte Beanspruchungsgeschwindigkeit zu höheren Temperaturen verschoben.

Die Form der Proben ist in Bild 3.24 dargestellt. Beim Kerbschlagbiegeversuch führt die Kerbe zu einer Behinderung der Querverformung und damit zu einem räumlichen Spannungszustand, der das Auftreten von Trennbrüchen durch Anheben der Streckgrenze begünstigt. Im gleichen Sinn wirken eine erhöhte Beanspruchungsgeschwindigkeit (Bild 3.25) und eine niedrige Beanspruchungstemperatur (siehe Bild 3.26).

Die Geschwindigkeit

$$v = \sqrt{2 \cdot g \cdot \Delta H}\,,$$

mit der die Hammerfinne auf der Probe auftrifft, beträgt üblicherweise etwa 5 m/s.

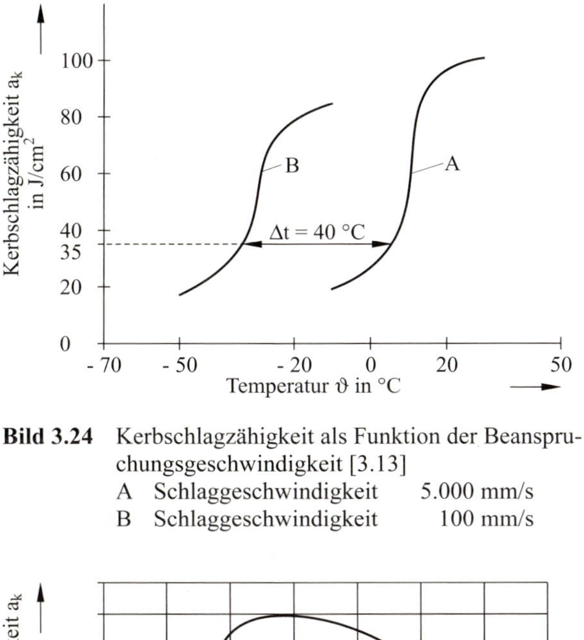

Bild 3.24 Kerbschlagzähigkeit als Funktion der Beanspruchungsgeschwindigkeit [3.13]
A Schlaggeschwindigkeit 5.000 mm/s
B Schlaggeschwindigkeit 100 mm/s

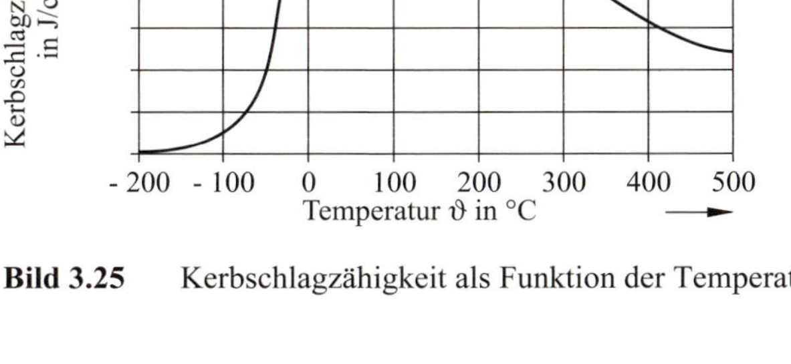

Bild 3.25 Kerbschlagzähigkeit als Funktion der Temperatur

Die Schlagarbeit ist dann

$$A_v = G \cdot \Delta H = g \cdot m \cdot \Delta H$$

in J

und die Kerbschlagzähigkeit

$$a_K = \frac{G \cdot \Delta H}{A_0} = \frac{g \cdot m \cdot \Delta H}{A_0}$$

in J/cm^2

mit:

G: Gewichtskraft des Pendels in N;
m: Masse des Pendels in kg;
ΔH: Höhendifferenz des Pendels vor und nach dem Schlag in m;
A_0: maßgeblicher Probenquerschnitt in cm^2;
g: Erdbeschleunigung in m/s^2

(Zur Umrechnung: 1 Nm = 1 J)

Die Kerbschlagzähigkeit wurde früher in kpm/cm^2 angegeben. Nach Umstellung auf das SI-System ergeben sich für die Schlagarbeit in J die folgenden Umrechnungsfaktoren.

Tabelle 3.4 Umrechnungsfaktoren zur Bestimmung der Kerbschlagzähigkeit

Probenform	Querschnitt am Kerb A_0 in cm^2	kp m/cm^2	kp m	J
DVM	0,7	1 0,1457	0,7 0,102	6,864 1
ISO-Spitzkerb	0,8	1 0,1275	0,8 0,102	7,8453 1
ISO-Rundkerb	0,5	1 0,2039	0,5 0,102	4,90332 1

3.2.2.6 ***Der Dauerschwingversuch*** *(DIN 50 100:78, DIN 50 113, DIN 50 142:82)*

Die Beobachtung zeigt, dass ein schwingend beanspruchtes Bauteil bei niedrigerer Beanspruchung bricht, als ein statisch beanspruchtes (A. Wöhler, 1866). Das Verhalten eines solchen Bauteils ist demnach nicht nur von der Höhe der Beanspruchung, sondern auch von der Häufigkeit ihrer Wiederholung abhängig [3.14, 3.15].

Wichtig für:

- Fahrzeuge einschließlich Luftfahrzeuge
- Maschinen mit rotierenden Teilen (Turbinen, Pumpen, Kompressoren, Motoren, Kurbelwellen)
- Geräte mit zyklischer Belastung (Krane)
- Eisenbahnbrücken (für Straßenbrücken dagegen nimmt man bisher eine vorwiegend ruhende Belastung an).

Arten der Dauerschwingbeanspruchung

Beanspruchungsbereiche bei Dauerschwingversuchen

Die in Dauerschwingversuchen aufgebrachten Belastungen simulieren typische Fälle schwingender Belastungen von Bauteilen. Am einfachsten zu realisieren (elektromechanische Schwingprüfmaschinen mit Kurbeltrieb) sind periodische Belastungen mit sinusförmigem Spannungsverlauf, wie er auch in der Praxis vielfach vorliegt. Dabei pendeln die Spannungswerte zwischen zwei Grenzwerten um eine zeitlich konstante *Mittelspannung* σ_m

$$\sigma_m = \frac{1}{2} \cdot (\sigma_o + \sigma_u),$$

wobei σ_o den oberen, σ_u den unteren Grenzwert (*Oberspannung, Unterspannung*) darstellt. Der Spannungsausschlag (Amplitude der Schwingung) ist

$$\sigma_a = \frac{1}{2} \cdot (\sigma_o - \sigma_u).$$

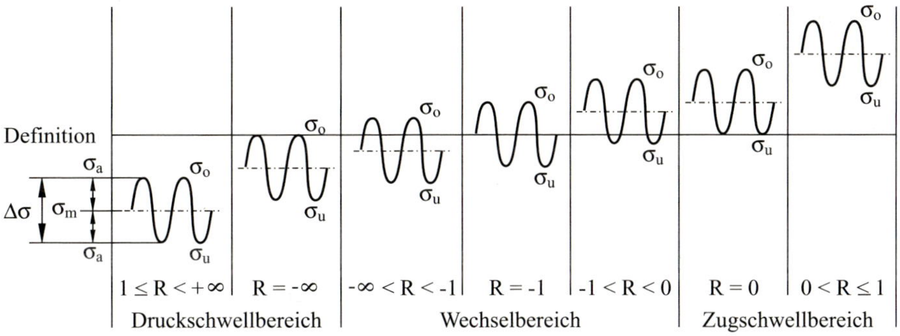

Bild 3.26 Bereiche der Dauerschwingbeanspruchung

Wie in Bild 3.27 dargestellt, kann die Mittelspannung im Zug- oder im Druckbereich liegen oder auch Null sein. Zur Kennzeichnung dieser Beanspruchungsbereiche dient das Spannungsverhältnis, das etwas unterschiedlich definiert wird entweder wie international üblich als

$$R = \frac{\sigma_u}{\sigma_o} \qquad \text{für} \qquad \sigma_m \begin{array}{c}\leq\\ =\\ \geq\end{array} 0,$$

wobei

$+1 \leq R \leq \pm\infty$ im Druckschwellbereich (vgl. Bild 3.27),

$-\infty \leq R \leq +1$ im Wechsel- und Zugschwellbereich (vgl. Bild 3.27).

oder als

$$\kappa = \frac{\sigma_u}{\sigma_o} \qquad \text{für} \qquad \sigma_m > 0$$

$$\kappa = \frac{\sigma_o}{\sigma_u} \qquad \text{für} \qquad \sigma_m < 0$$

wobei in beiden Fällen $-1 \leq \kappa \leq +1$ ist.

Belastungsarten bei Dauerschwingversuchen

Folgende Belastungsarten werden in Dauerschwingversuchen angewandt (Bild 3.28 a bis e): Einfache Biegung (DIN EN 50 142:82), Zug-Druck, Torsion, Zug im Schwellbereich, Druck im Schwellbereich, Umlaufbiegung (DIN EN 50 113:82).

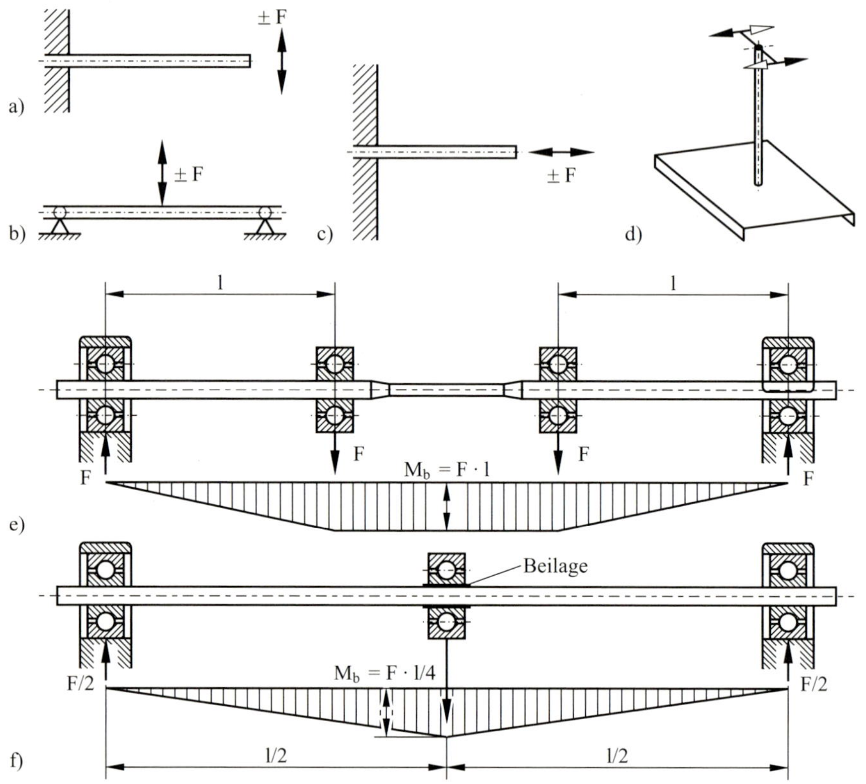

Bild 3.27 Belastungsarten bei Dauerschwingbeanspruchung
a) Dauerschwingversuch mit einfacher Biegung, Probe einseitig eingespannt,
b) Dauerschwingversuch mit einfacher Biegung, Träger auf zwei Stützen
c) Zug-Druck-Dauerschwingprüfung
d) Torsions-Dauerschwingprüfung
e) Umlaufbiegung mit Rundproben, unveränderliches Biegemoment über die Prüfstrecke
f) Umlaufbiegung mit Rundproben, veränderliches Biegemoment

Bestimmung der Dauerschwingfestigkeit durch Aufnahme eines Wöhlerschaubildes

Zur Beschreibung des Dauerschwingverhaltens von Werkstoffen und zur Ermittlung werkstoff- und bauteilspezifischer Kennwerte werden Wöhlerschaubilder erstellt (Bild 3.29). Dabei sind auf vorgewählten Spannungshorizonten die statistisch streuenden Bruchlastspielzahlen N_B von jeweils 6 bis 10 gleichwertigen Proben zu ermitteln. Mit Hilfe geeigneter statistischer Auswerteverfahren lassen sich in das mit abnehmenden Spannungsamplituden zu größeren Bruchlastspielzahlen verlaufende Streuband *Wöhlerlinien* für jeweils gleiche Überlebens- oder Bruchwahrscheinlichkeit einzeichnen, z. B. Linien für 5 %ige, 50 %ige und 95 %ige Überlebenswahrscheinlichkeit. Die Spannungsachse wird in Wöhlerdiagrammen entweder linear oder logarithmisch unterteilt, die Achse der Lastspiele stets logarithmisch.

Stähle im normalgeglühten oder vergüteten Zustand ertragen unterhalb einer bestimmten Spannungsamplitude beliebig große Lastspielzahlen ohne Bruch, d. h. es ergibt sich eine Wöhlerlinie mit einem horizontalen Ast als typischem Merkmal dieser Werkstoffe (Bild 3.30).

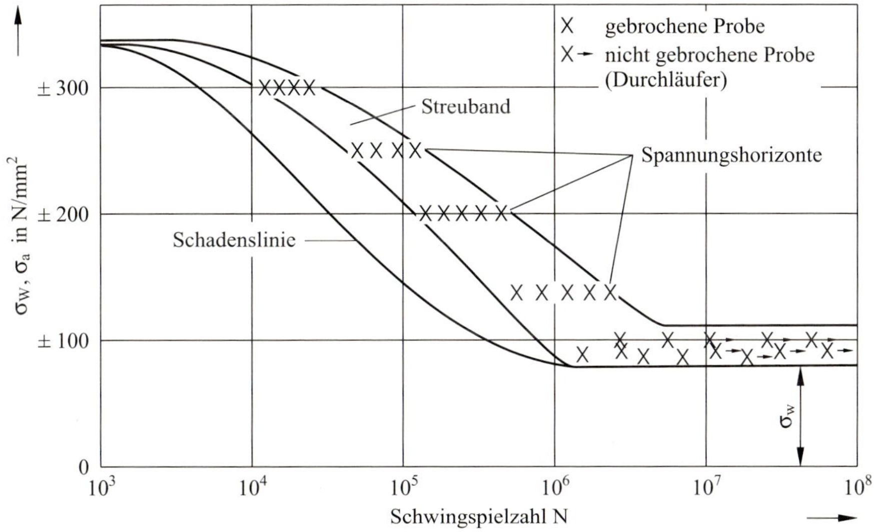

Bild 3.28 Wöhlerschaubild

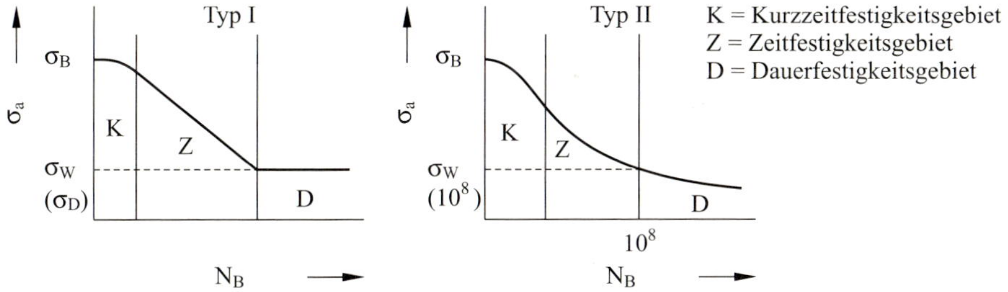

Bild 3.29 Wöhlerkurven unterschiedlichen Typs für normalisierte oder vergütete Stähle (links) und für Kfz-Metalle oder Legierungen (rechts)

Bei der Aufnahme von Wöhlerlinien für Stähle hat sich gezeigt, dass Brüche bei Lastspielzahlen über $2 \cdot 10^6$ nur noch selten und über 10^7 praktisch nicht mehr auftreten. Deshalb bricht man die Schwingversuche auf niedrigen Spannungshorizonten bei einer *Grenzlastspielzahl* von 10^7 oder im verkürzten Versuch von $2 \cdot 10^6$ Lastwechseln ab und verbucht die nicht gebrochenen Proben als Durchläufer (Bild 3.29). Die Spannungsamplitude, die 10^7 Lastspiele und damit auch beliebig viele Lastspiele ertragen wird, also dem horizontalen Ast der Wöhlerlinie entspricht, definiert man bei mittelspannungsfreier Belastung ($\sigma_m = 0$) als *Wechselfestigkeit* σ_W Bei Beanspruchungen mit Mittelspannung bezeichnet man die Summe aus beliebig oft ertragener Spannungsamplitude und Mittelspannung als *Dauerfestigkeit* σ_D, z. B. $\sigma_D = 200 \pm 80$ N/mm² mit $\sigma_m = 200$ N/mm².

Bei reinen Kfz Metallen (Aluminium, Kupfer) und vielen Kfz Legierungen (austenitische Stähle) tritt ein anderer Typ von Wöhlerlinie auf (Bild 3.30). Es werden auch oberhalb 10^7 Lastwechseln noch Brüche beobachtet. Die Bruchlastspielzahlen wachsen mit wenig abnehmender Spannungsamplitude rasch an. Anstelle des horizontalen Astes ergibt sich ein asymptotisch gegen eine untere Grenzspannung verlaufender Ast. Man definiert bei solchen Werkstoffen die bis zu einer Grenzlastspielzahl von 10^7 oder 10^8 ertragene Spannung als Wechselfestigkeit $\sigma_{W(10^7)}$ bzw. $\sigma_{W(10^8)}$ bei $\sigma_m = 0$ oder als Dauerfestigkeit $\sigma_{D(10^7)}$ bzw. $\sigma_{W(10^8)}$ bei $\sigma_m \neq 0$.

Beiden Typen von Wöhlerlinien lassen sich im Lastspielzahlbereich zwischen 10^3 und 10^6 (Zeitfestigkeitsbereich, Bild 3.30) *Zeitfestigkeitswerte* und bei Lastwechselzahlen $< 10^3$ (Kurzzeitfestigkeitsbereich) *Kurzzeitfestigkeitswerte* als Spannungen entnehmen, die eine definierte begrenzte Lastspielzahl (z. B. $N = 10^5$) ertragen werden. Die Zeitfestigkeit wird bei der Bemessung von Bauteilen zugrunde gelegt, wenn diese von vornherein nur für eine begrenzte Lebensdauer bestimmt sind.

Dem Bruch eines schwingbeanspruchten Teils (Schwingungsbruch) gehen folgende, sich teilweise überlappende Stadien voraus:

- anrissfreie Phase (strukturelle Veränderungen äußern sich als Ver- oder Entfestigung)
- Rissbildungsphase (Bildung von Rissvorstufen) und
- Rissausbreitungsphase (z. T. in Stadium I und II unterteilbar).

Zusätzlich zu den Bruchwöhlerlinien lassen sich daher Anrisswöhlerlinien aufzeichnen. Der Unterschied zur Schadenslinie (Bild 3.29), deren Ermittlung im Zweistufenversuch erfolgt, ist zu beachten. Aufgetragen wird dabei die Lastspielzahl N_s, die in einer ersten Stufe mit $\sigma_a > \sigma_W$ ertragen wird, ohne dass in der zweiten Stufe mit $\sigma_a = \sigma_D$ innerhalb von $2 \cdot 10^6$ bzw. 10^7 Lastwechseln ein Bruch eintritt.

Einflussgrößen auf das Dauerschwingverhalten

Einfluss auf das Dauerschwingverhalten haben einerseits die Beanspruchungsbedingungen (Belastungsart, Umgebungsbedingungen) und andererseits die Beschaffenheit des Prüfkörpers oder Bauteils (Werkstoff, Geometrie). Die einzelnen Einflussgrößen lassen sich also in die nachfolgend aufgeführten vier Gruppen einordnen.

Art der Belastung

Einfluss haben alle schon genannten Belastungsarten (vergleiche Bild 3.28) einschließlich der Mittelspannung, die Prüffrequenz (relativ geringer Einfluss, solange keine unzulässige Erwärmung bei hohen Frequenzen eintritt), die Belastungsdauer bei der Maximalspannung, Ruhepausen, und die Reihenfolge unterschiedlich hoher Spannungsamplituden (z. B. Hochtrainieren der Dauerschwingfestigkeit durch eine Laststeigerung von kleinen σ_a aus, die jeweils einige 10^6 Lastwechsel beibehalten werden. Verfestigungsbedingt kann sich so die Dauerfestigkeit normalisierter Stähle um bis zu 30 % erhöhen).

Als Faustregel für die Wechselfestigkeit ungekerbter Teile aus Stählen bei verschiedenen Belastungsarten gilt:

$\sigma_W \approx 0{,}25 \cdot R_m$ (Torosionsbeanspruchung)

$\sigma_W \approx 0{,}3 \cdot R_m$ (Zug-Druckbeanspruchung)

$\sigma_W \approx 0{,}4 \cdot R_m$ (Biegewechselbeanspruchung)

$\sigma_W \approx 0{,}5 \cdot R_m$ (Umlaufbiegebeanspruchung).

Da der Einfluss von Mittelspannungen auf die Dauerfestigkeit besondere technische Bedeutung hat, werden die Ergebnisse von Wöhlerversuchen in verschiedenen Beanspruchungsbereichen in besonderen *Dauerfestigkeitsschaubildern* dargestellt. Diese verdeutlichen den Mittelspannungseinfluss auf die dauerfest ertragene Ober- und Unterspannung oder auf die dauerfest ertragene Spannungsamplitude σ_A: Zugmittelspannungen verringern σ_A, Druckmittelspannungen erhöhen σ_A. Außer mit einer Reihe von experimentell ermittelten Dauerfestigkeitswerten lassen sich Dauerfestigkeitsschaubilder vereinfachend auch konstruieren, wenn nur die Kennwerte σ_W und R_m bzw. R_e bekannt sind. Dazu wird von folgenden hypothetischen Beziehungen für den Mittelspannungseinfluss ausgegangen:

$$\sigma_D = \sigma_W \cdot (1 - \sigma_m / R_m)$$ nach Goodmann oder

$$\sigma_D = \sigma_W \cdot (1 - \sigma_m^{\ 2} / R_m^{\ 2})$$ nach Gerber oder

$$\sigma_D = \sigma_W \cdot (1 - \sigma_m / R_e)$$ nach Söderberg.

Dauerfestigkeitsschaubild nach Smith

	N/mm²
R_m	370
R_{eL}	240
σ_{dS}	280
σ_W	± 130
σ_{Sch}	*220*
$\sigma_{d\,Sch}$	*260*

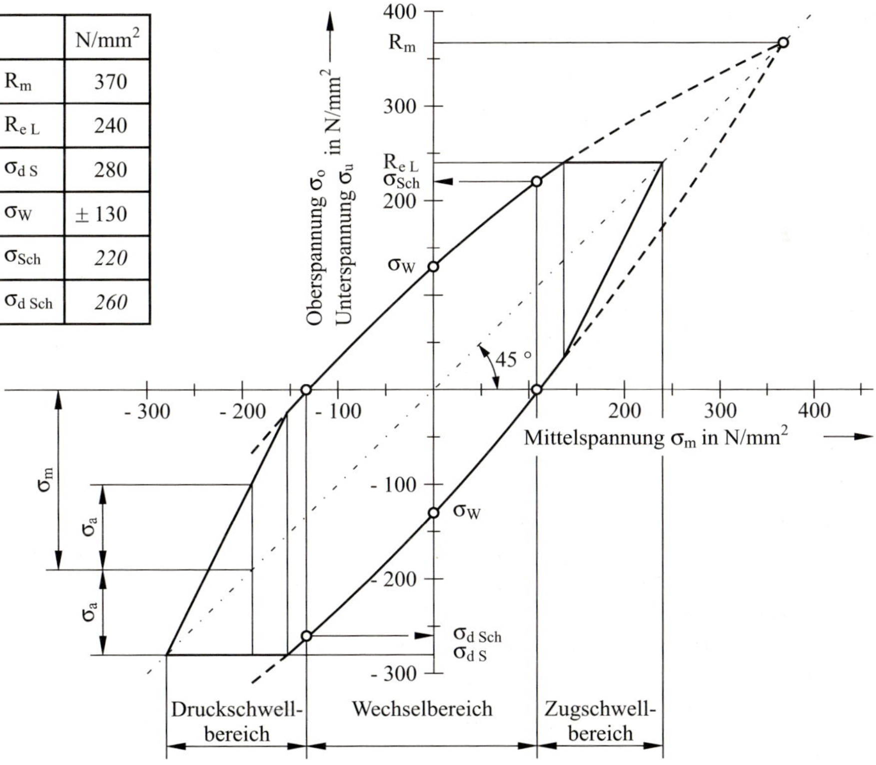

Bild 3.30 Zug-Druck-Dauerfestigkeitsschaubild nach Smith für Stahl S235JR (früher St 37).

Bild 3.31 zeigt ein Zug-Druck-Dauerfestigkeitsschaubild für Probestäbe aus Stahl S235JR. Auf der Abszisse werden die Mittelspannung σ_m, auf der Ordinate die bei gegebenem σ_m dauerfest ertragenen Grenzspannungen, also die Oberspannung $\sigma_o = \sigma_m + \sigma_A$ und die Unterspannung $\sigma_u = \sigma_m - \sigma_A$ aufgetragen. In Höhe der Streck- bzw. Quetschgrenze wird das Schaubild durch eine Horizontale abgeschnitten. Zur vereinfachten Aufstellung des Diagramms unter Benutzung einer der oben genannten Hypothesen sind mindestens folgende Kennwerte erforderlich:

- Streckgrenze, z. B. $R_{eL} = 240$ N/mm²
- Quetschgrenze, z. B. $\sigma_{dS} = 280$ N/mm²
- Wechselfestigkeit, z. B. $\sigma_W = \pm 130$ N/mm²

Folgende Werte können abgelesen werden (vgl. Bild 3.31)

- Zugschwellfestigkeit $= \sigma_{A,\,z\,sch} + \sigma_m = \sigma_{Sch} = 220$ N/mm²
- Druckschwellfestigkeit $= \sigma_{A,\,d\,sch} + \sigma_m = \sigma_{d\,Sch} = 260$ N/mm²

Dauerfestigkeitsschaubild nach Haigh

Anstelle des in Bild 3.31 dargestellten Smith-Diagramms wird heute das Schaubild nach Haigh bevorzugt (Bild 3.32). Auf der Abszisse ist dabei ebenfalls die Mittelspannung σ_m, auf der Ordinate dagegen die dauerfest ertragene Spannungsamplitude σ_A aufgetragen. Die Streck- bzw. $R_{p\,0,2}$-Grenze und die Quetschgrenze sind die unter 45° verlaufenden Geraden, die das Diagramm begrenzen. Eingetragen sind zusätzlich einige Linien der Spannungsverhältnisse $R = \sigma_u/\sigma_o$ (siehe Definition von R).

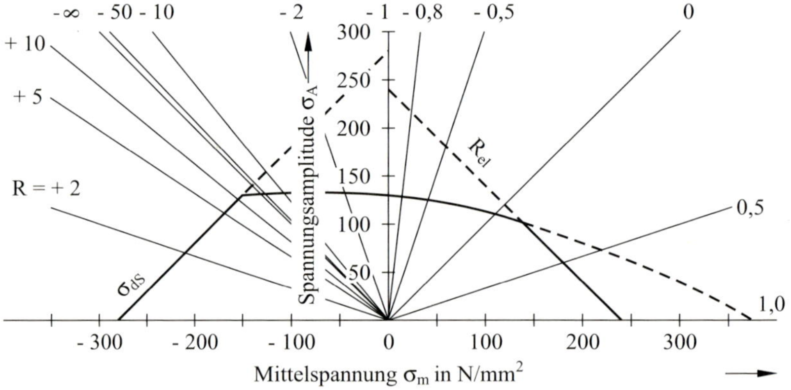

Bild 3.31 Dauerfestigkeitsschaubild nach Haigh für Stahl S235JR (früher St 37, DIN 17 100).

Dauerfestigkeitsschaubild nach Moore, Kommers, Jasper

In diesem heute weniger benutzten Diagramm (Bild 3.33) erfolgt eine Auftragung der Oberspannung in Abhängigkeit vom Spannungsverhältnis. Die Mittelspannung wird nicht eingetragen. Sie ergibt sich aus:

$$\sigma_m = \frac{\sigma_o}{2} \cdot (\kappa + 1)$$

Das Diagramm kann durch eine Horizontale in Höhe der Streckgrenze begrenzt sein. In das Bild 3.33 sind einige zulässige Spannungen (σ_{zul}) nach der Bahnvorschrift DV 952 [3.16] eingetragen, die derzeit unter Zugrundelegung der speziellen Lastannahmen des Schienenfahrzeugbaus noch für Berechnungen benutzt werden können. Künftig wird für die dauerfeste Auslegung von geschweißten Verbindungen im Schienenfahrzeugbau nur noch die Richtline DVS 1612 gelten.

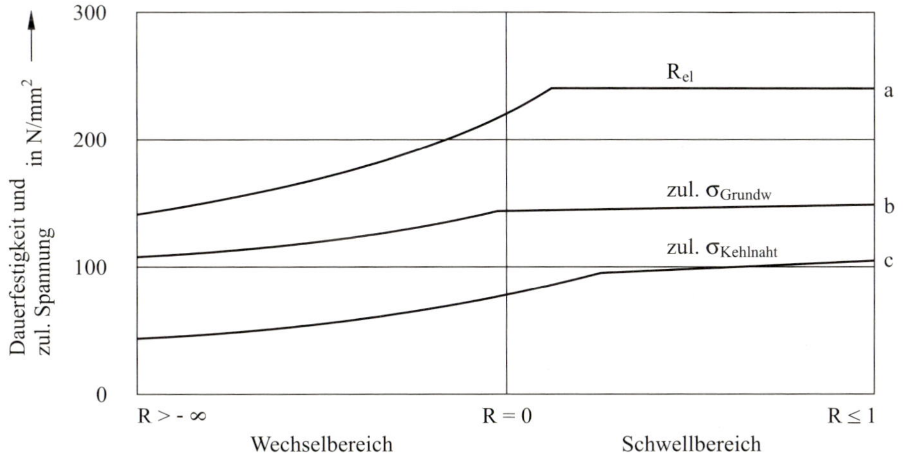

Bild 3.32 Dauerfestigkeitsschaubild nach Moore, Kommers, Jasper
a Dauerschwingfestigkeit des Grundwerkstoffs S235JR (Stahl St 37)
b zulässige Dauerschwingbeanspruchung des Grundwerkstoffs nach DV 952 [3.16]
c zulässige Dauerschwingbeanspruchung für Kehlnähte nach DV 952

Umgebungsbedingungen

Von Bedeutung sind die Prüftemperatur (Erhöhung der Temperatur verringert die Bruchlastspielzahl von Metallen. Ausnahme: Bereich der Blausprödigkeit bei Stählen), und das umgebende Medium (Vakuum, Luft, H_2O-Dampf, korrosive Medien, wie Säuren oder Cl-haltige Lösungen).

Werkstoff und Werkstoffzustand

Grundsätzlich erhöhen alle Einflussfaktoren, welche die Streckgrenze oder Zugfestigkeit eines Werkstoffes vergrößern, auch dessen Dauerschwingfestigkeit. So lässt sich die Schwingfestigkeit steigern durch Legieren, Wärmebehandeln, Kaltverfestigen und thermomechanisches Behandeln.

Extrem wichtig für das Dauerschwingverhalten ist der Zustand der Oberfläche und der Randschichten. Anzustreben sind kleinstmögliche Oberflächenrauhigkeit (durch Polieren, Läppen, Honen, Feinschleifen erreichbar), sowie größtmögliche Härte und betragsmäßig große Druckeigenspannungen in den Randschichten.

Eigenspannungen und Dauerfestigkeit: Druckeigenspannungen vermindern, insbesondere wenn sie im Bereich von Kerben vorliegen (raue Oberflächen), örtliche Zugspannungsspitzen und erhöhen damit die Dauerschwingfestigkeit. Durch Maßnahmen, die Druckeigenspannungen erzeugen, wie Oberflächendrücken, Festwalzen, Kugelstrahlen, Hämmern, Aufdornen von

Bohrungen oder Einsatz-, Flamm- und Induktivhärten sowie Nitrieren, lässt sich aus diesem Grund eine erhöhte Dauerschwingfestigkeit erzielen. Zugeigenspannungen können andererseits die Dauerschwingfestigkeit erniedrigen. Die Empfindlichkeit gegen Eigenspannungen nimmt mit wachsender Zugfestigkeit oder Härte der Werkstoffe zu.

Bauteil- bzw. Probengeometrie

Von erheblicher Bedeutung ist die Wirkung von Kerben bei schwingbeanspruchten Teilen. Sie wird deshalb nachfolgend in einem gesonderten Abschnitt behandelt. Außerdem ist zu beachten, dass größere Teile meist eine geringere Dauerschwingfestigkeit aufweisen als kleinere Teile (Größeneinfluss). Die Ursache hierfür sind herstellungs-, verarbeitungs- oder behandlungsbedingte Unterschiede ihres Zustandes (halbzeugbedingter- und technologischer Größeneinfluss) oder eine unterschiedliche Fehlerzahl (statistischer Größeneinfluss) oder unterschiedliche Spannungsgradienten, wie z. B. bei Teilen unterschiedlicher Biegehöhe (spannungsmechanischer Größeneinfluss).

Kerbwirkung und Dauerschwingfestigkeit

Erfasst man bei einem elastisch zugbeanspruchten dünnen, gekerbten Flachstab (Bild 3.34) die örtliche Verteilung der Spannungen, so beobachtet man keine gleichmäßige Spannungsverteilung über dem Querschnitt, sondern eine Spannungsspitze σ_{max} im Kerbgrund. Ihre Höhe ist von der Form (Schärfe) des Kerbes abhängig.

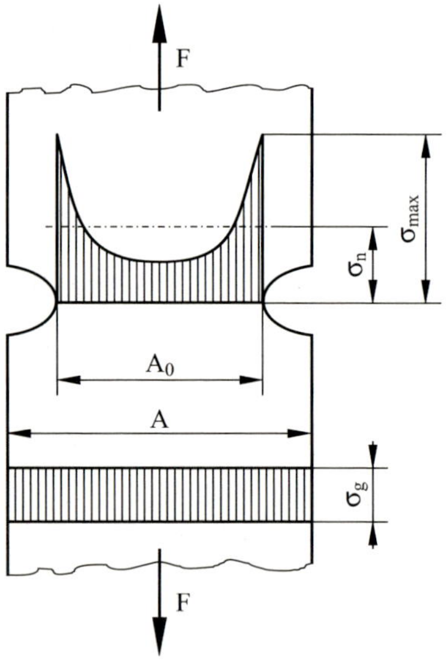

Bild 3.33 Spannungsverteilung im gekerbten Flachstab
- σ_g Spannung im ungeschwächten Teil
- σ_{max} maximale Kerbspannung
- σ_n Nennspannung im gekerbten Teil

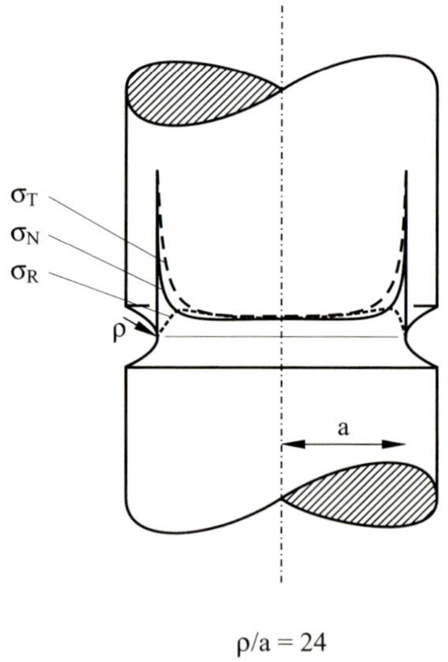

Bild 3.34 Spannungsverteilung im gekerbten Rundstab mit $\rho/a = 24$ [3.17]
- σ_T Tangentialspannung
- σ_R Radialspannung
- σ_N Normalspannung

Ist σ_n die

$$\text{Nennspannung} \qquad \sigma_n = \frac{F}{A_0}$$

so ergibt sich eine

$$\text{Formzahl} \qquad \alpha_k = \frac{\sigma_{\max}}{\sigma_n} \qquad \text{mit} \qquad \alpha_k > 1$$

Bei größerer Dicke, z. B. dem in Bild 3.35 gezeichneten Rundstab, wirken sich zusätzlich Radial- und Tangentialspannungen σ_R und σ_T aus. Man erhält im Kerbgrund einen zweiachsigen, im Innern des Stabes einen dreiachsigen Spannungszustand.

Spannungsspitze und Mehrachsigkeit des Spannungszustandes setzen die Dauerfestigkeit herab, was mit Hilfe einer

$$\text{Kerbwirkungszahl} \qquad \beta_k = \frac{\sigma_{A,\,\text{glatt}}}{\sigma_{A,\,\text{gekerbt}}}$$

mit $1 < \beta_k < \alpha_k$ (bei hohen Schwingspielzahlen) und

$\sigma_{A,\,\text{glatt}}$: Spannungsamplitude der Dauerfestigkeit eines ungekerbten Stabes (Bauteils),

$\sigma_{A,\,\text{gekerbt}}$: Nennspannungsamplitude der Dauerfestigkeit eines gekerbten Stabes (Bauteils),

beschrieben werden kann. Die *Kerbempfindlichkeit* und damit die Kerbwirkungszahl nimmt mit wachsender Zugfestigkeit zu ($\beta_k \rightarrow \alpha_k$ bei großer Härte).

Bei den Kerben, die in Maschinenbauteilen wirken, ist folgende Unterscheidung nützlich:

- makroskopische Kerben (Bohrungen, Nuten, Rillen, Absätze, Vorsprünge, Schweißnähte)
- mikroskopische Kerben (Bearbeitungsriefen, Schweißspritzer oder Schweißkrater, Walz- oder Schmiedehaut, Rostnarben, Einschlüsse, Ausscheidungen)
- strukturelle Kerben (Steifigkeits- oder Härtesprünge, Korngrenzen)

Die *Gestaltfestigkeit* ist die durch die Nennspannung gekennzeichnete Dauerfestigkeit eines Bauteils und wird durch dessen Form (Kerbgeometrie), Größe und Bearbeitungszustand bestimmt. Die Gestaltfestigkeit ist also kein Werkstoffkennwert.

Ausgangsort und Form des Schwingbruchs

Ausgangsort der zum Schwingbruch (Dauerbruch) führenden Schwingungsrisse (Ermüdungsrisse) sind Kerben. Außer den genannten vorhandenen Kerben können dies auch während der Schwingbeanspruchung in der Rissbildungsphase entstandene Kerben sein (Intrusionen, Stufen in Ermüdungsbändern).

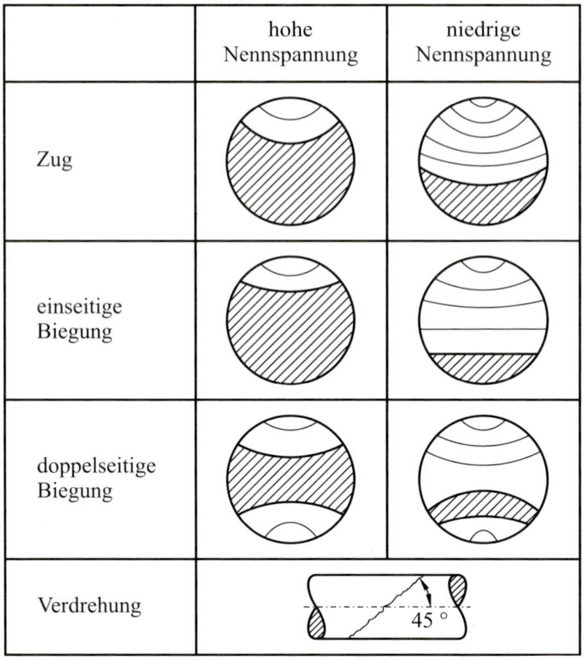

Bild 3.35 Dauerbruchflächen und -formen

Die während der Rissausbreitung im Verlauf vieler Lastwechsel gebildete Schwingbruchfläche ist relativ glatt und weist häufig Scheuerstellen auf. Wenn die Schwingbeanspruchung durch Ruhepausen unterbrochen war, entstehen makroskopisch sichtbare, durch verstärkte Oxidation dunkel gefärbte Streifen, so genannte Rastlinien (Bild 3.36).

Ihr Auftreten ist ein Beleg für einen Schwingungsbruch mit Ruhepausen. Bei hoher Vergrößerung im Rasterelektronenmikroskop lässt sich eine Schwingbruchfläche durch typische Schwingungsstreifen eindeutig identifizieren.

Infolge der mit abnehmendem Restquerschnitt zunehmenden Spannung erfolgt beim Überschreiten der Zugfestigkeit der Restbruch als *Gewaltbruch*.

Aus der Größe der Restbruchfläche, die wie ein Bruch bei statischer Beanspruchung zerklüftet oder mit Grübchen behaftet ist, kann die Höhe der Beanspruchung grob abgeschätzt werden. Die Bruchform wird außer durch die Höhe der Nennspannung durch die Beanspruchungsart bestimmt (Bild 3.36).

3.2.2.7 Der Betriebsfestigkeitsversuch [3.18, 3.19]

Bei vielen Bauteilen ist die Beanspruchung nicht durch einen streng periodischen, z. B. sinusförmigen Verlauf gekennzeichnet (Kraftfahrzeuge auf unebener Fahrbahn), sondern die Bauteile unterliegen unperiodischen, schwingenden Beanspruchungen, die in regelloser Folge die Größe des Spannungsausschlages ändern (Bild 3.37). Die unter derartig sich ändernden Lasten ertragbare Beanspruchung ist die Betriebsfestigkeit.

Belastungskollektive und Mehrstufenversuche

Zufallsartige Belastungen gemäß Bild 3.37 lassen sich heute mit modernen Prüfmaschinen nachfahren. Vielfach wird für die Versuchsdurchführung jedoch ausgenutzt, dass sich bei langzeitiger Beobachtung solcher Belastungen gewisse statistische Gesetzmäßigkeiten ergeben, die ihre Darstellung als Belastungskollektive gestatten.

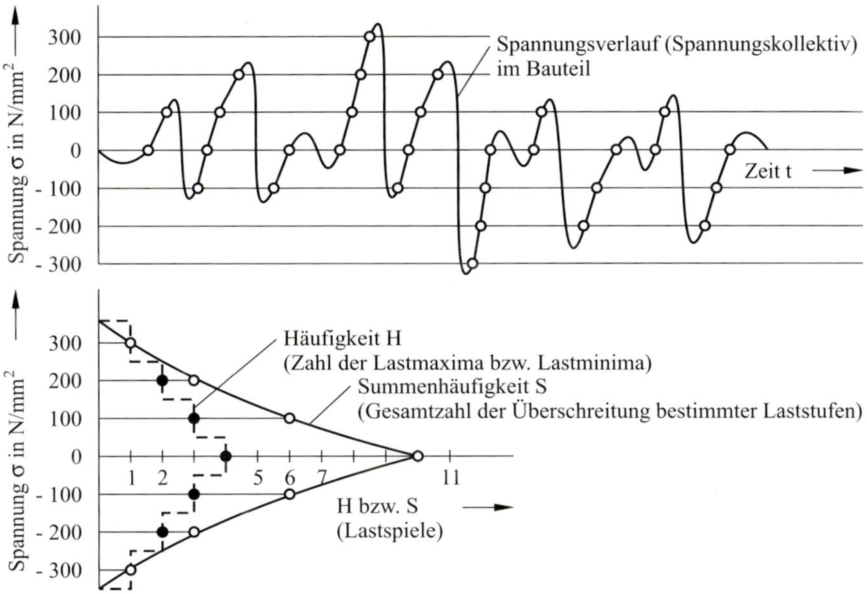

Bild 3.36 Belastungskollektiv, Treppendiagramm und Summenhäufigkeitskurve einer unperiodisch veränderlichen Belastung mit $\sigma_m = 0$.

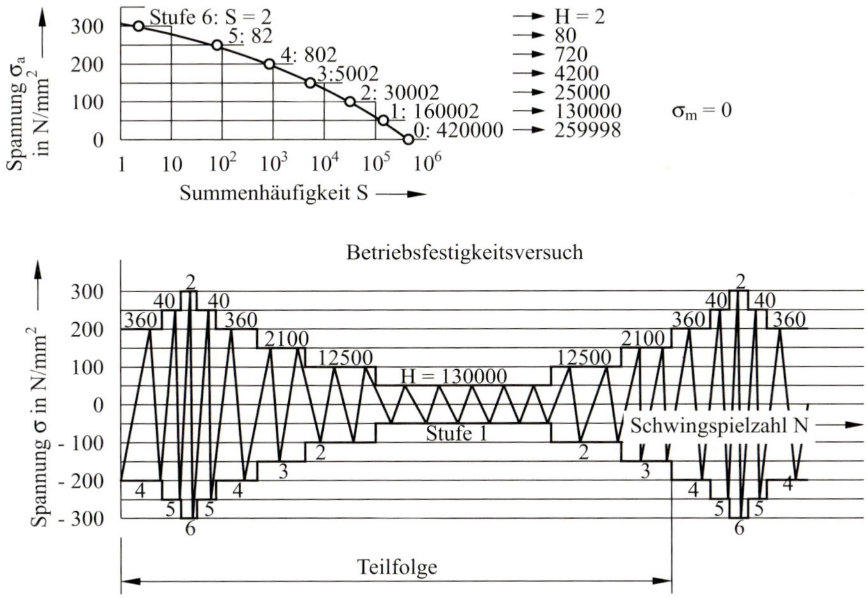

Bild 3.37 Summenhäufigkeit aus einem Belastungskollektiv und Aufteilung auf Teilfolgen der Belastung im Betriebsfestigkeitsversuch. Stufe = Belastungsstufe, S = Summenhäufigkeit, H = Häufigkeit

Man zeichnet hierfür eine Häufigkeitskurve (Bild 3.37). Diese entsteht durch eine Klassengrenzen-Überschreitungszählung. Hierzu wird der Messbereich in Klassen gleicher Breite unterteilt (z. B. 100 N/mm^2). Gezählt wird die Überschreitung jeder Klassengrenze bis zum

Messwertmaximum (Treppendiagramm). Aus einer grafischen Integration des Treppendiagramms kann man dann eine Summenhäufigkeitskurve (Bild 3.37) gewinnen. Sie gibt an, wie oft eine bestimmte Belastungshöhe überschritten wird. Man kann diese Werte durch Zählwerke, die alle über einem eingestellten Wert liegenden Belastungen zählen, leicht feststellen.

Die tatsächlich beobachtete Belastung wird auf Prüfmaschinen dann dadurch simuliert, dass man die ermittelte Summenhäufigkeitskurve durch ein zwei- oder mehrstufiges Treppendiagramm mit Lastzu- und Lastabnahme ersetzt (Mehrstufenversuch). Der Versuch ist dann von technischem Interesse, wenn die höhere Stufe über, die niedrige unter oder in Höhe der Dauerfestigkeit liegt. Geprüft wird die Lebensdauer (Schwingspielzahl bis zum Bruch).

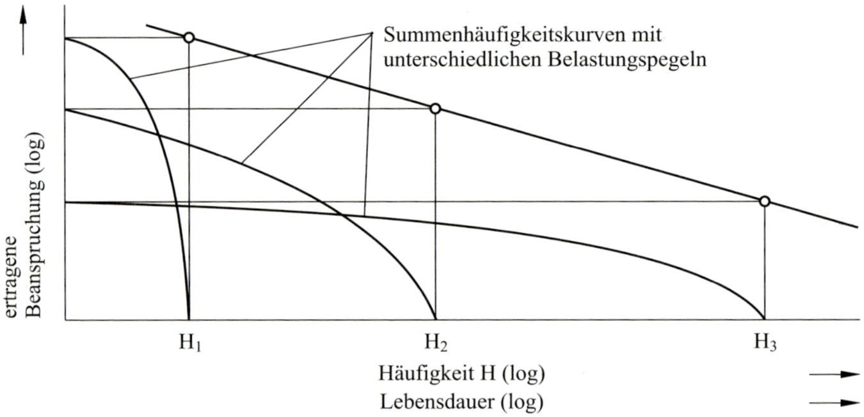

Bild 3.38 Spannungs-Lebensdauer-Schaubild des Betriebsfestigkeitsversuches [3.20]

Da es nicht gleichgültig ist, ob man mit einer hohen oder niederen Belastungsstufe (Hochtrainieren möglich) beginnt, löst man das Kollektiv in kürzere Teilfolgen von $5 \cdot 10^3$ bis $5 \cdot 10^5$ Schwingspielen auf, bei denen Anzahl und Höhe der Beanspruchungen im gleichen Verhältnis verteilt sind, wie im gemessenen Kollektiv (Bild 3.38). Mit dem Teilfolgenumfang von $5 \cdot 10^3$ Lastspielen werden Ergebnisse ermittelt, die mit denen der Zufallsbelastung des tatsächlichen Betriebes vergleichbar sind.

Die Ergebnisse des Betriebsfestigkeitsversuches können, ähnlich dem Wöhlerversuch, in einem Spannungs-Lebensdauer-Schaubild dargestellt werden (Bild 3.39). Die *Lebensdauerlinie* ergibt sich aus den Versuchspunkten dadurch, dass die größte Beanspruchung eines Teilfolgenumfanges über der jeweils bis zum Bruch ertragenen Schwingspielzahl aufgetragen wird.

3.2.2.8 Der Zeitstandversuch unter Zugbeanspruchung (DIN EN 10 291:00)

Wird ein Werkstoff bei höherer Temperatur ($T > 0{,}4 \cdot T_s$ [K] mit T_S = Schmelztemperatur) mit konstanter Last längere Zeit beansprucht (Bild 3.40), so treten zeitabhängige plastische Verformungserscheinungen auf, die man als Kriechen bezeichnet.

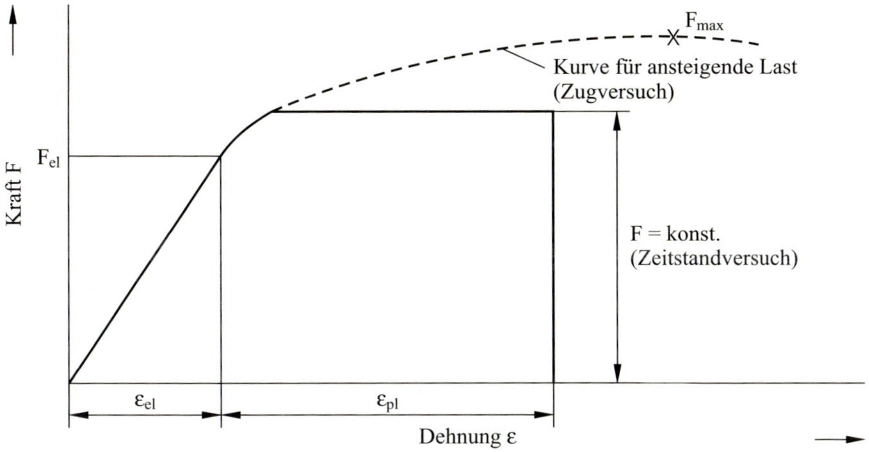

Bild 3.39 Kraft-Dehnungs-Schaubild beim Zugversuch und beim Zeitstandversuch (Kriechversuch)

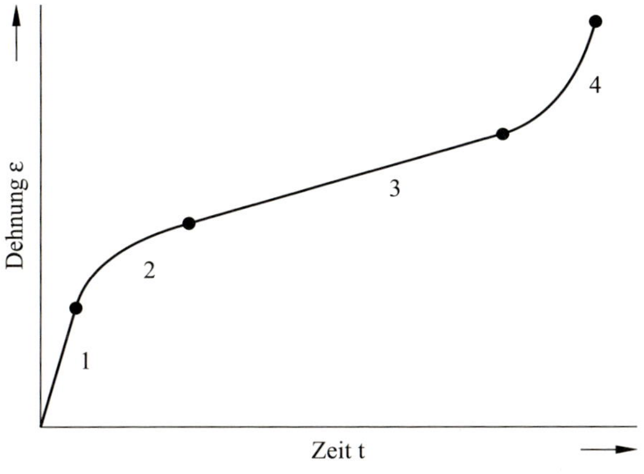

Bild 3.40 Kriechkurve mit vier verschiedenen Bereichen (Bereich 1 ist in t-Richtung stark verzerrt gezeichnet)

Die höhere Temperatur ist dabei in Bezug auf die Schmelztemperatur T_s zu sehen und kann, z. B. bei Blei, auch Raumtemperatur sein. Ein so belasteter Stab verlängert sich mit der Kriechgeschwindigkeit

$$v_k = \frac{d\varepsilon}{dt}.$$

Je nach Werkstoff, Beanspruchung und Temperatur lassen sich anschließend an den elastischen Bereich drei Bereiche des Kriechens unterscheiden (Bild 3.41).

1. Belastungsdehnung — $v_k = 0$. Es tritt kein Kriechen ein, Bereich 1 in Bild 3.41
2. Primäres Kriechen — $v_k > 0$. Der Werkstoff kriecht, die Kriechgeschwindigkeit nimmt jedoch mit der Zeit ab

$$\frac{d\varepsilon}{dt} \rightarrow 0 \qquad \text{(Bereich 2)}$$

3. Sekundäres oder stationäres Kriechen

$v_k > 0$. Der Werkstoff kriecht und die Kriechgeschwindigkeit bleibt über längere Zeit konstant

$$\frac{d\varepsilon}{dt} = const \qquad \text{(Bereich 3)}$$

4. Tertiäres Kriechen

$v_k > 0$. Im Anschluss an das stationäre Kriechen steigt die Kriechgeschwindigkeit wieder an und der Stab bricht, u. U. nach Jahren. Gegen Ende eines Zeitstandversuchs wächst v_k wegen der sich ausbildenden Querschnittsverkleinerung

$\frac{d\varepsilon}{dt} \to \infty$ (Schädigung entstanden, Bereich 4)

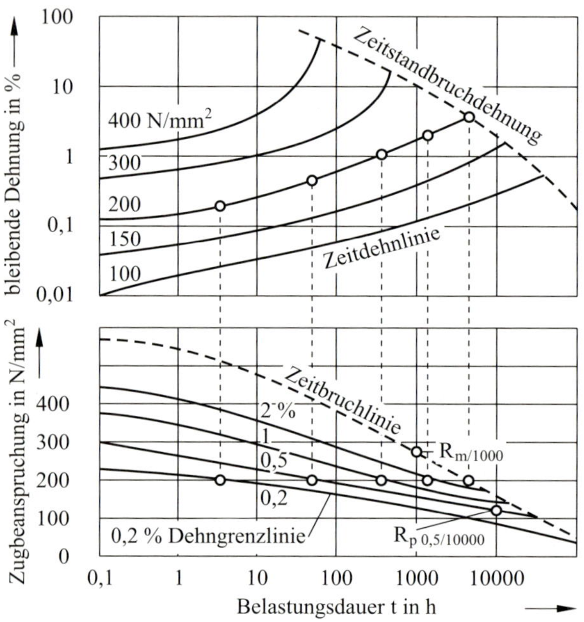

Bild 3.41 Auswertung des Zeitstandversuchs

Der Zeitstandversuch nach DIN 50 118/Z (DIN EN 10 291) mit verkürzter Versuchsdauer ist interessant für Bauteile, die höheren Betriebstemperaturen ausgesetzt sind, wie dies im Kesselbau, bei Gasturbinen, Motoren, Strahltriebwerken der Fall ist. Bei Stahl muss schon ab 300 °C mit Kriechen gerechnet werden.

Die Auswertung der in Zeitstandversuchen bei verschiedenen Temperaturen und Belastungen aufgenommenen Kriechkurven, wie sie in Bild 3.42 vorgenommen wurde, liefert dem Konstrukteur folgende Kennwerte, die er für die Berechnung benutzen kann.

Zeitstandfestigkeit:

$R_{m/1.000/\vartheta}$ = 270 N/mm² Beanspruchung, bei welcher ein Bruch nach 1.000 h eintritt. (Temperatur ϑ = const.).

Zeitdehngrenze:

$R_{p\,0,5/10.000/\vartheta}$ = 120 N/mm² Beanspruchung, bei welcher nach 10.000 h eine bleibende Dehnung von 0,5 % gemessen wird.

Für Turbinenschaufeln wird z. B. die Forderung gestellt, dass $v_k = const. \leq 10^{-6}\ \frac{\%}{h}$ ist.

Das entspricht einer Dehnung

$\varepsilon = 10^{-3}$ % in 1.000 h

$\varepsilon = 10^{-2}$ % in 10.000 h

$\varepsilon = 0,1$ % in 100.000 h 11 1/2 Jahren

3.3 Prüfverfahren ohne Zerstörung des Werkstückes

Die zerstörungsfreien Prüfverfahren dienen

- zur Ermittlung von Werkstoffeigenschaften
- zur Ermittlung der Werkstoffbeschaffenheit und
- zur Prüfung auf Fehler.

Die für diese Aufgaben angewendeten Verfahren sollen im Folgenden nur stichwortartig vorgestellt werden. Für vertiefende Ausführungen sei auf das nachfolgend aufgeführte Schrifttum verwiesen [3.1, 3.2, 3.21 – 3.23].

3.3.1 Prüfverfahren zur Ermittlung von Werkstoffeigenschaften

Es können folgende Eigenschaften bestimmt werden:

- Härte, z. B. als Rücksprunghärte nach Shore
- Elastizitätsmodul und Dämpfung aus Eigenfrequenzen bzw. Abklingzahlen freier Schwingungen
- elektrische (z. B. Leitfähigkeiten) und magnetische Eigenschaften
- optische Eigenschaften (z. B. Reflexionsvermögen).

3.3.2 Prüfverfahren zur Ermittlung der Werkstoffbeschaffenheit

- spektroskopische Methoden („Funken"-Spektren, Röntgenfluoreszenz, Elektronenstrahlmikroanalyse) zur Bestimmung der chemischen Zusammensetzung
- Röntgenbeugung oder magnetische Verfahren zur Phasenanalyse (Restaustenitbestimmung)
- Röntgenbeugung und Ultraschallverfahren zur Eigenspannungsermittlung
- Koerzitivfeldstärke und Barkhausenrauschamplitude zur Eigenspannungs- und Gefügecharakterisierung
- Tastschnittverfahren zur Bestimmung der Oberflächenrauhigkeit
- optische Verfahren (Lupe, Glasfaseroptik, Licht und Rasterelektronenmikroskop) zur Ermittlung der Oberflächenbeschaffenheit
- Ultraschall zur Schicht- und Wanddickenmessung.

3.3.3 Prüfverfahren zur Fehlerdetektion

Zur Prüfung, ob Bauteile fehlerfrei oder fehlerbehaftet sind, werden folgende Verfahren eingesetzt:

- Röntgen- und γ-Durchstrahlung: Bestimmung von Rissen, Poren, Lunkern, Einschlüssen und anderen Fehlstellen, z. B. in Guss- und Schmiedeteilen oder Schweißnähten
- Ultraschall: (wie oben) und zusätzlich Doppelungen sowie sichere Rissbestimmung, auch in wärmebehandelten Teilen, Ortung von Fehlern, Wanddickenmessung
- Magnetische Methoden: Magnetpulverprüfung auf Oberflächenrisse bei magnetisierbaren Werkstoffen, magnetinduktive Verfahren zur Prüfung von ferromagnetischen und nicht ferromagnetischen Werkstoffen
- Eindringprüfverfahren mit geeigneten Flüssigkeiten zur Prüfung auf Oberflächenrisse
- Lecktestverfahren für Dichtheitsprüfungen an Druck- und Vakuumbehältern oder Rohrleitungen
- Optische Verfahren (Lupe, Glasfaseroptik, Licht- und Rasterelektronenmikroskop) für Oberflächenrisse.

4 Veränderung von Aufbau und Eigenschaften metallischer Werkstoffe

Nachfolgend werden die zur Veränderung von Aufbau und Eigenschaften metallischer Werkstoffe möglichen technologischen Verfahren behandelt. Die bei diesen Verfahren ausgenutzten Mechanismen zur Eigenschaftsveränderung, z. B. zur Festigkeitssteigerung (Mischkristall-Versetzungs-, Korngrenzen- und Teilchenverfestigung), sollen in dieser technologieorientierten Darstellung nicht explizit angesprochen werden.

4.1 Legieren und Legierungen

Seit alters her ist bekannt, dass sich durch Mischen zweier Metalle im schmelzflüssigen Zustand, d. h. durch Legieren, die Eigenschaften metallischer Werkstoffe beträchtlich verändern, insbesondere vielfach verbessern lassen.

Eine Legierung besteht aus mindestens zwei chemischen Elementen, von denen eines ein Metall sein muss. Diese die Legierung aufbauenden metallischen oder nichtmetallischen Stoffe bezeichnet man als *Komponenten* des Legierungssystems. Nur selten liegen die Komponenten in einer Legierung in ihrer ursprünglichen Form vor. Vielfach reagieren sie bei der Erschmelzung und der nachfolgenden Abkühlung miteinander unter Bildung einer *festen Lösung*, d. h. von *Mischkristallen* oder von *Verbindungen* (z. B. Al_2Cu = intermetallische Verbindung oder Fe_3C = intermediäre Verbindung).

4.1.1 Struktur der Legierungen [4.1 – 4.3]

4.1.1.1 Mischkristalle

In Mischkristallen sind die Atome von zwei oder mehr Stoffen entweder statistisch regellos ohne Bindung an stöchiometrische Verhältnisse oder z. T. auch einem Ordnungsprinzip gemäß im Gitter verteilt.

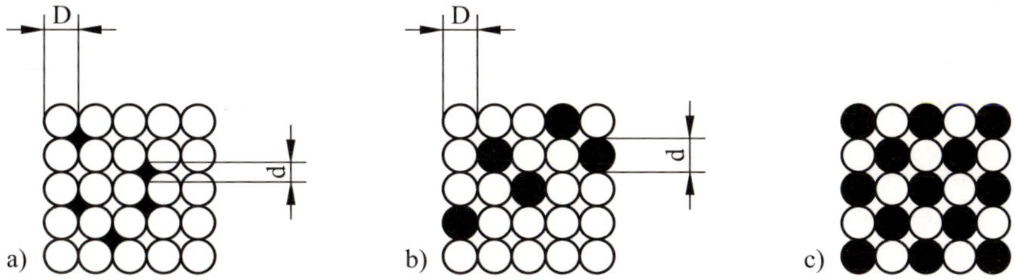

Bild 4.1 a) Einlagerungsmischkristall (schematisch)
b) Substitutionsmischkristall (schematisch)
c) Überstruktur, auch einphasige Entmischung (schematisch)
(mögliche Gitterverzerrungen durch die gelösten Atome sind jeweils unberücksichtigt)

Einlagerungsmischkristalle (Interstitionsmischkristalle) sind entsprechend Bild 4.1 a aufgebaut. Atome mit kleinem Atomradius befinden sich auf Zwischengitterplätzen (z. B. Kohlenstoff im Eisengitter). Man spricht von einer festen Lösung mit *Interstitionsatomen.*

Voraussetzung ist, dass

$$\frac{d}{D} < 0{,}58$$

mit: d: Atomdurchmesser des eingelagerten Elements;
D: Atomdurchmesser des Grundmetalls

ist. Außerdem muss das Grundmetall ein Übergangsmetall sein, also eine unaufgefüllte innere Elektronenschale aufweisen.

Substitutionsmischkristalle haben einen Aufbau gemäß Bild 4.1 b. Die Gitterpunkte sind in zufälliger Anordnung mit Atomen der gelösten Stoffe besetzt (z. B. Kupfer-Nickel-Legierung). Voraussetzung ist ein ähnlicher Gittertyp und kein zu großer Unterschied in den Atomradien der beiden Komponenten

$$\frac{d}{D} = 0{,}86 \text{ bis } 1{,}0$$

Überstruktur. Im Falle einer Atomanordnung gemäß Bild 4.1 c, einer so genannten einphasigen Entmischung, liegt ein geordneter Mischkristall vor.

4.1.1.2 Intermetallische Verbindungen

Intermetallische Verbindungen (intermetallische Phasen) bilden ein Gitter, das von demjenigen der Ausgangsstoffe verschieden ist. Das atomare Mengenverhältnis der Partner ist innerhalb temperaturabhängiger Grenzen variabel. Beispiele sind Al_2Cu, CuZn, Cu_5Zn_8, Cu_5Sn.

4.1.1.3 Intermediäre Verbindungen

Intermediäre Verbindungen (intermediäre Phasen) sind Verbindungen aus Metall und Nichtmetall. Ein Beispiel hierfür ist Fe_3C in Stahl.

4.1.1.4 Phasen und Gefüge

In vorangehenden Abschnitten tauchte der Begriff *„Phase"* auf. Wir verstehen darunter Teile eines Stoffes mit gleichem Aufbau oder Zustand. Man spricht von Gasphase, fester und flüssiger Phase. Auch reine Komponenten, Mischkristalle und Verbindungen in Legierungen sind Phasen. Verschiedene Phasen eines Stoffes unterscheiden sich physikalisch und / oder chemisch voneinander.

Unter *Gefüge* versteht man die Anordnung der durch Korn- und Phasengrenzen getrennten Körner und festen Phasen im Metall, wie sie ein geätzter metallografischer Schliff unter dem Metallmikroskop zeigt (vgl. Abschnitt 2.2). Ein Korn als Gefügebestandteil kann auch aus mehreren Phasen bestehen, wie dies beim Perlit als Verbund aus Ferrit und Zementit der Fall ist (vgl. Tabelle 4.2).

4.1.2 Zustandsschaubilder für Zweistofflegierungen (Binäre Systeme)

4.1.2.1 Allgemeines über Zustandsschaubilder

Zustandsschaubilder liefern Aussagen über die bei verschiedenen Temperaturen und Massengehalten vorliegenden Phasen. Voneinander abgegrenzte Zustandsfelder geben in Zustandsdiagrammen die Temperatur-Massengehalts-Bereiche an, innerhalb derer die verschiedenen Phasen beständig sind. Die Diagramme sind Gleichgewichtsschaubilder und gelten deshalb streng genommen nur für die unendlich langsame Abkühlung der Legierungen aus dem Schmelzfluss oder für die nachträgliche Einstellung des thermodynamischen Gleichgewichtes durch Glühen.

Folgende Möglichkeiten stehen zur Aufnahme von Zustandsschaubildern zur Verfügung:

- *Thermische Analyse* (Aufnahme von Abkühlkurven, vor allem im Erstarrungsbereich aussagekräftig)
- *Dilatometermessungen* (Bestimmung von Längenänderungen im festen Zustand bei Aufheizung oder Abkühlung)
- *Gefügebeobachtungen* an Metallschliffen (Feststellung der im festen Zustand vorliegenden Phasen und Gefüge)
- *Röntgeninterferenzuntersuchungen* (Identifizierung unbekannter Phasen).

4.1.2.2 Gehalt und Konzentration

Die Anteile, in denen sich ein Stoff in einer Legierung befindet, werden als „Gehalte“ oder „Konzentrationen“ bezeichnet. Dabei versteht man unter *Gehalt* den Quotienten aus Masse, Stoffmenge oder Volumen für einen Stoff i und der Summe der gleichartigen Größe für alle Stoffe der betrachteten Legierung. Dementsprechend unterscheidet man zwischen *Massengehalt* w_i, *Stoffmengengehalt* x_i und *Volumengehalt* y_i.

Mit der Masse eines Stoffes m_i in g, der Stoffmenge n_i in mol und dem Volumen v_i in cm^3 ist dann

$$w_i = \frac{m_i}{\sum_{j=1}^{l} m_j} \quad ; \quad x_i = \frac{n_i}{\sum_{j=1}^{l} n_j} \quad ; \quad y_i = \frac{v_i}{\sum_{j=1}^{l} v_j}$$

Ferner gilt für die Stoffmenge

$$n_i = \frac{N_i}{N_A} = \frac{m_i}{A_i} \quad \text{in mol}$$

mit: N_i: vorhandene Teilchenzahl (z. B. Atome);
N_A: Avogadro Konstante ($N_A \approx 6 \cdot 10^{23}$ 1/mol);
A_i: Atom- bzw. Molekulargewicht (in g/mol)

Unter *Konzentration* versteht man den Quotienten aus Masse, Stoffmenge oder Volumen für einen Stoff i und dem Volumen der Legierung. Dementsprechend unterscheidet man zwischen *Massenkonzentration* m_i, *Stoffkonzentration* c_i und *Volumenkonzentration* v_i.

Dann ist

$$\rho_i = \frac{m_i}{V} \quad ; \quad c_i = \frac{n_i}{V} \quad ; \quad \delta_i = \frac{v_i}{V}$$

mit

$$V = \sum_{j=1}^{l} V_j$$

wenn der Mischvorgang ohne Volumenänderung abläuft.

In diesem Fall sind Volumengehalt und Volumenkonzentration einander gleich. Betrachtet man ein *Zweistoffschaubild* mit den Komponenten A und B, so ist

$$\text{Massengehalt von } A = w_A = \frac{m_A}{m} = \frac{\text{Masse der Komponente A in g}}{\text{Gesamtmasse der Legierung in g}}$$

$$\text{Stoffmengengehalt von } A = x_A = \frac{n_A}{n} = \frac{\text{Stoffmenge der Komponente A in mol}}{\text{Gesamtstoffmenge der Legierung in mol}}$$

und da $N_i = n_i \cdot N_A$ ist, ist $x_A = \dfrac{n_A}{n_A + n_B}$

Im Zweistoffsystem ist demnach

$$w_A = \frac{m_A}{m_A + m_B} \quad ; \quad x_A = \frac{n_A}{n_A + n_B}$$

Zuweilen ist es zweckmäßig, Massengehalt auf Stoffmengengehalt umzurechnen und umgekehrt. Bezeichnen wir die Atomgewichte der beiden Komponenten mit A_A und A_B, so ist die Masse der Komponenten

$$m_A = A_A \cdot n_A = A_A \cdot x_A \cdot n$$

$$m_B = A_B \cdot n_B = A_B \cdot x_B \cdot n$$

und die Gesamtmasse

$$m = m_A + m_B = n \cdot (A_A \cdot x_A + A_B \cdot x_B)$$

Damit ergibt sich für den Massengehalt der Komponente A

$$w_A = \frac{m_A}{m} = \frac{A_A \cdot x_A}{A_A \cdot x_A + A_B \cdot x_B}$$

und für den Stoffmengengehalt

$$x_A = \frac{w_A / A_A}{w_A / A_A + w_B / A_B}$$

Als Beispiel werde der Punkt E des Zustandsschaubildes Eisen-Kohlenstoff (Bild 4.22) gewählt.

Massengehalt des Kohlenstoffs $w_C = \frac{m_C}{m} = 2{,}06/100$

Massengehalt des Eisens $w_{Fe} = \frac{m_{Fe}}{m} = 97{,}94/100$

Atomgewichte $A_C = 12$ und $A_{Fe} = 55{,}85$

Damit ergibt sich der Stoffmengengehalt des Kohlenstoffs zu

$$x_C = \frac{2{,}06/12}{2{,}06/12 + 97{,}94/55{,}85} = 0{,}089 = 8{,}9\,\%$$

4.1.2.3 Die Gibbs'sche Phasenregel

Die Phasenregel liefert eine Beziehung zwischen der Zahl der an einem Legierungssystem beteiligten Komponenten und der Zahl der unter Gleichgewichtsbedingungen auftretenden Phasen bei beliebigem Druck. Sie lautet

$$F = N - p + 2$$

F: Zahl der Freiheitsgrade (Zahl der Zustandsgrößen Druck, Temperatur und Massengehalt, die sich frei ändern lassen, ohne dass sich die Zahl der Phasen ändert).

N: Zahl der Komponenten des Legierungssystems (2 Komponenten: Binäres System, 3 Komponenten: Ternäres System, 4 Komponenten: Quaternäres System usw.)

p: Zahl der Phasen

Für konstant gehaltenen Druck, z. B. Atmosphärendruck ($P_A \approx 1$ bar), gilt entsprechend

$$F = N - p + 1$$

und für die häufig vorliegenden binären Systeme ($N = 2$) weiter vereinfacht

$$F = 3 - p$$

Beispiele:

a) Sieden von Wasser bei beliebigem Druck

$N = 1$ (Wasser)

$p = 2$ (Wasser und Dampf)

$$F = N - p + 2 = 1 - 2 + 2$$
$$\underline{\underline{F = 1}}$$

Ein Freiheitsgrad bleibt, also können Druck oder Temperatur sich ändern, ohne dass sich die Anzahl der Phasen ändert: beispielsweise Sieden bei 80 °C bei entsprechendem Unterdruck.

b) Sieden von Wasser bei 1 bar

$$F = 1 - 2 + 1$$
$$\underline{\underline{F = 0}}$$

Kein Freiheitsgrad vorhanden, die Temperatur liegt also fest. Bei Änderung der Temperatur verschwindet eine Phase.

4.1.2.4 Grundtypen von binären Zustandsschaubildern

Zustandsschaubild für vollständige Unlöslichkeit im flüssigen und festen Zustand

Besteht zwischen zwei Metallen, wie z. B. Eisen und Blei, weder im festen noch im flüssigen Zustand Mischbarkeit, so ergibt sich eine einfache Form des Zustandschaubildes (Bild 4.2).

Das Schaubild besteht aus 2 horizontalen Geraden.

Obere Linie: *Liquiduslinie*. Oberhalb der Liquiduslinie sind die Phasen flüssig.

Untere Gerade: *Soliduslinie*. Unterhalb der Soliduslinie sind die Phasen erstarrt.

Bei 1.600 °C besteht die Legierung aus einer Bleischmelze und einer darüber gelagerten Eisenschmelze (2 Phasen).

Bei der Erstarrungstemperatur des Eisens kristallisiert das gesamte Eisen aus. Die freiwerdende Kristallisationswärme führt zu einem Haltepunkt (vergleiche Abkühlkurve). Dabei 3 Phasen: zwei Schmelzen und festes Eisen.

Bei 1.000 °C:	Erstarrtes Eisen + darunter liegende Bleischmelze (2 Phasen)
Bei 327 °C:	Schmelze (Pb) + festes Eisen + festes Blei. (3 Phasen)
Unter 327 °C:	Nur festes Blei + festes Eisen (2 Phasen).

Da sich beide Schmelzen nicht mischen, gibt es keine gegenseitige Beeinflussung der Schmelzpunkte. Es besteht keine Löslichkeit, daher sind Schmelzen und Raffination von Blei in Stahlkesseln möglich.

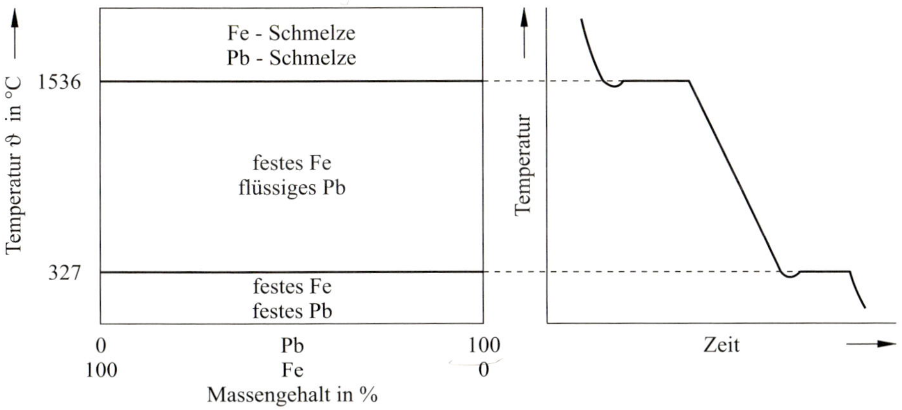

Bild 4.2 Zustandsschaubild (Zweistoffschaubild) Fe-Pb für vollständige Unlöslichkeit im festen und flüssigen Zustand [4.3] mit zugehöriger Abkühlkurve für beliebige Zusammensetzung (schematisch)

Zustandsschaubild für vollständige Löslichkeit im flüssigen und festen Zustand

Beispiele: Zustandsschaubild Kupfer-Nickel (Bild 4.3), oder Cobalt-Nickel, Silber-Gold, Silber-Platin

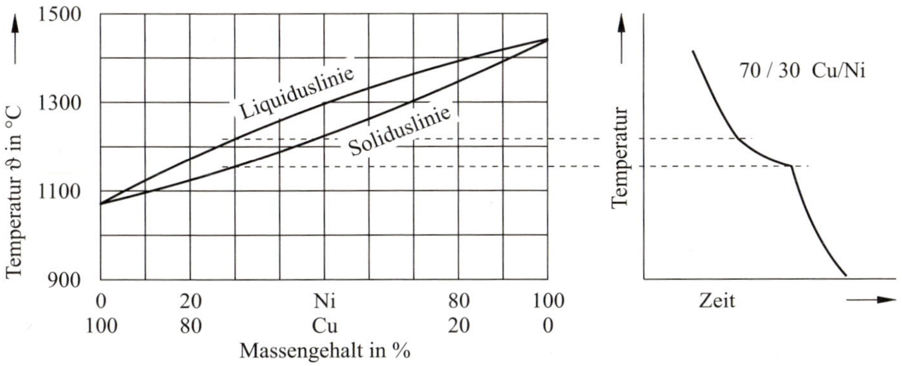

Bild 4.3 Zustandsschaubild (Cu-Ni) für vollständige Löslichkeit im festen und flüssigen Zustand mit Abkühlkurve für eine 70/30 Cu/Ni-Legierung

Beispiele für Kupfer-Nickel-Legierungen:

5 % Nickel: Seewasserbeständige Legierung, 15 % Nickel: Münzen, 30 % Nickel: „Nickelin“ für elektrische Widerstände, 45 % Nickel: „Konstantan“ für Thermoelemente, 67 % Nickel: „Monel“

Bei hohen Temperaturen (oberhalb der Liquiduslinie) liegt eine homogene Schmelze vor, bei niedrigen (unterhalb der Soliduslinie) eine feste Lösung, also ein Gebiet homogener Mischkristalle. Im Bereich zwischen den beiden Begrenzungslinien sind neben Schmelze homogene Mischkristalle vorhanden. In diesem Zweiphasengebiet findet bei Abkühlung aus dem schmelzflüssigen Zustand die Erstarrung statt und bei Erwärmung aus dem festen Zustand das Schmelzen. Es gibt also bei Mischkristallbildung keinen Erstarrungs- und Schmelzpunkt, sondern einen Erstarrungs- und Schmelzbereich, in dem sich bei Temperaturänderung die Zusammensetzung der Schmelze und der Kristalle ändert.

Die *Soliduslinie* gibt für jede Temperatur die Zusammensetzung der festen Phase an, die mit der Schmelze im Gleichgewicht steht. Die *Liquiduslinie* gibt für jede Temperatur die Zusammensetzung der flüssigen Phase an, die mit der festen Phase im Gleichgewicht steht. Die bei der Erstarrung frei werdende Kristallisationswärme führt zu einer verzögerten Abkühlung zwischen den Knickpunkten in der Abkühlkurve (siehe Bild 4.3). Haltepunkte wie bei reinen Metallen oder wie im Falle des Systems Eisen-Blei treten nicht auf.

Erstarrung bei langsamer Abkühlung (Gleichgewicht)

Eine homogene Kupfer-Nickel-Schmelze der Zusammensetzung S_1 (gestrichelte Senkrechte in Bild 4.4) werde abgekühlt. Bei der Temperatur ϑ_1 beginnt die Ausscheidung eines nickelreichen Mischkristalls, dessen Massengehalt α_1 auf der Soliduslinie abgelesen werden kann (Bild 4.4). Dadurch reichert sich die Restschmelze mit Kupfer an (Massengehalt S_2 bei Temperatur ϑ_2). Am Ende der Erstarrung (bei Temperatur ϑ_3) erhält man eine stark mit Kupfer angereicherte Restschmelze. Bei sehr langsamer Abkühlung findet ein Konzentrationsausgleich durch Diffusion statt, indem die zuerst erstarrten, nickelreichen Mischkristalle bei Fortgang der Erstarrung Nickel an die später erstarrenden Kristalle abgeben, so dass nach vollständiger Erstarrung einheitliche Mischkristalle der Pauschalzusammensetzung $_3$ vorliegen.

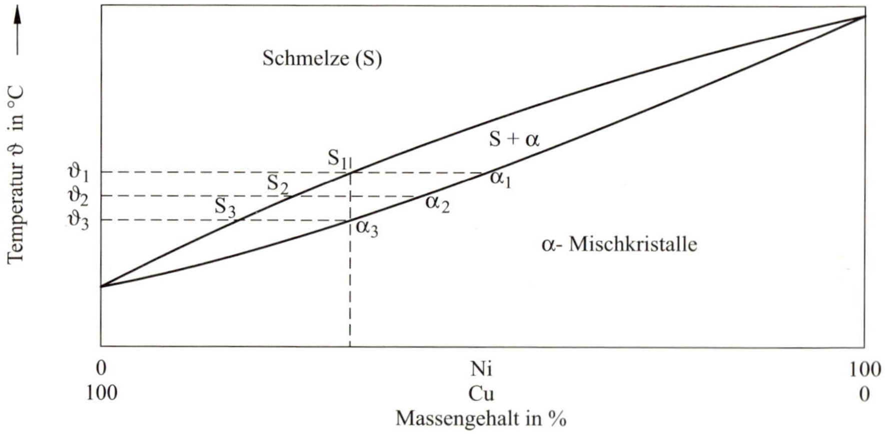

Bild 4.4 Gleichgewichtserstarrung einer Cu-Ni-Legierung

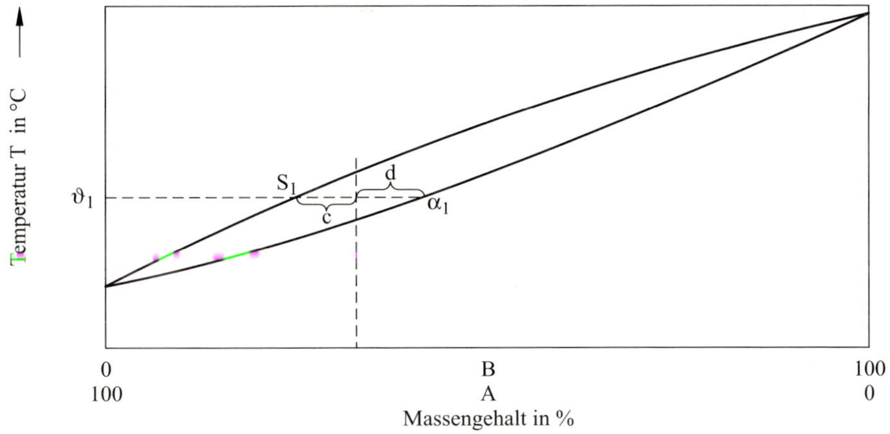

Bild 4.5 Hebelgesetz zur Bestimmung des Mengenverhältnisses der Phasen

Für das Mengenverhältnis der bei einer bestimmten Temperatur vorliegenden beiden Phasen gilt das *Hebelgesetz*: Die Mengen der im Gleichgewicht befindlichen Phasen verhalten sich wie die Längen der abgewandten Hebelarme (Bild 4.5).

Bei der Temperatur ϑ_1 gilt beispielsweise:

$$\frac{M_{\alpha 1}}{M_{S1}} = \frac{c}{d}$$

mit: $M_{\alpha 1}$: Mengenanteil der Mischkristalle α_1; M_{S1}: Mengenanteil der Schmelze S_1

Die Horizontale von α_1 nach S_1 wird als *Konode* bezeichnet.

Aus dem Kupfer-Nickel-Zustandsschaubild ist folgende Regel ersichtlich:

> An der Grenze zweier Zustandsfelder (Phasenfelder) ändert sich die Zahl der Phasen immer um eins. Abweichungen sind, wie später gezeigt wird, nur in einzelnen Punkten möglich.

Erstarrung bei rascher Abkühlung (kein Gleichgewicht)

Bei praxisüblichen Abkühlgeschwindigkeiten kommt es nicht zu einem vollständigen Konzentrationsausgleich. Die Primärkristalle bleiben dann nickelreicher als es der Gleichgewichtszusammensetzung bei der jeweiligen Temperatur entspricht, sind aber gemäß Hebelgesetz auch in geringerer Menge vorhanden (Bild 4.6).

Dadurch verschiebt sich die Gesamtzusammensetzung der Mischkristalle gegenüber der Soliduslinie nach rechts, während sich die Schmelze mit Kupfer anreichert. Gegenüber dem Fall des Gleichgewichts ergeben sich folgende Besonderheiten:

- Das Ende der Erstarrung liegt bei tieferen Temperaturen (ϑ_5 statt ϑ_3)
- der Erstarrungsbereich ist größer
- es treten Kristallseigerungen (Zonenkristalle) auf.

Ein nachträglicher Konzentrationsausgleich durch Diffusion ist nur durch langzeitiges Glühen knapp unterhalb der Soliduslinie (ϑ_5) möglich.

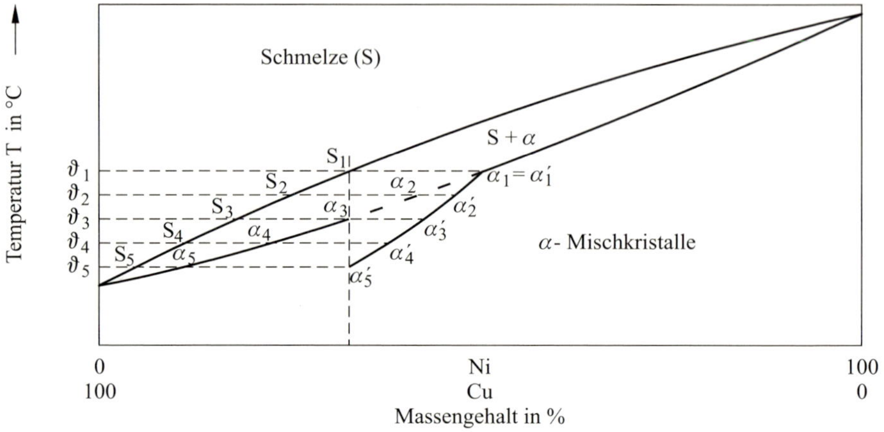

Bild 4.6 Erstarrung ohne Gleichgewicht

Zustandsschaubild für vollständige Löslichkeit im flüssigen, vollständige Unlöslichkeit im festen Zustand

Beispiel: Wismut-Cadmium

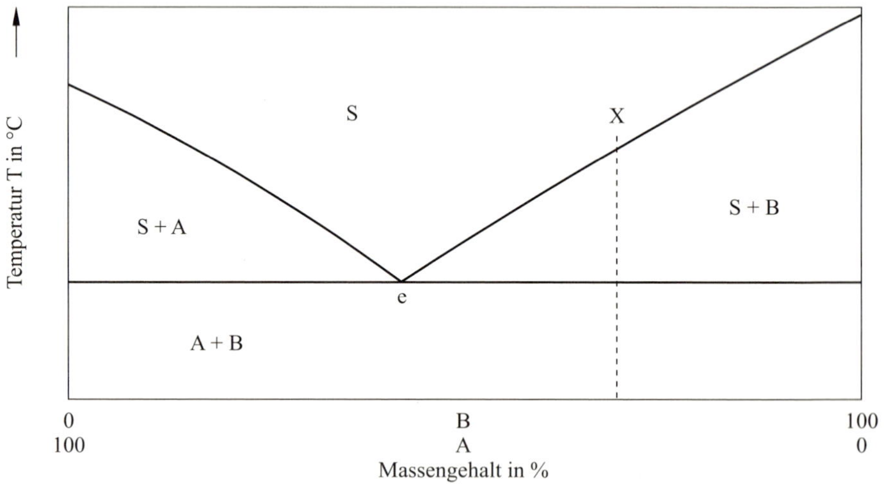

Bild 4.7 Zustandsschaubild für vollständige Löslichkeit im flüssigen und vollständige Unlöslichkeit im festen Zustand

Die Schmelzpunkte der reinen Komponenten A und B werden durch Zugabe des zweiten Elements erniedrigt (Bild 4.7). Das sich im Punkt e ergebende Minimum der Erstarrungs- bzw. Schmelztemperatur wird als eutektische Temperatur bezeichnet, die zugehörige Zusammensetzung als eutektische Zusammensetzung. Legierungen mit einer Konzentration links von e sind untereutektisch, rechts von e übereutektisch.

Bei Abkühlen aus dem Gebiet der Schmelze scheiden sich bei einer Legierung X zunächst Primärkristalle B aus, während sich die Schmelze an A anreichert und bei Erreichen der Eutektikalen (horizontale Linie in Bild 4.7) während eines Haltepunktes zu einem Gemisch aus A- und B-Kristallen (Eutektikum) erstarrt. Diese Erstarrung einer Schmelze S mit der eutektischen Zusammensetzung e bei der eutektischen Temperatur lässt sich auch als Zerfall in die Komponenten A und B gemäß der eutektischen Reaktion

$$S \rightarrow A + B$$

beschreiben.

Zustandsschaubild für vollständige Löslichkeit im flüssigen, beidseitig beschränkte Löslichkeit im festen Zustand (Mischungslücke im festen Zustand)

Legierungen mit Eutektikum

Beispiel: Zustandsschaubild Blei-Antimon (Bild 4.8)

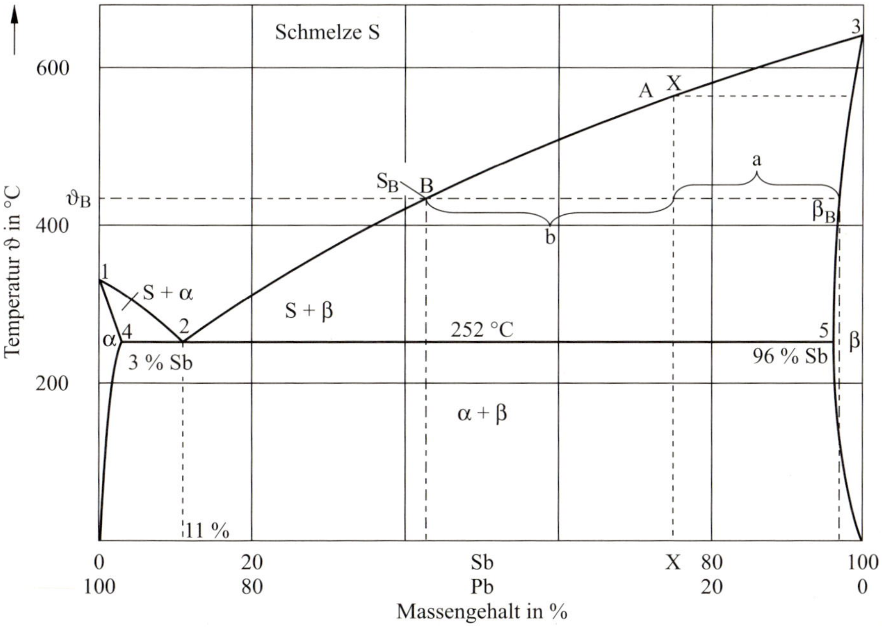

Bild 4.8 Zustandsschaubild Pb-Sb für vollständige Löslichkeit im flüssigen und Teillöslichkeit im festen Zustand [4.3]

Das Gebiet der Schmelze wird durch den Linienzug 1 2 3 begrenzt, unterhalb der Linie 1 4 2 5 3 ist die Legierung erstarrt. Maximal 3 % Antimon sind in Blei, maximal 4 % Blei in Antimon löslich (bei der eutektischen Temperatur von 252 °C).

Das Schaubild enthält

3 Einphasengebiete: S, α- und β-Mischkristalle

3 Zweiphasengebiete: S + α, S + β, α + β

1 Dreiphasenhorizontale (Eutektikale): S + α + β.

Im eutektischen Punkt fallen die Liquidus- und die Soliduslinien zusammen. Eine rein eutektische Legierung hat demnach einen Schmelzpunkt wie ein reines Metall, keinen Schmelzbereich.

Bei eutektischer Temperatur ergibt sich eine Mischungslücke zwischen 3 % und 96 % Antimon, bei Raumtemperatur ist praktisch keine Löslichkeit mehr vorhanden.

Abkühlung einer Schmelze mit 25 % Blei und 75 % Antimon (X in Bild 4.8):

Punkt A: Beginn der Erstarrung durch Ausscheidung von β-Mischkristallen mit hohem Antimon- und sehr geringem Bleigehalt. Bis zur Temperatur ϑ_B erfolgt die weitere Auskristallisation antimonreicher β-Mischkristalle mit ständig zunehmendem prozentualem Bleigehalt. Gleichzeitig nimmt der prozentuale Bleigehalt der Schmelze entsprechend dem Verlauf der Liquiduslinie stark zu. Bei der Temperatur ϑ_B stehen Mischkristalle β_B und Schmelze S_B miteinander im Gleichgewicht. Die Konzentrationen (Gehalte) dieser beiden Phasen können jeweils als Abszissenwerte der Schnittpunkte der Temperaturhorizontalen ϑ_B (Konode) mit den Begrenzungslinien des Zweiphasengebietes S + β abgelesen werden:

Mischkristalle β_B: 97% Sb, 3% Pb; Schmelze S_B: 42% Sb, 58% Pb.

Die Mengenanteile der beiden Phasen ergeben sich durch Anwendung des Hebelgesetzes bei der Temperatur ϑ_B (siehe Bild 4.8):

$$\frac{\text{Menge der Schmelze } S_B}{\text{Menge der Primärkristalle } \beta_B} = \frac{M_{SB}}{M_{\beta B}} = \frac{a}{b}$$

Bei der Temperaturhorizontalen 252 °C, d. h. bei der eutektischen Temperatur, erreichen die β-Mischkristalle ihren maximalen Bleigehalt von 4 %. Mit diesen β-Mischkristallen und der Restschmelze eutektischer Zusammensetzung (11 % Antimon, 89 % Blei) stehen α-Mischkristalle mit 3 % Antimon im Gleichgewicht. Bei der eutektischen Temperatur liegt also ein Dreiphasengleichgewicht vor. Dies bedeutet, dass mit dem Erreichen dieser Temperatur im Verlauf der Abkühlung ein Haltepunkt auftritt, bei dem sich aus der Restschmelze gleichzeitig antimonreiche β-Mischkristalle und bleireiche α-Mischkristalle ausscheiden. Da beide Mischkristallarten gleichzeitig wachsen und sich somit gegenseitig in ihrem Wachstum behindern, zeigen Eutektika häufig ein besonders feinkörniges Gefüge. Mit anderen Worten: Die Restschmelze zerfällt unter konstant bleibender Temperatur in ein eutektisches Gemenge dieser beiden Mischkristallarten gemäß der *eutektischen Reaktion*

$$S \rightarrow \alpha + \beta$$

Bei Raumtemperatur besteht das Gefüge also aus primär ausgeschiedenen β-Mischkristallen und dem Eutektikum aus α- und β-Mischkristallen. Wie Bild 4.9 für eine übereutektische Blei-Antimon-Legierung zeigt, heben sich würfelförmige β-Primär-Mischkristalle (im Schliffbild hell) deutlich von der eutektischen Grundmasse (dunkel) ab.

Bild 4.9 Übereutektische Blei-Antimon-Legierung (75 % Pb, 25 % Sb), geätzt mit alkoh. HNO_3

Entsprechend wird das Gefüge einer untereutektischen Legierung aus primär ausgeschiedenen α-Mischkristallen und dem Eutektikum aus α- und β-Mischkristallen gebildet.

Als Anwendungsbeispiel sei Hartblei mit 3 bis 5 % Antimon für Akkumulatorenplatten genannt, das – wie auch andere naheutektische Legierungen – gut vergießbar ist.

Wie Blei-Antimon verhält sich auch das Legierungssystem Silber-Kupfer. Das Eutektikum liegt bei 779 °C und 28,1 % Kupfer.

Ein Anwendungsbeispiel ist Silberlot L-Ag 7 mit 73 % Silber, Rest Kupfer. Weitere Beispiele für Zustandsdiagramme dieser Art: Blei-Zinn, Aluminium-Kupfer.

Erstarrung bei rascher Abkühlung (kein Gleichgewicht)

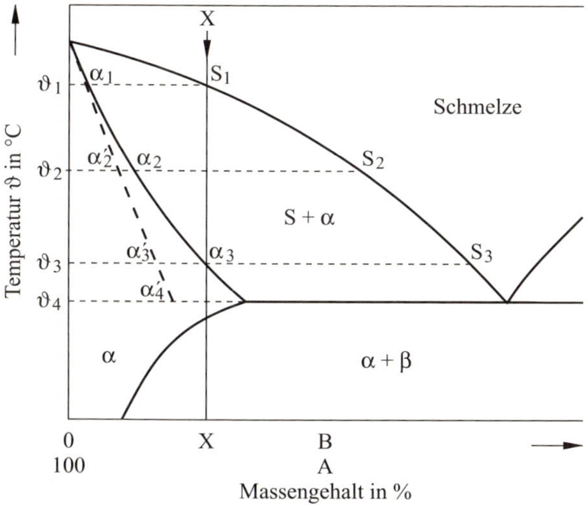

Bild 4.10 Zustandsschaubild bei Erstarrung ohne Gleichgewicht

Bei langsamer Abkühlung (Gleichgewicht) der in Bild 4.10 durch X gekennzeichneten Legierung tritt kein Eutektikum auf. Bei rascher Abkühlung ergeben sich aber Kristallseigerungen, das Ende der Erstarrung verschiebt sich zu tieferen Temperaturen (ϑ_4 statt ϑ_3) und ein kleiner Teil der Schmelze erstarrt eutektisch. Das bedeutet, dass bei rascher Abkühlung Gefügebestandteile auftreten können, die nach dem Zustandsschaubild nicht zu erwarten wären. Eine Beseitigung der Kristallseigerung ist durch langzeitiges Glühen unterhalb ϑ_4 möglich. Glühtemperaturen zwischen ϑ_3 und ϑ_4 würden zu einer unerwünschten Korngrenzenverflüssigung führen.

Ausscheidungen im festen Zustand

Bei beschränkter Löslichkeit im festen Zustand erweitert sich meistens die Mischungslücke mit sinkender Temperatur. So sinkt z. B. die Löslichkeit von Kupfer in Silber von maximal 8,8 % auf einige Zehntel % bei Raumtemperatur (Bild 4.11).

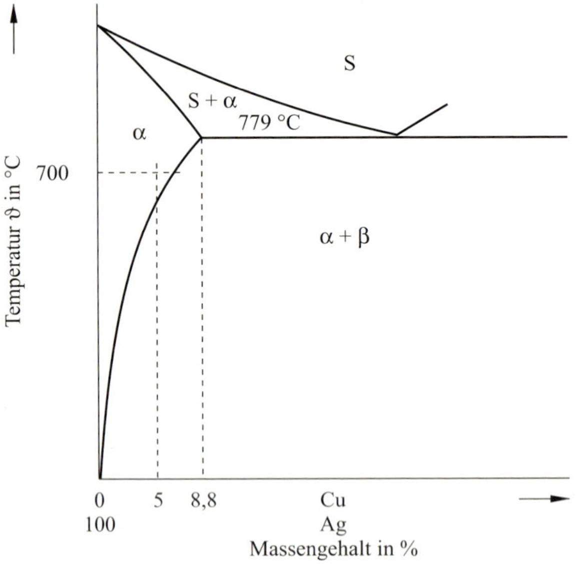

Bild 4.11 Mischungslücke im Ag-Cu-Zustandsschaubild [4.3]

Man betrachte eine Silber-Kupfer-Legierung mit 5 % Kupfer. Bei $\vartheta = 700$ °C liegt ein homogener Mischkristall vor. Unterschreitet man bei sinkender Temperatur die Löslichkeitslinie, so scheiden sich β-Mischkristalle aus den α-Mischkristallen aus. Diese Ausscheidungen, vielfach in Plättchen- oder Stäbchenform und daher im metallografischen Schliff stäbchen- oder punktförmig erscheinend, treten entweder innerhalb der α-Mischkristalle oder an den Korngrenzen auf.

Durch Abschrecken aus dem Gebiet des homogenen Mischkristalls lässt sich die Entmischung unterdrücken. Kupfer bleibt dann im α-Mischkristall zwangsgelöst, der Mischkristall ist also an Kupfer übersättigt und bei nachträglichem Anlassen auf Temperaturen unterhalb der Löslichkeitslinie kann es zu sehr fein verteilten Ausscheidungen kommen, wodurch eine gezielte Änderung der mechanischen Eigenschaften möglich wird (Ausscheidungshärtung). Beispiele für die Anwendung sind Legierungen vom Typ AlMgSi, AlCuMg, AlZnMg, CuCr, CuBe.

Zustandsschaubild für vollständige Löslichkeit im flüssigen, beidseitig beschränkte Löslichkeit im festen Zustand (Mischungslücke im festen Zustand)

Legierungen mit Peritektikum, einfaches peritektisches System

Beispiel: Zustandsschaubild Platin-Silber (vereinfacht in Bild 4.12)

Liegt der Schmelzpunkt der einen Komponente unterhalb der Temperatur des Dreiphasengleichgewichts, so ergibt sich bei beschränkter Löslichkeit im festen Zustand ein *Peritektikum.* Legierungen bis M (z. B. X) erstarren als homogene α-Mischkristalle, Legierungen oberhalb O (z. B. Z) als homogene β-Mischkristalle. Zwischen M und O beginnt die Erstarrung mit der Ausscheidung von α-Mischkristallen. Bei Erreichen der Peritektikalen D C stehen α-Mischkristalle, β-Mischkristalle und Schmelze miteinander in Gleichgewicht und es erfolgt dann die Umsetzung

$$S + \alpha \rightarrow \beta\,,$$

d. h. aus Schmelze und α-Mischkristallen bilden sich β-Mischkristalle *(peritektische Reaktion)*. Während der peritektischen Reaktion liegt also wie bei der eutektischen ein Dreiphasengleichgewicht vor, so dass sie gemäß Phasenregel bei konstanter Temperatur ablaufen muss. Im Konzentrationsbereich M bis N wird bei dieser Reaktion die Schmelze vollständig verbraucht, während die α-Mischkristalle erhalten bleiben. Im Konzentrationsbereich N bis O dagegen werden die α-Mischkristalle vollständig verbraucht und der verbleibende Anteil der Schmelze erstarrt direkt als β-Mischkristall. Im Grenzfall der Konzentration N werden α-Mischkristalle und Schmelze in der peritektischen Reaktion gerade vollständig in β-Mischkristalle umgesetzt.

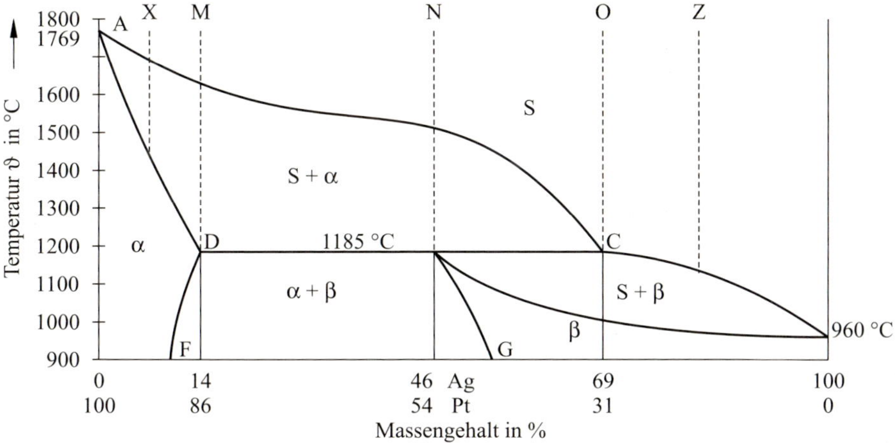

Bild 4.12 Zustandsschaubild des peritektischen Systems Pt-Ag (vereinfacht) [4.3]

Zustandsschaubild für vollständige Löslichkeit im flüssigen, beidseitig beschränkte Löslichkeit im festen Zustand

Peritektisches System mit intermetallischer Verbindung

Beispiel: Zustandsschaubild Antimon-Zinn (Bild 4.13)

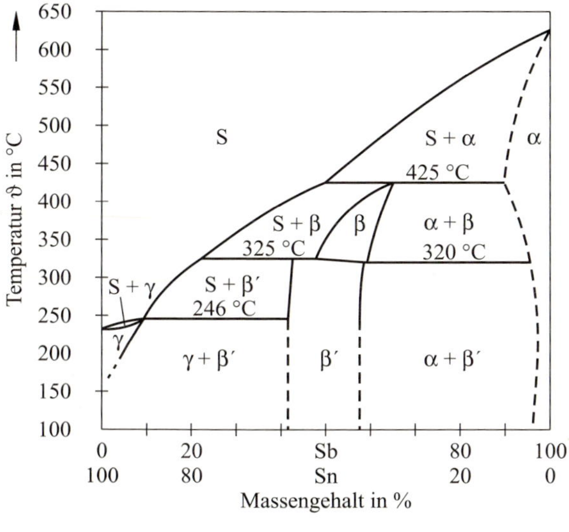

Bild 4.13
Zustandsschaubild eines peritektischen Systems mit intermetallischen Verbindungen (Sn-Sb) [4.3]

Bild 4.14 Weißmetall LgSn 80, geätzt mit wässeriger HNO_3

Die β-Phase entspricht der intermetallischen Verbindung SbSn. Da eine Mischkristallbildung dieser Verbindung mit den Komponenten möglich ist, kann sie alle Zusammensetzungen innerhalb des durch das Zustandsdiagramm angegebenen Konzentrationsbereiches annehmen. Das Schaubild enthält drei Peritektika bei 246 °C, 325 °C und 425 °C. Eine technisch wichtige Legierung, für die das System Bedeutung hat, ist Weißmetall LgSn 80 mit 80 % Zinn, 12 % Antimon (+ 6 % Kupfer + 2 % Blei), vgl. Bild 4.14: Harte α-Primärkristalle (hell), die als Tragkristalle wirken, sind von einer weichen Grundmasse aus β-Mischkristallen (dunkel) umgeben (Lagerwerkstoff).

Zustandsschaubild für Legierungen mit beschränkter Löslichkeit im flüssigen Zustand, monotektisches System

Beispiel: Zustandsschaubild Kupfer-Blei (Bild 4.15)

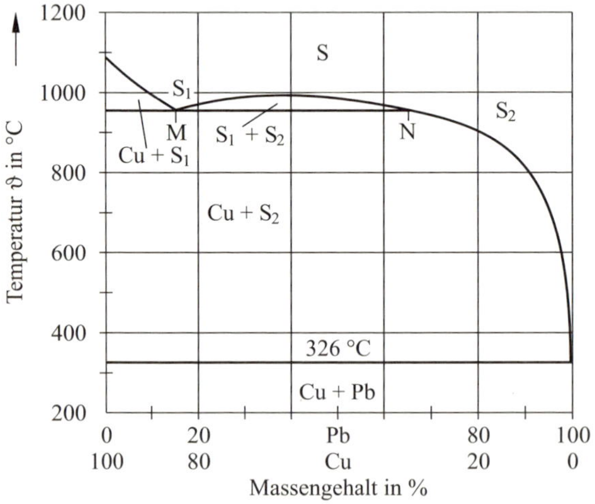

Bild 4.15 Zustandsschaubild eines monotektischen Systems (Cu-Pb) [4.3]

Das Zustandsschaubild Kupfer-Blei weist eine Mischungslücke im flüssigen Zustand auf, im festen Zustand besteht praktisch keine Löslichkeit.

Im Bereich der Gehalte von M bis N zerfällt die Schmelze in zwei Teilschmelzen S_1 und S_2 unterschiedlichen Massengehaltes. Diese Teilschmelzen haben bei Erreichen der Monotektikalen (Dreiphasengleichgewicht) die Gehalte M und N.

Nun erfolgt die Reaktion

$$S_1 \rightarrow S_2 + \text{Cu-Kristalle},$$

eine monotektische Reaktion, d. h. die Schmelze S_1 wandelt sich unter Ausscheidung von Kupfer in die Schmelze S_2 um. Bei weiterer Abkühlung reichert sich die Schmelze mit Blei an, bis sie bei 326 °C als Kupfer-Blei-Eutektikum mit 0,06 % Kupfer erstarrt.

Aus Legierungen mit einer links von M liegenden Zusammensetzung scheiden sich zuerst Kupfer-Primärkristalle aus, während sich die Schmelze bis zu einem Massengehalt M mit Blei anreichert, woran sich wieder die monotektische Reaktion anschließt.

Bei Schmelzen mit Bleigehalten oberhalb N tritt keine monotektische Reaktion mehr auf.

Anwendung: Bleibronze mit 2 bis 25 % Blei als Lagermetall. In das tragende Kupferskelett ist Blei eingebettet. Gute Notlaufeigenschaften.

4.1.2.5 Zusammengesetzte binäre Systeme

Ein großer Teil der technisch wichtigen Zustandsdiagramme besteht aus Kombinationen der einfachen Grundtypen. Dabei können mehrere intermetallische Verbindungen, Eutektika, Peritektika usw. und auch Umwandlungen im festen Zustand auftreten.

Beispiele:

Sb-Sn: Drei Peritektika, eine intermetallische Verbindung

Cu-Zn: Fünf Peritektika, ein Eutektoid

Fe-C: Ein Peritektikum, ein Eutektikum, ein Eutektoid, eine intermediäre Phase

Mg-Si: Zwei Eutektika, eine intermetallische Verbindung.

Umwandlungen im festen Zustand

Eutektoide Reaktion. Kupfer-Nickel-Mischkristalle zeigen bei Abkühlung bis zum Erreichen der Raumtemperatur keine Veränderung ihres Gitteraufbaus. Zahlreiche Mischkristalle jedoch, die bei hohen Temperaturen beständig sind, wandeln sich bei tieferen Temperaturen in andere Kristallarten um. Bei Stahl z. B. zerfällt der bei höherer Temperatur beständige γ-Mischkristall in einer eutektoiden Reaktion

$$\gamma \rightarrow \alpha + Fe_3C$$

in zwei Bestandteile, nämlich einen α-Mischkristall und Eisencarbid (vgl. Abschnitt 4.1.4.1). Die Reaktion entspricht der eutektischen, wenn man sich an die Stelle des festen γ-Mischkristalls eine Schmelze gesetzt denkt. Das beim eutektoiden Mischkristallzerfall entstehende Gefüge, ein feines Gemenge aus zwei Phasen, bezeichnet man als Eutektoid.

4.1.3 Zustandsschaubilder für Dreistofflegierungen (Ternäre Systeme)

Die meisten technischen Legierungen enthalten mehr als zwei Komponenten und man ist daran interessiert, auch die bei Mehrstofflegierungen möglichen Zustände grafisch darzustellen. Hier sollen nur Darstellungsmöglichkeiten für Dreistoffsysteme behandelt werden.

Darstellung der Konzentrationen im Gehaltsdreieck

Bei Dreistoffsystemen ist die Darstellung vollständiger Zustandsschaubilder in der Ebene nicht mehr möglich, man muss auf die räumliche Darstellung übergehen.

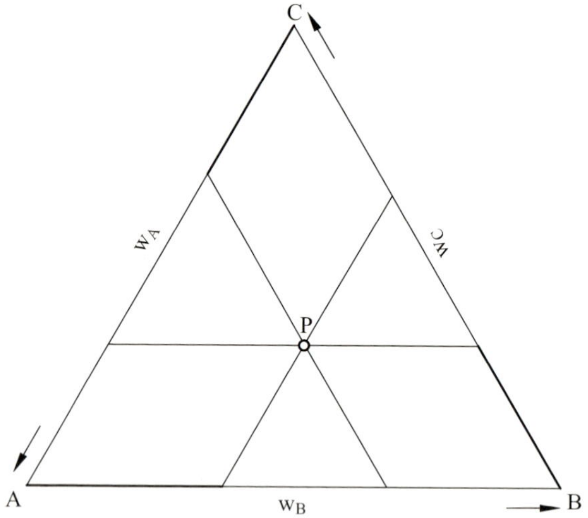

Bild 4.16 Gehaltsdreieck einer Dreistofflegierung (w_A Gehalt von A, w_B Gehalt von B, w_C Gehalt von C)

Die Gehalte der einzelnen Komponenten werden in einem Gehaltsdreieck, also in einer Gehaltsebene (Bild 4.16) festgehalten. Das Gehaltsdreieck ist ein gleichseitiges Dreieck, dessen Endpunkte von den reinen Stoffen (Metallen, Komponenten) A, B, und C gebildet werden. Die drei Seiten des Dreiecks entsprechen den Grundseiten der drei binären Systeme AB, BC und CA. Jeder Punkt im Dreieck gibt die Zusammensetzung einer Dreistofflegierung wieder. Die Bestimmung der Gehalte einer dem Punkt P entsprechenden Legierung kann nach dem Ziehen von Parallelen durch P zu den Dreiecksseiten erfolgen.

Räumliches Zustandsschaubild eines Dreistoffsystems

Trägt man die Temperatur senkrecht über der Konzentrationsebene auf, so ergibt sich ein räumliches Schaubild (Bild 4.17). An die Stelle von Liquidus- und Soliduslinien im Zweistoffsystem treten entsprechende Flächen, an die Stelle von Ein- und Zweiphasenfeldern treten Ein- und Mehrphasenräume. Die Liquidusflächen schneiden sich in Liquidusschnittlinien (z. B. so genannten eutektischen Rinnen). In dem relativ einfachen Fall eines ternären Systems mit drei eutektischen Randsystemen entsprechend Bild 4.17 ergibt der gemeinsame Schnittpunkt der drei eutektischen Rinnen den eutektischen Punkt E der Dreistofflegierung. Die eutektischen Rinnen fallen von den drei eutektischen Punkten der binären Randsysteme in das Dreistoffsystem ab und treffen sich im ternär eutektischen Punkt E. Die zugehörigen Temperaturen finden sich für das System Bi-Pb-Sn in Tabelle 4.1 (Bi ist Kurzzeichen für Bismut, deutsch Wismut).

Blickt man von oben auf die räumliche Darstellung von Bild 4.17, so kann man die Liquidusschnittlinien in ein Projektionsdiagramm einzeichnen (Bild 4.18). Im Punkt E erstarrt in dem vorher betrachteten System die Restschmelze bei 96 °C in Form eines feinverteilten heterogenen Gemenges der drei Bestandteile Blei, Zinn und Wismut.

Einen noch niedrigeren Schmelzpunkt kann man durch Zugabe von Kadmium im quaternären Eutektikum Bi + Pb + Sn + Cd erhalten (Woodmetall, Schmelzpunkt 69 °C).

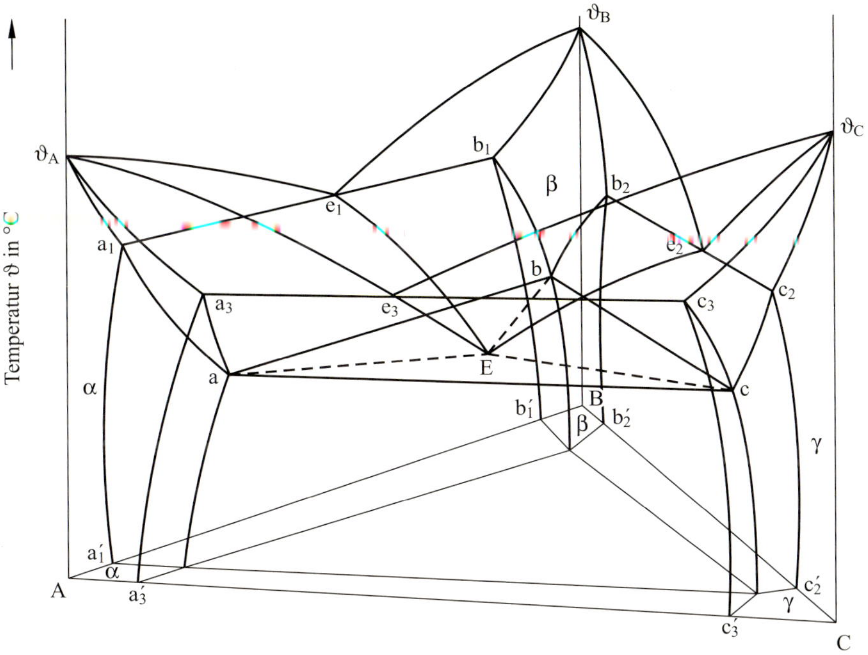

Bild 4.17 Räumliche Darstellung eines aus drei eutektischen Randsystemen entstandenen Dreistoffschaubildes

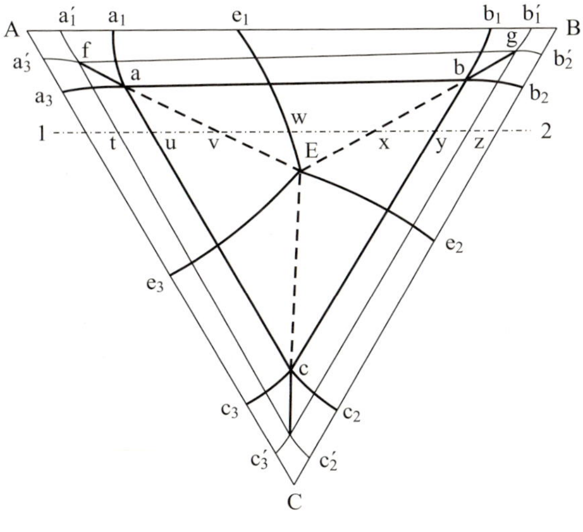

Bild 4.18
Projektionsdiagramm zu Bild 4.17

Tabelle 4.1 Binäre Eutektika und ternäres Eutektikum im System Bi-Pb-Sn

Schmelzpunkt		Binäre Eutektika		Ternäres Eutektikum	
Bi	271 °C	Bi-Pb	125 °C		
Pb	327 °C	Pb-Sn	183 °C	Bi-Pb-Sn	96 °C
Sn	232 °C	Sn-Bi	139 °C		

Isotherme Schnitte und Gehaltsschnitte

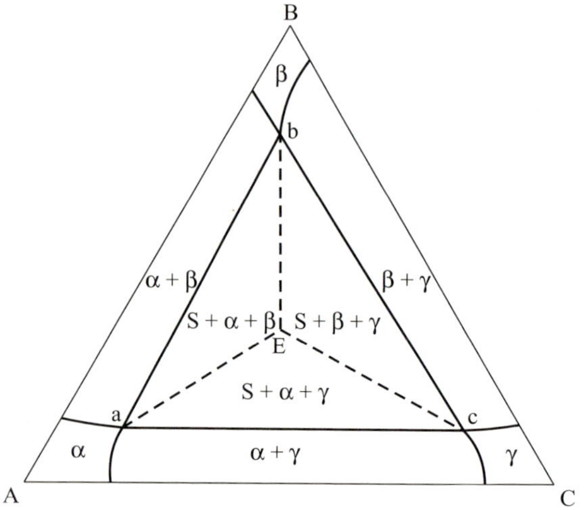

Bild 4.19 Isothermer Schnitt durch E in Bild 4.17

Eine vereinfachte Darstellung von jeweils interessierenden Teilbereichen des ternären Systems erhält man durch Schnitte, die durch den ternären Körper geführt werden. Schnitte parallel zur Gehaltsebene sind isotherme Flächen (Bild 4.19), auf denen die Phasenräume für die dem Schnitt zugrundeliegende Temperatur abgegrenzt sind.

Führt man die Schnitte senkrecht zur Gehaltsebene aus, so erhält man Gehaltsschnitte. Wird der Gehaltsschnitt parallel zu einer Grundseite des Gehaltsdreiecks ausgeführt (Linie 1 – 2 in Bild 4.18), wird er besonders übersichtlich, weil der Gehalt einer der drei Komponenten damit konstant gehalten ist (Bilder 4.20 und 4.21).

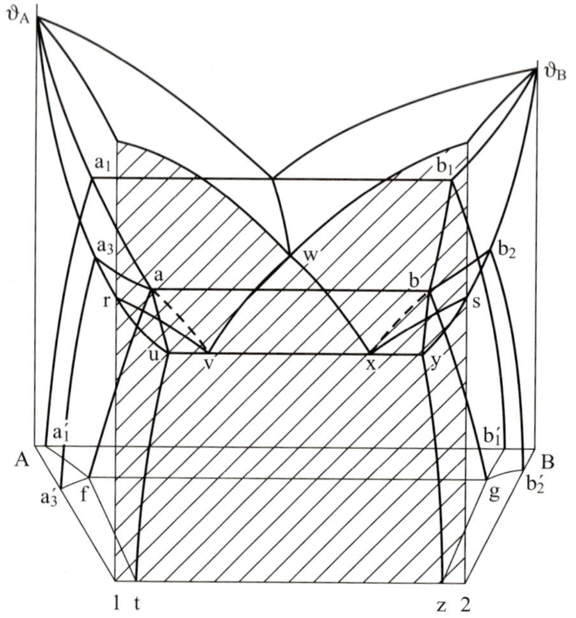

Bild 4.20 Vertikalschnitt (Gehaltsschnitt, schraffiert) durch die räumliche Darstellung des Dreistoffschaubildes von Bild 4.17

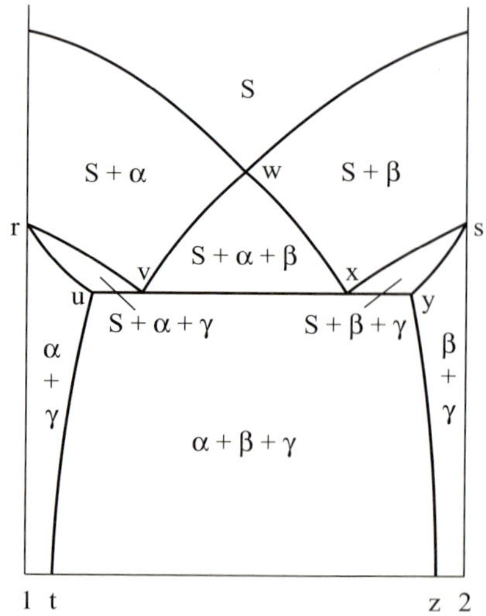

Bild 4.21 Gehaltsschnitt, abgeleitet aus Bild 4.20

4.1.4 Die Eisen-Kohlenstoff-Schaubilder [4.4]

4.1.4.1 Unterscheidung von Stahl und Gusseisen. Metastabiles und stabiles Eisen-Kohlenstoff-Schaubild

Die technischen Eisenlegierungen werden, je nach ihrem Kohlenstoffgehalt, der die Festigkeits- und Verformungseigenschaften maßgeblich beeinflusst, als

- Stahl, bei Kohlenstoffgehalten unter 2,06 %, oder als
- Gusseisen, bei Kohlenstoffgehalten von 2,06 bis 4,5 %

bezeichnet. Unlegierte Stähle enthalten geringe Mengen von Begleitelementen, wie vor allem Silicium, Mangan, Phosphor und Schwefel (vgl. Tabelle 5.7). Phasenänderungen bei Erwärmung und Abkühlung von unlegiertem Stahl oder Gusseisen können, soweit die Vorgänge annähernd unter Gleichgewichtsbedingungen ablaufen, anhand der Eisen-Kohlenstoff-Schaubilder verfolgt werden.

Der im Stahl und im Gusseisen enthaltene Kohlenstoff tritt in zwei Arten auf:

- als reiner Kohlenstoff in Form von *Graphit* und
- als chemische Verbindung in Form des Eisencarbids Fe_3C, genannt *Zementit* (intermediäre Phase).

Man muss deshalb, wie Bild 4.22 zu entnehmen, zwei Arten des Eisen-Kohlenstoff-Diagramms unterscheiden. Das für das tatsächlich stabile System Eisen-Graphit gültige Diagramm beschreibt die Vorgänge bei langsamer Abkühlung von Eisenschmelzen mit hohen Kohlenstoffgehalten und relativ viel Silicium und wenig Mangan als Begleitelemente. Das nach dem *stabilen Diagramm* gebildete Gusseisen wird nach seiner grauen Bruchfläche als *graues Gusseisen* bezeichnet.

Das System Eisen-Fe_3C ist metastabil, das bedeutet praktisch stabil, aber thermodynamisch streng nicht vollkommen im Gleichgewicht. Der Zementit ist bei Raumtemperatur beständig und zerfällt erst nach extrem langem Glühen. Das *metastabile Diagramm*, in dem der rechte Eckpunkt der Phase Fe_3C bei 6,67 % Kohlenstoff entspricht, gilt für die unter technischen Bedingungen übliche, relativ rasche Abkühlung von Eisen-Kohlenstoff-Legierungen mit Kohlenstoffgehalten unter 2,06 %, also unlegierte Stähle, und für siliciumarmes und manganreiches Gusseisen, so genanntes *weißes Gusseisen*. Das metastabile Eisen-Kohlenstoff-Diagramm ist von größter technischer Bedeutung.

4.1.4.2 Das metastabile Eisen-Kohlenstoff-Schaubild

Da eine feste Vereinbarung über die in den Diagrammen eingetragenen Buchstaben besteht, lassen sich Begrenzungslinien der Zustandsfelder oder die Eutektikale (E C F, 1.147 °C) und die Eutektoidale (P S K, 723 °C) durch Buchstabenfolgen eindeutig beschreiben. Die im metastabilen Diagramm auftretenden Phasen und Gefügebestandteile sind in Tabelle 4.2 zusammengestellt.

Tabelle 4.2 Phasen- und Gefügebezeichnungen im metastabilen Fe-C-Schaubild

Phasenbezeichnung	Bezeichnung als Gefügebestandteil
δ-MK	
γ-MK	Austenit
α-MK	Ferrit
Fe_3C	Primär-Zementit Sekundär-Zementit Tertiär-Zementit
Eutektoid α-MK + Fe_3C	Perlit
Eutektikum γ-MK + Fe_3C	Ledeburit

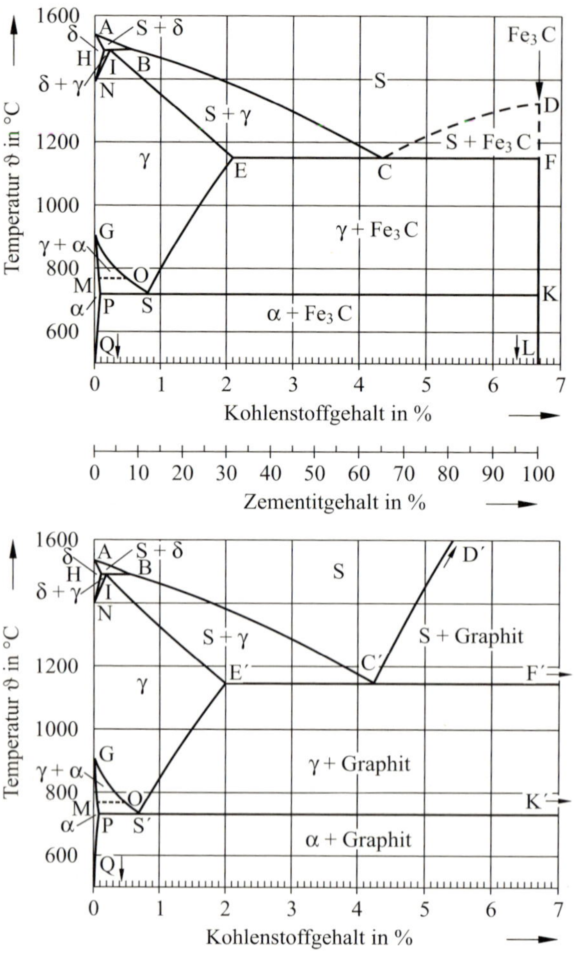

Bild 4.22 Metastabiles (oben) und stabiles (unten) Eisen-Kohlenstoff-Diagramm

α- und δ-Mischkristalle sind kubisch raumzentriert aufgebaut. Die Gitterkonstante des als Ferrit bezeichneten α-Mischkristalls bei Raumtemperatur ist $d = 2{,}87 \cdot 10^{-8}$ cm. Die Austenit genannten γ-Mischkristalle sind kubisch flächenzentriert, ihre Gitterkonstante bei 900 °C beträgt $d = 3{,}65 \cdot 10^{-8}$ cm. Der atomare Aufbau der α-Mischkristalle ist also weniger dicht als derjenige der γ-Mischkristalle, so dass sich das Volumen beim Übergang $\alpha \rightarrow \gamma$ verkleinert. Der Kohlenstoff bildet in beiden Modifikationen Einlagerungsmischkristalle. Die Phase Fe_3C heißt Zementit, wobei je nach ihrer Entstehungsart die in Tabelle 4.2 angeführten Unterscheidungen getroffen werden. Das eutektoid entstehende Gemenge, in dem die Phasen Ferrit und Zementit in typischer Weise als sich abwechselnde Schichten lamellar angeordnet sind (im Schliffbild streifig bzw. lamellar), erhält die Bezeichnung Perlit. Das eutektische Gemenge aus Austenit und Zementit wird Ledeburit genannt. Außer den in Bild 4.22 dargestellten Eisen-Kohlenstoff-Diagrammen mit Angabe der Gleichgewichtsphasen werden auch Eisen-Kohlenstoff-Diagramme benutzt, in denen die in Tabelle 4.2 aufgeführten Gefügebestandteile eingetragen sind.

4.1.4.3 Erstarrungs- und Umwandlungsvorgänge bei Stahl

Kohlenstoffarmes Eisen (z. B. Armco-Eisen mit C < 0,02 %)

Das Gefüge bei Raumtemperatur besteht aus Ferrit und Korngrenzenzementit als Tertiärzementit (Bild 4.23).

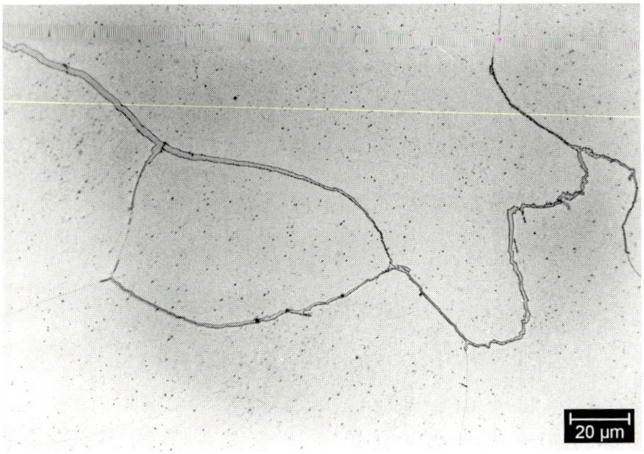

Bild 4.23
Ferrit und Korngrenzenzementit in kohlenstoffarmem Eisen, geätzt mit alkoh. HNO_3

Untereutektoider Stahl mit 0,35 % C

Entsprechend einem C35 oder St 50 bzw. E 295 (vgl. Abschnitt 5). Bei Abkühlung von Schmelz- bis Raumtemperatur spielen sich folgende Vorgänge ab:

Bei Erreichen der Liquiduslinie beginnt die Erstarrung mit der Ausscheidung von δ-Mischkristallen, die bei weiterer Abkühlung bis 1.489 °C mit der peritektischen Reaktion δ-MK + Schmelze → γ-MK abgeschlossen wird. Am Ende der peritektischen Reaktion bleibt noch Schmelze zurück, aus der sich γ-Mischkristalle ausscheiden. Mit Unterschreiten der Linie I E (Bild 4.22, oben) ist die Schmelze vollständig aufgezehrt.

Bild 4.24 Ferrit und Perlit in einem Stahl mit 0,35 % C (C 35 grobkörnig), geätzt mit alkoh. HNO_3

Beim weiteren Durchlaufen des γ-Gebietes ändert sich außer der Gitterkonstanten nichts, bis beim Unterschreiten der Linie G S (Bild 4.22, oben) α-Misch-kristalle auf den Korngrenzen der γ-Mischkristalle ausgeschieden werden. Der Anteil dieser α-Mischkristalle nimmt mit sinkender Temperatur entsprechend dem Hebelgesetz zu, während sich die restlichen γ-Mischkristalle mit Kohlenstoff anreichern bis zum Massengehalt S bei 723 °C.

Dort zerfallen sie (Haltepunkt!) in der eutektoiden Reaktion γ-MK → α-MK + Fe_3C. Im entstehenden Eutektoid liegen Ferrit und Zementit in sich abwechselnden Schichten vor (Perlit).

Bei weiterer Abkühlung scheidet sich aus den α-Mischkristallen noch etwas Fe_3C (Tertiärzementit) aus. Demnach besteht das Endgefüge des Stahles bei Raumtemperatur aus Ferrit, Perlit und geringen Mengen an Tertiärzementit. Der Mikroschliff in Bild 4.24 zeigt das Gefüge in hoher Vergrößerung.

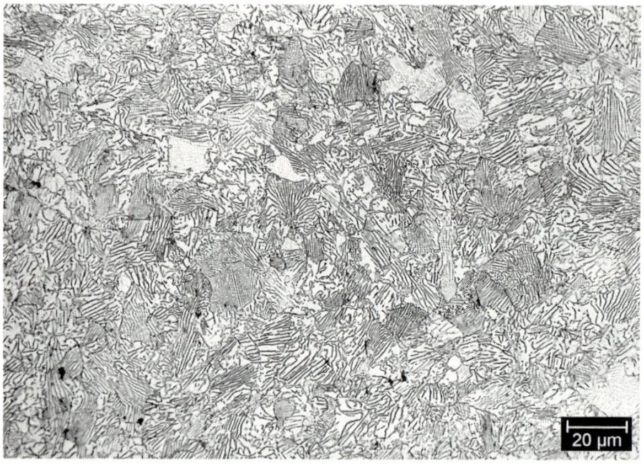

Bild 4.25
Rein perlitisches Gefüge eines Stahles mit 0,8 % C, geätzt mit alkoh. HNO_3

Eutektoider Stahl mit 0,8 % C

Entsprechend etwa einem Schienen- oder Werkzeugstahl. Mit Beginn der Erstarrung scheiden sich γ-Mischkristalle aus der Schmelze aus, die bei 723 °C im festen Zustand vollständig eutektoidisch (Punkt S) umwandeln, so dass bei Raumtemperatur ein rein perlitisches Gefüge vorliegt (Bild 4.25).

Übereutektoider Stahl mit 1,2 % C

Entsprechend einem unlegierten Werkzeugstahl. Erstarrung unter Ausscheidung von γ-Mischkristallen. Bei Unterschreiten der Linie E S (Bild 4.22, oben) scheidet sich Fe_3C (Sekundärzementit) schalenförmig auf den Korngrenzen aus, während die γ-Mischkristalle ihre Zusammensetzung in Richtung auf S ändern und bei 723 °C zu Perlit zerfallen. Das Endgefüge bei Raumtemperatur besteht also aus Perlit und Schalenzementit, der auf den Korngrenzen ein regelrechtes Carbidnetz bildet.

4.1.4.4 Erstarrungs- und Umwandlungsvorgänge bei weißem Gusseisen

Wenn Gusseisen wenig Silicium, aber viel Mangan enthält und / oder wenn die Abkühlung aus dem flüssigen Zustand rasch erfolgt, können auch hier die Erstarrungs- und Umwandlungsvorgänge anhand des metastabilen Eisen-Kohlenstoff-Schaubildes verfolgt werden.

Untereutektisches weißes Gusseisen mit 3,5 % C

Bei Erreichen der Liquiduslinie beginnt die Erstarrung durch Ausscheidung von primären γ-Mischkristallen. Gleichzeitig reichert sich die Schmelze mit Kohlenstoff an, bis sie bei 1.147 °C eutektische Zusammensetzung besitzt (4,30 % C) und mit γ-Mischkristallen der Zusammensetzung E im Gleichgewicht steht. Sie erstarrt nun bei konstanter Temperatur (Dreiphasengleichgewicht, Phasenregel) eutektisch zu einem Gemenge aus γ-Mischkristallen und Zementit, das als *Ledeburit* bezeichnet wird.

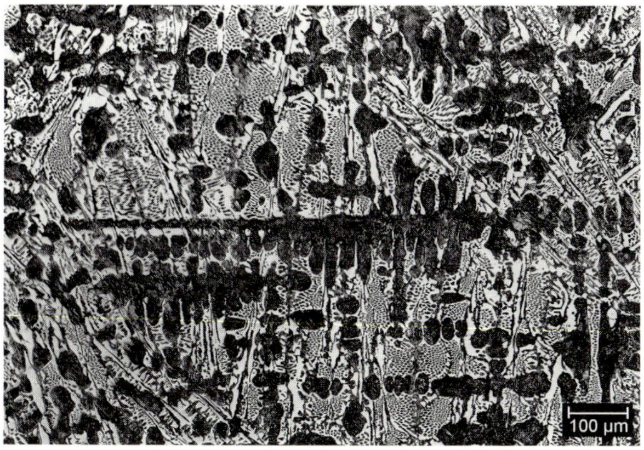

Bild 4.26 Gefüge eines untereutektischen weißen Gusseisens mit 3,5 % C, geätzt mit alkoh. HNO_3

Bei weiterer Abkühlung scheidet sich Sekundärzementit aus allen γ-Mischkristallen aus, die infolgedessen kohlenstoffärmer werden und bei 723 °C die Zusammensetzung des Punktes S besitzen. Sowohl der primär gebildete Austenit als auch die Austenitanteile des eutektisch gebildeten Ledeburits (Ledeburit I) zerfallen dann in Perlit. Das Endgefüge bei Raumtemperatur besteht also eigentlich aus Perlit, Sekundärzementit und eutektisch gebildetem Zementit. Man nennt auch dieses Gefüge Ledeburit (Ledeburit II) (Bild 4.26).

Eutektisches weißes Gusseisen mit 4,30 % C

Rein eutektische Erstarrung ohne vorangehende Ausscheidung von primären γ-Mischkristallen, sonst wie im vorigen Abschnitt beschrieben. Das Endgefüge besteht aus Ledeburit II (Bild 4.27).

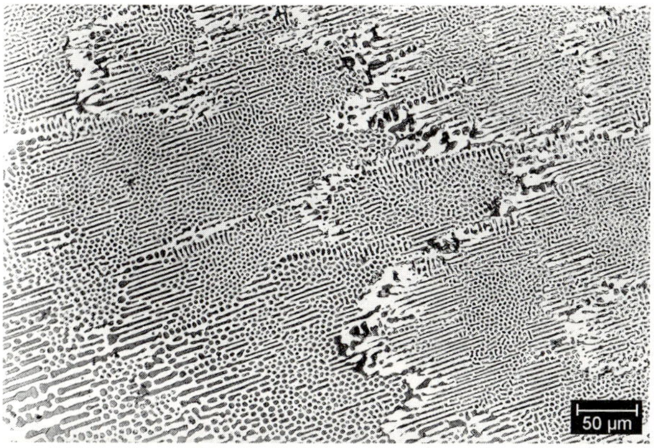

Bild 4.27
Rein ledeburitisches Gefüge eines weißen Gusseisens mit 4,3 % C, geätzt mit alkoh. HNO_3

Übereutektisches weißes Gusseisen mit 4,5 % C

Die Ausscheidung von Primärzementit aus der Schmelze, die an Kohlenstoff verarmt bis die eutektische Zusammensetzung erreicht ist, tritt an die Stelle der bei untereutektischem Gusseisen gebildeten primären γ-Mischkristalle. Sonst wie oben, so dass ein Endgefüge von Primärzementit in einer Grundmasse aus Ledeburit II entsteht (Bild 4.28).

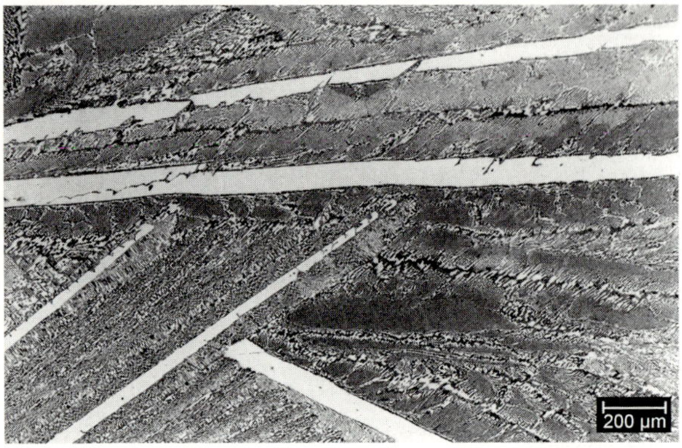

Bild 4.28
Gefüge eines übereutektischen weißen Gusseisens mit 4,5 % C, geätzt mit alkoh. HNO_3

4.1.4.5 Erstarrungs- und Umwandlungsvorgänge bei grauem Gusseisen

Bei erhöhtem Silicium-, verringertem Mangangehalt und / oder langsamer Abkühlung erstarrt Gusseisen grau, d. h. nach dem in Bild 4.22 gezeichneten stabilen System mit Graphit als Gleichgewichtsphase. Die Umwandlungen im festen Zustand erfolgen, je nach den vorliegenden Bedingungen nach dem stabilen, dem metastabilen oder teils nach dem einen, teils nach dem anderen System.

Untereutektisches graues Gusseisen mit 3,8 % C

Die Erstarrung beginnt wiederum mit der Ausscheidung primärer γ-Mischkristalle, die Schmelze reichert sich entsprechend der Liquiduslinie mit Kohlenstoff an, bis sie im Punkt C′ eutektische Zusammensetzung erreicht und zum eutektischen Gemenge in einer Grundmasse aus γ-Mischkristallen (*Graphiteutektikum*) erstarrt. Bei weiterer Abkühlung scheidet sich entsprechend der Linie E′ S′ „Segregatgraphit" aus und lagert sich an den schon vorhandenen eutektischen Graphit an. Der Zerfall der an Kohlenstoff verarmten γ-Mischkristalle im Punkt S′ oder S in ein stabiles, metastabiles oder teils stabiles, teils metastabiles Eutektoid wird von Zusammensetzung und Abkühlbedingungen gesteuert. Der dabei gegebenenfalls nach dem stabilen System eutektoid gebildete Graphit lagert sich auch an die schon vorhandenen Graphitlamellen an. Bei weiterer Abkühlung auf Raumtemperatur scheidet sich aus dem Ferrit noch etwas Kohlenstoff aus, z. B. ebenfalls in Form von Graphit.

Eutektisches graues Gusseisen mit 4,25 % C

Eine Legierung mit eutektischer Zusammensetzung geht unmittelbar aus dem schmelzflüssigen Zustand in das Graphiteutektikum über (Bild 4.29). Auch hier bildet sich bei weiterer Abkühlung, entsprechend der Kohlenstoffverarmung der γ-Mischkristalle längs E' S' bzw. der α-Mischkristalle längs P Q, weiterer Graphit.

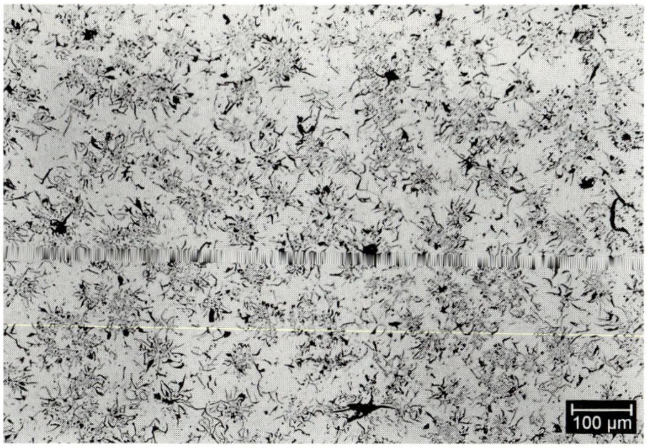

Bild 4.29
Graphiteutektikum eines grauen Gusseisens mit 4,25 % C, ungeätzt

Übereutektisches graues Gusseisen mit 4,5% C

Bild 4.30
Übereutektisch erstarrtes graues Gusseisen mit 4,5 % C (teils metastabil umgewandelt), geätzt mit alkoh. HNO_3

Bei einer übereutektischen Legierung beginnt die Erstarrung mit der Ausscheidung von Primärgraphit (Garschaumgraphit), z. B. in Form relativ grober Lamellen wie sie in Bild 4.30 deutlich hervortreten. Beim Erreichen der Eutektikalen (1.153 °C) entsteht aus der Restschmelze, deren Kohlenstoffgehalt auf 4,25 % abgesunken ist, wieder das Graphiteutektikum. Die Vorgänge bei der weiteren Abkühlung entsprechen den oben beschriebenen.

4.2 Wärmebehandlung von Stahl

Außer dem Kohlenstoff (vgl. Abschnitt 4.1.4.1) haben weitere Begleitelemente oder Verunreinigungen sowie die Abkühlbedingungen beim und nach dem Erstarren der Schmelze und Umformungsprozesse Einfluss auf die Gefügeausbildung von Stählen.

Durch Wärmebehandlungen (DIN EN 10 052:93) lassen sich ungünstige Gefügezustände, wie sie z. B. beim Vergießen entstehen können, beseitigen, aber auch besonders günstige Gefügezustände gezielt erzeugen. Dies ermöglicht es, die Eigenschaften der Stähle, ihrer Weiterverarbeitung und Anwendung entsprechend, in weiten Grenzen zu variieren und optimal einzustellen.

4.2.1 Ausgangsgefüge vor der Wärmebehandlung

Die bei der Erstarrung von Stahlschmelzen entstehenden *Primärgefüge* können in sehr charakteristischen Ausprägungen vorliegen, die sich durch Makroätzungen unmittelbar oder bei kleinen Vergrößerungen sichtbar machen lassen (vgl. Bild 4.31).

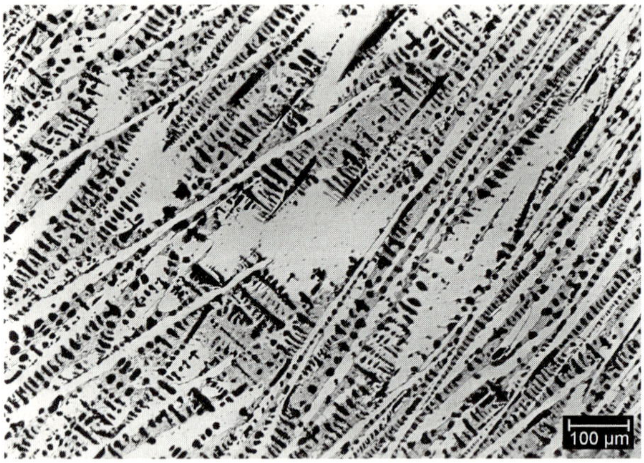

Bild 4.31 Durch Oberhoffer-Ätzung sichtbar gemachtes Primärgefüge eines untereutektischen Roheisens

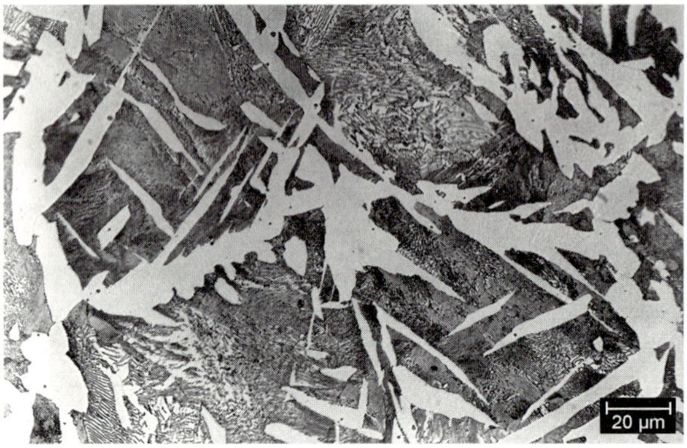

Bild 4.32 Widmannstättengefüge eines Stahles C 35, geätzt mit alkoh. HNO_3

Blockguss (vgl. Kapitel 7.5) zeigt z. B. als typische Gussstruktur ein feinkörniges, globulares Gefüge in den Außenbereichen des Blockes, die an der Wand der Gießkokille anlagen. Zum Blockinnern hin schließen sich nebeneinander liegende, stängelige Kristalle an, und im Kern kann wieder ein globulares Gefüge mit gröberen Körnern vorliegen.

Gussgefüge, z. B. von Stahlguss oder in Schweißnähten, können aber auch eine anormale Struktur aufweisen. Wird Stahl längere Zeit auf hohen Temperaturen im α-Gebiet gehalten, so wachsen einzelne Körner auf Kosten ihrer Nachbarn und man erhält ein unerwünscht grobkörniges Gefüge. Bei rascher Abkühlung eines solchen Gefüges verläuft die γ-α-Umwandlung anormal. Ferrit wird dann nicht nur auf den Korngrenzen, sondern auch innerhalb des Korns, auf kristallografisch bevorzugten Ebenen, ausgeschieden (Widmannstättengefüge, Bild 4.32).

In phosphorhaltigen Stählen muss bei technischen Abkühlgeschwindigkeiten mit Kristallseigerungen des Phosphors gerechnet werden. Die phosphorarmen Innenzonen der Dendriten lassen sich mit einem geeigneten Verfahren (Oberhoffer-Ätzung, [2.20]) anätzen und erscheinen im Gefügebild dunkel, während die phosphorreichen Außenzonen nicht angegriffen werden und hell bleiben. Aufgrund der dem Dendritenverlauf folgenden Phosphorseigerungen lässt sich so das Primärgefüge eines Roheisenteils (Bild 4.31) oder auch von Stahlgussteilen sichtbar machen.

Die nach gezielt vorgenommenen Phasenumwandlungen (Wärmebehandlungen) oder Umformprozessen auftretenden Gefügezustände werden als *Sekundärgefüge* bezeichnet.

In *Sekundärgefügen* bilden sich Umformprozesse sowie nachfolgende Phasenumwandlungen in charakteristischer Weise ab. Durch Warmwalzen oder Schmieden werden die in einem primären Gussgefüge als nichtmetallische Einschlüsse oder Seigerungen enthaltenen Verunreinigungen, z. B. Magansulfide, zeilenförmig gestreckt. Sie wirken dann bei der Umwandlung $\gamma \rightarrow \alpha$ als Keime, so dass sich an ihnen Ferrit- und nachfolgend Perlitzeilen ausbilden. Das Walzgefüge eines Stahles zeigt deshalb als typische Anordnung sich abwechselnde Ferrit- und Perlitbänder (sekundäres Zeilengefüge).

4.2.2 Wärmebehandlungsverfahren (DIN EN 10 052:93, [4.5, 4.6, 4.8 - 4.10])

Es ist zu unterscheiden zwischen durchgreifenden Wärmebehandlungen, bei denen das Gefüge im gesamten Querschnitt eines Bauteils gezielt verändert wird, und Randschicht-Behandlungen, bei denen oberflächennahe Schichten hinreichender Dicke z. B. gehärtet werden. Durchgreifende Wärmebehandlungen haben entweder das Ziel, Gefügezustände zu erzeugen, die für nachfolgende Bearbeitungsverfahren günstig sind, oder es sollen die Gebrauchseigenschaften von Bauteilen, insbesondere Härte, Festigkeit und Zähigkeit, optimal eingestellt werden. Die Temperaturbereiche wichtiger Wärmebehandlungen sind in Bild 4.33 in das Eisen-Kohlenstoff-Diagramm eingezeichnet.

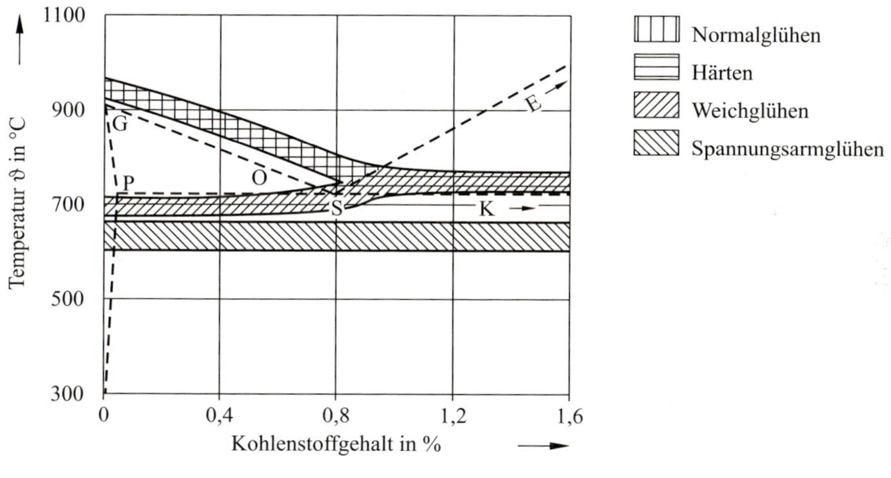

Bild 4.33 Temperaturbereiche für wichtige Wärmebehandlungen von Stählen

4.2.2.1 Durchgreifende Wärmebehandlungsverfahren

Diffusionsglühen

Ziel: Möglichst gleichmäßige Verteilung von Legierungselementen, z. B. durch Beseitigung von Inhomogenitäten (Seigerungen).

Methode: Mehrstündiges Glühen bei 1.000 bis 1.200 °C, um ausreichende Diffusion der Legierungselemente zu gewährleisten. Carbide bestimmter Legierungselemente und weitere stabile intermediäre Verbindungen bleiben unter Veränderung zu eher rundlichen (globularen) Formen erhalten. Grobkornbildung ist unvermeidlich, deshalb nötigenfalls anschließendes Normalglühen.

Normalglühen

Ziel: Beseitigung durch Vorbehandlungen erzeugter, ungünstiger Gefügezustände, insbesondere von Grobkorn und Widmannstättengefüge. Durch doppeltes Umkörnen bei Erwärmung ($\alpha \rightarrow \gamma$) und Abkühlung ($\gamma \rightarrow \alpha$) lässt sich gut reproduzierbar ein sozusagen „normal" feinkörniges Gefüge erzielen. Gleichzeitig erreicht man eine verbesserte Zerspanbarkeit und bei vielen Bauteilen, bei denen keine zu großen Temperaturunterschiede beim Abkühlen auftreten, auch eine Verringerung vorhandener Eigenspannungen.

Methode: Glühen 30 bis 50 °C oberhalb G S K; d. h. oberhalb A_3 bei untereutektischen und oberhalb A_1 bei übereutektischen Stählen. Haltezeit 2 min pro mm Wanddicke, jedoch mindestens 30 min, Abkühlung an ruhender Luft.

Grobkornglühen

Ziel: Verbesserung der Zerspanbarkeit kohlenstoffarmer Stähle (z. B. von Einsatzstählen) durch grobkornbedingte Verringerung ihrer Zähigkeit.

Methode: Vergröberung des Austenitkorns durch hinreichend langes Glühen oberhalb A_3 (900 bis 1.200 °C). Abkühlen an ruhender Luft (oberhalb A_1 hinreichend langsam) ergibt grobkörniges, ferritisch-perlitisches Gefüge.

Weichglühen *(Glühen auf kugelige Carbide)*

Ziel: Verbesserung der Umformbarkeit mit spangebenden und spanlosen Verfahren bei Stählen mit Kohlenstoffgehalten von mehr als 0,4 % und Vorbereitung des Härtens übereutektoider Stähle durch Umwandlung des lamellaren und Kongrenzenzementits in körnigen Zementit.

Methode: Glühen dicht unterhalb A_1 (P S K) bzw. bei übereutektoiden Stählen Pendelglühen um A_1 (P S K).

Spannungsarmglühen

Ziel: Abbau von Eigenspannungen nach dem Gießen oder Schweißen durch mikroplastische Verformungen, Vermeiden von Verzug bei spangebender Bearbeitung, Erhöhung der Korrosionsbeständigkeit, Verringerung schweißbedingter Aufhärtungen. Eine Verbesserung der Eigenschaften kann ohne Gefügeänderung oder mit Gefügeveränderungen nach vorhergehender, hinreichend starker plastischer Verformung sowie in Aufhärtungszonen eintreten.

Methode: Langsames Erwärmen auf 550 bis 670 °C, Haltezeit 2 min pro mm Wanddicke, mindestens eine halbe Stunde, langsame Abkühlung im Ofen vermeidet das Entstehen neuer Eigenspannungen.

Rekristallisationsglühen

Ziel: Beseitigen einer durch Kaltverformung eingetretenen Verfestigung durch Kornneubildung, z. B. beim Zwischenglühen bei Umformprozessen.

Methode: Erwärmen auf Glühtemperaturen zwischen 500 und 600 °C bei Stählen. Die exakte Glühtemperatur (Rekristallisationstemperatur) und die Glühdauer müssen sich nach dem Verformungsgrad richten.

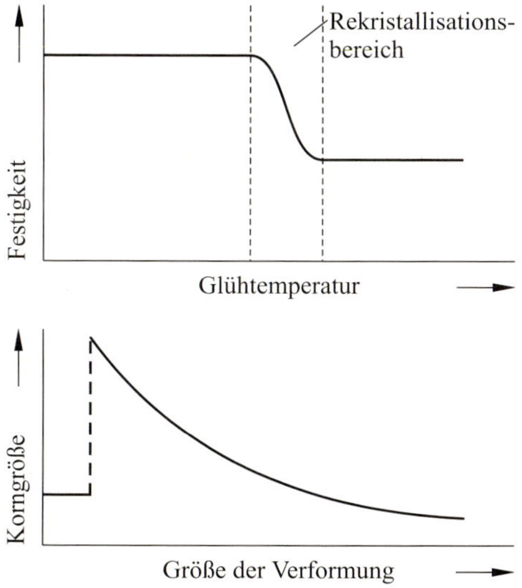

Bild 4.34 Verlauf von Festigkeit und Korngröße bei Rekristallisation (schematisch)

Metalle lassen sich elastisch und plastisch verformen. Eine plastische Verformung bei niedrigen Temperaturen, z. B. Raumtemperatur, ist mit einer Verfestigung verbunden, d. h. mit einem Anstieg von Härte und Festigkeit. Gleichzeitig wird das Gefüge verändert, beim Ziehen eines Drahtes z. B. werden die Körner gestreckt. Glüht man einen kaltverformten Werkstoff, so kommt es bei hinreichend hoher Temperatur zunächst zu einer Entfestigung (Erholung) und nach Überschreiten der Rekristallisationstemperatur zu einer Umbildung des durch die Verformung veränderten Gefüges. Dabei entstehen im festen Zustand völlig neue Körner, deren Größe vom Kaltverformungsgrad und von der Glühtemperatur abhängt (Bild 4.34).

Härten (DIN 17 021-1:76, DIN 17 022-1:94, -2:86)

Ziel: Erzeugen eines *martensitischen Gefüges* hoher Härte, das einen großen Verschleißwiderstand aufweist und die Vorstufe für ein Vergütungsgefüge (s. dort) mit günstiger Kombination von hoher Festigkeit und Zähigkeit ist.

Methode: Erwärmen auf 30 bis 50 °C oberhalb G S K und hinreichend rasches Abkühlen, so dass die kritische Abkühlgeschwindigkeit überschritten wird, ab der eine Unterdrückung der vollkommen diffusionsgesteuerten γ-α-Umwandlung eintritt. Der Austenit klappt dann diffusionslos in ein tetragonal raumzentriertes Martensitgitter um. Der im Austenit gelöste Kohlenstoff bleibt in diesem Gitter vollständig zwangsgelöst und führt zu beträchtlichen inneren Spannungen, die wesentlich mit zu der hohen Härte des so entstandenen Martensits beitragen.

Die Härte des Martensits steigt daher gemäß Bild 4.35 mit zunehmendem im Austenit gelösten Kohlenstoffgehalt beträchtlich an. Die erreichbare Rockwell-Höchsthärte lässt sich nach der Beziehung $HRC = 20 + 60 \cdot \sqrt{C}$ abschätzen (nach Just). Bild 4.36 zeigt das typische nadelige Gefüge des Martensits. Zum Erreichen einer hinreichenden Abschreckwirkung sind bei unlegierten Stählen Abschreckmedien wie Wasser mit geeigneten Zusätzen oder Öl erforderlich, während für legierte Stähle, je nach Gehalt der Legierungselemente, die Abschreckwirkung von Öl oder sogar Luft ausreicht.

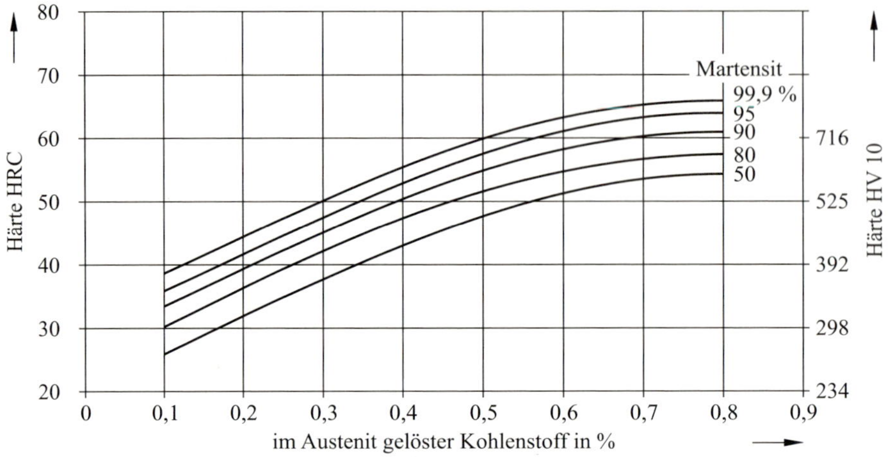

Bild 4.35 Härte HRC und HV als Funktion des gelösten Kohlenstoffs und des Martensitanteils [4.7]

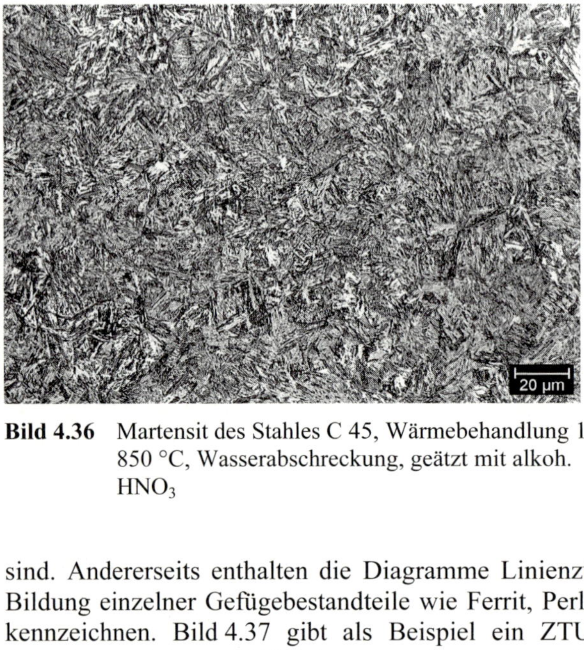

Bild 4.36 Martensit des Stahles C 45, Wärmebehandlung 1 h 850 °C, Wasserabschreckung, geätzt mit alkoh. HNO_3

Zur Beurteilung der bei vorgegebener Abkühlkurve bei einem bestimmten Stahl entstehenden Gefügezustände, oder umgekehrt zur Feststellung des zum Erzielen eines bestimmten Gefügezustandes und einer bestimmten Härte erforderlichen Abkühlkurvenverlaufs, dienen *Zeit-Temperatur-Umwandlungs- (ZTU-) Schaubilder* für kontinuierliche Abkühlung. In solche Diagramme sind einerseits von Austenitisierungstemperatur ausgehende Abkühlkurven (Temperatur-Zeit-Verläufe) eingezeichnet, wie sie unter Anwendung verschiedener Abschreckmedien technisch möglich sind. Andererseits enthalten die Diagramme Linienzüge, die den Beginn oder das Ende der Bildung einzelner Gefügebestandteile wie Ferrit, Perlit, Zwischenstufengefüge oder Martensit kennzeichnen. Bild 4.37 gibt als Beispiel ein ZTU-Schaubild wieder, eine umfangreiche Sammlung wichtiger ZTU-Diagramme findet sich in [4.8].

In solchen Diagrammen kann man ablesen, dass der Austenit mit steigender Abkühlgeschwindigkeit zunehmend unter A_3 bzw. A_1 unterkühlt werden kann und erst nach einer gewissen Zeit sich umzuwandeln beginnt (Schnittpunkt der Abkühlkurve mit der Linie, die den Beginn der Umwandlung kennzeichnet). Bei langsamer Abkühlung beginnt z. B. bei untereutektoiden Stählen die Austenitumwandlung mit der Bildung voreutektoiden Ferrits, der im weiteren Verlauf der Abkühlung die Perlitbildung folgt. Weiter sieht man, dass bei mittleren, steigenden Abkühlgeschwindigkeiten eine besondere Gefügeart, das *Zwischenstufengefüge* auftritt. Bei der Entstehung dieses auch als Bainit bezeichneten Gefüges wird bei noch relativ hohen Temperaturen die Umwandlung diffusionsgesteuert durch Kohlenstoffverarmung des Austenits eingeleitet, was dessen diffusionsloses Umklappen begünstigt (Kohlenstoff wirkt austenitstabilisierend, vgl. Abschnitt 5.2). Das so gebildete, bainitische Gefüge besteht aus Ferrit und durch Kohlenstoffausscheidung entstandene Carbide. Das Gefüge ist teilweise nadelig und bei hinreichend niedrigen Bildungstemperaturen feinkörnig. Durchläuft die Abkühlkurve mehrere Gefügebereiche im ZTU-Schaubild, so entstehen Mischgefüge, die im Allgemeinen nicht Ziel technischer Wärmebehandlungen sind. Abkühlkurven, welche die Ferrit-Perlit- oder die Zwischenstufennase nicht schneiden, führen zu einer vollständigen Umwandlung in Martensit bei der durch die horizontale Linie gekennzeichneten verhältnismäßig niedrigen Martensitbildungstemperatur.

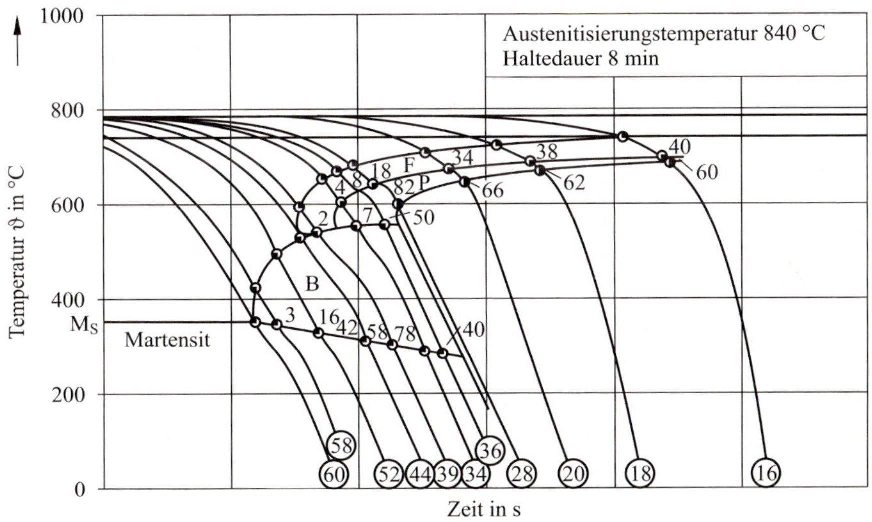

Bild 4.37 ZTU-Schaubild für kontinuierliche Abkühlung des Stahls 41 Cr 4 (nach Macherauch). F Ferrit, P Perlit, B Bainit bzw. Zwischenstufengefüge, M_s Martensit

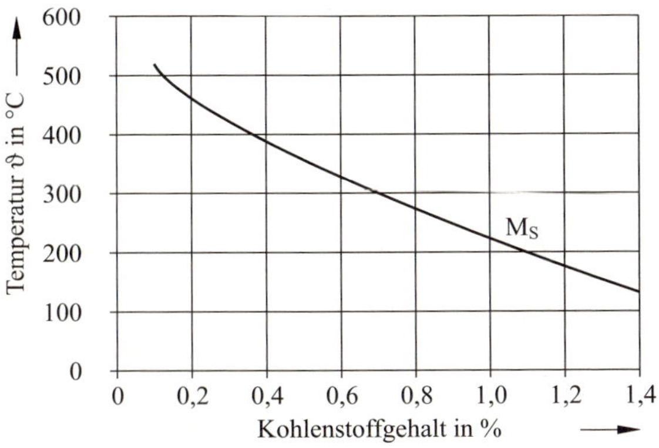

Bild 4.38 Martensitbildungstemperatur als Funktion des Kohlenstoffgehaltes [4.7]

Die Martensitbildung setzt bei der Martensitstarttemperatur ein, schreitet mit weiterer Unterkühlung fort und ist bei der Martensitfinishtemperatur abgeschlossen. Wie Bild 4.38 ausweist, nimmt die Martensitstarttemperatur aufgrund der austenitstabilisierenden Wirkung des Kohlenstoffs mit zunehmendem Kohlenstoffgehalt ab. Analog verläuft die niedrigere Martensitfinishtemperatur, die bei einem Kohlenstoffgehalt von etwa 0,5 % Raumtemperatur erreicht.

Beim Härten von Stählen mit Kohlenstoffgehalten von mehr als 0,5 % wird deshalb der Austenit beim Abschrecken auf Raumtemperatur nicht vollständig umgewandelt, es bleibt ein Anteil an Restaustenit zurück, der mit dem Kohlenstoffgehalt ansteigt und die Gesamthärte herabsetzt.

Legierungselemente wie Chrom, Mangan oder Nickel setzen die kritische Abkühlgeschwindigkeit herab, die oberhalb der Martensitbildung eintritt, d. h. sie verschieben im ZTU-Schaubild die Ferrit-Perlitnase zu größeren Zeiten. Martensitbildung tritt deshalb bei entsprechend legierten Stählen auch noch bei weniger schroffer Abkühlung ein. Dies ist von Bedeutung, wenn größere Querschnitte eines Bauteils vollkommen durchgehärtet werden sollen, weil in den Kernbereichen solcher Bauteile auch mit schroff wirkenden Abschreckmitteln nur relativ geringe Abkühlgeschwindigkeiten erreicht werden. Niedrig legierte Stähle lassen sich mit geeigneten Abschreckmedien durchhärten und damit auch durchvergüten.

Falls das Härten nicht als Teilbehandlung des Vergütens vorgenommen wird, werden gehärtete Teile im Allgemeinen entspannend bei Temperaturen um 180 bis 200 °C angelassen. Beispiele hierfür sind Wälzlager und Werkzeuge. Aufgrund der beim Anlassen von Härtegefügen eintretenden Gefüge- und Eigenschaftsänderungen kann man – unabhängig von technisch relevanten Anlass-(Glüh-)temperaturen – die nachfolgend aufgeführten Anlassstufen unterscheiden.

1. Anlassstufe: ca. 80 bis 200 °C. Durch Ausscheidung von Kohlenstoff als fein verteiltes ε-Carbid (Fe_2C bis Fe_3C). Übergang in so genannten „kubischen“ Martensit mit geringerem Kohlenstoffgehalt (z. B. 0,3 %). Härte kann noch zunehmen oder schon abnehmen.

2. Anlassstufe: ca. 200 bis 375 °C. Zerfall des Restaustenits in Ferrit und Zementit. Härte kann nach geringem Abfall zunehmen.

3. Anlassstufe: ca. 300 bis 520 °C. Zerfall des „kubischen“ Martensits in die Gleichgewichtsphasen Ferrit und Zementit. Deutlicher Festigkeits- (Härte-) Abfall und Zähigkeitsgewinn (siehe Vergüten).

Vergüten *(DIN 17 022-1:94)*

Ziel: Erhöhung der Festigkeit (Streckgrenze, Zugfestigkeit, Dauerfestigkeit) von Stählen gegenüber dem normalgeglühten Zustand bei gleichzeitig guter Verformungsfähigkeit (Bruchdehnung, Brucheinschnürung) und Zähigkeit (Kerbschlagzähigkeit).

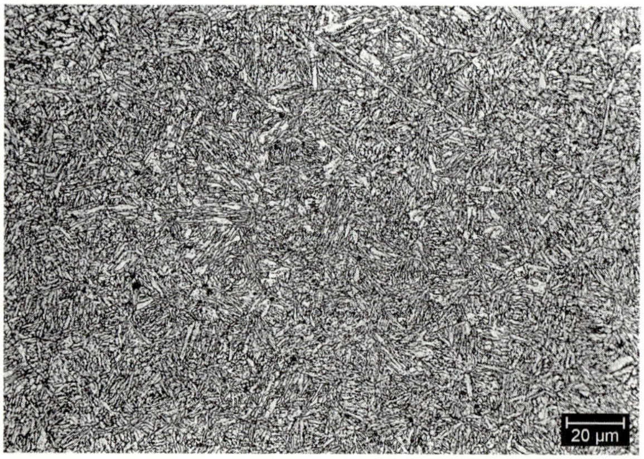

Bild 4.39
Vergütungsgefüge des Stahles C 45, Wärmebehandlung 1 h 850 °C, Wasserabkühlung, anschließend Anlassbehandlung von 1 h 650 °C, geätzt mit alkoh. HNO_3

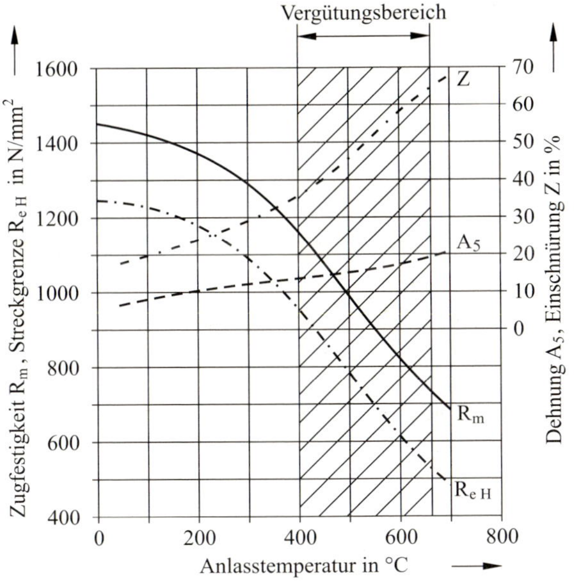

Bild 4.40 Vergütungsschaubild (Werkstoff 25 CrMo4) [4.7]

Methode: Erzeugung eines gleichmäßig feinkörnigen Vergütungsgefüges (Bild 4.39) durch Abschreckhärten und nachfolgendes Anlassen auf 400 bis 650 °C (*Anlassvergüten*).

Die beim Härten erreichten Werte der Zugfestigkeit, Streckgrenze und Härte nehmen mit zunehmender Anlasstemperatur zwischen 400 bis 650 °C beträchtlich ab, Bruchdehnung, Brucheinschnürung und Zähigkeit dagegen zu (Bild 4.40). Durch Wahl der Anlasstemperatur lässt sich also eine dem Anwendungszweck der zu vergütenden Bauteile optimal entsprechende Kombination von Festigkeit und Verformbarkeit bzw. Zähigkeit erreichen. Härte-, Zugfestigkeits-, und Bruchdehnungswerte nach dem Vergüten werden in Tabelle 4.3 mit den Kennwerten nach dem Normalglühen und Härten verglichen.

Um eine ausreichende Härtewirkung zu erzielen, sind Stähle mit einem Mindest-Kohlenstoffgehalt von 0,2 % erforderlich. Um größere Querschnitte durchvergüten zu können, muss eine gleichmäßige Durchhärtung gewährleistet sein (siehe dort). Dies bedeutet, dass für größere zu vergütende Querschnitte niedriglegierte Stähle verwendet werden müssen.

Unter *Zwischenstufenvergüten* (Bainitisieren) versteht man eine Wärmebehandlung, bei der das Werkstück zunächst in einem Warmbad aus dem Austenitgebiet abgekühlt wird und dann bei konstanter Temperatur eine isotherme Umwandlung in Zwischenstufengefüge (Bainit) erfährt. Die anzuwendende Warmbad- bzw. Umwandlungstemperatur ist einem *isothermen ZTU-Diagramm* des betreffenden Stahls zu entnehmen. Die beim Zwischenstufenvergüten erreichbare Zähigkcit, z. B. eines Gefüges der unteren Zwischenstufe, kann besser sein als beim Anlassvergüten.

Typische Anwendungsbeispiele: Kurbelwellen, Achsen, Schaltgabeln

Beispiele für typische Vergütungsstähle (DIN EN 10 083-1 bis -3:06, vgl. Kapitel 5.2.4.2/3):

– unlegiert, Qualitätsstähle:	C22, C45, C60	
– unlegiert, Edelstähle:	C22E, C45E, C60E C22R, C45R, C60R	vorgeschriebener maximaler Schwefelgehalt vorgeschriebener Bereich des Schwefelgehaltes
– niedriglegiert:	34Cr4, 25CrMo4, 42CrMo4, 34CrNiMo6	
– Borlegiert:	30MnB5, 39MnCrB6-2	verbesserte Härtbarkeit, gute Zähigkeit

Tabelle 4.3 Anhaltswerte für Härte, Zugfestigkeit und Bruchdehnung von (legierten) Vergütungsstählen in verschiedenen Wärmebehandlungszuständen, (MW = mittlerer Merkwert)

	Normalgeglüht	Vergütet	Gehärtet
Härte in HV	150 - 250 MW 200	300 - 500 MW 400	600 - 800 MW 700
Zugfestigkeit in N/mm^2	500 - 800 MW 600	800 - 1.500 MW 1200	1.800 - 2.400 MW 2000
Bruchdehnung in %	20 - 12 MW 16	15 - 9 MW 12	6 - 4 MW 4

*4.2.2.2 **Randschichtbehandlungen** (thermochemisch oder thermisch)*

Ziel: Erhöhung des Widerstandes gegen Adhäsions-, Abrasions- und Ermüdungsverschleiß[6] bei wälz- und gleitbeanspruchten Bauteilen durch eine möglichst große Randschichthärte. Die durch Vergüten bei guter Bauteilzähigkeit erreichbare Härte ist für verschleißbeanspruchte Teile nicht optimal. Ziel der Randschichthärteverfahren sind deshalb besonders hohe Härtewerte in den Bauteilrandschichten zur Verschleißminderung bei guter Zähigkeit des Kerns als Sicherheit gegen Sprödbruch (vgl. Kapitel 5.2.4.5 bis 5.2.4.7).

Anwendung bei verschleißbeanspruchten Bauteilen, die zusätzlich stoß- oder schwingbeansprucht sind. Die in den Randschichten entstehenden Druckeigenspannungen sind mit von entscheidender Bedeutung für ein günstiges Bauteilverhalten, z. B. eine hohe Dauerschwingfestigkeit. Beispiele sind, je nach Verfahren, Zahnräder, verschleißbeanspruchte Wellen, Spindeln.

Methoden: Bei den *thermochemischen Verfahren* werden die Randschichten durch Eindiffusion geeigneter chemischer Elemente, z. B. Kohlenstoff, Stickstoff oder Bor, chemisch verändert. Die Härtesteigerung erfolgt entweder durch das Entstehen hochharter Verbindungen (Nitride, Boride) oder durch martensitische Härtung der Randschichten.

Bei den *thermischen Verfahren* (*Randschichthärten, DIN 17 022-5:03*) wird durch geeignete Wärmeführung nur eine Randschicht von Stählen mit hinreichend hohem Kohlenstoffgehalt martensitisch gehärtet.

***Einsatzhärten** (DIN 17 022-3:89, [4.9])*

Ziel: Verschleißminderung durch große Oberflächenhärte bei guter Zähigkeit des Kerns. Verbesserte Dauerschwingfestigkeit durch Druckeigenspannungen in der Randschicht. Verwendung finden niedriggekohlte Stähle mit 0,06 bis 0,2 % Kohlenstoff. Die erreichbare Randschichthärte beträgt ca. 800 bis 1.000 HV.

Methode: Aufkohlen („Zementieren") der Randschicht bei etwa 900 °C, wobei die kohlenstoffabgebenden Mittel in festem, flüssigem oder gasförmigem Zustand vorliegen können.

6 Bezüglich der verschiedenen Verschleißmechanismen wird auf die eingangs zitierten Lehrbücher verwiesen.

Pulveraufkohlung (fest)

Einbetten der Teile in pulverisierter Kohle. Die Aufkohlung erfolgt über die Gasphase unter Ausnutzung der Freisetzung des Kohlenstoffs gemäß Boudouard-Gleichgewicht.

$C + O_2$ (aus der Luft) $\rightarrow CO_2$

$CO_2 + C \rightleftharpoons 2\,CO$ (Boudouard-Gleichgewicht)

Eisen nimmt den freigesetzten Kohlenstoff auf, so dass man schreiben kann

$Fe + 2\,CO \rightarrow$ Fe-C-Mischkristalle $+ CO_2$

Salzbadaufkohlung (flüssig)

Aufkohlung in Zyanidbädern: $Ba(CN)_2$ oder NaCN

$Fe + Ba\,(CN)_2 \rightarrow$ Fe-C-Mischkristalle $+ BaCN_2$

Gasaufkohlung

Größte technische Bedeutung. Verbrennung und Dissoziierung von Kohlenwasserstoffgasen, z. B. Methan, die über die glühende Stahloberfläche geleitet werden. Der benötigte Kohlenstoff wird gemäß Methan-Wasserstoff-Gleichgewicht geliefert:

$CH_4 \rightleftharpoons C + 2\,H_2$

$Fe + CH_4 \rightarrow$ Fe-C-Mischkristalle $+ 2\,H_2$

Die Aufkohlungsgeschwindigkeit beträgt je nach Einsatzmittel etwa 0,1 bis 0,3 mm/h, die übliche Einsatztiefe 0,5 bis 2 mm. Der angestrebte Kohlenstoffgehalt in der Randschicht ist 0,8 %.

Härtungsmöglichkeiten:

- *Direkthärtung*: Abschrecken direkt von Einsatztemperatur
- *Einfachhärtung*: Nach Ofen- oder Luftabkühlung von Einsatztemperatur erneutes Erhitzen auf eine Härtetemperatur, die entsprechend dem Rand-Kohlenstoffgehalt gewählt wird und Abschreckung von dieser Temperatur
- *Doppelhärtung*: Nach Ofen- oder Luftabkühlung von Einsatztemperatur erneutes Erhitzen und Abschrecken zunächst von einer Härtetemperatur entsprechend dem Kohlenstoffgehalt des Kerns und anschließend von einer Härtetemperatur entsprechend dem Kohlenstoffgehalt des Randes

Bei allen Varianten des Härtens erfolgt abschließend ein entspannendes Anlassen.

Typische Anwendungsbeispiele: Zahnräder, Getriebewellen, Stößel, Hämmer in Getreidemühlen.

Beispiele für typische Einsatzstähle (DIN EN 10 084:98, vgl. Kapitel 5.2.4.6 und 5.2.4.7):

C15E, C15R, 16 MnCr5, 20MoCr4, 15NiCr13

Nitrieren, Nitrocarburieren, Plasmanitrieren *(DIN 17 022-4:98, [4.10])*

Ziele: Verschleißminderung bei zusätzlicher Verringerung des Reibbeiwertes und hoher Kernzähigkeit. Verbesserung der Dauerschwingfestigkeit durch Druckeigenspannungen.

Methoden: Man unterscheidet Gas-, Bad- und Pulvernitrieren. Beim meist angewandten Gasnitrieren im Ammoniakstrom bei 500 bis 550 °C dissoziiert NH_3 und Stickstoff diffundiert atomar in die Stahloberfläche ein. Um hinreichende Schichtdicken zu erzielen, sind Nitrierzeiten von 10 bis 60 h erforderlich (Schichtbildung mit ca. 10 µm/h). Härtesteigerung durch Nitridbildung (Fe_xN mit x = 2 bis 3, hexagonal, oder Fe_4N) in der äußeren Verbindungsschicht und Mischkristallbildung in der darunterliegenden Diffusionszone. Nach dem Nitrieren wird in Wasser, Öl oder Salzbäder abgeschreckt

Die Nitridbildung kann durch Legierungselemente, die als Nitridbildner wirken (Aluminium, Chrom, Mangan, Wolfram, Vanadium), verstärkt werden. Nitrierstähle (DIN EN 10 085) enthalten daher außer Chrom meist 0,9 bis 1,4 % Aluminium. Vielfach handelt es sich um Vergütungsstähle, die zur Erzielung einer ausreichenden Kernfestigkeit vor dem Nitrieren vergütet werden müssen (vgl. Kapitel 5.2.4.5).

Beim Badnitrieren erfolgt die Aufstickung in stickstoffabgebenden Salzbädern (560 bis 600 °C). Das Pulvernitrieren wird selten angewandt.

Bei vielen Verfahrensvarianten diffundiert gleichzeitig Kohlenstoff mit ein und wird in die Schicht eingebaut, wodurch zähere Schichten entstehen (Nitrocarburieren).

Vorteile: hohe Härte bis 1.200 HV 1, kein Härteabfall bis 400 °C. Bei guter Verschleißbeständigkeit geringer Reibbeiwert, hohe Dauerschwingfestigkeit, gleichzeitig relativ gute Korrosionsbeständigkeit. Wegen relativ niedriger Behandlungstemperaturen geringer Verzug, saubere Oberflächen.

Nachteile: lange Behandlungsdauer beim Gasnitrieren (Ausnahme Kurzzeitgasnitrieren mit Ammoniak und Kohlenstoffspendern, 3 bis 5 Stunden), relativ geringe Schichtdicke, Entsorgung der Salzbäder.

Typische Anwendungsbeispiele: Nockenwellen, Kurbelwellen, niedrig belastete Zahnräder.

Beispiele für normierte Nitrierstähle, die Vergütungsstählen entsprechen (DIN EN 10 085:01):

32CrAlMo7-10, 31CrMoV9, 41CrAlMo7-10 (vgl. Kapitel 5.2.4.5)

Plasmanitrieren

Dabei wird Stickstoff mit Hilfe eines elektrischen Feldes ionisiert, in Ionenform auf die Werkstückoberfläche geschossen und in diese eingelagert [44]. Die Ionisierung des Gases erfolgt in einem Vakuumbehälter, in dem das Werkstück elektrisch isoliert von der Behälterwand angeordnet ist. Zwischen Wand und Werkstück wird über eine angelegte Hochspannung (500 bis 1.000 V) eine Glimmentladung erzeugt, nachdem in das Vakuum ein stickstoffhaltiges Gas eingeleitet wurde. Eine äußere Beheizung erfolgt nicht, die notwendige Erwärmung geschieht durch die mit hoher Energie auf die Oberfläche auftreffenden Stickstoffionen. Die Nitrierschicht hat bei einer Behandlungsdauer von 10 bis 20 h eine Dicke von 5 bis 15 µm.

Vorteile: Gute Maßhaltigkeit und Polierbarkeit, hoher Verschleißwiderstand, T ≈ 500 °C.

Borieren

Ziel: Erreichen höchster Härte (1.800 bis 2.100 HV).

Methode: Eindiffusion von Bor in Randschicht zur Erzeugung einer Verbindungsschicht (Fe_2B) mit hohem Verschleißwiderstand.

Anwendungsbeispiel: Schraubentrieb, Ölpumpenräder

Flammhärten

Ziel: große Randschichthärte zur Erhöhung des Verschleißwiderstandes bei großen Bauteilen.

Methode: Die Stahl- oder Gusseisenoberfläche wird mittels eines Brenners (Mehrflammen-, Ringbrenner) auf Härtetemperatur erwärmt und durch eine Wasserbrause abgeschreckt (Bild 4.41). Der Werkstoff muss härtbar sein.

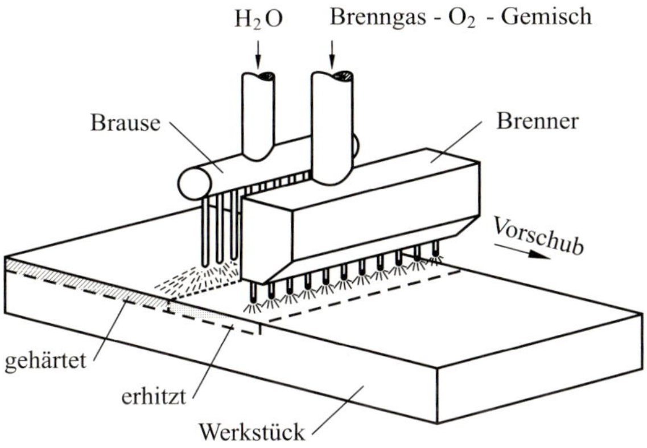

Bild 4.41 Flammhärten mit Mehrflammenbrenner [8.21]

Typische Anwendungsbeispiele:
Sehr große Zahnräder, z. B. für Abraumbagger, Zahnkränze, z. B. für Drehrohröfen.

Beispiele für typische Flammhärtewerkstoffe (DIN 17 212/Z):

Cf 54(DIN 17 230/Z), G42CrMo4

Induktionshärten (DIN 17 022-5:03)

Ziel: große Randschichthärte zur Erhöhung des Verschleißwiderstandes bei geringem apparativem und Verfahrensaufwand.

Methode: rasche Erwärmung zylinder- oder rohrförmiger Teile. Durch eine von einem hochfrequenten Wechselstrom durchflossene, wassergekühlte Spule wird in den Randschichten des Werkstücks ein sekundärer Wirbelstrom induziert, der in kurzer Zeit infolge des elektrischen Widerstandes eine Erwärmung auf Härtetemperatur herbeiführt. Anschließend Abschrecken (Bild 4.42). Voraussetzung ist ein härtbarer Stahl. Infolge des Skineffekts (Stromverdrängung bei hohen Frequenzen) beschränkt sich die Erwärmung auf eine Randschicht definierter Dicke.

Für die Eindringtiefe der Hochfrequenzerwärmung gilt:

$$t = \frac{1}{2\pi} \cdot \sqrt{\frac{\rho \cdot 10^5}{\mu \cdot f}} \text{ cm} \qquad \text{oder} \qquad t = 503 \cdot \sqrt{\frac{\rho}{\mu \cdot f}} \text{ mm}$$

mit: ρ: spez. Widerstand in $\Omega mm^2/m$; f: Frequenz in 1/s; μ: Permeabilität

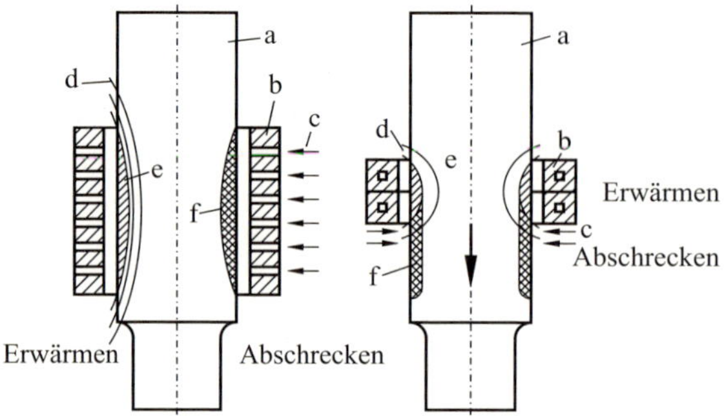

Typische Anwendungsbeispiele: Übergangsradien bei Kurbelwellen, Zahnräder.

Beispiele für typische Stähle zum Induktionshärten: Vergütungsstähle.

Bild 4.42 Induktionshärten einer Welle [8.21]
links: Standhärtung; rechts: Vorschubhärtung
a Werkstück, b Induktor, c Abschreckmittel,
d Magnetfeld, e erwärmte Zone, f gehärtete Zone

Strahlhärten

Ziel: örtliche Randschichthärtung bei geringem Verzug.

Methode: Mit Laser- oder Elektronenstrahlen lassen sich Stähle örtlich Oberflächenhärten, wobei in der Regel mit „Selbstabschreckung" gearbeitet wird. Der Werkstoff muss härtbar sein.

Anwendungsbeispiel: Laufbuchsen in Großdieselmotoren mit Härtungsstreifen in definiertem Abstand voneinander.

4.3 Thermomechanische Behandlungen

Die Warmumformung bzw. das Warmwalzen von Stählen wird vielfach unter gezielter Temperaturführung vorgenommen. Durch die Kombination von mechanischer Umformung mit thermischen Bedingungen, die für die Gefügeausbildung günstig sind (thermomechanische Behandlung), werden dabei gute Festigkeitseigenschaften bei gleichzeitig guter Zähigkeit erreicht.

Beim thermomechanischen Walzen geeigneter mikrolegierter Stähle (s. Kapitel 5.2.3.3/4 und 8.1.2.2) erfolgt die Endumformung bei einer Temperatur unter A_3, bei der der Austenit unterkühlt, also metastabil, vorliegt. Je nachdem, ob diese Temperatur oberhalb oder unterhalb der Rekristallisationstemperatur des umgeformten Stahles liegt, geht die anschließende γ-α-Umwandlung von nur teilweise rekristallisiertem oder nicht rekristallisiertem Austenit aus. Dabei verzögern Mikrolegierungselemente wie Niob oder Titan die Rekristallisation in starkem Maße. Die Abkühlung nach dem Walzen kann an Luft oder unter Intensivkühlung beschleunigt erfolgen, so dass sich feinkörnige ferritisch-perlitische oder bainitische Gefüge ergeben.

Bestimmte legierte Stähle, z. B. chromlegierte Stähle, weisen eine so starke Trennung des Ferrit-Perlitfeldes und des Zwischenstufenfeldes im ZTU-Diagramm auf, dass sich der Austenit hinreichend lange metastabil für ein Walzen und eine anschließende martensitische Härtung halten lässt. Diese spezielle Art von thermomechanischer Behandlung, die als Austenitformhärten (engl. ausforming) bezeichnet wird, führt auf extrem hohe Festigkeitswerte.

4.4 Kaltverformen

Beim Kaltverformen von Metallen ergeben sich Verfestigungen, die sich in der technischen Praxis ausnutzen lassen. Halbzeuge aus Aluminiumlegierungen werden im kaltgewalzten Zustand mit erhöhter Festigkeit geliefert (vgl. Abschnitt 5). Stahldrähte werden bis auf höchste Festigkeiten kalt gezogen.

Von praktischer Bedeutung sind auch Verfahren zur mechanischen Randschichtverfestigung, wie Hämmern, Kugelstrahlen (4.11 – 4.14), Festwalzen und verfestigendes Aufdornen von Bohrungen, bei denen mit einer Verfestigung oberflächennaher Schichten gleichzeitig auch Druckeigenspannungen in diese Schichten eingebracht werden. Dadurch sind erhebliche Verbesserungen der Schwingfestigkeit sowie der Beständigkeit gegen Schwingungsriss-, Reib- und Spannungsrisskorrosion von metallischen Bauteilen möglich. Diese Verfahren werden vielfach bei zuvor wärmebehandelten, z. B. vergüteten Stahlbauteilen angewandt.

4.5 Versprödungserscheinungen bei Erwärmung und / oder Verformung (Alterung)

Unter *Alterung* versteht man Eigenschaftsänderungen von Metallen, insbesondere von Stählen, wie sie nach Verformungen oder Wärmebehandlungen im Laufe der Zeit je nach Temperatur mehr oder weniger rasch auftreten.

Ausscheidungs- oder Abschreckalterung

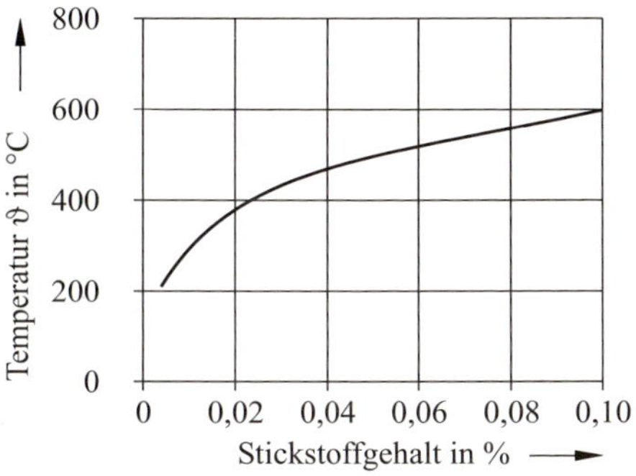

Bild 4.43 Stickstofflöslichkeit in Stahl als Funktion der Temperatur [4.3]

Wird Stahl von etwa 600 °C rasch abgekühlt und gelagert, können Härte- und Festigkeitssteigerungen verbunden mit verminderter Zähigkeit beobachtet werden. Der Vorgang wird durch Anlassen auf 200 bis 300 °C beschleunigt. Er ist zurückzuführen auf die Ausscheidung übersättigt gelöster Elemente wie Kohlenstoff oder Stickstoff, die in elastische Wechselwirkung mit den Gleitversetzungen treten (Versetzungsverankerung). Die Übersättigung entsteht durch eine abnehmende Löslichkeit bei sinkender Temperatur, z. B. von Stickstoff im Stahl (Bild 4.43). Legierungselemente wie Aluminium, Titan, Vanadium oder Niob mit hoher Affinität zu Kohlenstoff oder Stickstoff beeinflussen die Alterung.

Verformungs- oder Reckalterung

Auch nach plastischer Verformung von Stahl können mit Versprödung verbundene Alterungserscheinungen auftreten

- Natürliche Alterung: Kaltverformung und Lagern bei Raumtemperatur.
- Künstliche Alterung: Kaltverformung und Erwärmen auf 200 bis 300 °C.

Ursache: Stickstoffgehalte über 0,001 % und Ausscheidungen bei Lagerung.

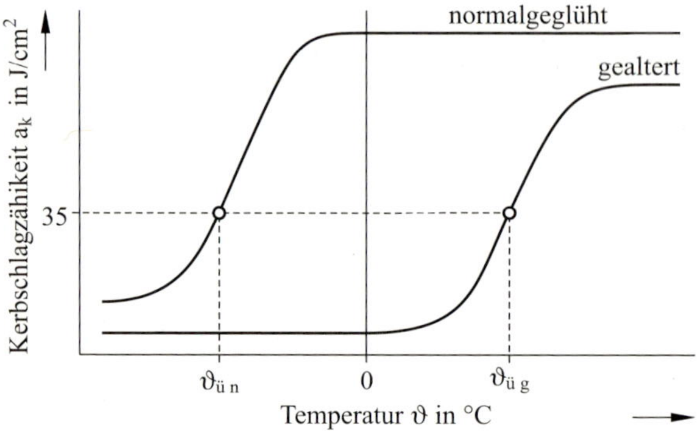

Bild 4.44 Kerbschlagzähigkeits-Temperaturkurve von normalgeglühtem und gealtertem Stahl (schematisch) $\vartheta_{ü\,n}$, $\vartheta_{ü\,g}$ Übergangstemperaturen nach Normalglühen bzw. nach Alterung

Beseitigen lässt sich die Verformungsalterung durch Binden von Stickstoff an Aluminium oder durch Normalglühen. Thomasstähle sind besonders alterungsempfindlich, sie werden jedoch in der westlichen Welt nicht mehr hergestellt. Die Prüfung der Alterungsbeständigkeit erfolgt im Kerbschlagbiegeversuch mit Bestimmung der Übergangstemperatur $\vartheta_ü$, bei welcher der Verformungsbruch in einen spröden Trennbruch übergeht. Je tiefer diese Temperatur liegt, desto geringer ist die Sprödbruchneigung. Bild 4.44 zeigt den Steilabfall der Kerbschlagzähigkeit bei einem gealterten und einem normalgeglühten Stahl.

Blausprödigkeit

Unter Blausprödigkeit versteht man die mit erhöhter Temperatur verbundene Versprödung bei der Verformung von Stählen bei Temperaturen von 200 bis 300 °C. Im Temperaturbereich der Blausprödigkeit werden dieselben Mechanismen während des Umformungsvorganges wirksam, die auch zu Alterungserscheinungen führen.

Korngrenzenversprödung

- Durch „Überblasen" bei der Stahlherstellung und dadurch erhöhten Sauerstoffgehalt (selten)
- durch Korngrenzenzementit bei sehr niedrig gekohlten Stählen, die nach der Warmverformung zu langsam abgekühlt werden
- durch Schwefel. FeS bildet mit Eisen ein niedrig schmelzendes (Schmelzpunkt 988 °C) Eutektikum, das sich auf den Korngrenzen ansammeln und zur Heißrissbildung führen kann, z. B. beim Schweißen heißrissempfindlicher Legierungen.

5 Metallische Werkstoffe Kennzeichnung, spezifische Eigenschaften, typische Anwendungen

5.1 Kennzeichnung metallischer Werkstoffe

Die systematische Kennzeichnung der Werkstoffe erfolgt durch symbolische Buchstaben und Zahlen (DIN EN 10 027-1:05 bei Stählen, DIN EN 1560:97 bei Eisen-Gusswerkstoffen, DIN EN 573-2:94 bei Aluminium-Legierungen) oder allein durch Zahlen (DIN EN 10 027-2:92 Stähle, DIN 17 007-4:63 Nichteisenmetalle, DIN EN 573-1:04 Aluminium-Legierungen) [5.1].

5.1.1 Kennzeichnung der Stähle durch symbolische Buchstaben und Zahlen nach DIN EN 10 027-1 als Ersatz für DIN V 17 006 Teil 100 [5.1 – 5.5]

Auch nach der DIN EN 10 027-1 ist die Benennung eines Stahls entweder nach den mechanischen Eigenschaften und dem Verwendungszweck oder nach der chemischen Zusammensetzung möglich. Beide Bezeichnungsweisen folgen dem im Bild 5.1 dargestellten Schema.

5.1.1.1 Kennzeichnung nach der chemischen Zusammensetzung

Die Kennzeichnung nach der chemischen Zusammensetzung ist nützlich und wird angewandt bei Stählen, die für Wärmebehandlungen vorgesehen sind und bei denen die Legierungsgehalte das Umwandlungsverhalten und damit die erreichbare Härte bestimmen, sowie bei Stählen, bei denen bestimmte Legierungselemente besondere Eigenschaften (z. B. Korrosions- oder Zunderbeständigkeit) bewirken. Diese Kennzeichnung erfolgt nach DIN EN 10 027-1

- für unlegierte Stähle(ausgenommen Automatenstähle) mit einem mittleren Mangangehalt von weniger als 1 %: durch einen Kurznamen, bei welchem dem Kennbuchstaben C eine Zahl folgt, die dem Hundertfachen des Mittelwertes des für den Kohlenstoffgehalt vorgeschriebenen Bereichs entspricht,
- bei unlegierten Stählen mit einem mittleren Mangangehalt von mehr als 1 %, unlegierten Automatenstählen sowie legierten Stählen (außer Schnellarbeitsstählen) mit Gehalten der einzelnen Legierungselemente unter 5 Gewichtsprozent wird der Kurzname in der nachstehend aufgeführten Reihenfolge gebildet: eine Zahl, die das Hundertfache des Mittelwertes des Kohlenstoffgehaltes angibt, die chemischen Symbole der den Stahl kennzeichnenden Legierungselemente geordnet nach abnehmenden Gehalten, Zahlen, die in der Reihenfolge der genannten Legierungselemente einen Hinweis auf deren Gehalt geben. Die einzelnen Zahlen stellen gerundet den mittleren Gehalt des betreffenden Legierungselements multipliziert mit dem jeweiligen Faktor aus Tabelle 5.1 dar.
- Für legierte Stähle (außer Schnellarbeitsstählen) bei denen mindestens für ein Element der Legierungsgehalt größer als 5 Gewichtsprozent ist (früher mit anderer Definition „hochlegiert“), gilt nach der DIN EN 10 027 (DIN V 17 006-100/Z): dem Kennbuchstaben X folgen eine Zahl, die dem Hundertfachen des Mittelwertes des Kohlenstoffgehaltes

entspricht, die chemischen Symbole der kennzeichnenden Legierungselemente geordnet nach abnehmenden Gehalten und Zahlen, die in der Reihenfolge der genannten Legierungselemente gerundet direkt deren mittleren Gehalt angeben.

Tabelle 5.1 Multiplikatoren zur Kennzeichnung niedriglegierter Stähle

Multiplikator	Legierungselement									
4	Co	Cr	Mn	Ni	Si	W				
10	Al	Be	Cu	Mo	Nb	Pb	Ta	Ti	V	Zr
100	C	Ce	N	P	S					
1.000	B									

Schnellarbeitsstähle werden nach DIN EN 10 027 folgendermaßen gekennzeichnet: dem Kennbuchstaben HS folgen durch Bindestriche getrennte Zahlen, die in der Reihenfolge W, Mo, V, Co die gerundeten, mittleren Gehalte dieser Elemente angeben. Die bei den genannten Bezeichnungsweisen im Hauptsymbol jeweils vorangestellten Kennbuchstaben finden sich in Tabelle 5.2, rechts.

Tabelle 5.2 Vorangestellte Kennbuchstaben für die unterschiedlichen Arten der Stahlbezeichnung

Aufgrund der Verwendung und der mechanischen oder physikalischen Eigenschaften der Stähle gebildete Kurznamen (Gruppe 1)		Aufgrund der chemischen Zusammensetzung der Stähle gebildete Kurznamen (Gruppe 2)	
S =	Stähle für den allgemeinen Stahlbau.	C =	Unlegierte Stähle (ausgenommen Automatenstähle) mit einem mittleren Mangangehalt unter 1 %
P =	Stähle für den Druckbehälterbau	*)	Unlegierte Stähle mit einem mittleren Mangangehalt ≥ 1 %, unlegierte Automatenstähle sowie legierte Stähle (außer Schnellarbeitsstählen) mit Gehalten der einzelnen Legierungselemente unter 5 %
L =	Stähle für Leitungsrohre	X =	Legierte Stähle (außer Schnellarbeitsstählen), wenn mindestens für ein Legierungselement der Gehalt ≥ 5 % beträgt
E =	Maschinenbaustähle	H =	Schnellarbeitsstähle
B =	Betonstähle	*) ohne Kennbuchstaben	
Y =	Spannstähle		
R =	Stähle für oder in Form von Schienen		
H =	Kaltgewalzte Flacherzeugnisse aus höherfesten Stählen zum Kaltumformen		
D =	Flacherzeugnisse aus weichen Stählen zum Kaltumformen		
T =	Verpackungsblech und Verpackungsband (Feinst- und Weißblech und Weißband sowie spezialverchromtes Blech und Band)		
M =	Elektroblech und Elektroband		

5.1.1.2 Kennzeichnung der Stähle nach den mechanischen Eigenschaften und dem Verwendungszweck

Bei vielen Anwendungen von Stählen sind Angaben über eine im Lieferzustand gewährleistete Mindestfestigkeit und Zähigkeit oder auch Tiefziehfähigkeit vorrangig wichtig.

Tabelle 5.3 Haupt- und Zusatzsymbole zur Bezeichnung von Stählen für den Stahlbau

6.3	Nach ihrem Verwendungszweck und ihren mechanischen oder physikalischen Eigenschaften bezeichnete Stähle
6.3(a) (1) [1]	Stähle für den Stahlbau

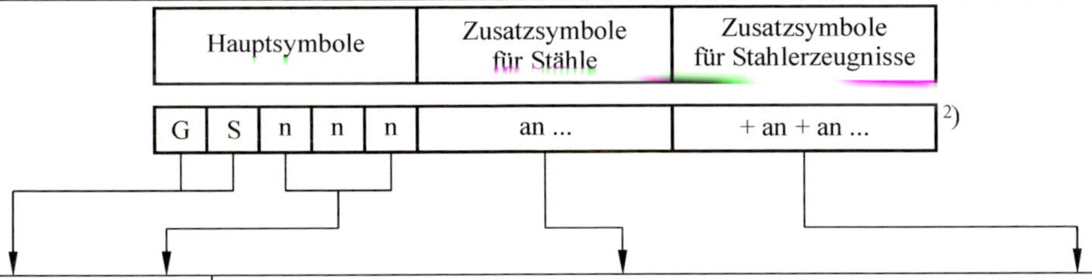

Hauptsymbole		Zusatzsymbole		
Buchstabe	Eigenschaften	Für Stahl		Für Stahlerzeugnisse
		Gruppe 1 [3]	Gruppe 2 [4]	
G = Stahlguss (wenn erforderlich) S = Stähle für den Stahlbau	n n n = Mindeststreckgrenze (R_e) in N/mm² für die geringste Erzeugnisdicke	siehe Kerbschlagarbeit-Tabelle unten; A = Ausscheidungshärtend M = Thermomechanisch gewalzt N = Normalgeglüht oder normalisierend gewalzt Q = Vergütet G = Andere Merkmale, wenn erforderlich mit 1 oder 2 Ziffern	C = Mit besonderer Kaltumformbarkeit D = Für Schmelztauchüberzüge E = Für Emaillierung F = Zum Schmieden H = Hohlprofile L = Für tiefere Temperaturen M = Thermomechanisch gewalzt N = Normalgeglüht oder normalisierend gewalzt O = Für Offshore P = Spundwandstahl Q = Vergütet S = Für Schiffsbau T = Für Rohre W = Wetterfest an = Chemische Symbole für vorgeschriebene zusätzliche Elemente, z. B. Cu, falls erforderlich zusammen mit einer einstelligen Zahl, die den mit 10 multiplizierten Mittelwert der vorgeschriebenen Spanne des Gehalts (auf 0,1 % gerundet) des Elements angibt	Tabellen 1, 2, 3 in der Norm DIN EN 10 027-1

Gruppe 1 – Kerbschlagarbeit:

Kerbschlagarbeit in Joule 27 J	40 J	60 J	Prüftemp. °C
JR	KR	LR	+ 20
JO	KO	LO	0
J2	K2	L2	- 20
J3	K3	L3	- 30
J4	K4	L4	- 40
J5	K5	L5	- 50
J6	K6	L6	- 60

1) 6.3 (a) (1) entspricht 7.2(a) in EN 10 027-1
2) n = Ziffer, a = Buchstabe, an Alphanumerisch
3) Symbole A, M, N und Q in Gruppe 1 gelten für Feinkornbaustähle
4) Zwecks Unterscheidung zwischen zwei Stahlsorten der betreffenden Gütenorm können mit Ausnahme bei den Symbolen für chemische Elemente an die Zusatzsymbole der Gruppe 2 ein oder zwei Ziffern angehängt werden.

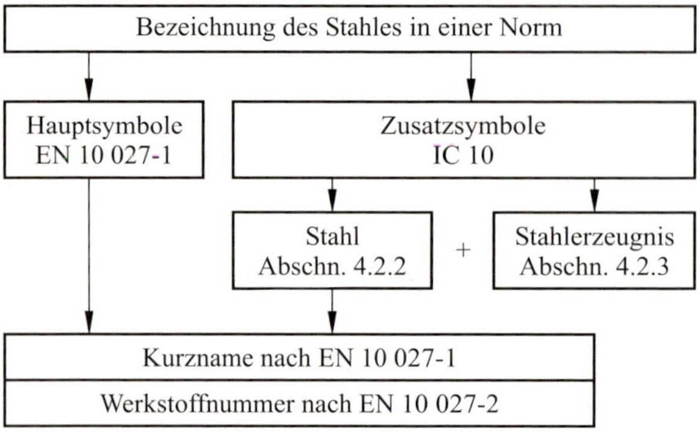

Bild 5.1 Aufbau des Bezeichnungssystems für Stähle

Bei Stählen für solche Anwendungen wird das ebenfalls in DIN EN 10 027-1 (DIN V 17 006-100/Z) enthaltene Bezeichnungssystem nach dem Verwendungszweck und den mechanischen oder physikalischen Eigenschaften benutzt, dessen Aufbau auch dem Schema in Bild 5.1 folgt.

Die in den Hauptsymbolen vorangestellten Kennbuchstaben für verschiedene Stahlsorten gehen aus Tabelle 5.2 (links) hervor.

Den Kennbuchstaben folgt je nach Stahlsorte die Angabe der Mindeststreckgrenze oder der Zugfestigkeit in MPa, eines vorgeschriebenen Härtewertes nach Brinell (HBW), einer Kennzahl für die Tiefziehfähigkeit oder des höchstzulässigen Ummagnetisierungsverlustes in W/kg · 100. Bei den Zusatzsymbolen werden gemäß Bild 5.1 unterschieden: Zusatzsymbole für Stahl und Zusatzsymbole für Stahlerzeugnisse.

In Tabelle 5.3 ist am Beispiel der Stähle für den Stahlbau die Bezeichnungsweise mit Haupt- und Zusatzsymbolen dargestellt. Wie zu sehen, werden die Zusatzsymbole für Stahl in zwei Gruppen unterteilt. Die Zusatzsymbole der Gruppe 2 sind nur in Verbindung mit denen der Gruppe 1 zu verwenden und an letztere anzuhängen. Die Zusatzsymbole für Stahlerzeugnisse betreffen besondere Anforderungen an die Härtbarkeit oder an die Mindest-Brucheinschnürung, Arten des Überzuges und den Behandlungszustand.

Für jede der in Tabelle 5.2 mit ihren Hauptsymbol-Kennbuchstaben angegebenen weiteren Stahlsorten (Druckbehälter-, Rohr-, Maschinenbau-, Beton-, Spann- und Schienenstähle, höherfeste und weiche Flacherzeugnisse zum Kaltumformen, Verpackungsblech und -band, Elektroblech und -band) enthält DIN EN 10 027-1 zu Tabelle 5.3 analoge Tabellen mit jeweils sortenspezifischen Zusatzsymbolen für Stahl und für Stahlerzeugnisse. Dasselbe gilt für unlegierte und legierte Stähle, die nach der chemischen Zusammensetzung benannt werden, und für Schnellarbeitsstähle. Diese sortenspezifischen Zusatzsymbole werden bei der Behandlung der einzelnen Stähle in Kapitel 5.2 mit aufgeführt.

5.1.2 Kennzeichnung der Gusseisensorten
(DIN EN 1560:97, [5.6])

Gusseisensorten werden analog zu den Stählen entweder nach ihren mechanischen Eigenschaften oder ihrer chemischen Zusammensetzung gekennzeichnet. In beiden Fällen werden Kennbuchstaben für die verschiedenen Sorten und für bestimmte Anforderungen vorangestellt und angehängt. Nach der DIN EN 1560 werden die einzelnen Positionen der Gusseisenbezeichnung in folgender Reihenfolge besetzt:

– die Vorsilbe EN- wird bei genormten Werkstoffen vorangestellt,

– es folgt das Symbol GJ mit G für Guss und J für Eisen,

Tabelle 5.4 Kennzeichnung verschiedener Gusseisensorten nach den alten DIN Normen und der neuen DIN EN 1560 bzw. DIN EN 1561, DIN EN 1562, DIN EN 1563

Gusseisensorte	Bezeichnungsbeispiele nach DIN 1691/Z, DIN 1692/Z und DIN 1693/Z, Zugfestigkeitswerte jeweils in kp/mm²	Bezeichnungsbeispiele nach DIN EN 1560, genormte Sorten, Kennbuchstaben für Graphitform unterstrichen
Gusseisen mit Lamellengraphit	GG-35-22 (DIN 1691/Z) (340 N/mm² Zugfestigkeit, 22 % Bruchdehnung) GG-190 HB (Brinellhärte 190)	EN-GJL-350-22 C (L = lamellar, C = einem Gussstück entnommenes Probestück) EN-GJLHB 195
Gusseisen mit Vermiculargraphit	GGV-40	EN-GJV-400 U (V = vermicular, U = angegossenes Probestück)
Gusseisen mit Kugelgraphit	GGG-40-18 (DIN 1693/Z) (18 % Bruchdehnung) GGG-80-2 (2 % Bruchdehnung)	EN-GJS-400-18 U-RT (S = Sphäroguss, RT Schlagzähigkeit ist bei Raumtemperatur zu bestimmen) EN-GJS-800-2
Hochlegiertes Gusseisen	GGG-NiMn 13 7	EN-GJS-XNiMn13-7
Weißer Temperguss	GTW-S 38-12 (DIN 1692/Z) (S für schweißbar, 12 % Bruchdehnung)	EN-GJMW-360-12 S-W (M = Temperkohle, W = entkohlend geglüht, S = getrennt gegossenes Probestück, W = Schweißeignung)
Schwarzer Temperguss	GTS-55-04 (DIN 1692/Z)	EN-GJMB-550-4 (B = neutral geglüht, schwarz)

- für die Art der Graphitstruktur ist einer der in Tabelle 5.4 genannten Kennbuchstaben anzugeben,
- falls es notwendig ist, Gusseisenwerkstoffe zusätzlich durch die Mikro- oder Makrostruktur zu kennzeichnen, folgt ein weiterer Kennbuchstabe (z. B. F für Ferrit, P = Perlit, M = Martensit, A = Austenit, L = Ledeburit, T = Vergütungs- und Q = Abschreckgefüge, B = nicht entkohlend geglüht, W = entkohlend geglüht und N = graphitfrei),
- die Klassifizierung der mechanischen Eigenschaften erfolgt

  entweder durch Angabe der Mindestzugfestigkeit in N/mm², der eine Angabe der geforderten Dehnung in % und ein Buchstabe zur Beschreibung der Herstellung des Probestückes folgen kann und bei geforderter Schlagzähigkeit die Nennung der Bestimmungstemperatur (RT für Raum- oder LT für Tieftemperatur), oder durch Angabe der Härte HB, HV oder HR jeweils mit Härtezahl.

- An dieser Position kann auch die Klassifizierung nach der chemischen Zusammensetzung vorgenommen werden, wobei dem Buchstaben X – falls nötig – der mit 100 multiplizierte Kohlenstoffgehalt in % nachfolgt und dann die chemischen Symbole der wesentlichen Legierungselemente und ihre Prozentgehalte in absteigender Reihung und jeweils getrennt durch einen Bindestrich.

Schließlich kann bei beiden Kennzeichnungsarten nach einem Bindestrich ein weiterer Buchstabe für bestimmte Anforderungen angehängt werden, z. B. W für Schweißeignung in Verbindungsschweißungen.

5.1.3 Kennzeichnung der NE-Metalle [5.1, 5.7, 5.8]

Bei NE-Metallen erfolgt die Kennzeichnung – der alten DIN 1700 entsprechend - nach der chemischen Zusammensetzung durch Angabe der chemischen Symbole für das Grundmetall und für die Legierungselemente geordnet nach abnehmenden Gehalten, wobei Zahlenwerte nach den Legierungselementen direkt deren mittlere Gehalte angeben. Bei Gusslegierungen der NE-Metalle wird die Vergießungsart durch voran- oder nachgestellte Buchstaben angegeben und zwar gilt je nach Norm und Metall: G, S, GS = Sandguss, GK, K, GM = Kokillenguss und GD, D, GP = Druckguss. Diese Bezeichnungsweise wird in den folgenden Kapiteln für alle NE-Metalle benutzt, bei Aluminium-Legierungen ergänzt durch die Bezeichnung nach DIN EN 573-2. DIN 17 007-4 gibt die Kennzeichnung der NE-Metalle nach Werkstoffnummern an.

Tabelle 5.5 Aluminium Legierungsserien nach DIN EN 573 und Aluminium Association AA

Leg. Serie	Hauptlegierungselemente + weitere Legierungselemente	NWB/WB
1xxx	Al > 99,0 %, unleg.	NWB
2xxx	AlCu + weitere	WB
3xxx	AlMn + z. B. Mg	NWB
4xxx	AlSi + z. B. Mg	(NWB)
5xxx	AlMg + z. B. Mn	NWB
6xxx	AlMgSi + z. B. Mn, Cu	WB
7xxx	AlZn + z. B. Mg, Cu	WB
8xxx	sonstige, z. B. Fe	NWB/WB

Für Aluminium und Aluminiumlegierungen besteht mit der DIN EN 573 ein Bezeichnungssystem, das die Kennzeichnung mit chemischen Symbolen (DIN EN 573-2:94) oder auch mit vierstelligen Nummern für 8 unterschiedliche, sich nach den Hauptlegierungselementen richtende Legierungsserien (DIN EN 573-1:04, -3:03) vornimmt. Die erste Ziffer des numerischen Systems kennzeichnet die Legierungsserie gemäß Tabelle 5.5, die zweite Ziffer Legierungsvarianten und die weiteren Ziffern sind Zählziffern. Unterschiedliche Werkstoffzustände von Aluminiumlegierungen werden nach DIN EN 515:93 durch Anhängesymbole aus Buchstaben und bis zu zwei Ziffern gekennzeichnet, wobei F für den Herstellungszustand steht, O für weichgeglüht, H1 für nur kaltverfestigt (H12 = 1/4-hart, H14 = 1/2-hart, H16 = 3/4-hart, H18 = vollhart, H19 = extrahart), W für lösungsgeglüht und T für wärmebehandelt (T4 = lösungsgeglüht + kaltausgelagert, T6 = lösungsgeglüht + warmausgelagert). Die vollständige Bezeichnung lautet dann z. B. EN AW- Al MgSi-T4 oder EN AW-6060 (Europäische Norm Aluminium Wrought alloys, für Knetlegierungen als Halbzeug). In Tabelle 5.5 ist mit angegeben, welche Legierungsserien wärmebehandelbar sind (WB, vgl. dazu Tabelle 5.29) und welche nicht (NWB, vgl. Tabelle 5.28).

Für Kupfer und seine Legierungen besteht mit DIN EN 1412:95 ein europäisches Nummernsystem, bei dem CW bzw. CC für Kupferknet- bzw. -gusslegierungen vorangestellt und den folgenden drei Zählziffern Buchstaben für den jeweiligen Legierungstyp nachgestellt werden.

5.1.4 Werkstoffkennzeichnung durch Werkstoffnummern nach DIN EN 10 027-2 und DIN 17 007-4

DIN 17 007-4 und DIN EN 10 027-2, die DIN 17 007 für Stähle ersetzt, ordnen jedem Werkstoff eine fünf- bis siebenstellige *Werkstoffnummer* (WNr) zu, was dem zunehmenden Bedürfnis entspricht, ein rechentechnisch auswertbares Zahlensystem für Werkstoffe zu erhalten.

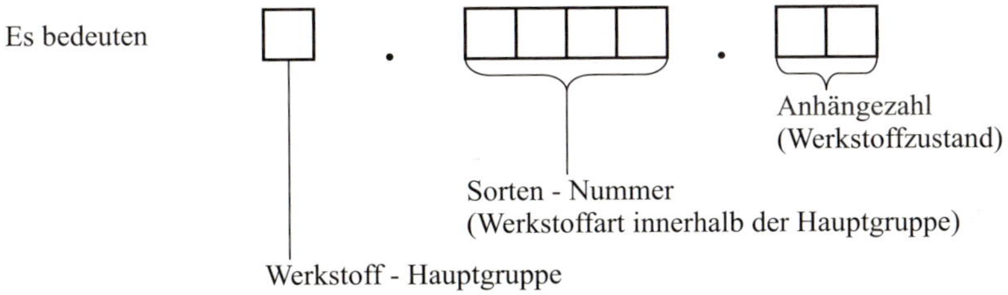

Bild 5.2 Schema zur Werkstoffkennzeichnung durch Werkstoffnummern

Jeder Werkstoff wird dem Schema in Bild 5.2 entsprechend durch eine fünfziffrige Zahl gekennzeichnet, die beim „Werkstoffhandbuch der Deutschen Luftfahrt" zugleich die Nummer des Werkstoffleistungsblattes ist. Dabei gibt die erste Ziffer für die Werkstoff-*Hauptgruppe* gemäß Tabelle 5.6 die Art des Werkstoffs an (Stahl, Schwer-, Leichtmetall, Kunststoff). Bei der daran anschließenden *Sortennummer / Stahlgruppennummer* kennzeichnen die beiden ersten Stellen die *Sortenklasse / Stahlgruppe*, d. h. den Werkstofftyp innerhalb der Hauptgruppe nach Zusammensetzung, Festigkeitsstufe und Verwendungszweck (Allgemeine Baustähle, Werkzeugstähle, Leichtmetalllegierungen auf AlCu- oder AlMgZn-Basis usw., vergleiche Tabelle 5.7 bis 5.9 für Stahl, NE-Schwermetalle und NE-Leichtmetalle). Die nächsten zwei Ziffern dienen vorwiegend der Werkstoffunterscheidung innerhalb der Sortenklasse / Stahlgruppe. Sie werden für jeden Werkstoff als Zählnummern festgelegt und lassen im Allgemeinen keinen Rückschluss auf den Legierungsgehalt zu. Bei NE-Metallen kann der fünfziffrigen Werkstoffnummer nach Bedarf eine ein- oder zweiziffrige *Anhängezahl* hinzugefügt werden, die besondere kennzeichnende Eigenschaften des Werkstoffes angibt. Im Zuge der Einführung der DIN EN 10 027 sind auch für Stähle weitere zwei Ziffern als Reserve für einen möglichen künftigen Bedarf an Werkstoffnummern vorgesehen. Die Werkstoffnummern werden durch zwei Punkte jeweils nach der ersten und nach der fünften Ziffer aufgegliedert.

5.1.5 Luftfahrtnormen

Werkstoffe, die für die Luft- und Raumfahrt benötigt werden, sind in so genannten Leistungsblättern im „Werkstoffhandbuch der Deutschen Luftfahrt" zusammengefasst. Wegen der hohen Qualitätsanforderungen an diese Werkstoffe muss ihre Herstellung besonders sorgfältig überwacht werden. In der Regel erkennt man diese auch als Fliegwerkstoffe bezeichneten Konstruktionsmaterialien nach der alten DIN 17 007 an der Endziffer 4 in der Sorten-Nummer. Eine Ausnahme von dieser Regel bilden die hochwarmfesten „NIMONIC"-Legierungen, für die im Werkstoffhandbuch in der Hauptgruppe 2 (= NE-Schwermetalle) die Sorten-Nummern 4600 bis 4699 vorgesehen worden sind. Da in der europäischen Luft- und Raumfahrtindustrie vielfach Werkstoffspezifikationen anderer Länder, insbesondere der USA, berücksichtigt werden müssen, enthält das Werkstoffhandbuch der Deutschen Luftfahrt zu jedem Leistungsblatt eine Zusammenstellung der vergleichbaren, auswärtigen Werkstoffe mit den jeweils üblichen Normkennzeichnungen. Vergleichstabellen finden sich für Eisen- und Stahlwerkstoffe außerdem im „Stahlschlüssel“ [5.5] und für Leichtmetallwerkstoffe im „Aluminium-Schlüssel oder Aluminium-Taschenbuch“ [5.7, 5.8, 5.21].

Tabelle 5.6 Werkstoff-Hauptgruppen nach DIN EN 10 027-2 und DIN 17 007-4

Für die Hauptgruppe gilt:					
0	Roheisen und Ferrolegierungen		3	Leichtmetalle	
1	Stahl			3.00 ... 3.49	Al
2	Schwermetalle außer Stahl			3.50 ... 3.59	Mg
	2.00 ... 2.17	Cu		3.70 ... 3.79	Ti
	2.20 ... 2.24	Zn, Cd	4	Metallpulver, Sinterwerkstoffe	
	2.30 ... 2.34	Pb	5 ... 8	nichtmetallische Werkstoffe	
	2.35 ... 2.39	Sn		5.00 ... 5.4	Kunststoffe und GFK
	2.40 ... 2.49	Ni, Co		5.5	Gummi
	2.50 ... 2.59	Edelmetalle		5.7	Anstrichstoffe
	2.60 ... 2.99	Hochschmelzende Metalle		6.1	Holz
				8.4	Glasseidengewebe
			9	frei für interne Benutzung (z. B. für Versuchslegierungen)	

5.2 Stähle als Konstruktions- und Werkzeugwerkstoffe

5.2.1 Einteilung der Stähle nach DIN EN 10 020:00

Nach DIN EN 10 020 unterscheidet man zwischen *unlegierten Stählen, nichtrostenden Stählen* und *anderen legierten Stählen.* Ein Stahl gilt als *unlegiert*, wenn die in Tabelle 5.10 angegebenen Grenzgehalte der einzelnen Elemente nicht erreicht werden. Stahlsorten zählen zu den *anderen legierten Stählen*, wenn sie nicht der Definition für nichtrostende Stähle entsprechen und wenn der Legierungsgehalt für wenigstens ein Element die Grenzwerte von Tabelle 5.10 erreicht oder überschreitet. *Nichtrostende Stähle* sind dieser Definition gemäß Stähle mit einem Massenanteil Chrom von mindestens 10,5 % und höchstens 1,2 % Kohlenstoff.

Weiter unterscheidet DIN 10 020 als Hauptgüteklassen *Qualitätsstähle* und *Edelstähle.*

Unlegierte oder legierte *Qualitätsstähle* sind Stahlsorten, für die im Allgemeinen Anforderungen an die Zähigkeit, Korngröße oder Umformbarkeit festgelegt sind. Zu den unlegierten Qualitätsstählen gehören insbesondere die in Tabelle 5.12 aufgeführten Baustähle nach DIN EN 10 025-2, ein Teil der Stähle für Rohre (Tabelle 5.15), ein Teil der normalgeglühten Feinkornbaustähle (DIN EN 10 025-3, Kapitel 5.2.3.2) und der Stähle für den Druckbehälterbau (Tabelle 5.14) sowie Feinbleche aus weichen, unlegierten Stählen (Tabelle 5.11).

Tabelle 5.7 Stahlgruppennummern aus DIN EN 10 027-2 (Tabelle 1)

Unlegierte Stähle			Legierte Stähle							
Grundstähle	Qualitätsstähle	Edelstähle	Qualitätsstähle	Edelstähle						
				Werkzeugstähle	Verschiedene Stähle	Chem. best. Stähle	Bau-, Maschinenbau- und Behälterstähle			
00 | 90 Grundstähle		10 Stähle mit besonderen physikalischen Eigenschaften		20 Cr	30	40 Nichtrostende Stähle mit < 2,5 % Ni ohne Mo, Nb und Ti	50 Mn, Si, Cu	60 Cr-Ni mit ≥ 2,0 < 3 % Cr	70 Cr Cr-B	80 Cr-Si-Mo Cr-Si-Mn-Mo Cr-Si-Mo-V Cr-Si-Mn-Mo-V
	01 | 91 Allgemeine Baustähle mit R_m < 500 N/mm²	11 Bau-, Maschinenbau-, Behälterstähle mit < 0,50 % C		21 Cr-Si Cr-Mn Cr-Mn-Si	31	41 Nichtrostende Stähle mit < 2,5 % Ni mit Mo, ohne Nb und Ti	51 Mn-Si Mn-Cr	61	71 Cr-Si Cr-Mn Cr-Mn-B Cr-Si-Mn	81 Cr-Si-V Cr-Mn-V Cr-Si-Mn-V
	02 | 92 Sonstige, nicht für eine Wärmebehandlung bestimmte Baustähle mit R_m < 500 N/mm²	12 Maschinenbaustähle mit ≥ 0,50 % C		22 Cr-V Cr-V-Si Cr-V-Mn Cr-V-Mn-Si	32 Schnellarbeitsstähle mit Co	42	52 Mn-Cu Mn-V Si-V Mn-Si-V	62 Ni-Si Ni-Mn Ni-Cu	72 Cr-Mo mit < 0,35 % Mo Cr-Mo-B	82 Cr-Mo-W Cr-Mo-W-V
	03 | 93 Stähle mit im Mittel < 0,12 % C oder R_m < 400 N/mm²	13 Bau-, Maschinenbau- u. Behälterstähle mit besond. Anforderungen		23 Cr-Mo Cr-Mo-V Mo-V	33 Schnellarbeitsstähle ohne Co	43 Nichtrostende Stähle mit ≥ 2,5 % Ni ohne Mo, Nb und Ti	53 Mn-Ti Si-Ti	63 Ni-Mo Ni-Mo-Mn Ni-Mo-Cu Ni-Mo-V Ni-Mn-V	73 Cr-Mo mit ≥ 0,35 % Mo	83
	04 | 94 Stähle mit im Mittel ≥ 0,12 % < 0,25 % C oder R_m ≥ 400 < 500 N/mm²	14		24 W Cr-W	34	44 Nichtrostende Stähle mit ≥ 2,5 % Ni mit Mo, ohne Nb und Ti	54 Mo Nb, Ti, V W	64	74	84 Cr-Si-Ti Cr-Mn-Ti Cr-Si-Mn-Ti

Tabelle 5.7 Fortsetzung

	05 | 95 Stähle mit im Mittel ≥ 0,25 < 0,55 % C oder R_m ≥ 500 < 700 N/mm²	15 Werkzeug- stähle		25 W-V Cr-W-V	35 Wälzlagerstähle	45 Nichtrostende Stähle mit Sonderzusätzen	55 B Mn-B < 1,65 % Mn	65 Cr-Ni-Mo mit < 0,4 % Mo + < 2 % Ni	75 Cr-V mit < 2,0 % Cr	85 Nitrierstähle	
	06 | 96 Stähle mit im Mittel ≥ 0,55 % C oder R_m ≥ 700 N/mm²	16 Werkzeug- stähle		26 W außer Klassen 24, 25 und 27	36 Werkstoffe mit besonderen magnetischen Eigenschaften ohne Co	46 Chemisch beständige und hochwarmfeste Ni-Legierungen	56 Ni	66 Cr-Ni-Mo mit < 0,4 % Mo + ≥ 2,0 < 3,5 % Ni	76 Cr-V mit > 2,0 % Cr	86	
	07 | 97 Stähle mit höherem P- oder S-Gehalt	17 Werkzeug- stähle		27 mit Ni	37 Werkstoffe mit besonderen magnetischen Eigenschaften mit Co	47 Hitzebeständige Stähle mit < 2,5 % Ni	57 Cr-Ni mit < 1,0 % Cr	67 Cr-Ni-Mo mit < 0,4 % Mo + ≥ 3,5 < 5,0 % Ni oder ≥ 0,4 % Mo	77 Cr-Mo-V	87	← Nicht für eine Wärmebehandlung beim Verbraucher bestimmte Stähle →
		18 Werkzeug- stähle	08 | 98 Stähle mit beson- deren physikali- schen Eigenschaften	28 Sonstige	38 Werkstoffe mit besonderen physikalischen Eigenschaften ohne Ni	48 Hitzebeständige Stähle mit ≥ 2,5 % Ni	58 Cr-Ni mit ≥ 1,0 < 1,5 % Cr	68 Cr-Ni-V Cr-Ni-W Cr-Ni-V-W	78	88	hochfeste schweißgeeignete Stähle
		19	09 | 99 Stähle für ver- schiedene An- wendungsberei- che	29	39 Werkstoffe mit besonderen physikalischen Eigenschaften mit Ni	49 Hochwarmfeste Werkstoffe	59 Cr-Ni mit ≥ 1,5 < 2,0 % Cr	69 Cr-Ni außer Klassen 57 bis 68	79 Cr-Mn-Mo Cr-Mn-Mo-V	89	

Erläuterungen zu den Tabellen 5.7 und 5.8:

Die Einteilungen der Stahlgruppen stehen im Einklang mit der Einteilung der Stähle nach EN 10 020

In den Feldern der Tabellen sind folgende Angaben enthalten:

- Jeweils oben die Nummern der Stahlgruppe (Tabelle 5.7) oder der Sortenklasse (Tabelle 5.8)
- kennzeichnende Merkmale der unter der betreffenden Nummer erfassten Stahlgruppe oder Sortenklasse
- R_m = Zugfestigkeit verschiedener Stahlgruppen

Die für die chemische Zusammensetzung und die Zugfestigkeit (R_m) angegebenen Grenzwerte gelten als Anhalt.

Tabelle 5.8 Sortenklassen nach DIN 17 007 für NE-Leichtmetalle

Al und Al-Legierungen (niedrig legiert)	AlCu-Legierungen	AlSi-Legierungen	AlMg-Legierungen	AlZn-Legierungen	Mg + Mg-Legierungen	Reserve	Ti + Ti-Legierungen	Reserve	
00 Al-Leg. mit Sonst. Zusätzen	10 AlCu-Leg. mit Sonst. Zusätzen	20 AlSi-Leg. mit Sonst. Zusätzen	30 AlMg-Leg. mit Sonst. Zusätzen	40 AlZn-Leg. mit Sonst. Zusätzen	50 Rein-Mg und Mg-Vorlegierungen	60	70	80	90
01	11 AlCu-Leg. (binär)	21 AlSiCu-Leg.	31 AlMgCu-Leg.	41 AlZnCu-Leg.	51 Mg-Leg. mit Selt. Erden, Th, Zn und Zr	61	71	81	91
02 Rein-Al	12 AlCuSi-Leg.	22 AlSiMg-Leg. (binär)	32 AlMgSi-Leg.	42 AlZnSi-Leg.	52 MgMn-Leg. Reserve	62	72	82	92
03	13 AlCuMg-Leg.	23 AlSiMg-Leg.	33 AlMg-Leg. (binär)	43 AlZnMg-Leg.	53	63	73	83	93
04	14 AlCuZn-Leg.	24 AlSiZn-Leg.	34 AlMgZn-Leg.	44 AlZn-Leg. (binär)	54 MgAlZn-Leg.	64 Reserve	74 Titan	84 Reserve	94 Reserve
05 Al-Leg. mit Mn, Cr	15 AlCu-Leg. mit Mn, Cr	25 AlSi-Leg. mit Mn, Cr	35 AlMg-Leg. mit Mn, Cr	45 AlZn-Leg. mit Mn, Cr	55 (und	65	75 und Ti-Leg.	85	95
06 Al-Leg. mit Pb, Sb, Sn, Bi, Cd, Ca	16 AlCu-Leg. mit Pb, Sb, Sn, Cd, Bi, Ca	26 AlSi-Leg. mit Pb, Sb, Sn, Cd, Bi, Ca	36 AlMg-Leg. mit Pb, Sb, Sn, Cd, Bi, Ca	46 AlZn-Leg. mit Pb, Sb, Sn, Cd, Bi, Ca	56 Sonstige)	66	76	86	96
07 Al-Leg. mit Ni, Co	17 AlCu-Leg. mit Ni, Co	27 AlSi-Leg. mit Ni, Co	37 AlMg-Leg. mit Ni, Co	47 AlZn-Leg. mit Ni, Co	57	67	77	87	97
08 Al-Leg. mit Ti, B, Be, Zr	18 AlCu-Leg. mit Ti, B, Be, Zr	28 AlSi-Leg. mit Ti, B, Be, Zr	38 AlMg-Leg. mit Ti, B, Be, Zr	48 AlZn-Leg. mit Ti, B, Be, Zr	58	68	78	88	98
09 Al-Leg. mit Fe	19 AlCu-Leg. mit Fe	29 AlSi-Leg. mit Fe	39 AlMg-Leg. mit Fe	49 AlZn-Leg. mit Fe	59	69	79	89	99

Tabelle 5.9 Sortenklassen nach DIN 17 007 für NE-Schwermetalle

Kupfer und Kupferlegierungen		Zn, Cd + Legierungen	Pb, Sn + Legierungen	Ni, Co + Legierungen	Edelmetalle + Legierungen	Hochschm. Metalle + Legierungen	Reserve		
00 Rein-Cu	10 CuSn-Leg. (Bronzen)	20 Rein-Zn	30 Rein-Pb	40 Rein-Ni und Rein-Co	50	60	70	80	90
01	11 CuPb-Leg. Reserve	21 Zn-Leg.	31 Pb und Pb-Leg. für Kabelmäntel	41 Ni- und Co-Leg.	51	61	71	81	91
02 CuZn-Leg.	12 CuAg-Leg. CuAu-Leg. Reserve CuBe-Leg. CuCd-Leg. CuCo-Leg. CuCr-Leg.	22 Zn-Bleche und Bänder	32 Hartblei	42 niedrig-legiert	52	62	72	82	92
03 (Messing)	13 Reserve CuFe-Leg. CuMg-Leg. CuMn-Leg. CuO-Leg.	23 Lote auf Zn-Basis	33 Pb-Mehrstoff-Leg.	43 Ni- und Co-Leg. hochlegiert NiCu- und	53	63 hoch-	73	83	93
04 CuZn-	14 Reserve CuP-Leg. CuPd-Leg. CuPt-Leg. Reserve	24 Cd, Cd-Leg., Lote auf Cd-Basis	34 Weichlote auf Pb-Basis Reserve	44 CoCu-Leg. NiFe- und	54 Edelmetalle	64 schmelzende Metalle	74 Reserve	84 Reserve	94 Reserve
05 + Ni, Mn, Fe, Sn, Al, Si, Sonder-messing)	15 CuSe-Leg. CuSi-Leg. CuTe-Leg. Reserve CuTi-Leg. CuZr-Leg.	25	35 Rein-Sn Reserve	45 CoCu-Leg.	55	65	75	85	95
06 Reserve	16 Cu-Leg.	26	36 SnPb-Weichlote	46 Ni-Leg. mit "NIMONIC"	56	66	76	86	96
07 CuNiZn-Leg. (Neusilber)	17 Reserve	27 Reserve	37 Reserve SnPbSb-Druckguss-Leg. SnSbCu-Druckguss-Leg. SnSbCu-Lagermetalle	47 Co, Cr und Mo Co-Leg. mit	57	67	77	87	97
08 CuNi-Leg. z. B. "Monel" "Konstantan"	18 Reserve	28	38 sonstige Sn-Leg.	48 Cr, Ni und Mo	58	68	78	88	98
09 CuAl-Leg. (Al-Bronzen)	19	29	39 Reserve	49	59	69	79	89	99

Tabelle 5.10 Grenzgehalte für die Einteilung in unlegierte und legierte Stähle (Schmelzenanalyse)

Vorgeschriebene Elemente		Grenzgehalt (Massenanteil in %)	Vorgeschriebene Elemente		Grenzgehalt (Massenanteil in %)
Al	Aluminium	0,30	Se	Selen	0,10
B	Bor	0,0008	Si	Silicium	0,60
Bi	Wismut	0,1	Te	Tellur	0,10
Co	Cobalt	0,3	Ti	Titan	0,05
Cr	Chrom	0,3	V	Vanadium	0,10
Cu	Kupfer	0,4	W	Wolfram	0,30
La	Lanthanide (einzeln gewertet)	0,1	Zr	Zirconium	0,05
Mn	Mangan	1,65 [a]		Sonstige	
Mo	Molybdän	0,08		(mit Ausnahme von	
Nb	Niob	0,06		Kohlenstoff, Phosphor,	
Ni	Nickel	0,30		Schwefel, Stickstoff)	
Pb	Blei	0,40		jeweils	0,1

[a] Falls für Mangan nur ein Höchstwert festgelegt ist, gilt als Grenzwert 1,80 %

DIN 10 020 gibt auch Grenzwerte der chemischen Zusammensetzung an, anhand derer die Feinkornbaustähle in Qualitäts- und Edelstähle unterteilt werden.

Unlegierte Edelstähle andererseits zeichnen sich, insbesondere bezüglich nichtmetallischer Einschlüsse, durch einen höheren Reinheitsgrad als Qualitätsstähle aus und sind in den meisten Fällen für ein Vergüten oder Oberflächenhärten vorgesehen. Ihre durch genaue Einstellung der chemischen Zusammensetzung und besondere Sorgfalt bei der Herstellung verbesserten Eigenschaften ermöglichen hohe oder eng eingeschränkte Streckgrenzen- oder Härtbarkeitswerte, zum Teil verbunden mit der Eignung zum Kaltumformen oder Schweißen. Die Edelstähle entsprechen damit ganz spezifischen Anforderungen, zum Beispiel an einen festgelegten Mindestwert der Kerbschlagzähigkeit im vergüteten Zustand oder bei - 50 °C, an eine festgelegte Einhärtungstiefe oder Oberflächenhärte im gehärteten, vergüteten oder oberflächengehärteten Zustand oder an festgelegte Höchstgehalte von Phosphor und Schwefel. Unlegierte Edelstähle sind insbesondere die für Wärmebehandlungen vorgesehenen unlegierten Vergütungs- (Kapitel 5.2.4.2) und Einsatzstähle (Kapitel 5.2.4.6) und teilweise normalgeglühte Feinkornbaustähle für Druckbehälter (Kapitel 5.2.3.4).

Bei *legierten Edelstählen* werden analog durch die genaue Einstellung der Legierungsgehalte und besondere Herstell- und Prüfbedingungen verbesserte Eigenschaften gewährleistet. Zu dieser Gruppe zählen die legierten Vergütungs- und Einsatzstähle, Wälzlagerstähle, legierte und hochlegierte Werkzeugstähle sowie der Großteil der hochfesten Feinkornbaustähle und Feinkorn-Druckbehälter- sowie Rohrstähle (Kapitel 5.2.3.2 bis 5.2.3.5).

Nichtrostende Stähle werden unterteilt in eine Gruppe, die weniger als 2,5 % Nickel enthält, und eine andere Gruppe, die mehr als 2,5 % Nickel enthält, sowie auch nach ihren Haupteigenschaften in korrosionsbeständig, hitzebeständig und warmfest.

Die im Folgenden nach ihren spezifischen Eigenschaften im Zusammenhang mit typischen Anwendungsbereichen geordneten Stahlsorten [5.5, 5.9 – 5.17] werden als *Konstruktions-*

(*Struktur-*) oder *Werkzeugwerkstoffe* eingesetzt. Auf Stähle als *Funktionswerkstoffe*, z. B. mit besonderen magnetischen Eigenschaften, wird hier nicht eingegangen. Das benutzte Ordnungsschema folgt ansteigenden Anforderungen an die Festigkeit oder an spezielle Eigenschaften der Stähle, die mit zunehmenden Kohlenstoff- und/oder Legierungselementgehalten erfüllt werden. Unterteilungen nach DIN 10 020 erscheinen dabei nur teilweise angebracht. Den neuen Stahlbezeichnungen sind vielfach die Bezeichnungen nach älteren Normen in Klammern angefügt.

5.2.2 Weiche Stähle zum Kaltumformen [5.11]

Bei dieser Stahlgruppe steht eine gute Kaltumformbarkeit, häufig verbunden mit einer optimalen Oberflächenbeschaffenheit, an erster Stelle der angestrebten Eigenschaften.

5.2.2.1 Weiche Stähle mit guter Kaltumformbarkeit (DIN EN 10 130:06, DIN EN 10 111: 98, DIN EN 10 139:97, DIN EN 10 327:04, DIN EN 10 152:03, DIN EN 10 209:96)

Feinbleche, z. B. für den Karosseriebau [5.11], müssen als Qualitätsstähle für das Tiefziehen geeignet, also besonders gut kalt umformbar sein. Dies wird am einfachsten erreicht mit Stählen, die durch einen geringen Kohlenstoffgehalt sehr weich und duktil sind. Karosziebleche benötigen außerdem eine sehr gute Oberflächenqualität. Man unterscheidet bei der Oberflächenbeschaffenheit:

- Oberflächenart A (übliche kaltgewalzte Oberfläche) und
- Oberflächenart B (beste Oberfläche).

Die kaltgewalzten weichen Feinbleche in Tabelle 5.11 sind in der DIN EN 10 130 aufgeführt und nach DIN EN 10 027-1 bezeichnet, wobei D für Blech aus weichen unlegierten Stählen zum Kaltumformen steht, C für kaltgewalzt und die Kennzahlen 01 bis 05 für Stähle mit zunehmend besserer Tiefziehfähigkeit (entsprechend der alten Bezeichnung St 12 bis St 15.). Oberflächenveredelte Qualitäten sind in DIN EN 10 142 (feuerverzinkt) und in DIN EN 10 152 (elektrolytisch verzinkt) zusammengefasst.

Tabelle 5.11 Kaltgewalzte Feinbleche nach DIN EN 10 130

Stahlsorte		Desoxidation	R_m in N/mm^2	R_e in N/mm^2
Kurzname	Werkstoff-Nr.			
DC01 (Fe P 01)	1.0330	Freigestellt	270 - 410	280
DC03 (Fe P 03)	1.0347	Voll beruhigt	270 - 370	240
DC04 (Fe P 04)	1.0338	Voll beruhigt	270 - 350	210
DC05 (Fe P 05)	1.0312	Voll beruhigt	270 - 330	180

Wichtiges Beispiel und Anwendung: DC04 B (früher Fe P 04 B) gut umformbares Karosserieblech mit bester Oberfläche (B), gegebenenfalls mit Zusatz + ZE für elektrolytisch verzinkt und Anfügen der Schichtdicke auf Unter- / Oberseite.

Für besonders schwierig umzuformende Teile dienen Stähle mit stark reduziertem Kohlenstoffgehalt (z. B. 0,005 % C, interstitial free IF 18 entsprechend DC06 (Fe P 06) oder isotrope Stähle (IHZ 250), bei denen die Zipfelbildung beim Tiefziehen vollkommen unterbleibt.

Warmgewalzte Bleche aus weichen Stählen zum Kaltumformen sind analog in DIN EN 10 111 aufgeführt (Bezeichnung DD 11 bis DD 14 mit zweitem Zusatzsymbol D für warmgewalztes Erzeugnis zur unmittelbaren Kaltumformung). Bei diesen Stählen wird für die Oberflächenart nur gefordert, dass die Bleche frei von Überlappungen, Blasen und Rissen sind.

Zur Verwirklichung von Leichtbaukonzepten ist es das Ziel, die gute Umformbarkeit mit einer möglichst hohen Festigkeit der Bleche zu kombinieren. Feinbleche, die ihre erhöhte Festigkeit erst durch eine Aushärtung (*bake hardening, B*) beim Einbrennlackieren des schon umgeformten Bauteils erlangen, werden im Karosseriebau für Außenhautteile benutzt. Für Strukturteile verwendet man zunehmend spezielle mikrolegierte oder phosphorlegierte (P) höherfeste Feinbleche mit Streckgrenzen zwischen 300 und 420 N/mm². Als Stähle mit noch höheren Festigkeiten sind Dualphasenstähle (X) im Einsatz, bei denen 5 bis 20 % harter Martensit in eine weiche Matrix aus 75 bis 90 % Ferrit eingebettet sind (Werksname DP 500, DP 600), außerdem TRIP-Stähle (T, transformation induced plasticity) mit Gefügeanteilen an Ferrit, Martensit und / oder Bainit sowie metastabilem Austenit, der erst beim Kaltumformen festigkeitssteigernd in Martensit umwandelt. In der Normbezeichnung dieser Stähle folgen auf H für kaltgewalzte höherfeste Stähle und die Mindeststreckgrenze die obgenannten Zusatzsymbole B, P, X oder M = thermomechanisch behandelt, Y = IF interstitial free und I = isotrop, z. B. H400M.

Bei den *tailored blanks* sind Feinbleche verschiedener Dicke, Festigkeit oder Oberflächenbeschichtung durch Laserstrahl- oder Quetschnahtschweißen zu Platinen verbunden, die nach dem Umformen der tatsächlichen Beanspruchung angepasste Karosserieteile ergeben.

5.2.3 Baustähle für den Stahl- und Maschinenbau, für Druckbehhälter und Rohre [5.10, 5.12]

Die qualitätsbestimmenden Merkmale für diese Stahlgruppe sind die Streckgrenzenwerte in Verbindung mit der Kerbschlagzähigkeit, vielfach auch bei niedrigen Temperaturen unter 0 °C, sowie die Schweißeignung und eine gute oder zumindest hinreichende Kaltumformbarkeit.

5.2.3.1 Warmgewalzte unlegierte Baustähle (DIN EN 10 025-1, -2:04, DIN EN 10 326:04, [5.12])

Baustähle müssen die im Stahl-, Anlagen- oder Maschinenbau vorliegenden Anforderungen an Festigkeit und Zähigkeit, z. T. auch bei tiefen Temperaturen, erfüllen und müssen vielfach schweißgeeignet sein. Unterschiedlichen Anforderungen tragen die in Tabelle 5.12 gemäß DIN EN 10 025-2 zusammengestellten Sorten Rechnung. Die Tabelle enthält auch Stahlsorten und ihre Bezeichnungen aus zurückgezogenen Normen (Z), so dass man erkennen kann, mit welchen Sorten aus der alten Norm die in der neuen Norm enthaltenen Baustahlsorten übereinstimmen. In den Bezeichnungen nach DIN EN 10 027-1 ist die Zahl nach dem ersten Buchstaben der Mindestwert der Streckgrenze für Dicken kleiner als 16 mm in N/mm². Für größere Erzeugnisdicken sind die in der Norm angegebenen Streckgrenzenabschläge zu beachten, für deren Ausmaß die Werte für Dicken > 100 mm und ≤ 150 mm in Tabelle 5.12 Anhaltspunkte geben. Die aufgeführten Stahlsorten sind in die Gütegruppen JR, JO, J2 unterteilt, wobei die Buchstaben und Zahlen hinter dem Streckgrenzenwert die Kerbschlagarbeit bei bestimmten Temperaturen kennzeichnen (vgl.Tabelle 5.3), also das unterschiedliche Zähigkeitsverhalten der Stähle ausdrücken. Die in DIN EN 10 025-2 genannten Stähle sind nicht für eine Wärmebehandlung vorgesehen, Spannungsarmglühen ist zulässig.

Tabelle 5.12 Sorteneinteilung nach DIN EN 10 025-2, Vergleich mit den Bezeichnungen der früheren Normen DIN EN 10 025:90 + A1:93/Z und DIN 17 100/Z (vgl. Tabelle 5.2 und 5.3)

Stahlsorte: Kurzname und Werkstoffnummer				Mindest-streckgrenze in N/mm²	Desoxidationsart1)
nach EN 10 027-1 und CR 10 260	nach EN 10 027-2	Frühere nationale Bezeichnung		Nenndicke	
		EN 10 025:1990 + A1:1993	DIN 17 100	> 100 mm ≤ 150 mm	
S185	1.0035	S185	St 33	165	freigestellt
	1.0037	S235JR	St 37-2		freigestellt
	1.0036	S235JRG1	USt 37-2		FU
S235JR	1.0038	S235JRG2	RSt 37-2	195	FN
S235JO	1.0114	S235JO	St 37-3 U	195	FN
	1.0116	S235J2G3[2)]	St 37-3 N		FF
S235J2	1.0117	S235J2G4[2)]	-	195	FF
S275JR	1.0044	S275JR	St 44-2	225	FN
S275JO	1.0143	S275JO	St 44-3 U	225	FN
	1.0144	S275J2G3	St 44-3 N		FF
S275J2	1.0145	S275J2G4	-	225	FF
S355JR	1.0045	S355JR	-	295	FN
S355JO	1.0553	S355JO	St 52-3 U	295	FN
	1.0570	S355J2G3	St 52-3 N		FF
S355J2	1.0577	S355J2G4	-	295	FF
	1.0595	S355K2G3	-		FF
S355K2	1.0596	S355K2G4	-	295	FF
S450JO	1.0590			380	FF
E295	1.0050	E295	St 50-2	245	FN
E335	1.0060	E335	St 60-2	275	FN
E360	1.0070	E360	St 70-2	305	FN

1) Bezeichnung der Desoxidationsart:
Freigestellt: nach Wahl des Herstellers
FN: Unberuhigter Stahl nicht zulässig
FF: Vollberuhigter Stahl mit einem ausreichendem Gehalt an stickstoffabbindenden Elementen (z. B. mindestens 0,020 % Al).
FU: Unberuhigter Stahl

2) G3 stand für Zustand normalisiert, G4 stand für alle anderen Zustände nach Herstellerwahl

Um die Schweißeignung zu gewährleisten wird der Kohlenstoffgehalt der Stähle für den Stahlbau auf 0,24 % begrenzt (Ausnahme S355JR, Stückanalyse) und das für die Beurteilung der Schweißeignung noch wichtigere Kohlenstoffäquivalent CEV[7] auf 0,45 bis 0,49 (vgl. Tabelle 5.13).Die höheren Festigkeitswerte werden durch ansteigende Gehalte von Mangan erreicht. S355 und S450 enthält 0,55 bzw. 0,6 % Si (Schmelz- bzw. Stückanalyse). Für die Maschinenbaustähle E295 bis E360 ist die chemische Zusammensetzung in der Norm nicht festgelegt. Sie können ihre Festigkeit durch Kohlenstoffgehalte über 0,24 % erreichen und sind dann nicht schmelzschweißgeeignet.

Tabelle 5.13 Maximal zulässige Kohlenstoffgehalte in % (Schmelzanalyse), Kohlenstoffäquivalente CEV[7] und Mn-Gehalte der Stähle nach DIN EN 10 025-2 mit Angaben zur Kerbschlagarbeit

	S235 (JR, JO, J2)	S275 (JR, JO, J2)	S355 (JR, J0, J2, K2)	S450JO
C max. in % [1)]	0,17 / 0,17 / 0,17	0,21 / 0,18 / 0,18	0,24/ 0,20/ 0,20/ 0,20	0,20
CEV max [2)]	0,35 / 0,35 / 0,35	0,40 / 0,40 / 0,40	0,45 / 0,45 / 0,45 / 0,45	0,47
Mn in %	1,40	1,50	1,60	1,70

1) Die zulässigen C-Gehalte sind nach der Stückanalyse und für Nenndicken > 30 mm etwas höher

2) Die zulässigen CEV-Werte für Erzeugnisdicken > 30 mm sind etwas höher

Begrenzung von Begleitelementen auf die folgenden maximalen Werte (Schmelzanalyse):

Phosphor: je nach Sorte maximal 0,025 bis 0,035 %
Schwefel: je nach Sorte maximal 0,025 bis 0,035 %
Stickstoff: maximal 0,012 bis 0,025 %
Kupfer: maximal 0,55 %

Als Oberflächenschutz der Baustähle kann Verzinken angewandt werden (vgl. DIN EN 10 271:98 und DIN EN 10 147). Bei wetterfesten Baustählen bewirken kleine Legierungsgehalte, z. B. Cu, eine festhaftende Schutzschicht an der Oberfläche (DIN EN 10 025-5).

5.2.3.2 *Schweißgeeignete Feinkornbaustähle*[7] *(DIN EN 10 025-3, -4:04, DIN EN 10 028-3, -5:03, DIN EN 10 149-1 bis -3:95, DIN EN 10 268:06, [5.12])*

Für hochbeanspruchte geschweißte Bauteile im Stahl- oder Fahrzeugbau wurden hochfeste Feinkornbaustähle entwickelt, die auch bei Streck- bzw. 0,2 %-Dehngrenzen bis 500 N/mm² noch schweißgeeignet sind und bei niedrigen Temperaturen einsetzbar. Dabei finden bei abgesenktem Kohlenstoffgehalt neuere, wirksame Konzepte zur Festigkeitssteigerung und Kornfeinung mit gezieltem Mikrolegieren und / oder thermomechanischem Walzen (s. Kapitel 4.3 und 8.1.2.2) Anwendung. Die Stähle erhalten ihre besonders günstigen Festigkeits- und Zähigkeitseigenschaften bei Kohlenstoffgehalten zwischen 0,1 und 0,2 % durch abgestimmte Gehalte an Mangan (bis zu 1,8 %) und Nickel (bis 0,85 %) sowie an den Mikrolegierungselementen Aluminium, Niob, Titan und Vanadium, die zu feinverteilten Nitrid- und/oder Carbonitridausscheidungen sowie zur Kornverfeinerung und damit zu einer Streckgrenzenerhöhung führen.

[7] Die Werte für das Kohlenstoffäquivalent CEV berechnen sich nach der folgenden Formel des Internationalen Schweißinstitutes IIW $CEV = C + \frac{Mn}{6} + \frac{Cr + Mo + V}{5} + \frac{Ni}{15}$

Die in DIN EN 10 025-3 und -4 enthaltenen Stähle S275, S355, S420 und S460 sind entweder normalgeglüht bzw. normalisierend gewalzt (Zusatzsymbol N) oder thermomechanisch gewalzt (Zusatzsymbol M) lieferbar und besitzen vorteilhafte Eigenschaften auch bei tiefen Temperaturen. Mindestwerte der Kerbschlagarbeit sind in der Norm für die Gütegruppen N und M bis - 20 °C festgelegt, für die kaltzähen Gütegruppen NL und ML (zweites Zusatzsymbol L) sogar bis - 50 °C. Dies erfordert noch stärker abgesenkte Phosphor- und Schwefelgehalte als in Tabelle 5.15 vermerkt (P_{max} = 0,025 %, S_{max} = 0,02 %, in der Schmelzanalyse).

Die Ziffern der Normbezeichnung kennzeichnen wieder die Mindeststreckgrenze für Erzeugnisdicken ≤ 16 mm. Eine Absenkung der Mindeststreckgrenze mit zunehmender Blechdicke ist zu beachten, aber mit geringerem Betrag als bei den Stählen von Tabelle 5.12, z. B. im Dickenbereich zwischen 100 und 150 mm beim S355N nur auf 285 N/mm^2 und beim S355M (100 bis 120 mm) nur auf 320 N/mm^2.

Hochfeste Baustähle, die besonders für die Kaltumformung geeignet sind, werden in DIN EN 10 149-3 (normalisierend gewalzte Stähle S260NC bis S420 NC) und DIN EN 10 149-2 (thermomechanisch gewalzte perlitarme Stähle S315MC bis S700MC, C-Gehalt 0,12 %) genannt. Die Normen enthalten detailliert wichtige Daten zum Kaltumformen (Zusatzsymbol C), Werte für die Kerbschlagarbeit sind nicht explizit festgelegt, die Schweißeignung ist sehr gut. Mikrolegierte Stähle zum Kaltumformen mit hoher Streckgrenze finden sich in DIN EN 10 268. Die Festigkeit dieser Stähle (H240LA bis H400LA, H für hohe Streckgrenze, LA für low alloyed, C-Gehalt 0,1 %) beruht auf den sich einlagernden Mikrolegierungselementen wie Niob, Titan oder Vanadium.

Angewandt werden die hier aufgeführten hochfesten Baustähle im Brückenbau (S 460, Viaduc de Millau, Frankreich), für Schleusentore, für Großrohre bei Pipelines, bei Offshore-Konstruktionen und die gut kaltumformbaren Sorten für Pressteile im Fahrzeugbau.

5.2.3.3 Schweißgeeignete, wasservergütete Feinkornbaustähle [8] *(DIN EN 10 025-6:04, DIN EN 10 028-6:03, [5.12])*

Höhere 0,2 %-Dehngrenzen als 500 N/mm^2 lassen sich bei speziell legierten Feinkornbaustählen, die mit begrenztem Kohlenstoffgehalt schweißgeeignet bleiben, sowohl durch Wasservergüten (Härten in Wasser mit vergütendem Anlassen) als auch durch thermomechanisches Walzen mit beschleunigtem Abkühlen erzielen. Es wird ein feines Gefüge aus Martensit und unterer Zwischenstufe angestrebt, das bei großer Festigkeit gute Zähigkeitseigenschaften besitzt. Die höheren Festigkeitsstufen bis zu 0,2 %-Dehngrenzen von über 1.000 N/mm^2 werden durch erhöhte Gehalte an Legierungselementen und geringere Anlasstemperaturen beim Wasservergüten erreicht.

Die DIN EN 10 025-6 führt wasservergütete Feinkornbaustähle mit Mindeststreckgrenzen zwischen 460 N/mm^2 und 960 N/mm^2 auf (S460Q bis S960Q mit Q für quenched). Der lieferbare Stahl S1100Q ist nicht in der Norm enthalten, die drei Gütegruppen mit festgelegten Mindestwerten der Kerbschlagarbeit bis - 20 °C (Q), bis - 40 °C (QL) und bis - 60 °C (QL1) unter-

---

[8] Erweiterte Ausführungen zu dieser Stahlgruppe sowie zu weiteren wichtigen Stahlgruppen und insbesondere zu deren Verarbeitung und Anwendung finden sich auf der dem Buch beigefügten DVD (ThyssenKrupp Steel)

scheidet. Die in der Stahlbezeichnung gekennzeichnete Mindeststreckgrenze gilt für Nennblechdicken zwischen 3 und 50 mm. Bei größeren Nenndicken sind Abschläge für die Streckgrenzenwerte zu beachten, die wegen der guten Durchhärtbarkeit dieser Stähle aber geringer sind als bei den normalgeglühten hochfesten Feinkornbaustählen.

Für das Schweißen der vergüteten Stähle bestehen Vorschriften, die die Wärmeeinbringung, und damit die Abkühlgeschwindigkeit nach dem Schweißen, nach oben und unter so eingrenzen, dass ein Gefüge mit möglichst großem Anteil an unterer Zwischenstufe zurückbleibt. Die Temperaturen für das Spannungsarmglühen und beim Erwärmen zum Warmumformen müssen um 50 °C unterhalb der Vergütungstemperatur des Grundwerkstoffes bleiben.

Anwendung finden die Stähle insbesondere im Mobilkran- und Baggerbau, für Druckbehälter und Druckrohrleitungen oder beim Schildausbau im Untertagebergbau.

Beispiele sind (alte Bezeichnungen in Klammern)

S690Q (StE 690 V) oder S690M (StE 690 TM) an Drehgestellen von IC-Wagen

S960Q (StE 960 V) Teleskoparme für Fahrzeugkrane
mit Q (quenched) oder V für vergütet und M oder TM für thermomechanisch gewalzt

5.2.3.4 Stähle für den Druckbehälterbau
(DIN prEN 10 028-1:07, -2 bis -6:03, DIN EN 10 120:96, DIN EN 10 207:05, [5.13])

Für den Bau von Druckbehältern eignen sich Stähle die in ihrer chemischen Zusammensetzung, ihrem Gefüge und ihren Eigenschaften den allgemeinen Baustählen(DIN EN 10 028-2, P235GH bis P355GH) und den schweißgeeigneten Feinkornbaustählen weitgehend entsprechen. Dabei werden bei den normalgeglühten Feinkornbaustählen für den Druckbehälterbau (DIN EN 10 028-3, P275N bis P460N), bei den thermomechanisch gewalzten (DIN EN 10 028-5, P355M bis P460M) und bei den vergüteten Feinkornbaustählen (DIN EN 10 028-6, P355Q bis P690Q) außer den Sorten in einer Grundreihe (Zusatzsymbol N, M oder Q) noch Stahlsorten mit besonderer Eignung zum Einsatz bei hohen Temperaturen (warmfeste Reihe, Zusatzsymbol NH und MH) oder bei tiefen Temperaturen (kaltzähe Reihe, Zusatzsymbol NL1, ML1 und QL1 sowie kaltzähe Sondereihe, Zusatzsymbol NL2, ML2 und QL2) unterschieden.

Für die warmfesten Stähle sind Mindestwerte der 0,2 %-Dehngrenze bis zu Temperaturen von 400 °C (NH) oder 300 °C (QH) festgelegt. Die besonders günstigen Mindestwerte der Kerbschlagarbeit werden bei den kaltzähen Stählen bis zu - 40 °C (ML1, QL1), - 50 °C (NL1, NL2, ML2) oder - 60 °C (QL2) vorgegeben. Da die C-Gehalte unter 0,22 % liegen, sind die Stähle durchweg schweißgeeignet. Für Tiefsttemperatur-Druckbehälter sind kaltzähe Stähle (DIN EN 10 028-4:03) geeignet und die im Kapitel 5.2.6 genannten austenitischen Druckbehälter-Stähle.

Tabelle 5.14 gibt die chemische Zusammensetzung einiger Druckbehälterstähle, insbesondere verschiedener Sorten der Festigkeitsklasse P355 wieder, wobei die unterschiedlichen Legierungskonzepte bei normalgeglühten und bei vergüteten Sorten zum Ausdruck kommen sowie die nötigen Einschränkungen in den C-, P- und S-Gehalten für besonders kaltzähe Sorten.

Tabelle 5.14 Druckbehälterstähle nach DIN EN 10 028-2, -3, -5 und -6

Stahlsorte: Kurzname	C in %	Mn in %	P in %	S in %	Cr in %	Mo in %	Ni in %	R_m N/mm² bei RT
P235GH[1]	≤ 0,16	0,6 - 1,2	0,025	0,015	≤ 0,30	0,08	≤ 0,30	360 - 480
P355GH	0,1 / 0,22	1,1 - 1,7	0,025	0,015	≤ 0,30	0,08	≤ 0,30	510 - 650
P355N	0,20		0,030	0,025				490 - 630
P355NL1	0,18	0,9 -1,7	0,030	0,020	0,30	0,08	0,50	Dicke
P355NL2	0,18		0,025	0,015				≤ 70 mm
P355M	0,14	1,60	0,025	0,020		0,20	0,50	450 - 610
P355ML2	0,14		0,020	0,015				
P355Q	0,16		0,025	0,015				490 - 630
P355QH	0,16	1,50	0,025	0,015	0,30	0,25	0,50	Dicke
P350QL2	0,16		0,020	0,010				≤ 100 mm

[1] G steht für andere Merkmale

Für vorgegebene Festigkeitsstufen lassen sich also aus der Gruppe der Druckbehälterstähle sowie der allgemeinen Bau- und Feinkornbaustähle ähnliche, aber je nach Einsatzgebiet und Anforderungsprofil im Detail unterschiedliche Stahlsorten auswählen. Die nachfolgend aufgeführten Beispiele sollen dies für die Festigkeitsstufe 355 N/mm² Mindeststreckgrenze unter Einteilung in die vier Gütereihen der Norm veranschaulichen (Bezeichnungen nach alter Norm jeweils in Klammern):

- Grundreihe:
  - S355JR, JO (StE 355, St 52-3) — für Stahlbau, je nach Forderung an die Kerbschlagarbeit bei + 20 °C oder 0 °C, DIN EN 10 025-2, Tabellen 5.3 und 5.12
  - S355N, M (StE 355, StE 355TM) — für Stahlbau bei hoher Beanspruchung, normalgeglüht oder thermomechanisch gewalzt, DIN EN 10 025-3, -4
  - P355N, M (StE 355, StE 355TM) — für Druckbehälter, normalgeglüht oder thermomechanisch gewalzt, DIN EN 10 028, Tabelle 5.15
  - S3355MC — für kaltgeformte Fahrzeugrahmen, thermomechanisch gewalzt, DIN EN 10 149-2
- Warmfeste Reihe:
  - P355NH (WStE 355N) — für Druckbehälter mit erhöhter Temperatur, normalgeglüht, 0,2 %-Dehngrenze wird bis 400 °C gewährleistet
- Kaltzähe Reihe und kaltzähe Sonderreihe:
  - S355ML (TStE 355TM) — für Stahlbau in kaltem Wasser (Offshore-Konstruktionen), thermomechanisch gewalzt, Mindestkerbschlagarbeit bis - 50 °C gewährleistet

P355ML1 (TStE 355TM)	für Druckbehälter in Frostgebieten, thermomechanisch gewalzt, Mindestkerbschlagarbeit bis - 40 °C gewährleistet
P355QL2 (E StE 355)	für Druckrohre in arktischen Gebieten, wasservergütet, Mindestkebrschlagarbeit bis - 60 °C gewährleistet

Darüber hinaus verzeichnet die DIN EN 10 028-2 hauptsächlich niedriglegierte Stähle, die vergütet eingesetzt werden können und deren Warmfestigkeit durch die Carbide der Legierungselemente, insbesondere Mo, angehoben ist. Diese vorwiegend im Kesselbau angewandten Stähle fasst Kapitel 5.2.4.1 zusammen.

5.2.3.5 *Stähle für nahtlose oder geschweißte Rohre*
(DIN EN 10 208-1:97, DIN EN 10 208-2:96, DIN EN 10 216-1 bis -4:02 + A1:04, DIN EN 10 217-1 bis -6:02 + A1:05, DIN EN 10 296-1:03, DIN EN 10 297-1:03, DIN EN 10 305-1 bis 3:02, DIN EN 10 305-4, -5:03, -6:05, DIN EN 10 224:02, DIN EN 10 255:04, [5.13])

Den vielfältigen technischen Anforderungen an Rohrleitungen entsprechend sind für nahtlose und für geschweißte Rohre Stähle verschiedenster Art im Einsatz.

Für nahtlose und für geschweißte Rohre zum Transport brennbarer Medien, wie z. B. Erdgas, werden nach DIN EN 10 208-1 in einer niedrigen Anforderungsklasse A Stähle mit Streckgrenzen zwischen 210 N/mm^2 und 360 N/mm^2 (L210GA bis L360GA, L = Stähle für Leitungsrohre, G = andere Merkmale, A = Anforderungsklasse A, Tabelle 5.15) verwendet, die mit C-Gehalten zwischen 0,16 und 0,22 % und Mn-Gehalten von 0,90 bis etwa 1,45 % etwa den allgemeinen Baustählen entsprechen. Für die höherwertige Anforderungsklasse B sind in DIN EN 10 208-2 als Stähle für geschweißte Rohre normalisierend geglühte oder gewalzte Sorten (L245NB bis L415NB) und thermomechanisch gewalzte Sorten (L245MB bis L555MB) aufgeführt. Für nahtlose Rohre stehen außer den genannten normalgeglühten auch vergütete Sorten (L360QB bis L555QB) zur Verfügung, deren C-Gehalt fast durchweg auf 0,16 % begrenzt ist und die wie die Feinkornbaustähle mit geringen Gehalten der Elemente V, Nb oder Ti mikrolegiert sind.

Tabelle 5.15 Stähle für nahtlose oder geschweißte Rohrleitungen für brennbare Medien

Anforderungen	Norm	Beispiele für Stahlsorten
Anforderungsklasse A, geringe Anforderung	DIN EN 10 208-1	L210GA, L360GA
Anforderungsklasse B, hohe Anforderung	DIN EN 10 208-2	L245NB/MB, L555MB, L555QB

Für druckbeanspruchte nahtlose (DIN EN 10 216) oder geschweißte (DIN EN 10 217) Rohre werden den übrigen Anforderungen angepasst unterschiedliche Stähle verwendet: wenn für Raumtemperatur festgelegte Eigenschaften hinreichend sind, unlegierte schweißbare Stähle mit Streckgrenzen zwischen 195 N/mm^2 und 265 N/mm^2 (DIN EN 10 216-1 bzw. DIN 10 217-1, P195TR1 bis P265TR1 oder TR2, T = Rohre, R = Raumtemperatur, 1 oder 2 = ohne oder mit festgelegtem Al-Anteil). Für Beanspruchungen bei erhöhten Temperaturen sind unlegierte (z. B. P265GH) oder legierte Stähle (z. B.16Mo3) nach DIN EN 10 216-2 bzw. DIN EN 10 217-2 im Einsatz. Den Druckbehälterstählen entsprechende mikrolegierte normalgeglühte oder vergütete Feinkornbaustähle (DIN EN 10 216-3 bzw. DIN 10 217-3) lassen sich bei erhöhten oder auch tiefen Beanspruchungstemperaturen einsetzen (z. B. P355NH/NL1 oder NL2).

Für Rohrleitungen im Maschinenbau, z. B. aus kaltgezogenen Präzisionsstahlrohren, stehen unlegierte Maschinenbaustähle (E155 bis E355 bzw. E420) zur Verfügung, die bei vorgegebener chemischen Zusammensetzung und C-Gehalten ≤ 0,22 % schweißbar sind (DIN EN 10 296-1, DIN EN 10 305-2, -3, -5). Daneben bieten die Normen DIN EN 10 297-1 und DIN EN 10 305-1 auch höher C-haltige und legierte Stähle für Rohre im allgemeinen Maschinenbau an. Die DIN EN 10 305-4 und -6 nennt Stähle für nahtlose oder geschweißte kaltgezogene Präzisionsstahlrohre für Hydraulik- und Pneumatik-Druckleitungen, die DIN EN 10 224 (L235 bis L355) und DIN EN 10 255 (S195T) unlegierte schweißbare Rohrstähle für Leitungen zum Transport wässriger Flüssigkeiten. Nichtrostende Rohrstähle werden in Kapitel 5.2.6 erwähnt.

5.2.4 Unlegierte und niedriglegierte Stähle für Wärmebehandlungen [5.14]

Wichtiges Ziel und Qualitätsmerkmal der Wärmebehandlungen dieser Stähle ist entweder eine optimale Kombination von hoher Streckgrenze und Zugfestigkeit mit einer möglichst großen Bruchdehnung und Zähigkeit oder eine große Randschichthärte mit hohem Verschleißwiderstand bei guter Kernzähigkeit und –festigkeit. Auch eine hohe Warmfestigkeit kann Ziel geeigneter Legierungs- und Wärmebehandlungstechnik sein. Anwendung finden die Stähle aus dieser Gruppe bei verschiedenartigen Maschinenbaukomponenten und Bauteilen mit unterschiedlichen Anforderungsprofilen. Den jeweiligen Anforderungen entsprechend stehen unterschiedlich legierte Stähle zur Verfügung.

Bei legierten Stahlsorten erreicht oder überschreitet der Legierungsgehalt für wenigstens ein Element die Grenzwerte von Tabelle 5.10. Die Bezeichnung *„niedriglegiert"* gilt gemäß einer früheren Definition für Stähle, bei denen die Summe der Legierungselemente unter 5 % bleibt. Das Benutzen dieser Bezeichnung erscheint nützlich zur Unterscheidung von der Gruppe der wärmebehandelten *hochlegierten Stähle.*

5.2.4.1 Niedriglegierte Kesselstähle (DIN EN 10 028-2:03, DIN EN 10 216-2:02)

Legierungselemente wie Molybdän, Vanadium und Wolfram erhöhen die Anlassbeständigkeit und damit die Warmfestigkeit durch Carbidbildung. Feine Carbide behindern das Gleiten und vergrößern dadurch die Festigkeit bei höheren Temperaturen. Die üblichen Wandtemperaturen bei Kesseln stiegen von 250 °C im Jahre 1900 auf 650 °C bei den heutigen modernen Kesselanlagen an.

Folgende Eigenschaften sind beim Einsatz von Stahl bei höheren Temperaturen von Interesse:

– *hohe Warmstreckgrenze*: Streckgrenze bei erhöhter Temperatur, im Kurzzeitversuch bestimmt (vgl. Tabelle 5.16)

- *DVM-Kriechgrenze*: Nach DIN 50 117 ermittelter Werkstoffwert, im 45 h-Versuch bestimmt
- *hohe Zeitstandfestigkeit*: Beanspruchung, die bei konstanter Temperatur nach 1.000, 10.000 oder 100.000 h zum Bruch führt ($R_{m\ 1.000/}$, $R_{m\ 100.000/}$, vgl. Tabelle 5.16)
- *Zeitdehngrenze*: Beanspruchung, die z. B. nach 10.000 h eine bleibende Dehnung von 1 % hervorruft: $R_{p\ 1/10.000/}$.

Tabelle 5.16 zeigt Beispiele für niedriglegierte Kesselstähle, wobei deutlich wird wie mit ansteigendem Gehalt an Carbildnern, insbesondere an Molybdän, Warmstreckgrenze und Zeitstandfestigkeit bis zu höchsten Werten bei dem Stahl 21CrMoV5-11 zunehmen.

Tabelle 5.16 Einige als Kesselstähle benutzte Stahlsorten mit Warmstreckgrenze und Zeitstandfestigkeit in N/mm² für Blechdicken < 60 mm

Stahlsorte: Kurzname	Warmstreckgrenze			Zeitstandfestigkeit für 100.000 h				
	20 °C	300 °C	350 °C	400 °C	420 °C	450 °C	500 °C	550 °C
C35	275	186	167	147	108	69	34	--
19Mn5	245	195	170	155	136	85	41	--
13CrMo4-4	230	205	190	180	--	285	137	49
24CrMo5	440	363	333	304	308	226	118	36
21CrMoV5-11	540	481	461	431	410	349	212	92
10CrMo9-10	235	220	205	195	--	221	135	68

5.2.4.2 Unlegierte Vergütungsstähle (DIN EN 10 083-1, -2:06)

Diese Stähle mit Kohlenstoffgehalten von mehr als 0,22 % werden zum Erzeugen von Vergütungsgefügen mit einer dem Anwendungszweck angemessenen Kombination von Festigkeit und Zähigkeit bei Bauteilen mit kleineren Querschnitten eingesetzt. Die unlegierten Vergütungsstähle sind als Qualitäts- oder als Edelstähle lieferbar. Bei den Qualitätsstählen wird für den P- und den S-Gehalt 0,045 % Massenanteil angegeben. Bei den Edelstählen ist der P-Gehalt auf 0,035 % begrenzt und für die S-Gehalte gilt die bei den Beispielen genannte Unterscheidung. Um eine verbesserte Bearbeitbarkeit mit Automaten zu ermöglichen, können entweder die Sorten mit dem Zusatzsymbol R (s. unten) bestellt werden oder bei unlegierten und bei legierten Vergütungsstählen (auf Anfrage) auch solche, die bis zu 0,100 % Schwefel enthalten.

Beispiele:

Qualitätsstähle: C22, C35, C45, C60

Edelstähle: C22E (2 C 22), C45E (2 C 45), C60E (2 C 60) mit maximalem S-Gehalt < 0,035 %
C22R (3 C 22), C45R (3 C 45), mit Bereich des S-Gehaltes 0,020 bis 0,040 %

Anwendungsbeispiele sind Schaltgabeln, Hebel, Schrauben und Muttern.

5.2.4.3 Niedriglegierte Vergütungsstähle (DIN EN 10 083-1:06, -3:06)

Erhöhte Gehalte an Legierungselementen, z. B. an Chrom oder Nickel, setzen die kritische Abkühlgeschwindigkeit beim Härten herab. Bei den legierten Vergütungsstählen erreicht man dadurch, dass auch die im Kernbereich dickwandiger Bauteile vorliegende geringere Abkühlgeschwindigkeit ausreicht, um ein hochfestes Vergütungsgefüge zu erzeugen. Nur mit legierten Vergütungsstählen lässt sich eine Durchvergütung, d. h. ein Gefüge gleichmäßig hoher Festigkeit und Zähigkeit, bei Werkstückdicken von mehr als 40 mm erreichen.

Beispiele für die Bezeichnung und Zusammensetzung einschließlich der Grenzwerte für die P- und S-Gehalte enthält Tabelle 5.17. Zur Kennzeichnung von Sorten, bei denen der S-Gehalt als Spanne von 0,020 - 0,040 % festgelegt ist und die für eine bessere Bearbeitbarkeit mit Automaten empfohlen sind, wird das Symbol S in der chemischen Zusammensetzung mit angegeben.

Tabelle 5.17 Zusammensetzung einiger Vergütungsstähle nach DIN EN 10 083-1:91 + A1:96, Festigkeitswerte für Durchmesser des maßgeblichen Querschnitts d ≥40 mm und d ≤ 100 mm

		C45E/R	34CrMo4/34CrMoS4	30CrNiMo8
C	in %	0,42 - 0,50	0,30 - 0,37	0,26 - 0,34
Si	in %	≤0,40	≤0,40	≤0,40
Mn	in %	0,5 - 0,8	0,6 - 0,9	0,3 - 0,6
P	in %	< 0,035	≤0,035	≤ 0,035
S	in %	≤0,035/0,020 bis 0,040	≤0,035/0,020 bis 0,040	≤0,035
Cr	in %	≤0,40	0,9 - 1,2	1,8 - 2,2
Mo	in %	≤0,1	0,15 - 0,30	0,3 - 0,5
Ni	in %	≤≤ 0,4	--	1,8 - 2,2
R_m	in N/mm²	630 - 780	800 - 950	1.100 - 1.300
$R_{e, min}$	in N/mm²	370	550	900
A_{min}	in %	17	14	10

Da auch bei legierten Stählen der Querschnitt bei großer Wanddicke nicht vollständig durchvergütet werden kann, ist bei der Konstruktion eine entsprechend niedrigere zulässige Spannung zu wählen. Unter Zugrundelegung eines Sicherheitsbeiwertes wird sie von der Streckgrenze abhängig gemacht, entsprechend

$$\sigma_{zul} = \alpha \cdot R_{e\,H} \text{ mit } \alpha < 1 \qquad \text{oder} \qquad \sigma_{zul} = \frac{1}{\beta} \cdot R_{e\,H} \text{ mit } \beta > 1$$

Die Werte der Streckgrenze in Abhängigkeit von Wanddicke bzw. Durchmesser bei Rundmaterial, die bei der Berechnung zugrunde gelegt werden, gibt Tabelle 5.18 am Beispiel der Stähle 25CrMo4 und 36CrNiMo4 wieder.

Festigkeitswerte legierter Vergütungsstähle im vergüteten Zustand sind auch den Tabellen 5.17 und 5.19 für unterschiedliche Durchmesserbereiche zu entnehmen. Man beachte, dass nur bei dem am höchsten legierten Stahl 30CrNiMo8 die Festigkeitswerte für Durchmesser unter 16 mm auch bei Durchmessern bis 40 mm noch erreich bar sind, bei Durchmessern über 40 mm aber ebenfalls geringer ausfallen (Tabelle 5.17).

Tabelle 5.18 Mindeststreckgrenzenwerte der vergüteten Stähle 42CrMo4 und 36CrNiMo4 nach DIN EN 10 083-1:91 + A1:96

Durchmesserbereich d in mm	< 16	16 < d ≤ 40	40 < d ≤ 100	100 < d ≤ 160
25CrMo4 $R_{e\,min.}$ in N/mm²	700	600	450	400
36CrNiMo4 $R_{e\,min.}$ in N/mm²	900	800	700	600

Legierte Vergütungsstähle mit einem geringen Masseanteil an Bor, um die Härtbarkeit zu verbessern, sind in DIN EN 10 083-3:95 zusammengestellt. Sie weisen nach dem Vergüten gute Zähigkeitseigenschaften auf.

Wichtige Beispiele mit Anwendung:

25CrMo4, 34CrMo4 (Einlassventile), 37MnSi5 (Kurbelwellen),
30MnB5, 39MnCrB6-2 (0,0008 bis 0,0050 % Bor)

Tabelle 5.19 Streckgrenze und Zugfestigkeit von legierten Vergütungsstählen in N/mm² nach DIN EN 10 083-1:91 + A1:96

Stahlsorte: Kurzname	R_e (bis 16 mm) *⁾	R_m (bis 16 mm) *⁾	R_e (16 bis 40 mm) *⁾	R_m (16 bis 40 mm) *⁾
28Mn6	590	800 – 950	490	700 – 850
34Cr4	700	900 – 1.100	590	800 – 950
25CrMo4	700	900 – 1.100	600	800 – 950
34CrMo4	800	1.000 – 1.200	650	900 – 1.100
42CrMo4	900	1.100 – 1.300	750	1.000 – 1.200
34CrNiMo6	1.000	1.200 – 1.400	900	1.100 – 1.300
30CrNiMo8	1.050	1.250 – 1.450	1.050	1.250 – 1.450
*⁾ Durchmesser des maßgeblichen Querschnittes				

5.2.4.4 Federstähle
(DIN EN 10 089:02)

Federn sind elastisch hoch beanspruchbare Bauteile. Für Federn verwendete Stähle müssen deshalb eine sehr hohe Streckgrenze und eine Zugfestigkeit bis in den Bereich von über 2.000 N/mm² aufweisen. Diese Anforderung lässt sich erfüllen mit Stählen vom Typ Vergütungsstähle mit hinreichend hohen C-Gehalten und Legierungselementen wie Si, Cr, Mn sowie einem Anlassen nach dem Härten bei relativ geringen Temperaturen von 280 °C bis maximal 540 °C.

Beispiele mit Anwendung:

38Si7 (einfache Blattfedern), 60SiCrV7 (Blatt- und Schraubenfedern für Fahrzeuge),
50CrV4 (hochbeanspruchte Federn)

5.2.4.5 *Nitrierstähle* *(DIN EN 10 085:01)*

Beim Nitrieren entsteht eine Verbindungsschicht mit Nitriden und mit einer Härte bis zu 1.200 HV 1 sowie sehr hohem Verschleißwiderstand, die jedoch sehr dünn ist (0,1 bis 0,3 mm). Damit diese Schicht bei hoher Belastung nicht in die darunter liegende weichere Diffusionszone eingedrückt wird, muss auch der Kern von Nitrierbauteilen eine hinreichende Festigkeit aufweisen, die sich durch Vergüten vor dem Nitrieren erreichen lässt. Nitrierstähle sind deshalb meist Vergütungsstähle mit Gehalten an nitridbildenden Elementen wie Al, Cr, Mo, oder V.

Beispiele mit Anwendung:

31CrMoV9 (Zahnräder), 35CrAl6 (Spindeln von Werkzeugmaschinen),
37CrV4 (Nockenwellen)

5.2.4.6 *Unlegierte Einsatzstähle* *(DIN EN 10 084:98, DIN prEN 10 084:06)*

Diese Stähle mit Kohlenstoffgehalten von weniger als 0,22 % sind zur Einsatzhärtung (Randschichtaufkohlung und Randschichthärtung) für verschleißbeanspruchte Bauteile vorgesehen. Die einsatzgehärtete Randschicht bewirkt einen großen Widerstand gegen Adhäsions-, Abrasions- und Ermüdungsverschleiß (Oberflächenzerrüttung mit Werkstoffausbrüchen). Die Oberflächenzerrüttung kann als Folge wiederholter hoher Flächenpressungen an den Zahnflanken von Zahnrädern auch ohne abrasiven Verschleiß auftreten. Der nicht aufgekohlte Kern gewährleistet eine hinreichende Zähigkeit, z. B. bei stoßartiger Beanspruchung. Die in der Randschicht entstehenden Druckeigenspannungen begünstigen eine hohe Dauerschwingfestigkeit.

Beispiele:

C10E (Ck 10) mit C = 0,1 %; C15R (Ck 15) mit C = 0,15 %;

Zusatzsymbole: E = vorgeschriebener maximaler Gehalt an Schwefel < 0,035 %,
R = vorgeschriebener Bereich des Schwefelgehaltes 0,020 bis 0,040

Wichtig für die Wärmebehandelbarkeit ist eine große Gleichmäßigkeit des Gefüges und die weitgehende Freiheit dieser Edelstähle von nichtmetallischen Einschlüssen.

Anwendungsbeispiele für solche Stähle: Hebel und kleinere Maschinenteile.

5.2.4.7 *Niedriglegierte Einsatzstähle* *(DIN EN 10 084:98, DIN prEN 10 084:06)*

Die legierten Einsatzstähle werden zur Einsatzhärtung von verschleißbeanspruchten Bauteilen angewandt, deren Festigkeitsanforderungen mit unlegierten Einsatzstählen nicht mehr erfüllt werden können. Z. B. erfordert eine für hohe Beanspruchungen ausreichende Festigkeit im Kern eine vollständige Durchvergütung auch bei größeren Querschnitten. Tabelle 5.20 gibt unter Rückgriff auf eine alte Norm die im Kern erreichbaren Festigkeitswerte für wichtige Vertreter dieser überwiegend für Zahnräder aller Art eingesetzten Stähle an. Auch bei hochbelasteten Zahnrädern wird eine optimale Zahnflankentragfähigkeit und daneben unter Mitwirkung der Randschicht-Druckeigenspannungen eine hohe Zahnfußdauerfestigkeit erreicht.

Tabelle 5.20 Legierte Einsatzstähle mit Festigkeitswerten nach DIN 17 210/Z

Stahlsorte: Kurzname	Streckgrenze und Zugfestigkeit im Kern nach dem Härten bei 30 mm Durchmesser		Anwendung
	$R_{p\,0,2}$ in N/mm²	R_m in N/mm²	
17Cr3	440	690 – 890	Nockenwellen
16MnCr5	590	780 – 1.080	kleine Zahnräder
20MnCr5	685	980 – 1.280	mittelgroße Zahnräder
15CrNi6	635	880 – 1.180	hochbeanspruchte Zahnräder

5.2.4.8 Wälzlagerstähle (DIN EN ISO 683-17:99)

Auch bei den überrollungsbedingten Wälz- oder Wälz-/Gleitbeanspruchungen (Auftreten von Schlupf) der Wälzkörper und Ringe von Wälzlagern bewirken die wiederholt auftretenden hohen Hertz'schen Pressungen Ermüdungsverschleiß. Die Lebensdauer der Wälzelemente wird, auch bei Vermeidung abrasiven Verschleißes mit Schmiermitteln, durch Oberflächenrisse und Oberflächenausbrüche (Grübchen- oder Pittingbildung) begrenzt. Die ermüdungsbedingten Anrisse gehen dabei meist von mikroskopischen Kerben, wie nichtmetallischen Einschlüssen, in den Randschichten aus. Für Wälzlager werden daher Stähle eingesetzt, mit denen sich bei einem C-Gehalt von etwa 1 % sehr hohe Härtewerte > 60 HRC erzielen lassen, wenn nach martensitischer Durchhärtung nur entspannend bei 180 bis 200 °C angelassen wird, und die andererseits eine außergewöhnliche Reinheit und Homogenität aufweisen. Der hoch entwickelte Stahl 100Cr6 erfüllt diese Anforderungen vollkommen und wird daher ganz überwiegend für Wälzlager verwendet. Die Norm nennt als weitere durchhärtende Wälzlagerstähle 100CrMnSi4-4 oder 100CrMo7 sowie auch einsatz- und induktionshärtende Wälzlagerstähle.

5.2.5 Unlegierte und legierte Stähle mit hoher Verschleißfestigkeit [5.14]

Die Hauptanforderung an diese für Werkzeuge wichtige Stahlgruppe, ein hoher Widerstand besonders gegen abrasiven Verschleiß, macht eine möglichst große Oberflächenhärte nötig. Diese wird entweder erreicht durch martensitische Härtung hochkohlenstoffhaltiger unlegierter oder legierter Stähle oder durch Härten von Stählen mit Legierungselementen wie Cr, Mo, V oder W, die Carbide mit einer viel größeren Härte als Fe_3C bilden. Bei solchen meist hochlegierten Stählen kann dann auch ein mittlerer C-Gehalt ausreichend oder sogar nützlich sein.

5.2.5.1 Kaltarbeitsstähle
(DIN EN ISO 4957:99)

Die Kaltarbeitsstähle sind unlegierte oder legierte Werkzeugstähle für Verwendungswecke, bei denen die Werkzeug-Oberflächentemperatur im Allgemeinen unter 200 °C bleibt, wie bei Sägen, Meißeln oder einfachen Schnitt- und Prüfwerkzeugen. Bei diesen Stählen kommt es deshalb vor allem auf einen hohen Verschleißwiderstand an, der durch eine Erhöhung des Carbidgehaltes verstärkt wird, weniger auf Anlassbeständigkeit.

Beispiele mit Anwendung:

- unlegierte Stähle C120U (Messer, Gewindebohrer)
- legierte Stähle 145Cr6 (Fräser, Reibahlen), 90MnCrV8 (Bohrer, Härte ≥ 60HRC)
- hochlegierte Stähle X40Cr14 (korrosionsbeständig, Messer aller Art), X210Cr12 (Hochleistungsschnittwerkzeuge, Härte ≥62 HRC).

5.2.5.2 Schnellarbeitsstähle
(DIN EN ISO 4957:99)

Die wichtigste Eigenschaft dieser hochlegierten Werkzeugstähle für hohe Schneidleistungen und Schnittgeschwindigkeiten (vgl. Bild 6.1), z. B. bei schnell laufenden Fräsern oder Bohrern, ist der Verschleißwiderstand. Er wird in erster Linie von der Schneidstoffhärte auch bei hohen Temperaturen bestimmt, d. h. von der Menge und Härte der Carbide. Besonders wirksam ist das Carbid VC mit einer Härte von 2.700 bis 3.000 HV. Wegen der entstehenden hohen Temperaturen an den Schneiden (bis 600 °C) ist bei Schnellarbeitsstählen auch eine hohe Warmhärte und gute Anlassbeständigkeit wichtig.

Ein klassischer Stahl ist der HS18-1-2-5 (Werkstoffnummer 1.3255, Bezeichnungsweise siehe Abschnitt 5.1.1) mit 18 % Wolfram, 1 % Molybdän, 2 % Vanadium, 5 % Cobalt, 3,5 bis 4,5 % Chrom und 0,75 bis 1,4 % Kohlenstoff. Die Härtung erfolgt durch Abschrecken von 1.200 bis 1.300 °C in ein Warmbad und Anlassen auf 530 bis 580 °C. Solche Stähle sind damit bei höchster Warmhärte bis zur angewandten Anlasstemperatur schneidhaltig. Der Cobaltanteil bewirkt eine erhöhte Anlassbeständigkeit.

Nach dem Legierungsaufbau lassen sich die Schnellarbeitsstähle in drei Gruppen einteilen, die mit Beispielen nachfolgend genannt sind:

- Schnellarbeitsstähle auf Wolfram-Grundlage mit 18 bzw.12 % W: z. B. HS18-1-2-5 für Schrupparbeiten mit großer Zerspanungsleistung, HS10-4-3-10 für das Schlichten mit hoher Schnittgeschwindigkeit
- Schnellarbeitsstähle auf Wolfram-Molybdän-Grundlage mit etwa 6 % W und 5 % Mo: z. B. 6-5-2-5 für Fräser, Bohrer höchster Beanspruchung
- Schnellarbeitsstähle auf Molybdän-Grundlage mit etwa 9 % Mo und 2 % W: z. B. HS2-9-2 für Bohrer, Metallsägen.

Die Stähle aller drei Gruppen enthalten etwa 4 % Chrom, 1 bis 4 % Vanadium bei durchweg hohem Kohlenstoffgehalt (0,75 bis 1,4 %). Sie können zusätzlich mit 2 bis 10 % Cobalt legiert sein. Die Stähle können erschmolzen oder auf pulvermetallurgischem Wege (vgl. Kapitel 8.4) hergestellt werden. Im ersten Fall wird zum Erzielen einer gerichteten Erstarrung und metallurgischen Reinigung das Elektroschlacke-Umschmelzen (s. Kapitel 7.3.4, ESU) eingesetzt, beim pulvermetallurgischen Verfahren das isostatische Heißpressen mit anschließender Warmverformung. Pulvermetallurgisch hergestellte Schnellarbeitsstähle weisen ein besonders feines Gefüge mit kleinen und gleichmäßig verteilten Carbiden auf.

5.2.5.3 *Warmarbeitsstähle* *(DIN EN ISO 4957:99)*

Die gute Anlassbeständigkeit und Warmfestigkeit der hochwolframhaltigen Schnellarbeitsstähle wird auch für Warmarbeitsaufgaben mit Werkzeug-Oberflächentemperaturen, die häufig erheblich über 200 °C liegen (Gießkokillen, Strangpresswerkzeuge, Gesenkeinsätze), ausgenutzt. Zur Verbesserung der Zähigkeit setzt man bei den Warmarbeitsstählen für stoßbeanspruchte Werkzeuge (Schmiedegesenke) jedoch den Kohlenstoffgehalt gegenüber den Schnellarbeitsstählen deutlich herab. Wolfram wird teilweise durch Molybdän ersetzt.

Beispiele mit Anwendung:

- X30WCrV5-3 (Druckgießformen)
- G-X40CrMoV5-3 (Schmiedegesenk)
- X5NiCrTi26-15 (austenitisch, für besonders hohe Temperaturen).

5.2.6 Nichtrostende Chrom- und Chrom-Nickel-Stähle [5.15, 5.16]

Hohe Gehalte an Chrom oder Nickel, sowie weiterer Legierungselemente wie z. B. Mn, ermöglichen bei Stählen besondere, herausragende Eigenschaften wie Korrosionsbeständigkeit, Zunder- und Hitzebeständigkeit, hohe Warmfestigkeit und in Verbindung mit hinreichenden C-Gehalten auch außergewöhnlich große Verschleißbeständigkeit oder Beständigkeit bei Schlagbeanspruchung. Stähle mit derartigen besonderen Eigenschaften werden im Folgenden zusammen mit den Anwendungsgebieten behandelt.

5.2.6.1 *Grundlagen und Einteilung der hochlegierten Cr- und CrNi-Stähle*

Zur Beurteilung des Zustandes und der Eigenschaften hochlegierter Stähle muss man bei kleinen Kohlenstoffgehalten die binären Zustandsdiagramme Eisen-Legierungselement heranziehen, bei höheren die entsprechenden Dreistoffschaubilder.

Es ist dabei wichtig, zwei Arten der Auswirkung von Legierungselementen auf die Gefügeausbildung von Stählen zu unterscheiden:

- Legierungselemente, die ferritstabilisierend sind und somit das Austenitgebiet im Zustandsdiagramm verkleinern wie Chrom, Molybdän, Silicium, Vanadium, Wolfram, Aluminium, Titan, Tantal, Niob und Phosphor,
- Legierungselemente, die austenitstabilisierend wirken, also das Austenitgebiet vergrößern wie Nickel, Cobalt, Kupfer, Mangan, Kohlenstoff und Stickstoff.

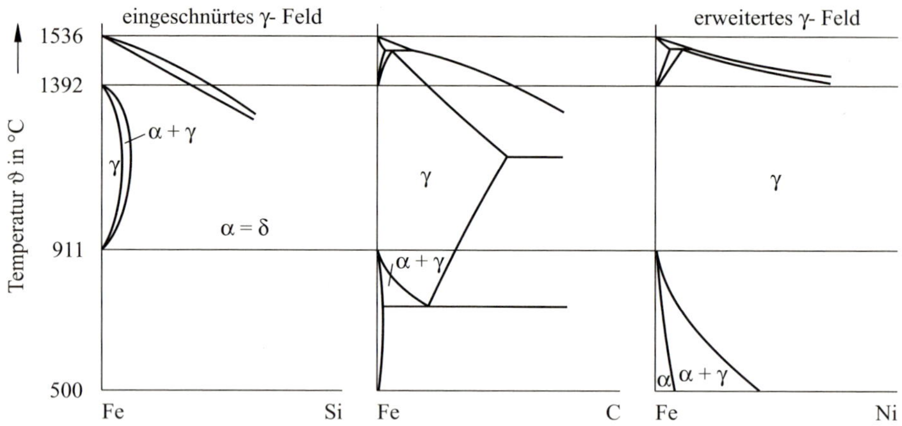

Bild 5.3 Beeinflussung des γ-Gebietes durch Legierungselemente

Demgemäß gibt es zwei Grundtypen von Zweistoffschaubildern, Bild 5.3:

- Das Schaubild mit einer Einschnürung des γ-Feldes
- Das Schaubild mit einem aufgeweiteten γ-Feld

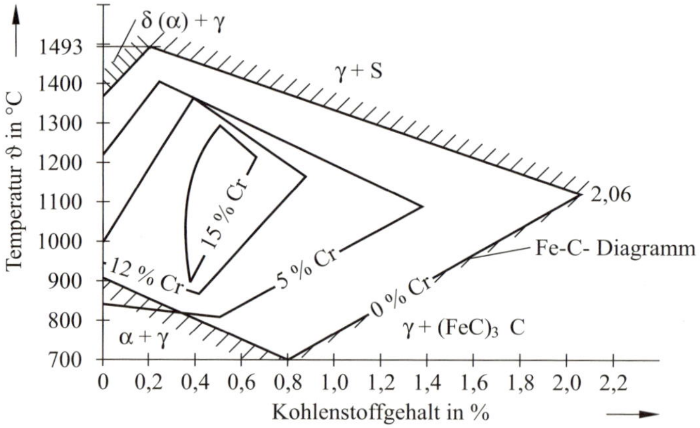

Bild 5.4 Veränderung des Existenzbereiches der γ-Phase mit dem Cr-Gehalt, [29]

Bei hinreichend hohen Gehalten an ferritstabilisierenden Elementen wie Chrom (Cr-Gehalt > 13% bei C-armen Stählen) erhält man umwandlungsfrei ferritische, also nicht härtbare Stähle. Bei hinreichend hohen Gehalten an austenitstabilisierenden Elementen wie Nickel dagegen liegen voll austenitische Stähle vor, die auch bei Raumtemperatur die Kfz-Modifikation des

Eisens aufweisen, die keinen Steilabfall der Zähigkeit bei tiefen Temperaturen zeigt (kaltzähe Stähle). Hochlegierte Stähle mit Gehalten sowohl an ferrit- als auch an austenitstabilisierenden Elementen können ein Gefüge aus Austenit und Ferrit besitzen (metastabil austenitische Stähle).

Wie sich der Existenzbereich der γ-Phase mit dem Chromgehalt ändert, kann Bild 5.4 entnommen werden.

Chromgehalte von mehr als 12 % bewirken die Bildung einer dünnen, dichten und festhaftenden Oberflächenschicht (Passivschicht) aus Chromoxid. Diese schützt die Oberfläche bei Raumtemperatur vor chemischen Angriffen und bei hohen Temperaturen vor Verzunderung. Die letztgenannte Wirkung wird unterstützt durch Silicium und Aluminium. Stähle mit hinreichend hohen Chromgehalten werden damit rost- und zunderbeständig oder mit weiteren Legierungselementen wie Nickel auch säurebeständig.

Bei nicht durch eine Passivschicht geschützten Stählen treten demgegenüber im Bereich hoher Betriebstemperaturen große Diffusionsgeschwindigkeiten von Sauerstoff (von außen nach innen) und von Eisen (von innen nach außen) auf. Dadurch bilden sich Eisenoxidschichten, die mit der Zeit dicker werden, als Folge einer starken Volumenvergößerung aber leicht abblättern, wozu Volumenänderungen des Stahls bei den Phasenumwandlungen zusätzlich beitragen können.

Die Einteilung der hochlegierten Cr- und CrNi-Stähle nach den Eigenschaften bzw. dem Verwendungszweck ist nicht deckungsgleich mit der Einteilung nach dem Gefügezustand. Die Normen benennen *nichtrostende Stähle* (DIN EN 10 088-1 bis -5:05), die gemäß DIN EN 10 020 als Stähle mit mindestens 10,5 % Chrom und höchstens 1,2 % C definiert sind, *hochwarmfeste austenitische* Stähle (vgl. DIN 17 460/Z, DIN EN 10 302:02) und *hitzebeständige Stähle* (DIN EN 10 095:99). Zu den nichtrostenden Stählen zählen sowohl rein ferritische und martensitische als auch austenitische und austenitisch-ferritische Stähle, analoges gilt für die Gruppe der nichtrostenden Druckbehälterstähle (DIN prEN 10 028-7:05) und der Stähle für nahtlose (DIN EN 10 216-5:04) und geschweißte Rohre (DIN EN 10 217-7:05) für Druckbeanspruchungen. Die hochwarmfesten austenitischen und der größere Teil der hitzebeständigen Stähle erfüllen auch die Definition der nichtrostenden Stähle.

5.2.6.2 Rost- und zunderbeständige ferritische Chromstähle *(DIN EN 10 088-1 bis -5:05)*

Reine Chromstähle sind bei geringen C-Gehalten ab 13 % Chrom umwandlungsfrei ferritisch („ferritische Stähle"), also nicht härtbar. Bei mittleren und hohen C-Gehalten lassen sich die Chrom-Stähle auch härten.

Zunderbeständige Chromstähle enthalten 13, 17 oder 24 % Chrom. Al- und Si-Gehalte verbessern ihre Zunderbeständigkeit noch. Diese Stähle werden für hitzebeständige Ofenteile (X10CrAl24), Turbinenschaufeln (X20CrMo13) aber auch als korrosionsbeständige Stähle, z. B. für Behälter in Haushalts-Waschmaschinen (X6Cr17) eingesetzt.

Als härtbarer Stahl wird z. B. X40Cr13 für Messer und Werkzeuge verwendet. Auch der Teil der Stähle für Einlass- oder Auslassventile von Verbrennungskraftmaschinen (DIN EN 10 090:98) mit martensitischem Gefüge, z. B. X45CrSi9-3, gehört in diese Gruppe.

5.2.6.3 *Rost- und säurebeständige austenitische Stähle (DIN EN 10 088-1 bis -5:05)*

Bei der Herstellung werden die austenitischen Chromnickelstähle von 1.050 °C abgeschreckt, um möglichst reinen Austenit ohne Carbidausscheidungen zu erhalten. Bei langsamer Abkühlung bilden sich Chromcarbide auf den Korngrenzen, die zur Versprödung und einer verminderten Korrosionsbeständigkeit führen. Zu unterscheiden sind die folgenden Typen:

- metastabil austenitische CrNi-Stähle mit einem Gefüge aus Austenit und Ferrit, die beständig gegen organische Säuren (typische Beispiele X10CrNiTi18-9 oder X10CrNiNb18-9) oder auch gegen anorganische Säuren (X6CrNiMoTi17-12-2) sind, und dementsprechend in der Haushalts- und Lebensmittelindustrie, für Arztbestecke und Zahnersatz oder aber in der chemischen und petrochemischen Industrie eingesetzt werden. Für höchste Korrosionsbeständigkeit wird den Stählen noch Mo zulegiert. Die Erwärmung beim Schweißen von CrNi-Stählen bringt die Gefahr der Bildung von Cr-Carbiden und damit einer Verarmung an im Gitter gelöstem Chrom (< 12 %) entlang der Korngrenzen mit sich. Damit es nicht zu einer derart bedingten Minderung der Korrosionsbeständigkeit (interkristalline Korrosion) kommt, sind die Stähle entweder bei C-Gehalten ≤ 0,1 % mit anderen starken Carbidbildnern wie Ti oder Nb legiert und damit stabilisiert oder der C-Gehalt ist extrem stark auf ≤ 0,02 % abgesenkt (ELC, Extra Low Carbon Qualitäten, z. B. X2CrNi18-9).
- Duplex-Stähle, die mit Chrom und Nickel so legiert sind, dass sie etwa gleiche Anteile an Ferrit und Austenit besitzen, und in der Textil- und Lederindustrie oder für Wasserentsalzungsanlagen Verwendung finden (X2CrNiMoN22-5-3).
- Vollaustenitische CrNi-Stähle, die hoch hitze- und korrosionsbeständig sind und dementsprechend z. B. in Rauchgasentschwefelungsanlagen zum Einsatz kommen (Ti-stabilisiert: X3CrNiMoTi25-25, ELC-Stahl: X1NiCrMoCu(N)25-20-6). Für den Tiefsttemperatureinsatz geeignete vollaustenitische Druckbehälterstähle, für die in DIN EN 10 028-7:00 Bruchdehnungs- und Kerbschlagarbeitswerte bei - 196 °C angegeben werden.
- Austenitische Mangan-Hartstähle für schlagbeanspruchte Teile an Weichen, Steinbrechern, Mahlplatten oder Fahrzeug-Kettengliedern (X120Mn12)

5.2.6.4 *Stähle mit „einstellbarer" Wärmeausdehnung*

Eisen-Nickel-Legierungen haben je nach Nickelgehalt eine sehr unterschiedliche Wärmeausdehnung, Bild 5.5. Sie ist z. B. bei 36 % Nickel fast Null, bei 50 % entspricht sie derjenigen von Platin (~ $1 \cdot 10^{-5}$ 1/K). Dies gilt für Temperaturen bis etwa 100 °C.

Anwendung: z. B. Rohrleitungen zum Transport von flüssigem Sauerstoff für Raketen-Versuchsanlagen. Bei Temperaturschwankungen zwischen Tag (Sonneneinstrahlung) und Nacht sollten die Wärmedehnungen und die dadurch verursachten Spannungen in den Rohrleitungen möglichst klein sein.

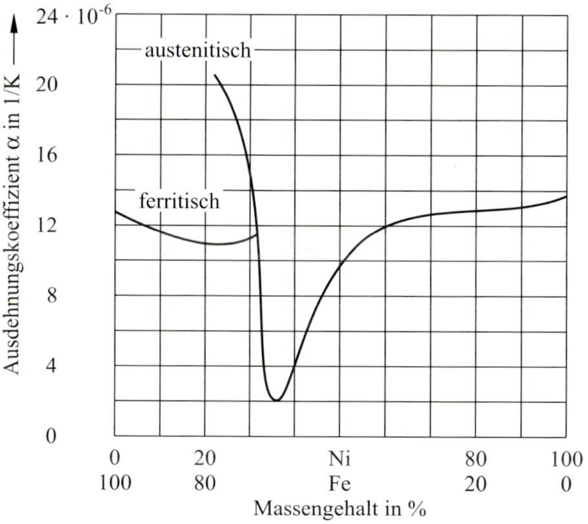

Bild 5.5
Ausdehnungskoeffizient der Eisen-Nickel-Legierungen [5.17]

5.3 Stahlguss als Konstruktionswerkstoff

Stahlguss (DIN EN 1559-2:00, [5.18]) ist in Formen vergossener Stahl. Seine Kennzeichen sind hohe Festigkeit und Zähigkeit (wichtig z. B. bei Stoßbeanspruchung). Stahlguss kann in gleicher Weise wärmebehandelt, also normalgeglüht oder vergütet werden, wie Walzstahl. Die besten mechanischen Gütewerte liegen nach dem Vergüten vor. Die in Tabelle 5.21 eingetragenen Werte mechanischer Eigenschaften für unlegierte und legierte Sorten gelten bei Raumtemperatur. Mit niedriglegiertem vergütetem Stahlguss lassen sich bei sehr guter Zähigkeit Zugfestigkeitswerte bis über 1.000 N/mm^2 erreichen (vgl. DIN EN 10 293:05).

Tabelle 5.21 Unlegierter Stahlguss gemäß DIN EN 10 293 bzw. DIN 1681/Z, Bezeichnung nach DIN EN 10 027-1 mit E für Maschinenbau, N = normalgeglüht, QT = vergütet, Festigkeitswerte für Dicken ≤100mm, KV = Kerbschlagarbeit

	GE200 +N (GS38)	GE300+N (GS-60)	G20Mn5+N/ +QT	G26CrMo4 +QT	G32NiCrMo 8-5-4+QT 2
$R_{p0,2}$ in N/mm^2	≥ 200	≥ 300	≥ 300	≥ 450	≥ 950
R_m in N/mm^2	380 - 530	520 - 670	480 - 620/ 500 - 650	600 - 750	1050 - 1200
A in %	≥ 25	≥ 15	≥ 20/22	≥ 16	≥ 10
KV in J bei RT	≥ 35	≥ 31	≥ 50/60	≥ 40	≥ 35

Die Stahlgusssorten sind eingeschränkt schweißgeeignet mit der Maßgabe, dass nicht nur der Werkstoff, sondern auch Form und Abmessungen der Bauteile Einfluss auf die Schweißbarkeit haben. DIN EN 10 293 und DIN EN 10 213-1:95 enthalten detaillierte Angaben zur Vorwärm- und Zwischenlagentemperatur beim Schweißen. Stahlgusssorten mit besonderer Zähigkeit zum Einsatz bei tiefen Temperaturen sind in DIN 10 213-3:95 aufgeführt (Beispiele G20Mn5+QT, Kerbschlagarbeit 27 J bei -40 °C, G9Ni14+QT, Kerbschlagarbeit 27 J bei -90 °C).

Unlegierter oder legierter Stahlguss wird im Temperaturbereich von - 10 bis + 300 °C eingesetzt. Für höhere Temperaturen bis 550 °C, insbesondere für Druckbehälter (Symbol P), steht warmfester niedrig- oder hochlegierter Stahlguss zur Verfügung (Tabelle 5.22)

Tabelle 5.22 Warmfester ferritischer Stahlguss G für Druckbehälter P nach DIN EN 10 213-1, -2:95, Bezeichnungen nach DIN EN 10 027-1, Zusatzsymbole G = andere Merkmale, H = Hochtemperatur, N = normalisiert, QT = vergütet

Stahlgusssorte [1] max. Dicke 100 mm [2] max. Dicke 150 mm	R_m in N/mm²	A in % mindestens	KV in J mindestens	$R_{p\,0,2}$ in N/mm² mindestens		
				300 °C	400 °C	500 °C
GP240GH+N/+QT[1]	420 -600	22	27/40	145	130	--
GP280GH+N/+QT[1]	480 - 649	22	27/35	190	160	--
G20Mo5+QT[1]	440 - 590	22	27	165	150	135
G17CrMo5-5+QT[1]	490 - 690	20	27	230	200	175
G17CrMoV5-10+QT[2]	590 - 780	15	27	365	335	300
GX23CrMoV12-1+QT[2]	740- 880	15	50	430	390	340

Stahlguss findet im Maschinenbau vielfache Anwendung für Gussbauteile, bei denen eine größere Zähigkeit gefordert wird als Gusseisensorten aufweisen. Beispiele sind Gussknoten im Stahlhoch- und Stahlbrückenbau [5.19], Gehäuse von Dampf- und Gasturbinen, Formstücke im Druckbehälterbau, hochbelastete Wellen, Armaturen und Fittings. Für Sonderanforderungen sind korrosionsbeständige (DIN EN 10 213-4:95, DIN EN 10 283:98, Bsp. GX2CrNi19-11) oder hitzebendige Stahlgussorten verfügbar (DIN EN 10 295:02, Beispiel: GX30CrSi7).

Voraussetzung für den Einsatz von Stahlguss ist eine entsprechende Losgröße, weil sich die Herstellung der für den Gießprozess erforderlichen Modelle und Formen lohnen muss. Auch Verbundkonstruktionen, bei denen Stahlguss- und gewalzte Formteile durch Schweißen miteinander verbunden werden, sind möglich.

5.4 Gusseisensorten als Konstruktionswerkstoffe

5.4.1 Möglichkeiten der Gefügeausbildung

Je nach Behandlung beim Vergießen und Art der Wärmebehandlung lassen sich bei den in DIN EN 1559-1, -3:97 und in DIN EN 1560:97 aufgeführten Gusseisensorten [5.2 – 5.4, 5.6, 5.18, 5.20] sehr unterschiedliche Gefüge erzeugen und damit ergeben sich recht unterschiedliche Eigenschaften und Anwendungsmöglichkeiten.

Wie das von E. Maurer 1924 aufgestellte Diagramm in Bild 5.6 zeigt, wird die Gefügeausbildung von Eisengusslegierungen primär durch den Kohlenstoff- und außerdem auch durch den Siliciumgehalt bestimmt.

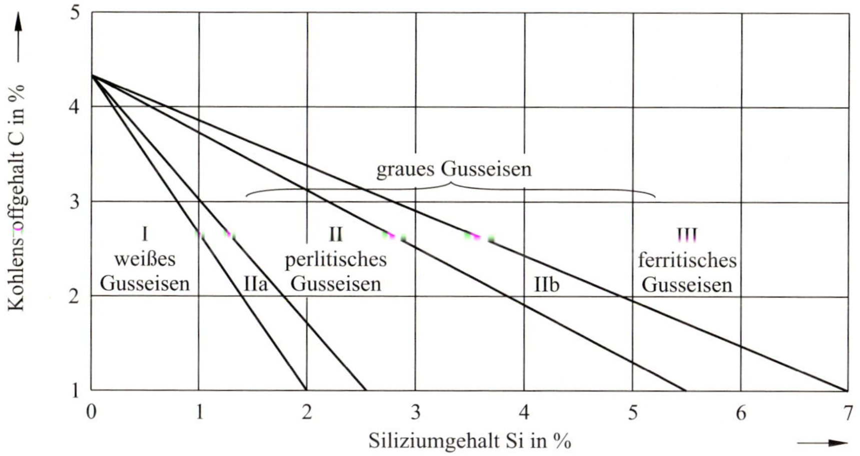

Bild 5.6 Maurerdiagramm zur Gefügeausbildung von Eisen-Gusslegierungen [4.7]
II a meliertes Gusseisen
II b ferritisch-perlitisches Gusseisen

Das Gefüge hängt aber zusätzlich von der Abkühlgeschwindigkeit ab, und damit von der Wanddicke von Gussstücken. Daher kann das Diagramm quantitativ nur begrenzt zutreffen. Bei kleinen Silicium- (und hohen Mangan-) Gehalten erstarrt, wie in Abschnitt 4.1.4.4 angeführt, das Gussgefüge nach dem metastabilen System als weißes Gusseisen. Wegen des hohen Gehaltes an sprödem Zementit ist weißes Gusseisen für technische Anwendungen ungeeignet und wird deshalb durch Glühbehandlung in *Tempergusseisen* mit knotenförmigem Graphit und recht guter Verformbarkeit überführt.

Das nach dem stabilen System erstarrte graue Gusseisen bildet je nach Siliciumgehalt und Abkühlgeschwindigkeit ein perlitisches oder ferritisches Grundgefüge aus. Je nach Graphitform unterscheidet man *Gusseisen mit Lamellengraphit* und die durch Impfen mit bestimmten Legierungselementen erzeugbaren *Gusseisensorten mit Vermicular- oder Kugelgraphit* mit besseren Verformungseigenschaften. Die Bezeichnungsweise für die verschiedenen Gusseisensorten nach DIN EN 1560 und nach den alten Normen DIN 1691 bis DIN 1693, die auch hier wieder mit aufgeführt sind, ist in Abschnitt 5.1.2 erläutert.

5.4.2 **Gusseisen mit Lamellengraphit** (GG nach DIN 1691/Z oder EN-GJL nach DIN EN 1561:97)

Die Gefügeausbildung von üblichem Grauguss mit Lamellengraphit ist in Kapitel 4.1.4.5 beschrieben. Graugusssorten (vgl. Tabelle 5.23) enthalten außer 2,8 bis 4,5 % Kohlenstoff im Allgemeinen 1,0 bis 2,8 % Silicium, 0,5 bis 1,0 % Mangan, 0,3 bis 1,5 % Phosphor und 0,06 bis 0,1 % Schwefel.

Für die Gusseisensorten in Tabelle 5.23 sind in DIN EN 1561 die aufgeführten von der Wanddicke abhängigen Zugfestigkeiten angegeben. Die Bruchdehnungen dieser Sorten betragen zwischen 0,8 bis 0,3 %.

Tabelle 5.23 Graugusssorten nach DIN 1691/Z (Auszug) bzw. DIN EN 1561 mit Werten für die Zugfestigkeit

Graugusssorte: Kurzname DIN 1691 / DIN EN 1561	Wanddicke in mm	Erwartungswert im Gussstück in N/mm²
GG-15 / EN-GJL 150	2,5 – 5	180
	5 – 10	155
	10 – 20	130
	20 – 40	110
	40 – 80	95
	80 – 150	80
GG-20 / EN-GJL 200	2,5 – 5	230
	5 – 10	205
	10 – 20	180
	80 – 150	115
GG-25 / EN-GJL 250	5 – 10	250
	......	...
	80 – 150	155
GG-30 / EN-GJL 300	5 – 10	270
	......	...
	80 – 150	195
GG-35 / EN-GJL 350	10 – 20	315
	......	...
	80 – 150	225

Wanddickenabhängigkeit von Zugfestigkeit und Härte bei Gusseisen

Das Gefüge und damit die Festigkeitseigenschaften werden maßgeblich durch die Abkühlgeschwindigkeit, die von der Wanddicke abhängt, bestimmt. In Bild 5.7 sind daher Zugfestigkeit und Härte in Abhängigkeit vom Durchmesser getrennt abgegossener Probestücke bzw. vom Modul $M = O / V$ (O: Oberfläche des Probestabes, V: Volumen des Probestabes) für verschiedene Gusseisensorten dargestellt. Dabei bestimmt das Volumen den Wärmeinhalt und die Oberfläche die Wärmeabgabe bei und nach der Erstarrung. Die Erstarrungszeit kann mit $t_{er} = K \cdot (V/O)^2$ beschrieben werden. Der Proportionalitätsfaktor K berücksichtigt dabei Gießtemperatur und thermische Eigenschaften von Metall und Formstoff.

Da die Abkühlung im Gussstück anders verläuft als in getrennt abgegossenen Probestücken, ist das Schaubild nur begrenzt anwendbar, um die Festigkeitseigenschaften als Funktion der Wanddicke vorauszusagen. Es liefert jedoch brauchbare Richtwerte.

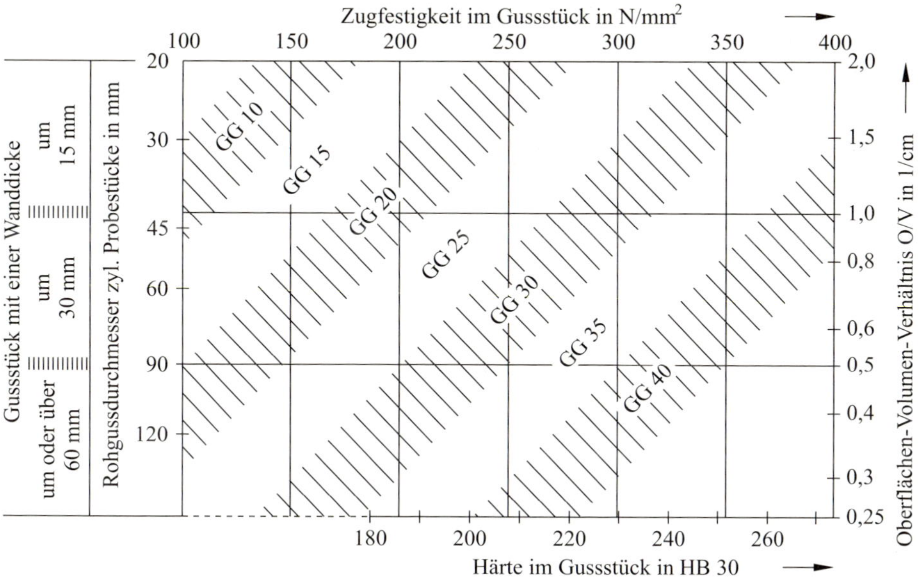

Bild 5.7 Schaubild zur Abschätzung der Zugfestigkeit und Härte von Gusseisen in Abhängigkeit von der Wanddicke

Sättigungsgrad

Silicium und ähnliche die Bildung von Graphit fördernde Elemente (z. B. Phosphor) vermindern die Löslichkeit des flüssigen und festen Eisens für Kohlenstoff. Der eutektische Punkt wird zu kleineren Kohlenstoffgehalten im Zustandsdiagramm verschoben.

Der so genannte Sättigunsgrad S_c kennzeichnet den Einfluss der Legierungselemente auf die eutektische Konzentration.

$$S_c = \frac{C\,\%}{4{,}3 - 1/3 \cdot (Si\,\% + P\,\%)}$$

Sc < 1: Untereutektisch, meist üblich

Sc = 1: Eutektisch,

Sc > 1: Übereutektisch

Wachsen von Grauguss

Bei hohen Temperaturen und Anwesenheit von Sauerstoff kommt es zu einer Oxidation des Eisens in der Umgebung der Graphitblätter (innere Oxidation). Folge: Volumenvergrößerung. Bei langzeitiger Erwärmung über 200 bis 300 °C kann der Zementit des Perlits zu Graphit und Ferrit zerfallen, was ebenfalls mit einer Volumenvergrößerung verbunden ist.

Anwendungen

Sein Hauptanwendungsgebiet hat Grauguss mit Lamellengraphit bei kompakten Maschinenbauteilen mit komplizierter Form und / oder großer Masse, bei denen die günstige Herstellung durch Gießen bei niedrigen Gießtemperaturen von Vorteil ist und bei denen keine extremen Festigkeits- und Zähigkeitsanforderungen vorliegen. Solche Bauteile sind Getriebe- und Kurbelgehäuse oder Motorblöcke von Dieselmotoren. Für weitere Anwendungen von Gusssorten ist eine Reihe von besonderen Eigenschaften ausschlaggebend, die diesen Werkstoff auszeichnen. Der durch die Graphitlamellen bedingten schwingungsdämpfenden Wirkung verdankt Grauguss seine Anwendung für die Gestelle von Werkzeug-, Prüf- und Schwermaschinen sowie Pressen. Seine bei perlitischer Grundmasse gute Verschleißbeständigkeit machen den Werkstoff zusammen mit der großen Druckfestigkeit für Walzen, Führungsbahnen und andere druckbeanspruchte Teile geeignet. Die Schmierwirkung des Graphits ergibt gute Notlaufeigenschaften wie sie für Lager, Gleitbahnen und Zahnräder erforderlich sind. Die geringe Rostempfindlichkeit (Gusshaut) ermöglicht die Anwendung von Grauguss für Reaktionsgefäße, Pumpenteile im chemischen Apparatebau, Kessel und Radiatoren (vergleiche Abschnitt 8 Gießen). Legierte Graugusssorten werden bei erhöhten Anforderungen an Festigkeit und Zähigkeit (z. B. GG-340 CuMo-8- 4 für Motorblöcke) eingesetzt.

5.4.3 **Gusseisen mit Kugelgraphit** (GGG nach DIN 1693/Z oder EN-GJS nach DIN EN 1563:97, [5.21])

Beispiel für die Zusammensetzung dieser auch *Sphäroguss* genannten Gusseisenform:

3,7 % C
2,5 % Si

Beim Fehlen gewisser Störelemente (vor allem Schwefel) führt Impfen mit Magnesium (Zugabe in Form von Vorlegierungen) oder Cer in Kombination mit Calcium zu einer kugelförmigen Ausbildung des Graphits bei der Erstarrung (Bild 5.8).

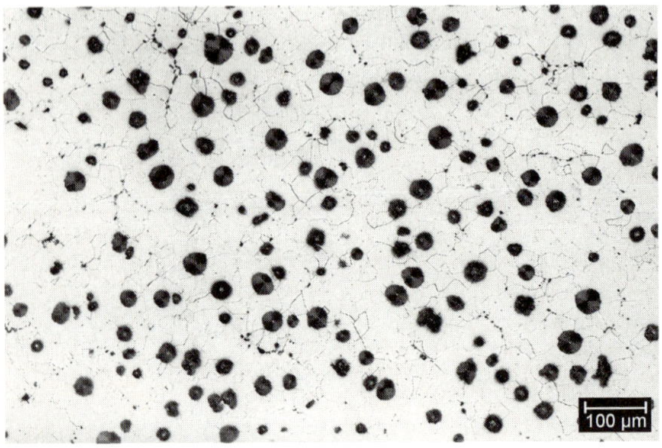

Bild 5.8 Gefüge von Gusseisen mit Kugelgraphit GGG-42 (Wärmebehandlung 3h 920 °C Ofenabkühlung), geätzt mit alkoh. HNO_3

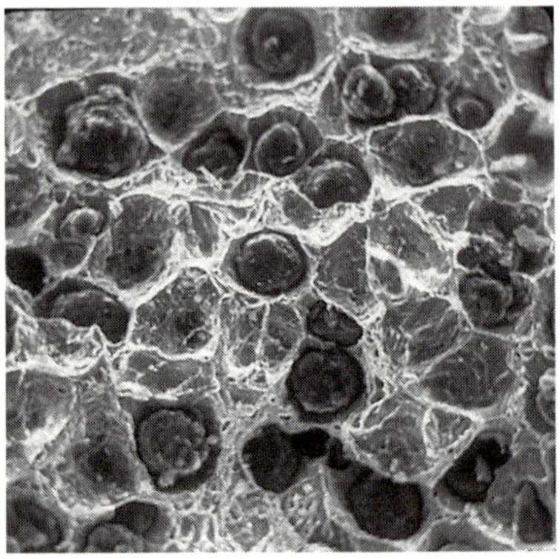

Bild 5.9 GGG-42 Bruchfläche, Rasterelektronenmikroskopaufnahme

Die Gefügestruktur mit globularer Graphitausbildung bringt Festigkeits-, Verformbarkeits- und Zähigkeitswerte, die erheblich besser sind als bei Grauguss und die Werte von Stählen erreichen (siehe Bruchdehnungswerte und Kerbschlagarbeiten in Tabelle 5.25). Die Festigkeit wird durch den Ferrit- bzw. Perlitanteil im Grundgefüge bestimmt, der sich durch Glühbehandlungen einstellen lässt. Tabelle 5.24 gibt die mechanischen Eigenschaften zweier Gusseisensorten mit Kugelgraphit wieder. Die Bruchdehnung fällt mit zunehmender Zugfestigkeit auf geringe Werte ab. Dämpfung und Wärmeleitfähigkeit von Sphäroguss sind geringer als bei Grauguss.

Tabelle 5.24 Gusseisen mit Kugelgraphit nach DIN 1693/Z oder DIN EN 1563

Gusssorte: Kurzname	R_m in N/mm²	R_e in N/mm²	A in %
GGG-35-22 EN-GJS-350-22	350	220	22
GGG-70 EN-GJS-700-2	700	420	2

Besonders hohe Zugfestigkeiten, bis in den Bereich vergüteter Stähle, lassen sich in Verbindung mit relativ günstigen Zähigkeitswerten bei bainitischem Gusseisen (DIN EN 1564:97) durch eine Wärmebehandlung erreichen, die zu einem bainitisch-ferritischen Grundgefüge mit Kugelgraphit führt. Beispiele: EN-GJS-800, EN-GJS-1200-2.

Anwendungen

Seinen günstigen Eigenschaften entsprechend wird Gusseisen mit Kugelgraphit für Gussbauteile eingesetzt, bei denen eine größere Festigkeit und Zähigkeit erforderlich ist als mit Grauguss zu erreichen und die andererseits höhere Anforderungen an die Gießbarkeit stellen als mit Stahlguss gegeben. Das Anwendungsfeld für Sphäroguss ist daher sehr weit und umfasst im Motoren-, Turbinen- und Pumpenbau auch mechanisch und thermisch stark belastete Bauteile (Kolben für Dieselmotoren).Die gute Schwingfestigkeit erlaubt die Anwendung von Sphäroguss für hochwertige Kurbelwellen in Pkw-Motoren. Sphäroguss mit bainitischem Grundgefüge wird in der Antriebstechnik für Zahnräder benutzt.

5.4.4 Gusseisen mit Vermiculargraphit (GGV oder EN-GJV nach DIN EN 1560:97)

Form und Entstehung von Vermiculargraphit liegen entsprechend Bild 5.10 zwischen Kugel- und Lamellengraphit. Bild 5.11 zeigt eine Gefügeaufnahme. Es gibt verschiedene Herstellungsverfahren, z. B.:

- Behandlung mit Magnesium unter Zusatz von z. B. Titan, das die Ausbildung von Kugelgraphit behindert und die Entstehung von Vermiculargraphit (vermiculus = Würmchen) begünstigt.
- Behandlung mit Cer-Mischmetall oder seltenen Erden bei sehr sauberem Basiseisen.

Die bei Vermiculargraphit gegenüber Lamellengraphit fehlenden Querverbindungen zwischen den einzelnen Graphitteilchen führen zu einem erhöhten Elastizitätsmodul und zu einer guten Schwingfestigkeit. GGV (GJV) verbindet höhere Festigkeit und Zähigkeit gegenüber GG (GJL) mit höherer Wärmeleitfähigkeit und besserer Dämpfung gegenüber GGG (GJS). Tabelle 5.25 enthält eine Gegenüberstellung wichtiger Eigenschaften der verschiedenen Gusseisensorten.

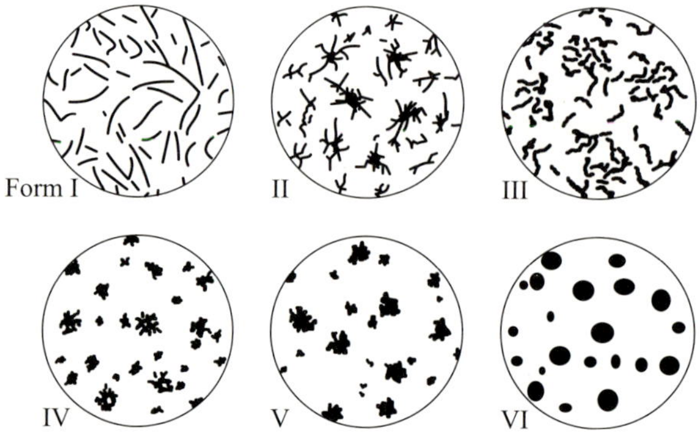

Bild 5.10 Verschiedene Formen der Graphitausbildung:
Form I und II Lamellengraphit
Form III Vermiculargraphit
Form IV und V knotenförmiger Graphit(Temperguss)
Form VI Kugelgraphit

Aufgrund des gegenüber GGG relativ geringen thermischen Ausdehnungskoeffizienten und der besseren Wärmeleitfähigkeit besitzt GGV eine gute Temperaturwechselbeständigkeit. Der Werkstoff wird daher bevorzugt für Abgaskrümmer und Zylinderköpfe von Großdieselmotoren eingesetzt.

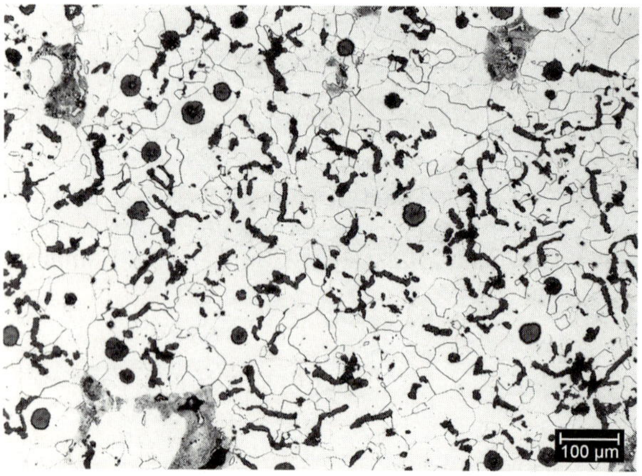

Bild 5.11
Gefügeaufnahme von Gusseisen mit Vermiculargraphit, geätzt mit Nital

Tabelle 5.25 Gegenüberstellung wichtiger Eigenschaften der verschiedenen Gusseisenwerkstoffe

		GG / EN-GJL (DIN EN 1561)	GGV / EN-GJV (DIN EN 1560)	GGG / EN-GJS (DIN EN 1563)
Zugfestigkeit	in N/mm^2	100 - 400	300 - 500	400 - 1.000
0,2 %-Dehngrenze	in N/mm^2		240 - 440	250 - 750
Druckfestigkeit	in N/mm^2	500 - 1.400	600 - 700	600 - 1.200
Bruchdehnung	in %		5 - 2	27 - 2
Härte HB 30		100 - 300	130 - 280	120 - 335
Elastizitätsmodul	in kN/mm^2	75 - 155	120 - 160	160 - 185
Kerbschlagarbeit	in J		~ 10	10 - 18
Biegewechselfestigkeit	in N/mm^2		160 - 200	160 - 400
Wärmeleitfähigkeit (20 °C bis 400 °C)	in W/(cm K)	0,46 - 0,59	0,43 - 0,35	0,42 - 0,25
nach H. Kowalke und W. Knothe				

5.4.5 **Temperguss** (GT nach DIN 1692/Z oder EN-GJM nach DIN EN 1562:97)

Weiß erstarrter Temperrohguss wird einer Glühbehandlung zur Umwandlung des ledeburitischen Zementits in knotenförmigen Graphit und Ferrit unterzogen. Die Verformbarkeit und Zähigkeit von Temperguss ist als Folge der andersartigen Graphitausbildung besser als diejenige von Gusseisen mit Lamellengraphit. Besonders hohe Festigkeitswerte lassen sich durch Vergüten erreichen (Beispiel GTS-70-02/EN GJMB-700-2).

Anwendungen

Die mit guten Festigkeitswerten verknüpften Eigenschaften ermöglichen die Anwendung von Temperguss für viele dünnwandige und kompliziert geformte Maschinenbau- und Kfz-Serienbauteile, die eine gute Gießbarkeit erfordern und mit besserer Zähigkeit als Grauguss stoßfest sein müssen. Anwendungsbeispiele sind Rohrverbindungsstücke, Hebel, Hinterachs- und Lenkgehäuse, Radnaben oder das Fangmaul von Anhängerkupplungen. Die verschiedenen Sorten sind in DIN 1692/Z bzw. DIN EN 1562 genormt.

*5.4.5.1 **Weißer Temperguss** (GTW oder EN-GJMW)*

Rohguss:	2,80 bis 3,40 % C
	0,40 bis 0,80 % Si
	0,20 bis 0,50 % Mn
	0,12 bis 0,25 % S

Glühen in oxidierender, entkohlender Atmosphäre 60 bis 120 h bei 980 bis 1.060 °C, rasche Abkühlung. Randentkohlung über die Gasphase.

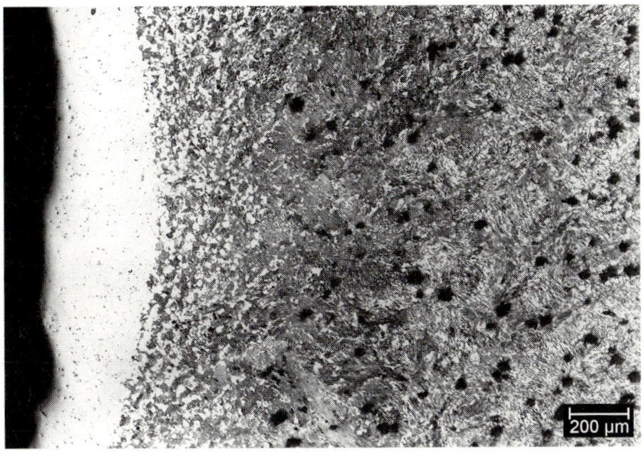

Endgefüge (Bild 5.12): Ferritische Randzone, anschließend Ferrit und Perlit + Temperkohle, innen Perlit + Temperkohle.

Bild 5.12
Endgefüge eines weißen Tempergusses, geätzt mit alkoh. HNO_3

Beispiele und Anwendungen

GTW-35-04 / EN-GJMW-350-4, GTW-40-05 / EN-GJMW-400-5, GTW-45-07 / EN-GJMW-450-7. Die angehängten Ziffern 04, 05 und 07 bzw. 4, 5, 7 geben die Bruchdehnung A_3 ($L_0 = 3 \cdot d$) an und gelten ebenso wie die Nennfestigkeitswerte für einen Probestabdurchmesser von 12 mm. Für kleinere Probendurchmesser ist bei weißem Temperguss die Zugfestigkeit geringer und die Bruchdehnung größer.

GTW ist bei kleinen Querschnitten schweißbar, jedoch müssen die Schwefel- und Siliciumgehalte hinreichend niedrig sein. GTW-S 38-12 / EN-GJMW-360-12 zum Beispiel lässt sich bis 8 mm Wanddicke ohne Nachbehandlung schweißen. Bei dieser Sorte wird der Kohlenstoffgehalt bis zur angegebenen Wanddicke auf weniger als 0,3 % gesenkt. Die Schweißbarkeit wird bei der Anwendung für Landmaschinenteile (Reparaturen) ausgenutzt.

5.4.5.2 Schwarzer Temperguss (*GTS oder EN-GJMB*)

Rohguss:
2,20 bis 2,80 % C
1,00 bis 1,60 % Si
0,20 bis 0,50 % Mn
0,12 bis 0,18 % S

Glühen in neutraler Atmosphäre:

1. Glühstufe: Ca. 20 h bei 950 °C (Zerfall der ledeburitischen Carbide).

2. Glühstufe: Ofenabkühlung mit 3 bis 5 °C/h im Bereich von 760 bis 680 °C (dadurch ferritisches Grundgefüge). Bei schnellerer Abkühlung enthält das Grundgefüge zunehmend Perlit.

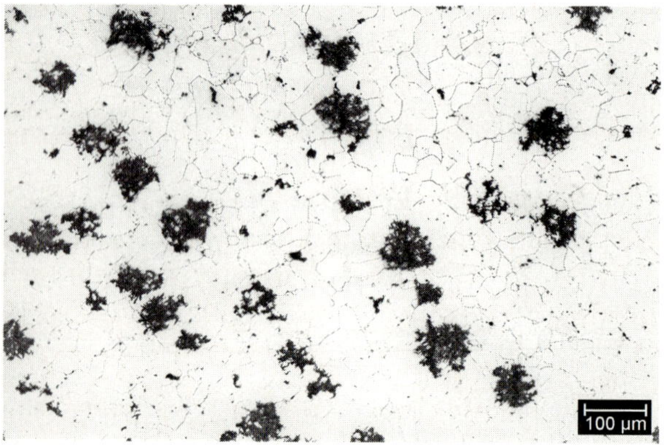

Bild 5.13 Endgefüge eines schwarzen Tempergusses, geätzt mit alkoh. HNO_3

Endgefüge (Bild 5.13): Ferrit (+ Perlit) + Temperkohle. Keine Randentkohlung.

Beispiele

GTS-35-10/EN-GJMB-350-10,
GTS-45-06/EN-GJMB-450-6,
GTS-70-02/EN-GJMB-700-2.

Die Zugfestigkeits- und Bruchdehnungswerte dieser Sorten gelten für Probendurchmesser von 12 oder 15 mm.

5.4.6 Hochlegiertes Gusseisen (DIN EN 12 513:00, DIN EN 13 835:02)

Gusseisensorten, die gute Verschleiß-, Korrosions-, Erosions- und Hitzebeständigkeit oder besondere magnetische Eigenschaften aufweisen sollen, sind hochlegiert. Sorten mit bis zu 27 % Cr sowie Mo erhalten eine besonders große Verschleißbeständigkeit hauptsächlich durch die sehr harten Carbide dieser Elemente (Beispiele DIN 1695/Z: G-X 300 CrMo 27 1, gehärtet bzw. vergütet 600 HV 30 oder G-X 330 NiCr 4 2 = EN-GJN-HV550 nach DIN EN 12 513, gehärtet bzw. vergütet 550 HV 30).Gute Korrosions-, Hitze- und Erosionsbeständigkeit wird mit austenitischem Gusseisen bei Ni-Gehalten über 12 % erreicht (DIN 1694/Z, jetzt DIN EN 13 835, Tabelle 5.26), das z. B. für korrosionsbeanspruchte Pumpenbauteile, Kessel und Ventile eingesetzt wird. Wie ebenfalls in Tabelle 5.26 vermerkt, gibt es unmagnetisierbare austenitische Gusseisensorten und außerdem für Tieftemperaturanwendungen kaltzähe Sorten. Austenitisches Gusseisen kann Lamellen-(L) oder Kugelgraphit (S) enthalten.

Tabelle 5.26 Hochlegierte austenitische Gusseisensorten

Gusssorten: Kurzname nach DIN EN 13 835:02 + A1:06	Zusammensetzung in %				Eigenschaften
	C	Ni	Cr	Mn	
EN-GJSA-XNiCr30-3	< 0,3	20	3	--	korrosions-, hitze-, erosionsbeständig:
EN-GJLA-XNiMn13-7	< 0,3	13	--	7	Unmagnetisierbar, Gehäuse Schaltanlagen

5.5 Nichteisenmetalle als Konstruktions- / Funktionswerkstoffe

Die Gruppe der Nichteisenmetalle (NE-Metalle) wird unterteilt in Leicht- und Schwermetalle.

5.5.1 Leichtmetalle als Konstruktionswerkstoffe [5.22 - 5.37]

5.5.1.1 Aluminium und Aluminiumlegierungen (DIN EN 515:93, DIN EN 573-1 bis -5, DIN EN 12 258-1:98, -2:04, -3:03, [5.22 - 5.30])

Vorkommen und Herstellung

Wichtigstes Leichtmetall, das erstmals durch F. Wöhler 1827 dargestellt wurde, ist das Aluminium mit seinen Legierungen. Wie alle Leichtmetalle wird es durch Elektrolyse gewonnen. Zur Herstellung von 1 t Aluminium benötigt man 5 t des Minerals *Bauxit*, das hauptsächlich aus Aluminiumoxid mit chemisch gebundenem Wasser besteht. Die bedeutendsten Förderländer für Bauxit sind Australien, Brasilien, Guinea, Jamaika sowie Russland, Ungarn und Bosnien.

Aus Bauxit gewinnt man zunächst reines Aluminiumoxid (Bayer-Verfahren).Es wird in Natriumaluminiumfluorid (Kryolith $Na_3\,Al\,F_6$) gelöst zur Erleichterung des Schmelzvorgangs für die Elektrolyse, bei der sich das Aluminium an der den Boden bildenden Kathode abscheidet. Die Erzeugung von *Hüttenaluminium* (*Primäraluminium)* nach diesem Verfahren, das auf eine Erfindung von Ch. Hall und T. Héroult zurückgeht, benötigt viel Energie. Gezielte Verbesserungen bei der Prozesssteuerung ermöglichten große Einsparungen, so dass heute nur noch $13 \cdot 10^6$ bis $15 \cdot 10^6$ kWh für die Elektrolyse einer Tonne Aluminium erforderlich sind.

Stark zunehmende wirtschaftliche Bedeutung hat die Aufarbeitung von Alt- und Abfallmaterial. Die einwandfreie Verarbeitung des Schrotts in besonderen Schmelzhütten macht ein sorgfältiges Sortieren vor dem Umschmelzen nötig, da es sehr aufwändig ist, metallische Verunreinigungen, wie Kupfer und Eisen, aus der Schmelze zu entfernen. Das aus Schrott gewonnene Aluminium nennt man *Sekundäraluminium*. Für dessen Gewinnung werden nur noch 5 % der Energie für die Primäraluminiumerzeugung benötigt. Der Gesamtverbrauch von Hütten- und Sekundäraluminium betrug 1934 in Deutschland 34.000 t. Im Jahr 2006 wurden in

Deutschland insgesamt 1,3 Millionen t Aluminium produziert, davon 795 500 t Sekundäraluminium. Die Jahresweltproduktion lag 2004 bei $30{,}2 \cdot 10^6$ t Primär- und $7{,}8 \cdot 10^6$ t Sekundäraluminium.

Physikalische Kennwerte

Dichte:	2,7 g/cm^3
E-Modul:	72.000 N/mm^2
Schmelzpunkt:	660 °C
Kristallgitter:	Kfz
hohe Elektrische Leitfähigkeit:	37,6 m/($\Omega \cdot$ mm^2)
gute Wärmeleitfähigkeit:	232 W/(m $\cdot$ K)

Man unterscheidet zwischen *Reinst-* und *Reinaluminium* sowie nach der Art der Verarbeitung zwischen *Aluminium-Knetlegierungen* und *Aluminium-Gusslegierungen*. Die Festigkeit lässt sich durch Legieren, Wärmebehandeln (Aushärten), Kaltverfestigen oder Kombinationen dieser Maßnahmen erhöhen. Nach der Möglichkeit der Wärmebehandlung wird zwischen *nicht aushärtbaren* und *aushärtbaren Legierungen* unterschieden

Reinaluminium (DIN EN 573-1:04, -2:94, -3:03, -4:04)

Reinaluminium ist Aluminium mit einem Reinheitsgrad von 99 bis 99,9 %. *Reinstaluminium* wird nach einem besonderen Verfahren gewonnen und besitzt einen Reinheitsgrad von 99,99 % für *Masseln* und 99,98 % für *Halbzeuge [5.22]*. Die Serie 1000 nach DIN EN 573-3 enthält Sorten mit Gehalten zwischen 99,0 % und 99,99 %, wobei die beiden letzten Ziffern bei dieser Serie den Mindestanteil an Al in % angeben. Mit steigendem Reinheitsgrad nimmt die Festigkeit des Aluminiums ab, gleichzeitig nimmt die chemische Beständigkeit zu. Durch eine Kaltverformung sind Festigkeitssteigerungen von mehr als 100 % möglich. Diese Festigkeitszunahmen können durch eine Glühung bei 300 bis 400 °C rückgängig gemacht werden. Der Zustand des Werkstoffs wird in der Werkstoffbezeichnung mit angegeben, wobei in Tabelle 5.27 nach der alten Norm Zusatzsymbole mit eingetragen sind. Erläuterungen hierzu finden sich in der Beschreibung zu Tabelle 5.30.

Tabelle 5.27 Reinaluminium DIN 1790/Z

Bezeichnung	Werkstoffnummer	Zugfestigkeit in N/mm^2	Bruchdehnung $A_{11,3}$ in %	Brinellhärte HB	Zustandshinweis
Al 99,9 W 4	3.0305.10	40	25	15	weich
F 7	3.0305.26	70	8	20	gezogen
F 11	3.0305.30	110	4	25	gezogen

Die Hauptanwendungsgebiete liegen im chemischen Apparatebau, im Verpackungswesen und in der Elektrotechnik.

Aluminium-Knetlegierungen (DIN EN 573-1:04, -2:94, -3:03, -4:04, prEN 573-5:05)

Knetlegierungen werden durch Umformung in vielfältige Formen gebracht [5.27]. Strangpressen (siehe Kapitel 8.1), das neben dem Walzen zu Blechen (DIN prEN 485-1, -2:06) wichtigste Umformverfahren für Aluminium-Knethalbzeuge, ermöglicht die Herstellung von Stangen und Rohren sowie der verschiedensten Voll- und Hohlprofile (DIN prEN 755-1 bis -9:06). Strangpressprofile aus Aluminium-Knetlegierungen sind in Konkurrenz zu hochfesten Stählen wichtige Elemente für Leichtbaukonstruktionen (Beispiel ICE-Züge). Auch bei Strangpressprofilen wird der Festigkeitszustand in der Kurzbezeichnung mit angegeben (vgl. Erläuterungen zu Tabelle 5.30). Neben Strangpressprodukten haben gezogene Stangen und Rohre Bedeutung (DIN prEN 754-1 bis -8:06), ebenso Schmiedestücke (DIN EN 586-1:97, -2:94, -3:01).

Nicht ausscheidungshärtbare Legierungen

Technisch wichtige, nicht ausscheidungshärtbare Knetlegierungen vom Typ Al Mg, Al Mn und Al MgMn sind in Tabelle 5.28 mit ihren Eigenschaften und Anwendungsgebieten zusammengestellt. Den eingetragenen Legierungsbezeichnungen nach DIN 573-2 mit chemischen Symbolen und nach dem Nummernsystem der DIN 573-1 ist jeweils EN AW- voranzustellen.

Tabelle 5.28 Beispiele für nicht ausscheidungshärtbare Aluminiumlegierungen (DIN EN 573-2, -1)

Bezeichnung EN AW-	Eigenschaften und Anwendungsbeispiele
Al Mn1 / 3103	sehr gut kaltverformbar, schweißbar, korrosionsbeständig. Tiefziehteile
Al Mg3 / 5754 Al Mg5 / 5019	gut kaltverformbar, schweißbar, sehr gut seewasserbeständig. Schiff-, Kraftfahrzeugbau
Al Mg4,5Mn0,7/ 5083	hohe Korrosionsbeständigkeit, gute Warmfestigkeit. Chem. Apparate-, Tankfahrzeuge, Schiff- (Bleche für Rohbauten), Schienenfahrzeugbau

Tabelle 5.30 zeigt im Vergleich die Festigkeits- und Verformungskennwerte nicht ausscheidungshärtbarer und ausscheidungshärtbarer Knetlegierungen. Wie man sieht, lassen sich bei nicht ausscheidungshärtbaren Legierungen durch Kaltwalzen beträchtliche Festigkeitssteigerungen erzielen, allerdings verbunden mit einer starken Abnahme der Bruchdehnung.

Ausscheidungshärtbare Legierungen

Zur *Ausscheidungshärtung* von Aluminiumlegierungen als dreistufiger Wärmebehandlung erfolgt zunächst ein Lösungsglühen bei 470 bis 530 °C, je nach Legierung, das eine Lösung der Legierungszusätze mit gleichmäßiger Verteilung im Aluminiumgitter bewirkt. Dieser Zustand wird beim nachfolgenden Abschrecken auf Raumtemperatur eingefroren. Der an Legierungselementen übersättigte Aluminium-Mischkristall befindet sich dann nicht im Gleichgewicht. Bei der anschließenden Kalt- oder Warmauslagerung treten daher Entmischungs- und Ausscheidungsvorgänge auf, die in ebenfalls noch metastabilen Zwischenzuständen zu maximalen Festigkeitswerten führen.

Technisch von Bedeutung sind ausscheidungshärtbare Aluminiumlegierungen mit drei (ternär) oder vier (quaternär) Komponenten. Tabelle 5.29 gibt einen Überblick über übliche Zusammensetzungen, Eigenschaften und Anwendungsgebiete solcher Legierungen. Man erkennt, dass die Bezeichnungen mit chemischen Symbolen nach *DIN 1712* und nach DIN EN 573-2 etwas unterschiedlich sind und eine Umschlüsselung den Rückgriff auf einschlägige Tabellen erfordert (z. B. in [5.8, 5.22]). Zusätzlich sind in der Tabelle die Bezeichnungen nach dem Nummernsystem von DIN EN 573-1 vermerkt.

Tabelle 5.29 Ausscheidungshärtbare Aluminiumlegierungen (DIN 1712/Z, DIN EN 573-2, -1)

Bezeichnung nach *DIN 1712* / EN AW-	Eigenschaften und Anwendungsbeispiele
Typ Al MgSi / 6000er Serie	Fahrzeugbau, Bauwesen (z. B. Fenster)
Al MgSi0,5 / Al MgSi / 6060	besonders gut pressbar. In Space-Frame-Technik mit Al-Druckgussknoten verschweißt (AUDI A8)
Al MgSi0,7 / Al SiMg(A) / 6005A	gut verformbar, gut korrosionsbeständig
Al MgSi1 / Al Si1MgMn / 6082	Schienenfahrzeug-Leichtbau (verschweißte Strangpressprofile, ICE, S-Bahn ET 423)
Typ Al ZnMg und **Al ZnMgCu / 7000er Serie**	Flugzeug-Zellenbau
Al Zn4,5Mg1 / Al Zn4,5Mg1 / 7020	warmaushärtbare Legierung sehr hoher Festigkeit, weniger korrosionsbeständig, nach dem Schweißen selbstaushärtend, AlZn4,5Mg1 F 36 früher im Schienenfahrzeugbau
Al ZnMgCu1,5 / Al Zn5,5MgCu / 7075	höchstbeanspruchte Teile im Maschinenbau, nicht schweißbar
Typ Al CuMg und **Al CuSiMn / 2000er Serie**	Flugzeug-Zellenbau, hochbeanspruchte Teile im Fahrzeugbau
Al CuMg2 / Al Cu4Mg1 / 2024 *Al CuSiMn* / Al Cu4SiMg / 2014	kaltaushärtbare Legierungen sehr hoher Festigkeit, wenig korrosionsbeständig durch Cu-Gehalt, nicht schweißbar (Cu-Gehalte > 0,25 % erschweren Schweißbarkeit), mechanische Fügeverfahren

Wie aus Tabelle 5.30 hervorgeht, lassen sich mit ausscheidungshärtbaren Aluminiumlegierungen Festigkeitskennwerte erzielen, die bis in den Bereich der warmgewalzten unlegierten Baustähle reichen. Dabei werden die angegebenen Werte z. B. von der in Tabelle 5.29 mit aufgeführten Legierung Al Zn5,5MgCu noch übertroffen (R_m = 570 N/mm², $R_{p\,0,2}$ = 505 N/mm², A = 10 %) und die Bruchdehnungen betragen noch 10 % und mehr. Zu beachten ist bei der Auslegung von Konstruktionen aber, dass der E-Modul von Aluminiumlegierungen nur etwa 1/3 des Wertes von Stahl erreicht. Die Zustandsbezeichnungen sind in Tabelle 5.30 nach DIN EN 515 angegeben (vgl. Kapitel 5.1.3) und zusätzlich in Klammern entsprechend der zurückgezogenen DIN 1725-1/Z, dabei steht W für weichgeglüht, F für kaltverfestigt oder ausgehärtet mit der folgenden Kennzahl für 1/10 des Zugfestigkeitswertes.

Tabelle 5.30 Festigkeits- und Verformungskennwerte von Aluminium-Knetlegierungen (DIN EN 573-2 und DIN EN 515 bzw. DIN 1725-1/Z für Zustandssymbole, s. Kapitel 5.1.3)

Bezeichnung EN AW- + Zustandssymbol DIN EN 515 (DIN 1725-1)	Werkstoff nummer	Zugfestigkeit R_m in N/mm²	0,2 %-Dehngrenze $R_{p\,0,2}$ in N/mm²	Bruchdehnung A in %	Bruchdehnung $A_{11,3}$ in %	Brinellhärte HB	Zustand
Al Mg3-O (W19)	3.3535.10	190 - 230	80	20	17	50	w
Al Mg3-H111 (F19)	3.3535.07	190	80	12	--	50	kg
Al Mg3-H16 (F29)	3.3535.30	290	250	3	2	85	kg
Al Si1MgMn-O (W)	3.2315.10	150	85	18	15	35	w
Al Si1MgMn-T4 (F21)	3.2315.51	205	110	16	14	65	ka
Al Si1MgMn-T6 (F30)	3.2315.72	295	245	9	--	95	wa
Al Zn4,5Mg1-T6 (F36)	3.4335.71	350	275	10	8	105	wa
Al Cu4MgSi-T4 (F40)	3.1325.51	390	265	15	11	100	ka
w (weich); kg (kaltgewalzt); ka (kaltausgehärtet); wa (warmausgehärtet)							

Aluminium-Gusslegierungen (DIN EN 1559-4:99, DIN EN 1706:97, DIN EN 1780-1 bis -3:02)

Bei den Gusslegierungen [5.28 – 5.30] steht die Forderung nach brauchbaren Gießeigenschaften im Vordergrund. Deshalb weichen die Zusammensetzungen der Gusslegierungen zum Teil erheblich von denen der Knetlegierungen ab. Günstige Gießeigenschaften ergeben sich beispielsweise, bedingt durch das bei 12,5 % liegende Al-Si-Eutektikum, bei Zusatz von 5 bis 20 % Silicium. Dem Gießverfahren (siehe Kapitel 8.3.3. und 8.3.4) entsprechend unterscheidet man die jeweiligen Legierungen nach der DIN Norm mit Hilfe der Kurzzeichen G für Sandguss, GK für Kokillenguss und GD für Druckguss und fügt die chemische Zusammensetzung an. In der europäischen Norm steht EN AC für Aluminium-Gusslegierungen mit C für casting und die in der Tabelle 5.31 in Klammern gesetzten Kurzzeichen für die Gießart folgen den chemischen Symbolen.

Die Tabelle 5.31 enthält Angaben über die Eigenschaften und Anwendungsgebiete einiger wichtiger Al-Gusslegierungen. Um auch Sekundärlegierungen mit erhöhtem Kupfergehalt vergießen zu können, wurde unter anderem die Legierung G-Al Si9Cu3 genormt, wobei allerdings in AlSi-Legierungen schon ab 0,08 % Kupfer die Korrosionsbeständigkeit verringert wird.

Mit ausscheidungshärtbaren Aluminium-Gusslegierungen – z. B. Legierungen vom Typ Al SiMg mit mehr als 0,1 % Magnesium – können 0,2 %-Dehngrenzen bis 180 N/mm² und Zugfestigkeiten bis über 300 N/mm² erreicht werden. Dabei gilt auch für Aluminium-Gussteile, dass mit zunehmender Erstarrungsgeschwindigkeit in der Gießform – z. B. bei geringer Wanddicke der Gussteile – Festigkeit und Bruchdehnung ansteigen. Analog besitzen Kokillengussteile ein feinkörnigeres Gefüge und damit höhere Festigkeits- und Bruchdehnungswerte als Sandgussteile.

Bei den Druckgusslegierungen wird durch gezielt eingestellte Eisengehalte (je nach Legierung zwischen 0,1 und 0,9 %) dem „Kleben“ der Gussteile in der Form entgegengewirkt.

Zunehmende Eisengehalte verringern aber die Bruchdehnung merklich. Der bisherige Nachteil einergeringen Duktilität von Druckgussteilen lässt sich mit neuen Legierungen vom Typ Al Si9MgMn(Sr) oder Al Mg5Si2Mn (Eisengehalte $\leq$ 0,15 %) vermeiden. Diese Legierungen ermöglichen Bruchdehnungen von über 10 %. Die bei geeigneter Herstellung gasarmen und damit schweißbaren Druckgussteile aus solchen Legierungen werden im Automobilbau zunehmend eingesetzt (mit Strangpressprofilen verschweißte Druckgussknoten der Space-Frame-Technologie, Hinterachs-Querträger).

Tabelle 5.31 Aluminium-Gusslegierungen (DIN 1725-2/Z[1] und DIN EN 1706)

Gießart	Bezeichnung G-[1], GK-[1], GD-[1] (bzw. EN AC-.....S, K, D nachgestellt)	Werkstoffnummer	Eigenschaften und Anwendungsbeispiele
Sandguss, Kokillenguss Druckguss	G-Al Si12, GK-Al Si12 GD-Al Si12	3.2581 3.2582	sehr gut gießbar, dünnwandige Rippenkörper, Pumpengehäuse
Sandguss, Kokillenguss Druckguss	G-Al Si10Mg, GK-Al Si10Mg GD-Al Si10Mg	3.2381 3.2382	gut bis sehr gut gießbar, Zylinderköpfe, Kurbelgehäuse, Bremsbacken
Kokillenguss	GK-Al Si18CuMgNi	nicht genormt	gut gießbar, hohe Verschleiß- und Warmfestigkeit, gute Gleiteigenschaften, Kolbenlegierung
Sandguss, Kokillenguss	G-Al Mg5, GK-Al Mg5	3.3561	Geräte für chemische Industrie und Nahrungsmittelindustrie, Haushaltsgeräte
Druckguss	GD-Al Mg9	3.3292	Haushalts- und Büromaschinengehäuse, Zierteile

Eigenschaften von Aluminiumlegierungen bei Temperatur- oder Korrosionseinwirkung

Mit steigender Temperatur nehmen Zugfestigkeit, Dehngrenze und Härte der Aluminiumlegierungen ab, während Bruchdehnung und Brucheinschnürung im Allgemeinen zunehmen. Unter Einwirkung höherer Temperaturen können kaltverfestigte oder ausgehärtete Werkstoffe eine bleibende Veränderung ihres Gefügezustandes und damit eine Festigkeitsabnahme erfahren. Außerdem kann der Werkstoff bei ruhender Belastung und höheren Temperaturen kriechen.

Bei tiefen Temperaturen zeigt das kubisch flächenzentrierte Aluminium keinen Steilabfall der Kerbschlagarbeit. Zugfestigkeit und 0,2 %-Dehngrenze steigen mit abnehmender Temperatur an, Brucheinschnürung und Bruchdehnung sinken.

Häufig werden Bauteile aus Aluminium unter korrosiven Beanspruchungen eingesetzt. Entscheidend für die Korrosionsbeständigkeit ist die Reinheit des Materials, die im Apparatebau nicht unter 99,5 % Al liegen sollte. Aber auch Aluminiumlegierungen besitzen eine gewisse Korrosionsbeständigkeit. In Ausnahmefällen, wie bei Al-Mg-Legierungen in Meerwasser, ist die Korrosionsbeständigkeit der Legierungen sogar besser als die von Reinaluminium.

Aluminium ist an sich ein unedles Metall. Die Beständigkeit gegenüber einer Vielzahl von Korrosionsmedien verdankt es einer ca. 0,7 µm dünnen Oberflächenoxidschicht, die sich spontan an Luft bildet. Verunreinigungen, Beimengungen und Legierungselemente stören den Aufbau dieser Oxidschicht, es können sich Lokalelemente an der Oberfläche ausbilden und der Werkstoff neigt dann zur Korrosion. Besonders ungünstig wirken sich Kupfer- und Eisenbeimengungen aus. Das Korrosionsverhalten der Aluminiumwerkstoffe lässt sich durch anodische (elektrolytische) Oxidation (Anoxieren, Eloxieren) verbessern (DIN EN 12 373-1:01). Hierbei wird die schützende Oxidschicht in der Regel auf 10 bis 30 µm verstärkt.

Aluminium-Verbundwerkstoffe

Zur Erhöhung der Festigkeit von Bauteilen werden heute auch Aluminium-Verbundwerkstoffe hergestellt. Bei den dispersionshärtenden Verbundwerkstoffen verstärken dispers eingebrachte oder durch Reaktion entstandene Teilchen (Oxide oder Carbide) die Aluminiummatrix. Dabei ist zusätzlich auch eine Ausscheidungshärtung möglich. Pulvermetallurgisch hergestellte Legierungen dieses Typs (z. B. Al ZnMg2,5CuCo0,4) erreichen Zugfestigkeiten bis 670 N/mm^2. Bei den Faserverbundwerkstoffen werden keramische Fasern (z. B. SiC, B_4C) pulvermetallurgisch in die Metallmatrix eingebettet oder es werden Einlagerungen verstreckt oder Faserkörper z. B. im Druckgießverfahren von Aluminiumschmelze durchtränkt. Anwendung findet faserverstärktes Aluminium bei Pleueln und bei Kolbenböden. Auch durch gerichtete Erstarrung einer eutektischen Schmelze aus zwei oder mehreren Komponenten lassen sich Faser-Verbunde mit Aluminiummatrix erzeugen.

5.5.1.2 Magnesium und Magnesiumlegierungen (DIN EN 1559-5:97, DIN 1729-1:82, DIN EN 1753:97, DIN EN 1754:97, DIN 9715:82, [5.31 - 5.36])

Vorkommen und Herstellung

Magnesium findet sich in Mineralien, wie Magnesit ($MgCO_3$) oder Dolomit ($CaCO_3$ und $MgCO_3$), und in Salzen, wie Karnallit (Magnesiumkaliumchlorid). Die Gewinnung von Magnesium erfolgt elektrolytisch durch Abscheidung aus einer Schmelze von Karnallit mit Flussspat (CaF_2) bei etwa 700 °C.

Physikalische Kennwerte

Dichte:	1,74 g/cm^3
E-Modul:	44.000 N/mm^2
Schmelzpunkt:	649 °C
Kristallgitter:	hexagonal

Magnesiumlegierungen

Magnesium wird in Form von Gusslegierungen für Sand- und Kokillenguss und zum größten Teil für Druckguss verwendet (DIN EN 1559-5, DIN EN 1753). Aus Knetlegierungen (DIN 1729-1) werden Strangpressprofile (DIN 9711-1 bis -3:63) und Gesenkschmiedestücke (DIN 9005-1:73, -2, -3:74) hergestellt. Auch Blechwerkstoffe gewinnen zunehmend an Bedeutung. Halbzeuge aus Mg-Knetlegierungen sind in DIN 9715 genormt.

Die gebräuchlichsten Legierungen bauen auf den Systemen Mg-Al, Mg-Zn und Mg-Al-Zn auf. Je höher der Aluminium- und der Zinkanteil ist, desto höher sind auch die in der betreffenden Herstellungsart erreichbaren Festigkeiten, wobei der maximal mögliche Anteil bei ca. 10 % Aluminium liegt. Der Zinkgehalt wird auf 1 % begrenzt, da durch höhere Gehalte bei Anwesenheit von Aluminium die Heißrissneigung (vgl. unter 8.3.1 „Werkstoffabhängige Fehlerscheinungen“) steigt.

Beispiele für Guss- und Knetlegierungen mit Vergießungsart sowie Festigkeits- und Verformungskennwerten gibt die Tabelle 5.32 in der übersichtlichen Bezeichnungsweise nach DIN 1729-1 und 1729-2/Z wieder. In der Tabelle sind die häufig benutzten Bezeichnungen nach der U.S.-Norm ASTM B275-96 mit eingetragen. Hierbei werden nur die zwei Hauptlegierungselemente durch einen Buchstaben gekennzeichnet (A = Aluminium, Z = Zink, M = Mangan, E = seltene Erden). Die darauf folgenden Zahlen stellen den Anteil der Elemente in Prozent dar. Nach DIN EN 1753 lautet die korrekte Bezeichnung der genannten Gusslegierung: EN-MCMgAl9Zn1 oder EN-MC21120 (mit MC für Mg-Gusslegierungen analog zu AC- für Al-Gusslegierungen).

Tabelle 5.32 Magnesium-Guss- und Knetlegierungen (DIN 1729-1 und -2/Z, vgl. DIN EN 1753)[1)]

Werkstoff-Kurzzeichen DIN 1729	Werkstoff-Nummer DIN 1729	ASTM B275-96	Herstellungsart	Zugfestigkeit R_m in N/mm²	0,2 %-Dehngrenze $R_{p\,0,2}$ in N/mm²	Bruchdehnung A_5 in %
GD-MgAl9Zn1	3.5912	AZ91	Druckguss	230	150	3
GK-MgAl9Zn1	3.5912	AZ91	Kokillen-,	275	145	6
G-MgAl9Zn1	3.5912	AZ91	Sandguss			
MgAl3Zn1	3.5312	AZ31	Knetwerkstoff	260	200	15
MgAl3Zn1	3.5312	AZ31	Blech	290	220	15
MgAl6Zn1	3.5612	AZ61	Knetwerkstoff	310	230	16

1) Festigkeits- und Verformungskennwerte nach ASM Specialty Handbook: Magnesium and Magnesium Alloys 1999

Anwendung finden Gussteile aus Magnesiumlegierungen wegen ihres geringen Gewichtes vorzugsweise in Kraftfahrzeugen, als Getriebegehäuse, Lenkräder, Instrumententräger und Sitzkomponenten.

*5.5.1.3 **Titan und Titanlegierungen** (DIN 17 850:90, DIN 17 851:90, DIN 17 860:90, DIN 17 862:93, DIN 17 864:93, DIN 19 869:92, [5.31, 5.37])*

Vorkommen und Herstellung

In der Natur findet sich Titan vor allem als TiO_2 (Rutil). Bei der Gewinnung wird Titan, ähnlich wie Magnesium, aus einer Natrium-Titanchloridschmelze unter Schutzgas (Helium) elektrolytisch abgeschieden.

Physikalische Kennwerte

Dichte:	4,51 g/cm^3
E-Modul:	106.000 N/mm^2
Schmelzpunkt:	1.670 °C
Kristallgitter:	hexagonal (α-Titan), krz (β-Titan, oberhalb 882 °C)

Reintitan und technisch reines Titan (DIN 17 850)

Die gute Korrosionsbeständigkeit von technisch reinem Titan führt zum Einsatz im chemischen Apparatebau, wobei handelsübliche Halbzeuge wie Bänder und Bleche, Rohre, Stangen, Drähte sowie auch Schmiedestücke benutzt werden können. Durch geringe Gehalte an Sauerstoff oder Stickstoff ist die Festigkeit gegenüber Reintitan beträchtlich erhöht. Durch Wasserstoffgehalte größer als 0,010 % versprödet Titan sehr stark.

Titanlegierungen (DIN 17 851)

Bei den Titanlegierungen sind solche mit α-Gefüge (TiAl5Sn2,5, α-stabilisierend wirken Aluminium, Sauerstoff, Stickstoff), α- und β- Gefüge (TiAl6V4) und β-Gefüge (TiV13Cr11Al3, β-stabilisierend wirken Vanadium, Chrom, Eisen, Molybdän) zu unterscheiden.

Wie Tabelle 5.33 am Beispiel wichtiger Titanlegierungen zeigt, sind die Festigkeitseigenschaften mit den entsprechenden Werten von vergüteten Stählen vergleichbar. Die Festigkeitswerte der Titanlegierungen sinken bis 300 °C nur unwesentlich ab und bleiben bis 500 °C noch beachtlich. Einige Legierungen – z. B. TiAl6V4 – sind warmaushärtbar.

Tabelle 5.33 Titanlegierungen, Festigkeits- und Dehnungswerte, DIN 17 862/Stangen und DIN 17 869

Werkstoff-Kurzzeichen DIN 17 869	Werkstoff-Nummer DIN 17 869	Zugfestigkeit R_m in N/mm^2	0,2 %-Dehngrenze $R_{p\,0,2}$ in N/mm^2	Bruchdehnung A in %
TiAl6V4 F90	3.7165.10	min. 900 - 1.000	830	8 - 10
TiAl5Sn2,5 F79	3.7115.10	min. 790 - 935	760	8 - 10

Warmumformen durch Schmieden, Pressen, Walzen oder Ziehen ist bei 700 bis 1.000 °C möglich, Kaltumformen bei Reintitan ebenfalls, bei den Legierungen nur beschränkt. Die Halbzeugarten für technisch reines Titan sind auch bei der Mehrzahl der Legierungen lieferbar.

Wegen des besonders günstigen Verhältnisses von Festigkeit zu Dichte bei relativ hohem Preis finden Titanlegierungen vorzugsweise im Luft- und Raumfahrzeugbau Anwendung.

Ganz neue Hochtemperaturwerkstoffe geringen Gewichtes sind pulvermetallurgisch unter erhöhtem Druck und Schutzgas hergestellte *Titanaluminide*, die aus intermetallischen Verbindungen vom Typ Ti_3Al, TiAl oder $TiAl_3$ bestehen.

5.5.2 Schwermetalle als Konstruktions- und Funktionswerkstoffe [5.29, 5.31, 5.38 - 5.43]

Als Konstruktionswerkstoffe für den Maschinenbau spielen die größte Rolle die Kupfer- und Nickelbasislegierungen. Hinzu kommen für Hochtemperaturbeanspruchung auch Cobaltbasislegierungen und für geringer beanspruchte Massenbauteile Zinklegierungen (Druckguss).

5.5.2.1 Kupfer und Kupferlegierungen (DIN EN 1173:95, DIN EN 1412:95)

Vorkommen und Herstellung

Kupfer kommt in geringem Umfang gediegen vor, häufiger in meist schwefelhaltigen Erzen (Kupferkies: $CuFeS_2$, Kupferglanz: Cu_2S). Bei der Gewinnung von Kupfer entfernt zunächst das Rösten solcher Erze den größten Teil des Schwefels. Das entstehende Gemisch aus Cu_2S und FeS mit 30 bis 50 % Kupfer wird durch oxidierendes Verblasen in einem Konverter und reduzierendes Schmelzen zu Hüttenkupfer weiterverarbeitet. Dieses wird bei der Raffination zu Elektrolyt-Kupfer mit 99,95 % Reinheit umgewandelt.

Physikalische Kennwerte

Dichte:	8,93 g/cm^3
E-Modul:	125.000 N/mm^2
Schmelzpunkt:	1.083 °C
Kristallgitter:	Kfz
sehr gute elektrische Leitfähigkeit:	59,8 $m/(\Omega \cdot mm^2)$
sehr gute Wärmeleitfähigkeit:	397 $W/(m \cdot K)$

Kupferlegierungen (DIN EN 1173:95, DIN EN 1412:95, DIN EN 1982:98, [5.38-5.41])

Durch Legierungselemente wird die niedrige Festigkeit des Kupfers erhöht, die hohe elektrische und Wärme-Leitfähigkeit aber verringert. Die gute Beständigkeit des Kupfers gegen wässrige Korrosion kann durch Legierungselemente noch verbessert und auf stärker korrosive Medien wie Seewasser ausgeweitet werden. Für die in Tabelle 5.34 aufgeführten Legierungen sind noch die alten DIN Normen angegeben, die auf die einzelnen Legierungssorten zugeschnitten waren (vgl. [5.29, 5.38 - 5.41]. Kupferlegierungen für Gussstücke sind in DIN EN 1982:98 aufgeführt (Beispiel: CuZn39Pb1Al-C entspricht GK-CuZn37Pb nach DIN 1709/Z).

CuZn-Legierungen (Messinge) zeichnen sich besonders durch gute Kaltumformbarkeit aus. Als homogen einphasige Knetlegierungen finden sie vielseitige Anwendung für feinmechanische Zwecke in der Uhren- und Elektroindustrie, für Tiefziehteile (DIN EN 1652:98, DIN EN 1653:97+00) und für Musikinstrumente. In der Tabelle ist eine der meistbenutzten CuZn-Legierungen mit dem für homogene Legierungen maximalen Zn-Gehalt von 37 % eingetragen. Mit geringen Bleizusätzen verbessert sich die Spanbarkeit, die Kaltumformbarkeit wird jedoch etwas schlechter. CuZn-Gusslegierungen (DIN EN 1982) finden Verwendung z. B. bei hochbelasteten Gleitlagern.

Tabelle 5.34 Kupferlegierungen (Beispiele, Anwendungsgebiete)

Legierungstyp	DIN-Nr./ alle Z	Werkstoff-Kurzzeichen	Werkstoff-Nummer	Hauptbestandteile (Richtwerte) in %	Eigenschaften und Anwendungsbeispiele
Kupfer-Zink (Messing)	17 660/ Z	CuZn37	2.0321	37 Zn	für Kaltumformen durch Tiefziehen, Drücken, Stauchen, Gewinderollen
Kupfer-Zinn (Zinnbronze)	17 662/ Z	CuSn8	2.1030	8 Sn	Feder- und Lagerelemente
Kupfer-Aluminium (Aluminiumbronze)	17 665/ Z	CuAl10Fe3 Mn2	2.0936	10 Al 2 - 4 Fe 1,5 - 3,5 Mn < 1 Ni	Schrauben, Lagerbuchsen, Schneckenräder, Konstruktionsteile für chem. Apparatebau
Kupfer-Nickel	17 664/ Z	CuNi10Fe1Mn	2.0872	10 Ni 1 - 2 Fe 0,5 - 1 Mn	seewasserbeständig, gut schweißbar
Kupfer-Nickel-Zink (Neusilber)	17 663/ Z	CuNi18Zn20	2.0740	18 Ni 20 Zn	Tiefziehteile, Federn
Niedriglegierte Kupferlegierungen	17 666/ Z	CuMg0,7	2.1323	0,5 - 0,8 Mg	Leitungsteile für Elektrotechnik
		CuNi2Be	2.0850	1,4 - 2 Ni	aushärtbar, Widerstands-Schweißelektroden, Federn

CuSn-Legierungen (Zinnbronzen) sind zusammen mit den CuAl- (Aluminiumbronzen) und den CuNi-Legierungen von Bedeutung aufgrund ihrer guten Korrosions- und z. T. Seewasserbeständigkeit. Als homogene, einphasige Knetlegierungen können sie bis 8 % Sn oder Al enthalten, Ni ist vollkommen löslich in Cu (vgl. Bild 4.4). Die hohe Verschleißfestigkeit von heterogen mit spröden zweiten Phasen aufgebauten CuSn- und CuAl-Gusslegierungen (DIN EN 1982) macht sie als Lagerwerkstoffe und für Gleitelemente besonders geeignet. CuNiZn-Legierungen (Neusilber) sind gut kalt- oder aber warmformbar und finden Anwendung in der Feinmechanik.

Bei niedriglegiertem Kupfer wird die gute elektrische Leitfähigkeit gegenüber Reinkupfer nur wenig verringert. Legierungen dieses Typs dienen deshalb vielfach als Leitungsteile, wobei die sonst niedrige Festigkeit bei aushärtbaren Legierungen angehoben ist (CuNiBe-Legierung für Elektroden zum Widerstandpressschweißen).

5.5.2.2 Nickel und Nickellegierungen (DIN 17 740:02 bis 17 745:02, [5.42, 5.43])

Vorkommen und Herstellung

Nickel kommt gediegen in Eisenmeteoriten vor. Gewinnung aus schwefelhaltigen Erzen (Fe-Ni-Kies in Verbindung mit Cu-Kies), Oxid- oder Arsenerzen, die durchweg nur einen geringen Nickelgehalt (1 bis 10 %) haben. In Anreicherungsverfahren, wie Rösten, wird zunächst der Nickelgehalt stufenweise erhöht, danach erfolgt ein reduzierendes Schmelzen, z. B. mit Koks im Schachtofen, und in weiteren Verfahrensschritten die Abtrennung von Eisen und Kupfer.

Physikalische Kennwerte

Dichte:	8,91 g/cm^3
E-Modul:	202.000 N/mm^2
Schmelzpunkt:	1.453 °C
Kristallgitter:	Kfz

Ferromagnetismus schwächer als bei Eisen

Nickellegierungen (DIN 17 741, DIN 17 742, DIN 17 743, DIN 17 744, DIN 17 745)

Nickelsorten mit einem Massengehalt von 99,2 oder 99,6 % an Nickel werden für korrosionsbeständige Bauteile eingesetzt (DIN 17 740). Niedriglegierte Nickellegierungen finden Anwendung als Bauteile mit hoher Temperaturbelastung, Thermoelemente, Einbauteile für Glühlampen oder als Elektrodenwerkstoff für Zündkerzen [5.31].

Die Legierungen mit höheren Gehalten an Fremdelementen zeichnen sich durch besonders hohe Korrosions- oder Hitze- und Zunderbeständigkeit aus und zum Teil auch durch hohe-Warmfestigkeit. Sie werden dementsprechend einerseits im chemischen Apparatebau verwendet, wenn die Beständigkeit von CrNi-Stählen oder von Kupferlegierungen nicht mehr ausreicht, z. B. NiCu- (Monel) und NiCuAl-Legierungen für Meerwasserarmaturen und -pumpen. Besondere Oxidationsbeständigkeit besitzen NiCr-Legierungen für Ofenbauteile und Heizleiter (NiCr8020). Gute Beständigkeit gegen Heißgaskorrosion, wie sie z. B. für Brennkammern wichtig ist, bringen NiCrFe- und NiCrMo-Legierungen mit sich.

Legierungen, die zur außergewöhnlichen Korrosions- und Oxidationsbeständigkeit auch noch hochwarmfest sind, werden Superlegierungen genannt. Sie erreichen die große Warmfestigkeit hauptsächlich durch kohärente Ausscheidungen der intermetallischen Phase Ni_3 (Al, Ti). Wichtige Superlegierungen für gleichzeitig mechanisch, thermisch und korrosiv hoch beanspruchte Scheiben und Schaufeln in Dampf- und Gasturbinen sind NiCr-Legierungen (Nimonic), NiCr-Fe-Legierungen (Inconel) und NiMo- sowie NiCrFeMo-Legierungen (Hastelloy).

Tabelle 5.35 gibt einen Überblick über Eigenschaften und Anwendungen einiger Legierungen.

Tabelle 5.35 Nickellegierungen (Beispiele, Anwendungen)

Legierungstyp	DIN-Nr..	Werkstoff-Kurzzeichen	Werk-stoffNum-mer	Hauptbe-standteile (Richtwerte) in %	Eigenschaften und Anwendungsbeispiele
Niedriglegierte Nickellegierungen	17 741	NiMn3Al	2.4122	1 - 2 Al 1 - 3 Mn	Thermoelemente
Nickel-Kupfer	17 743	NiCu30Al	2.4375	27- 34 Cu 2,2 - 3,5 Al	aushärtbar, korrosionsbeständig, Messer
Nickel-Chrom	17 742	NiCr15Fe	2.4816	14 - 17 Cr 6 - 10 Fe	hitze- und korrosionsbeständige Bauteile, Zündkerzen
Nickel-Chrom-Molybdän	17 744	NiCr22Fe18Mo	2.4610	20,5 - 23 Cr 17 – 20 Fe 8 – 10 Mo	hochhitzebeständige Bauteile, Brennkammern
Nickel-Eisen	17 745	NiFe16CuMo	2.4520	12- 16 Fe 4 - 6 Cu 2 - 5 Mo	weichmagnetisch, niedrigste Koerzitivfeldstärke, Magnetköpfe, Stromwandler

*5.5.2.3 **Zink** (DIN EN 988:96, DIN EN 1179:03, DIN EN 1559-6:98, DIN EN 1774:97, DIN EN 12 441-1:02 bis -10:04, DIN EN 12 844:98, DIN EN 13 283:02, [5.31])*

Vorkommen und Herstellung

Zink kommt mineralisch als Zinkblende ZnS vor. Zur Gewinnung wird entweder nach dem Rösten sulfidischer Erze Zinkoxid durch Kohle bei starker Wärmezufuhr reduziert oder Zink elektrolytisch aus einer Sulfatlösung abgeschieden. Das so gewonnene *Primärzink* wird meist in Form von Blöcken vergossen (DIN EN 1179). *Sekundärzink* wird durch kontrolliertes Umschmelzen von zinkhaltigen Sekundärmaterialien erzeugt (DIN EN 13 283).

Physikalische Kennwerte

Dichte:	7,14 g/cm^3
E-Modul:	105.000 N/mm^2
Schmelzpunkt:	419,5 °C
Kristallgitter:	hexagonal

Zink lässt sich gut warmverformen. Unter dem Einfluss der Atmosphäre bilden sich festhaftende Deckschichten aus Zinkhydroxidcarbonat und Zinkoxid, die unter üblichen Umgebungsbedingungen (pH-Wert zwischen 6 und 12) die Oberfläche vor weiterem Angriff schützen. Zink wird deshalb als Korrosionsschutz auf Stahlbleche und Drähte aufgebracht (Feuerverzinken). Im gewalzten Zustand hat es eine Zugfestigkeit von etwa 200 N/mm^2 bei etwa 20 % Bruchdehnung. Zink neigt bereits bei Raumtemperatur zum Kriechen.

Zink wird für nicht stark beanspruchte Massenbauteile häufig im Druckgießverfahren verarbeitet. Die Druckgussteile sind von hoher Maßhaltigkeit, jedoch empfindlich gegen Korrosion.

5.5.3 Hartmetalle als Werkzeugwerkstoffe

Als Werkstoffe für Werkzeuge finden bei sehr hohen Anforderungen an Schnittleistung und Standzeit Hartmetalle Anwendung. Sie sind Verbundwerkstoffe aus spröden, aber extrem verschleißfesten Carbiden, und einem Bindemetall wie z. B. Cobalt, in das diese eingebettet sind. Bei der spangebenden Formgebung werden einfache sowie titancarbidhaltige Wolframcarbid-Cobalt-Legierungen eingesetzt, bei der spanlosen Verformung vor allem Wolframcarbid-Cobalt-Legierungen, die zum Teil noch Tantalcarbid enthalten. Mit steigendem Hartstoffanteil nehmen Härte und Verschleißwiderstand zu und die Zähigkeit sinkt. Hartmetalle werden pulvermetallurgisch durch Herstellen eines Formkörpers aus Carbid- und Metallpulver und anschließendes isostatisches Heißpressen in Autoklaven erzeugt (siehe Kapitel 8.4 Pulvermetallurgie). Übliche Hartmetallsorten, auch solche auf Nickelbasis, sind in der Tabelle 5.36 zusammengestellt.

Tabelle 5.36 Zusammensetzung üblicher Hartmetalle

Typ	Zusammensetzung in %						
	WC	Co	TiC	TaC	Mo	Ni	Cr_3C_2
WC-Co	Rest	2 - 30					
TiC-TaC-WC-Co	Rest	5 - 20	3 - 60				
TiC-Mo-Ni	Rest		70 - 75		Rest	10 - 18	
WC-Ni	Rest					2 - 30	
WC-Cr_3C_2-Ni	Rest					10 - 20	2 - 90
WC-Cr_3C_2-CO	Rest	10 - 20					2 - 90

Seit einiger Zeit werden Hartmetallschneidplatten mit nitridischen, carbidischen oder oxidischen Schichten versehen, wobei als Schichtwerkstoffe TiC, TiCN, Al_2O_3 und HfN in Betracht kommen. Die verschleißfesten Schichten weisen Dicken von 3 bis 10 μm auf.

6 Nichtmetallische Werkstoffe

Man unterscheidet zwischen Naturstoffen, abgewandelten Naturstoffen und synthetischen Werkstoffen auf nichtmetallisch-anorganischer (Keramik) oder organischer Basis (Polymerwerkstoffe).

6.1 Reine und abgewandelte Naturstoffe

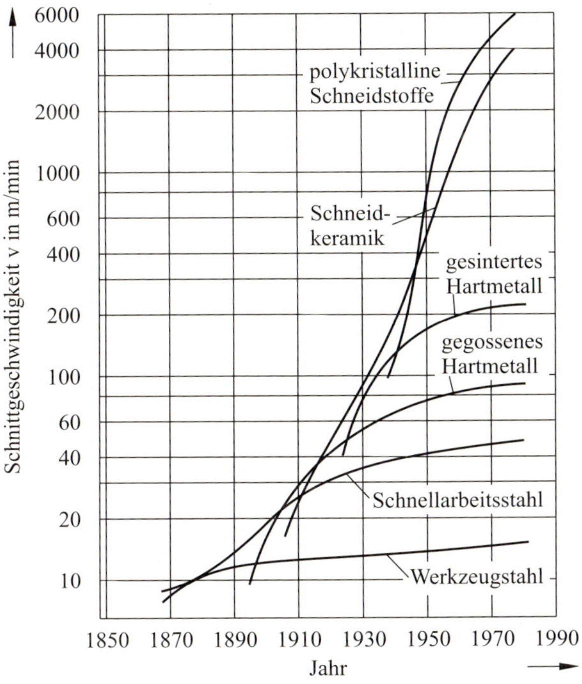

Bild 6.1 Entwicklung der Schneidstoffe und der mit ihnen erreichbaren Schnittgeschwindigkeiten

Naturstoffe wie Sand, Ton oder Holz werden z. B. in der Formerei benötigt. Durch physikalische Veränderung dieser Naturstoffe erhält man neue Stoffe (Glas, Porzellan, Papier) mit vollkommen neuen Eigenschaften. Durch chemische Veränderung und Überführung in eine höhere Molekularform gelangt man zu weiteren Werkstoffen, wie etwa zu Zellulose-Abkömmlingen (aus Holz, Stroh, Baumwolle) oder Proteinabkömmlingen (aus Eiweißstoffen). Dabei werden heute in zunehmendem Maße biotechnologische Verfahren für die Aufbereitung der Naturstoffe eingesetzt. Produkte aus nachwachsenden Rohstoffen gewinnen stark an Bedeutung z. B. für Innenauskleidungen oder Polsterungen im Fahrzeugbau.

Als reiner Naturstoff wird Diamant (kristalliner Kohlenstoff) in Schleifscheiben und als Werkstoff für Ziehdüsen verwendet. Synthetisch hergestellter polykristalliner Diamant (PKD) oder auch synthetisch erzeugtes kubisches Bornitrid (CBN), häufig auf Hartmetall-Grundkörper aufgesintert, erlauben höchste Schnittgeschwindigkeiten, auch bei der Bearbeitung von harten Werkstoffen. Die in Bild 6.1 dargestellte Entwicklung von Schnittgeschwindigkeiten zeigt die Überlegenheit dieser Schneidwerkstoffe und der Schneidkeramik (vgl. Kapitel 6.2) deutlich. Die erreichbaren Schnittgeschwindigkeiten sind natürlich vom Werkstückwerkstoff abhängig und die Angaben im Diagramm etwa bis zum Jahr 1980 stellen pauschale Höchstwerte dar, die beim heute industriell eingesetzten Hochgeschwindigkeitsspanen praktisch nicht mehr übertroffen werden. Für Stähle liegen die Praxiswerte der Schnittgeschwindigkeit beim Hochgeschwindigkeitsfräsen oder Einstechdrehen [6.1] in der Größenordnung von 3.000 m/min, bei Untersuchungen zum Drehen an Vergütungsstahl wurden bis zu 6.000 m/min angewandt und beim Fräsen an Aluminiumlegierungen bis zu 7.000 m/min erreicht [6.1].

6.2 Keramische Werkstoffe als Konstruktions- und Funktionswerkstoffe[9]

Bei vielen Werkstoffanwendungen im Motoren- und Turbinenbau, in der Hochtemperatur- und Verfahrenstechnik sowie z. T. auch in der Medizintechnik stoßen metallische Werkstoffe an Grenzen der Beanspruchbarkeit oder Anwendbarkeit. Bei derartigen extremen thermischen und gleichzeitig mechanischen oder chemischen Anforderungen bietet moderne *Hochleistungskeramik* (*DIN V ENV 14 232:03*) mit günstigen Kombinationen außergewöhnlicher Eigenschaften optimale Alternativen zu metallischen Werkstoffen [6.2 – 6.14] Dabei sollen nachfolgend unter dem Begriff Keramik nur diejenigen nichtmetallisch-anorganischen Werkstoffe mit kristalliner oder teilkristalliner Struktur verstanden werden, die in der Regel durch Sinterprozesse aus natürlichen oder synthetischen Rohstoffpulvern erzeugt werden. Davon zu unterscheiden sind die anorganischen *Gläser* als unterkühlte Schmelzen in Form amorpher Festkörper.

6.2.1 Herstellung keramischer Werkstoffe [6.4 – 6.7]

Seit dem Altertum werden zur Herstellung von Gebrauchskeramik (Ziegel, Steinzeug, Steingut) Sinterverfahren benutzt. Darunter versteht man Verfahren, bei denen aus pulverigen Stoffen geformte und gepresste Körper bei hohen Temperaturen zu festen Körpern gebrannt werden. Mit modernen Methoden dieser Technologie werden heute sowohl keramische Hochleistungswerkstoffe als auch metallische Sinterwerkstoffe oder Verbunde aus Metall und Keramik mit besonderen Eigenschaften erzeugt.

Die Verfahrensschritte der Sintertechnologie sind für keramische und metallische (vgl. Kapitel 8.4) Sinterwerkstoffe im Wesentlichen dieselben:

- Pulverherstellung, Mischen der Ausgangsstoffe, Einarbeiten von Zusätzen wie Binde-, Plastifizierungs- oder Gleitmittel
- Formen und Verdichten der Ausgangsstoffe, Gieß- oder Pressverfahren
- Brennen (Sintern) der Formteile zum festen Sinterkörper
- Nachbehandeln

6.2.1.1 Pulverherstellung

Die Pulverherstellung erfolgt bei den für Keramikprodukte verwendeten Rohstoffen hauptsächlich durch Mahlen auf eine für ein gutes Endprodukt günstige Größe der Pulverkörner. Bei einer besonderen feinkeramischen Aufbereitung werden die Pulver noch gereinigt und ihre Korngröße durch Sieben begrenzt.

[9] Kapitel über keramische Werkstoffe finden sich auch in den eingangs zitierten Lehrbüchern.

6.2.1.2 Formgebung und Verdichten

Für das Formen stehen je nach Rohmasse verschiedene Verfahren zur Verfügung, wie das *Schlickergießen* für gießfähig breiige, als Schlicker bezeichnete Suspensionen, das Formpressen und das Strangpressen (vgl. Kapitel 8.1.2.5) oder Extrudieren. Die Auswahl des angewandten Verfahrens richtet sich auch nach der Geometrie des zu formenden Bauteils und nach der zu fertigenden Stückzahl.

Das Schlickergießen ist hauptsächlich für das Formen silikatkeramischer, tonhaltiger Massen und für die Herstellung kompliziert geformter Teile im Einsatz (Beispiel Sanitärkeramik). Die Schlickermasse (Wassergehalt 25 bis 40 %) wird in eine viele Male (> 100) verwendbare, poröse Gipsform gegossen, die den wasserhaltigen, tonigen Randschichten rasch Wasser entzieht, so dass sich eine festere Schale bilden kann. Die wasserhaltigen Rohprodukte müssen einen besonderen Trocknungsprozess durchlaufen, da sich sonst beim Brennen Schädigungen durch Wasserdampfbildung einstellen würden. Um das Schrumpfen, das bei der Trocknung durch weiteren Wasserentzug eintritt, gering zu halten, ist man bestrebt, unnötig hohe Wassergehalte zu vermeiden oder durch Zusätze auch bei geringem Wassergehalt noch gießfähige Schlicker zu erhalten. Das Schlickergießen von Oxid- und Nichtoxikeramik setzt eine geeignete Schlickerflüssigkeit voraus.

Zähe breiige, tonige Formmassen (Wassergehalt ≤ 25 %) oder mit geeigneten Plastifizierungs-, Binde- und Gleitmittelmitteln (Thermoplaste, Wachse, Paraffine) versetzte Formmassen der Oxid- und Nichtoxidkeramiken können mit den von der Kunststoffverarbeitung bekannten Verfahren (vgl. Kapitel 9) *Formpressen* sowie *Strangpressen* oder *Extrudieren* und *Spritzgießen* geformt werden. Nach der Plastifizierung in einem beheizten Zylinder werden die Rohmassen beim Strangpressen oder Extrudieren durch eine Matrize und beim Spritzgießen in eine entsprechende Form hinein gepresst. Die verwendete Matrize bestimmt den Bauteil- oder Halbzeugquerschnitt und damit die durch Strangpressen oder Extrudieren vorteilhaft herstellbaren Bauteilgeometrien. Die gepressten Teile besitzen einen losen Zusammenhalt und ein noch relativ großes Porenvolumen von z. B. 35 bis 45 %.

Das Formpressen trockener oder feuchter Pulver oder Granulate wird als typisches Verfahren für nicht silikatische Massen verwendet. Dabei ist eine möglichst starke Verdichtung des Pulvers oder Granulats erwünscht, da sie das folgende Sintern fördert. Beim einseitigen Pressen in eine Form nimmt als Folge der Reibung zwischen Formwand und Pulver und im Pulver selbst der Druck in Pressrichtung ab und damit auch die Pulververdichtung. Um dadurch bedingte Eigenschaftsunterschiede im späteren Sinterkörper gering zu halten, werden deshalb mit einfachem Pressen nur geometrisch einfache Teile mit geringem Verhältnis von Höhe zu Breite hergestellt.

Eine durchweg gleichmäßige Verdichtung erhält man bei allseitiger Druckeinwirkung. Für ein solches *istostatisches Pressen* wird das in eine elastische Form (gummielastischer Werkstoff) gefüllte Pulver einem meist recht hohen hydrostatischen Druck in einer Flüssigkeit ausgesetzt. Man erhält damit Pressteile mit gleichmäßiger Dichte und guter Qualität (Beispiel Keramikkörper von Zündkerzen).

Beim *Heißpressen* für Teile einfacher Geometrie aus schlecht sinternden Ausgangsstoffen wird der Pressdruck während des Sintervorganges aufgebracht, wodurch niedrigere Sintertemperaturen möglich sind und ein feinkörniger porenarmer Sinterkörper entsteht.

Für ausgewählte, z. B. kompliziert geformte Produkte kann auch das isostatische Pressen bei hohen Temperaturen kombiniert mit dem Sintervorgang durchgeführt werden. Das Pulver wird bei diesem *heißisostatischen Pressen (HIP)* in ein bei den hohen Sintertemperaturen beständiges, gasdichtes und elastisches Hüllmaterial (z. B. Tantal) eingeschlossen und der hohe Pressdruck über ein Inertgas in einem Autoklaven aufgebracht (vgl. Bild 8.99).

Zum Erreichen der nötigen Maß- und Formgenauigkeit kann der ausreichend formstabile, aber noch nicht kompakte oder hochharte Pressling, der so genannte „Grünkörper", spanend bearbeitet werden („Grünbearbeitung").

6.2.1.3 Brennen (Sintern) der Formteile

Beim Brennen der meist gepressten Formkörper ist zu unterscheiden, ob der Sintervorgang unter Bildung einer flüssigen Phase wie bei ton- und feldspathaltiger Silikatkeramik abläuft oder als Festphasensintern wie bei Oxid- und Nichtoxidkeramik.

Das Brennen von Silikatkeramik erfolgt meist bei Temperaturen zwischen 900 °C und etwa 1.400 °C, wobei die tonhaltigen Stoffe ab etwa 600 °C Wasser abgeben, das durch Poren entweicht. Durch Rektion eines Feldspatanteils mit den anderen Bestandteilen der Formmasse können Phasen entstehen, die schon ab 925 °C schmelzflüssig werden. Diese schmelzflüssig gewordenen Phasen erstarren beim Wiederabkühlen glasartig, so dass das Gefüge von Silikatkeramiken neben kristallinen Anteilen im Allgemeinen auch eine amorphe Glasphase aufweist, deren Mengenanteil von den Ausgangsstoffen und von der Brenntemperatur abhängt.

Das Brennen der Oxid- und Nichtoxideramik erfolgt im Allgemeinen bei hohen Temperaturen über 1.400 °C (Oxidkeramik 1.600 °C bis 1.800 °C, Nichtoxidkeramik bis 1.500 °C), um eine möglichst geringe Porosität des Sinterteils zu erzielen. Eine flüssige Phase tritt dabei nicht auf, so dass die Gefüge der Sinterkörper rein polykristallin sind. Das Sintern von Oxidkeramik kann in oxidierender Atmosphäre erfolgen, die auch zum Ausbrennen organischer Bindemittelzusätze vor dem wirklichen Sintervorgang geeignet ist. Das Sintern von Carbid- und Boridkeramik erfordert eine Inertgasatmosphäre im Brennofen und das Sintern von Nitridkeramik wird als Reaktionssintern in Stickstoffatmosphäre durchgeführt. Dabei bildet sich durch die Reaktion mit dem Stickstoff, z. T. in einem zweistufigen Sinterprozess, zunehmend Si_3N_4 bis alles Silicium umgewandelt ist.

Während des Sinterns wachsen die Pulverkörner durch Diffusionsvorgänge zusammen. Wesentliche treibende Kraft ist die Verringerung der großen Oberflächenenergie feiner Pulverteilchen. Mit zunehmender Sintertemperatur und -zeit nimmt die Dichte des Sinterkörpers zu, so dass aus dem Roh- oder Grünkörper mit losem Zusammenhang der Pulverteilchen und großem Porenanteil (35 bis 45 %) ein kompakter Sinterkörper mit nur noch geringer Porosität (5 bis 10 %) entsteht. Die im Endstadium des Brennvorganges noch vorhandenen Poren begrenzen das Kornwachstum. Als Endbearbeitung der harten Keramikkörper ist Schleifen möglich.

6.2.2 Eigenschaften keramischer Werkstoffe (DIN EN 843, [3.5, 6.11, 6.14])

Nachfolgende Liste gibt zunächst einen allgemeinen Überblick über hervorstechende Eigenschaften keramischer Werkstoffe und daraus resultierende Anwendungsfelder. Detailangaben zu den Eigenschaften und Einsatzgebieten einzelner Keramiksorten finden sich im darauf folgenden Abschnitt.

- Hohe und höchste Härte- (z. B. bis 3.000 HV 0,l) und Warmhärtewerte und in Verbindung damit
- große Verschleißfestigkeiten auch bei hohen Temperaturen ermöglichen den Einsatz als Schneidwerkstoffe mit überragenden Schnittleistungen (vgl. Abb. 6.1) sowie als Ziehdüsen
- Eine geringe Dichte aufgrund des Aufbaus aus Elementen geringer Dichte bringt Gewichtsvorteile bei schnell bewegten Maschinenteilen, z. B. Rotoren, wobei ein
- hoher E-Modul (meist größer als bei Stahl) eine große Steifigkeit gewährleistet.
- Große Festigkeit (Druckfestigkeit > Zugfestigkeit) auch noch bei hohen Temperaturen,
- große Kriechfestigkeit und
- sehr hohe Schmelztemperaturen

  machen keramische Werkstoffe besonders geeignet als Hochtemperaturwerkstoffe bei thermisch und mechanisch hochbeanspruchten Maschinenbauteilen mit dem Ziel einer Steigerung der Einsatztemperaturen gegenüber Metallen (Wirkungsgraderhöhung bei Gasturbinen). Dabei sind Keramiksorten zu bevorzugen, die eine

- große Temperaturwechsel- und Temperaturschockbeständigkeit aufgrund
- meist sehr geringer Wärmedehnungen besitzen.
- Durch ausnahmsweise große Wärmedehnungen und E-Modulwerte im Bereich von Stahl eignen sich bestimmte Keramiksorten besonders für Verbunde mit Metallen.
- Die meist geringe Wärmeleitfähigkeit

  macht den Einsatz als Wärmedämmschichten möglich.

- Die gute Korrosions- und chemische Beständigkeit

  nutzt man bei Tiegelauskleidungen und bei der Sanitärkeramik.

- Die geringe elektrische Leitfähigkeit wird für Porzellanisolatoren genutzt.
- Das spröde Verhalten ohne plastische Verformungen unter Belastung

  ist bei allen Anwendungen von Keramikbauteilen zu beachten.

Diese Eigenschaften der keramischen Werkstoffe sind eine Folge ihrer nichtmetallischen Strukturen in komplizierten Kristallgittern mit Ionenbindung (Oxide), Elektronenpaarbindung (Nitride) oder Mischformen von Elektronenpaar- und Metallbindung (Carbide) bei kleinen Atomradien und kleinen Abständen im Kristallgitter. Da in diesen Gittern keine Gleitmöglichkeiten bestehen, sind keramische Werkstoffe nicht plastisch verformbar. Spannungsspitzen an Kerbstellen können somit nicht abgebaut werden und das Versagen tritt durch Sprödbruch ein. Die gegenüber der Druckfestigkeit der keramischen Werkstoffe geringe Zugfestigkeit ist zur Kennzeichnung der Festigkeitseigenschaften weniger geeignet als die einfacher zu bestimmende Biegefestigkeit (DIN EN 843-1, -2:06, -3, -4:05, ISO/DIS 14 704:07, ISO/DIS 15 490:07).

Die Herstellung der keramischen Werkstoffe in Sintertechnik bedingt Gefügeinhomogenitäten wie Poren und Mikrorisse. Als Folge solcher innerer Kerben in einem spröden Gefüge sind die

Festigkeitseigenschaften keramischer Werkstoffe durch eine große Streuung gekennzeichnet und müssen unter Anwendung geeigneter statistischer Verfahren, z. B. unter Zugrundelegung einer Weibull-Verteilung der Festigkeitswerte, ermittelt werden (DIN EN 843-5:06). Wichtig für die Bauteilauslegung ist die Kenntnis der Festigkeit für eine sehr kleine Bruchwahrscheinlichkeit. Außerdem zu beachten, dass die Festigkeitswerte von Größe und Form der Keramikbauteile abhängig sind, wobei die Festigkeit mit zunehmendem Volumen abnimmt.

6.2.3 **Arten keramischer Werkstoffe** (DIN V ENV 14 232:03, [6.5– 6.14])

Nach den jeweiligen Anwendungsgebieten unterscheidet man von der schon im Altertum hergestellten *Gebrauchskeramik* die *Hochleistungskeramik* (DIN ENV 12 212:95) oder *technische Keramik (Ingenieurkeramik)*, die sich in *Funktions-* und *Strukturkeramik (Konstruktionskeramik)* unterteilen lässt. Zur Gebrauchskeramik gehört die heutige Sanitärkeramik, zur Funktionskeramik sind Isolatoren, Dichtungen oder Dämmschichten (DIN EN 60 672-1:95, -2:00, -3:97) zu rechnen, die Strukturkeramik umfasst Bauteile des Maschinenbaus wie Turbinenschaufeln oder Ventile, die Belastungen standhalten müssen.

Wichtige Vertreter keramischer Werkstoffe sind chemische Verbindungen von Metallen oder Halbmetallen geringen Atomgewichts mit Sauerstoff, Stickstoff oder Kohlenstoff. Nach der chemischen Zusammensetzung werden unterschieden

- Silicatkeramik
- Oxidkeramik
- Nichtoxidkeramik
- Cermets (Mischkeramik).

Manche der einzelnen Keramiksorten finden Anwendung sowohl als Struktur- als auch als Funktionskeramik.

6.2.3.1 Silicatkeramik

Die herkömmliche Gebrauchskeramik und typische Vertreter der Funktionskeramik bestehen aus silicatkeramischen Massen mit einem Hauptanteil an tonigen Substanzen sowie unterschiedlichen Anteilen an Wasser und mineralischen Zusatzstoffen. Zu dieser Gruppe gehören als schon alte keramische Baustoffe z. B. gebrannte Ziegel aus Lehm. Weiter zählen zur *Silkatkeramik* feuerfeste Steine (Schamotte aus Korund und Kieselsäure und Silica aus mehr als 92 % SiO_2), Steinzeug (Sanitärkeramik) und Porzellan (Isolatoren).

6.2.3.2 Oxidkeramik

Vielfach eingesetzt werden *oxidkeramische Werkstoffe,* worunter man Oxide von Aluminium, Zirconium, Magnesium, Beryllium, und Thorium versteht. Sie haben sehr hohe Schmelzpunkte von knapp unter 2.000 °C und bis über 3.000 °C, sie sind feuerbeständig und widerstandsfähig gegenüber Korrosion und Verschleiß. Anstelle von Hartmetallen lassen sie sich als Schneidwerkzeuge einsetzen.

Größte technische Bedeutung kommt *Aluminiumoxid* Al_2O_3 *(Sinterkorund)* und seinen Varianten zu. Beim Einsatz von Aluminiumoxid als Schneidkeramik werden die große Härte und Druckfestigkeit, Warmfestigkeit und Verschleißfestigkeit z. B. für Schneidplatten genutzt. Mit Zumischung von bis zu 15 % ZrO_2 als Schneidstoff ergibt sich eine verbesserte Zähigkeit. Die Aluminiumoxid-Schneidkeramik ist hinsichtlich der erreichbaren hohen Schnittgeschwindigkeiten zwischen Hartmetall einerseits und den polykristallinen Schneidstoffen PKD und CBN andererseits einzuordnen (vgl. Bild 6.1) und eignet sich zur Bearbeitung von Hartguss, Cr-Ni-legiertem Gusseisen und ähnlichen schwer zu bearbeitenden Werkstoffen. Die sehr gute Verschleißbeständigkeit ist auch wichtig für Ziehdüsen bei der Drahtherstellung und für Fadenführer in der Textilindustrie, für die auch TiO_2 verwendet wird. Die relativ große Wärmedehnung und die mäßige Wärmeleitfähigkeit bedingen eine schlechte Temperaturwechselbeständigkeit von Al_2O_3. In körniger Form findet sich Aluminiumoxid als Schleifmittel in Korundschleifscheiben.

Aluminiumtitanat Al_2TiO_5 besitzt aufgrund eines für Keramiken kleinen E-Moduls sowie geringer Wärmedehnung und Wärmeleitfähigkeit eine gute Beständigkeit gegen Thermoschock- und Temperaturwechselbeanspruchung bei ebenfalls sehr guter Wärmedämmung. Damit bietet sich ein breites Anwendungsfeld bei thermisch hochbeanspruchten Bauteilen, z. B. als Einsatz für die Böden von Al-Kolben zur Verbesserung der thermischen Belastbarkeit. Die Biegefestigkeit ist allerdings erheblich niedriger als bei Al_2O_3.

Zirconoxid ZrO_2 besitzt eine monokline Hochtemperaturphase, die beim Abkühlen in eine tetragonale bzw. kubische Struktur umwandelt. Diese Phasenumwandlung ist mit einer 5 bis 8 %igen Volumenänderung verbunden, die zu Rissen bei der Abkühlung der Formteile vom Sinterprozess führen würde. Deshalb müssen den Formkörpern Stoffe wie MgO oder CaO zugesetzt werden, die die tetragonale bzw. kubische Phase bei Raumtemperatur stabilisieren. Je nach Stabilisierungsgrad (Teil- oder Vollstabilisierung) und Porosität weist ZrO_2-Keramik deutlich unterschiedliche Festigkeits- und E-Modulwerte auf. Die Wärmeleitfähigkeit bleibt in jedem Fall sehr gering, weshalb ZrO_2-Keramik bevorzugt für Wärmedämmschichten an thermisch hoch belasteten Bauteilen verwendet wird. Der große Wärmeausdehnungskoeffizient und der für Keramik kleine E-Modul mit Werten im Bereich von Stahl machen ZrO_2 für Metall-Keramik Verbunde z. B. bei Verbrennungsmotoren interessant, da thermisch bedingte Spannungen zwischen den Verbundkomponenten gering bleiben. Dank seiner hohen Härte und damit guten Verschleißbeständigkeit eignet sich Zirconoxid auch für Zieh- und Umformwerkzeuge. Große Bedeutung hat das an der Atmosphäre beständige und bis 2.400 °C einsetzbare ZrO_2 außerdem für Auskleidungen von Tiegeln für Stahl- und Metallschmelzen. Eine Sonderanwendung in der Medizintechnik ist der Einsatz für Hüftgelenksprothesen.

6.2.3.3 Nichtoxidkeramik

Für hoch beanspruchte Bauteile im Hochtemperatureinsatz, z. B. ungekühlte Gasturbinenschaufeln mit Prozesstemperaturen von 1.200 bis 1.400 °C, wurden neue *nichtoxidische keramische Werkstoffe* wie Siliciumnitrid Si_3N_4 und Siliciumcarbid SiC entwickelt. Aus Gründen einer unzureichenden Sinterfähigkeit werden bei der Herstellung dieser Keramikwerkstoffe die nachfolgend jeweils genannten Verfahren angewandt, die zu einer unterschiedlichen Porigkeit führen. Für eine bestmögliche Festigkeit und Zähigkeit ist eine möglichst geringe Porigkeit nötig. Die sehr hohe Härte und die damit verbundene Verschleißfestigkeit machen diese Keramiksorten ebenso wie die Hartstoffe Borcarbid B_4C und kubisches Bornitrid CBN auch als Schneidwerkstoffe geeignet.

Siliciumnitrid Si_3N_4 hat mit den für Keramik höchsten Werten von Biegefestigkeit und Zähigkeit besondere Bedeutung als Strukturwerkstoff mit Einsatztemperaturen bis zu 1.400 °C. Alle Herstellungsvarianten enthalten neben polykristallinem Si_3N_4 eine amorphe oder teilkristalline Korngrenzenphase. Über den Anteil dieser zweiten Phase (2 bis 30 Vol. %) lassen sich die Eigenschaften modifizieren und dem Anforderungsprofil anpassen. Je nach angewandter Sintertechnologie hat man zu unterscheiden zwischen gesintertem (SN), gasdruckgesintertem (GPSN), heißgepresstem (HPSN), heißisostatisch gepresstem (HIPSN) oder gesintertem reaktionsgebundenem Si_3N_4 ((RBSN). Die Porigkeit ist bei heißisostatisch gepresstem und bei gasdruckgesintertem Siliciumnitrid am geringsten und damit Dichte und Festigkeit am größten. Die Produkteigenschaften sind auch durch die Art der Ausgangspulver und Additive beeinflussbar. Feinkörnige Gefüge führen auf höchste Festigkeiten und Härten bei Raumtemperatur, grobkörnige Gefüge auf die beste Festigkeit und Kriechbeständigkeit bei hohen Temperaturen. Si_3N_4 besitzt eine relativ hohe Bruchzähigkeit für einen keramischen Werkstoff, die sich durch Additive beim Sintern noch verbessern lässt, sowie eine bessere Thermoschockbeständigkeit als SiC und wird für Brenner, Injektionsdüsen für Verbrennungsmotoren, Leitschaufeln und Rotoren für Gasturbinen, Wälzkörper, Kugellager höchster Drehzahl sowie als Schneidkeramik für unterbrochenen Schnitt und Schruppfräsen mit Kühlschmierstoffen angewandt. Beim Hochtemperatureinsatz von Si_3N_4-Keramik muss beachtet werden, dass die Oxidationsbeständigkeit nicht durch erhöhte Additivmengen zur Verbesserung des Sinterverhaltens verschlechtert wird.

Siliciumcarbid SiC zeichnet sich durch große Härte und hohe thermische Beständigkeit aus und eignet sich für den Einsatz bei hohen Temperaturen bis zu etwa 1.750 °C. Durch die Bildung einer SiO_2-Deckschicht liegt eine gute Oxidationsbeständigkeit bis etwa 1.500 °C vor. Von den Herstellungsvarianten gesintert (SSC), Si-infiltriert (SiSiC), heißgepresst (HPSiC) erreicht heißisostatisch gepresstes SiC (HIPSiC) die höchste Dichte und Biegefestigkeit. Die Temperaturwechselbeständigkeit ist besser als bei anderen Keramikwerkstoffen. SiC findet für Schleifscheiben, Düsen und Gleitringdichtungen an Pumpen für aggressive Medien Verwendung.

Borcarbid B_4C zeigt als Hartstoff mit extremer Härte (3.000 bis 4.000 HV) auch einen außergewöhnlich großen Widerstand gegen abrasiven Verschleiß und wird dementsprechend eingesetzt, z. B. bei Düsen für die Strahltechnik. Als loses oder pastengebundenes Korn dient B_4C zum Läppen und Feinschleifen.

Kubisches Bornitrid CBN mit einer Härte zwischen Diamant und Borcarbid lässt sich aus weichem hexagonalem Bornitrid BN in einem der Diamantsynthese ähnlichen Verfahren unter hohem Druck herstellen. CBN dient vorwiegend als Schneidstoff, z. B. in Schneidwerkzeugen auf Hartmetall-Grundkörper aufgesintert, und ermöglicht ähnlich hohe Schnittleistungen wie polykristalliner Diamant (vgl. Abb. 6.1).

6.2.3.4 Cermets (Mischkeramik)

Die hier mit betrachteten *Cermets (Mischkeramik)* sind Gemenge von metallischen mit keramischen Phasen, z. B. auf der Basis Mo-ZrO_2, und gehören zur Gruppe der Verbundwerkstoffe. Sie eignen sich mit hochschmelzender Metallphase einerseits als Hochtemperaturwerkstoffe, weil auch die keramische Phase – häufig ein hochschmelzendes Oxid – bis zu ihrer Schmelztemperatur beständig bleibt, und sind andererseits aber auch als Schneidkeramik einsetzbar.

6.3 Polymerwerkstoffe als Konstruktions- und Funktionswerkstoffe[10]

Unter Polymerwerkstoffen (Kunststoffe, Plaste) versteht man aus monomeren Verbindungen hergestellte *hochmolekulare Werkstoffe* mit mehr als 1.000 Atomen je Molekül [6.15 – 6.50].

Kunststoffe werden heute im weitesten Umfang im Maschinenbau (Gehäuse, Zahnräder, Laufräder von Gebläsen, Transportketten, Transportbänder, Kupplungsteile, Behälter, Dichtungen, Schutzkappen, korrosionsbeständige Auskleidungen, Rohrleitungen, Fahrzeugaufbauten usw.), in der Verpackungsindustrie, Textilindustrie, chemischen Industrie, im Schiffbau und Flugzeugbau angewendet. Die Weltproduktion stieg von 10.000 t im Jahre 1930, etwa $1{,}5 \cdot 10^6$ t 1950 und $50 \cdot 10^6$ t im Jahre 1976 auf $200 \cdot 10^6$ t 2003 (Deutschland $18 \cdot 10^6$ t im Jahre 2005).

Nach dem Verhalten bei Erwärmung unterscheidet man zwischen *Thermoplasten* und *Duroplasten.*

Thermoplaste gehen bei Erwärmung in einen breiigen und z. T. flüssigen Zustand über. Der Vorgang ist unterhalb der Zersetzungsgrenze reversibel. Duroplaste härten nach Durchlaufen eines plastischen Bereiches irreversibel aus.

Einige typische Vertreter dieser beiden Gruppen von Kunststoffen enthält die nachfolgende Tabelle.

Thermoplaste	*Polyvinylchlorid* (PVC)	*Polystyrol* (PS)	*Polyethylen* (PE)
Duroplaste	*Phenoplaste* (PF)	*Polyester* (UP)	*Melaminharze* (MF)

6.3.1 Herstellung der Polymerwerkstoffe [6.25]

6.3.1.1 Polymerisation

Sie führt zu Thermoplasten und besteht aus einer Verkettung gleichartiger monomerer Grundmoleküle zu Molekülgruppen verschiedenen Aufbaus ohne Abspaltungsvorgänge nach dem Schema

$$A + A \rightarrow B$$

[10] Ausführliche Kapitel über Polymerwerkstoffe finden sich auch in den eingangs zitierten Lehrbüchern der Werkstoffkunde und Werkstoffwissenschaften.

Beispiele für die Monomere des Typs

H H
I I
C = C
I I
H R

Dabei steht R für einen Substituenten, der den Charakter des Monomers bestimmt

Substituent R	H	Cl	CH_3COO	C_6H_5
Bezeichnung	Ethylen (Äthen)	Vinylchlorid	Vinylacetat	Styrol
Strukturformel	H H I I C = C I I H H	H H I I C = C I I H Cl	H H I I C = C I I H CH_3COO	H H I I C = C I I H C_6H_5

Die Polymerisation erfolgt unter Anwendung von Wärme und Druck. Reaktionsablauf am Beispiel des Polystyrols:

Startreaktion

Das monomere Molekül wird angeregt zum Radikal, d. h. es wird aktiviert, z. B. durch „Aufklappen" der Doppelbindung. Der Vorgang kann durch Zugabe von „Beschleunigern" oder durch Bestrahlung mit γ-Strahlen unterstützt, durch Inhibitoren gebremst werden.

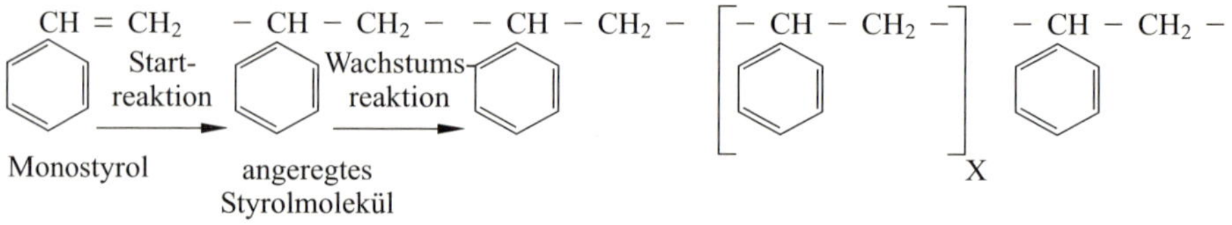

Bild 6.2 Start- und Wachstumsreaktion

Wachstumsreaktion

Als Wachstumsreaktion bezeichnet man die Anlagerung mehrerer Radikale unter Bildung einer Molekülkette. Es entstehen Makroradikale.

Abbruchreaktion

Bei der Abbruchreaktion geht das Makroradikal in ein Makromolekül über, z. B. durch Wanderung eines H-Atoms, durch Reaktion mit Fremdstoffen (O_2) oder durch einen Ringschluss.

Mischpolymerisation

Unter Mischpolymerisation versteht man die gemeinsame Polymerisation von zwei oder mehr chemisch verwandten Monomeren (z. B. Vinylchlorid + Vinylacetat), die zur Polymerisation fähig sind (Bild 6.3) Die Eigenschaften der Mischpolymerisate können sich erheblich von denjenigen der reinen Polymere (PVC, PVAC) unterscheiden.

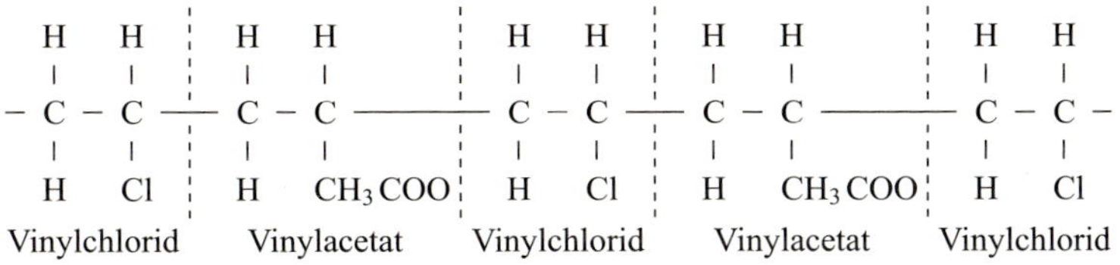

Bild 6.3 Mischpolymerisation (Vinylchlorid und Vinylacetat)

Je nach Aufbau kann man zwischen

statistischen Copolymerisaten,	AABABBABAAA
alternierenden Copolymerisaten,	ABABABAB...
Block- oder Segment-Copolymerisaten und	AAAABBBBAAAA...
Pfropf-Copolymerisaten	AAAAAAAAAAAAA B B B B B B

unterscheiden.

Physikalische Mischungen *(Blends, DIN 16 780-1:88, -2:90, [6.26])*

Physikalische Mischungen aus verschiedenen Polymeren werden als Polymer-Blends bezeichnet. Dadurch lassen sich bestimmte Eigenschaften dem jeweiligen Anwendungsgebiet anpassen. Am häufigsten wird auf diese Weise das Ziel verfolgt, eine gute Schlagzähigkeit auch bei tiefen Temperaturen zu erhalten. Charakteristische Beispiele sind Blends auf der Grundlage thermoplastischer Polyester, des Polycarbonats, Polyacetats und des Polyamids.

6.3.1.2 Polykondensation

Sie führt meist zu Duroplasten und besteht aus der Vereinigung zweier gleich- oder verschiedenartiger reaktionsfähiger Monomere zu Molekülgruppen unter Abspalten anderer Stoffe (meist Wasser oder Alkohol) nach dem Schema

$$A + B \rightarrow C \nearrow D$$

Reaktionsablauf am Beispiel der Phenoplaste:

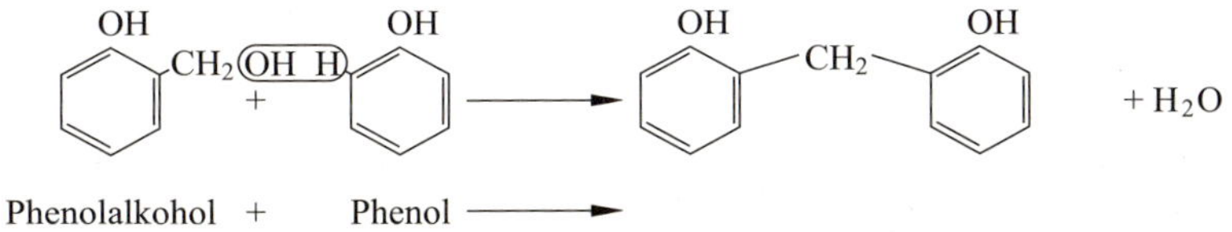

Bild 6.4 Kondensationsreaktion am Beispiel der Phenoplaste

6.3.1.3 Polyaddition

Sie besteht aus der Vereinigung gleich- oder verschiedenartiger Monomere zu Molekülgruppen ohne Abspalten von anderen Stoffen. Der Vorgang ist durch eine zwischenmolekulare Umlagerung einer Komponente und Verknüpfung mit der anderen über Heteroatome (Wasserstoff) nach folgendem Schema gekennzeichnet:

$$A + B \rightarrow C$$

Reaktionsablauf am Beispiel des Polyurethans:

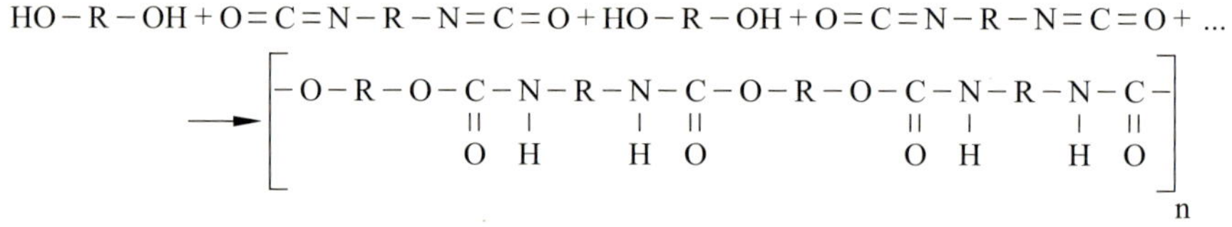

Bild 6.5 Polyaddition am Beispiel des Polyurethan

6.3.2 Der innere Aufbau der Polymerwerkstoffe [6.27 – 6.29]

Kettenmoleküle und Vernetzung

Thermoplaste bestehen aus langen, linearen Faden- und Kettenmolekülen (Bild 6.6). Die Grundmoleküle können aber auch an mehr als zwei Stellen aktiv sein, d. h. weitere Monomere anlagern. Sie werden als (2)-, (3)- oder polyreaktiv bezeichnet, wenn sie an zwei, drei oder mehr Stellen reagieren und deshalb räumlich vernetzte Strukturen bilden können, wie z. B. Phenol-Formaldehydharz, das (2,3)-reaktiv ist. Durch eine solche Vernetzung wird ein Gleiten der Makromoleküle bei einer Erwärmung verhindert (Duroplaste).

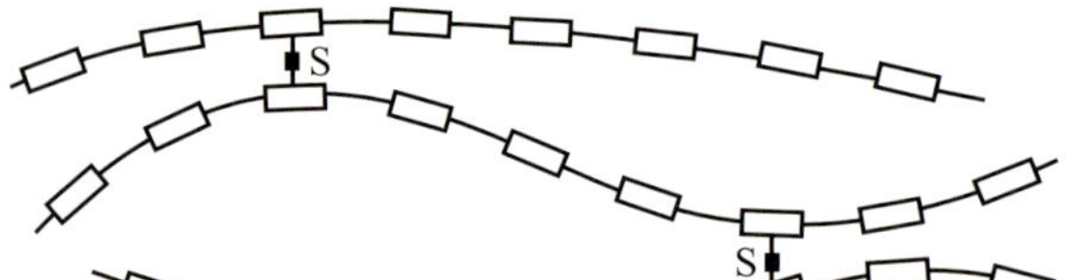

Bild 6.6 Lineare Faden- bzw. Kettenmoleküle

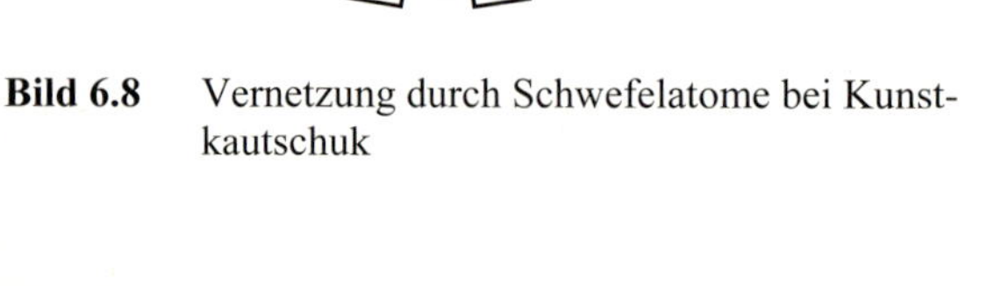

Bild 6.8 Vernetzung durch Schwefelatome bei Kunstkautschuk

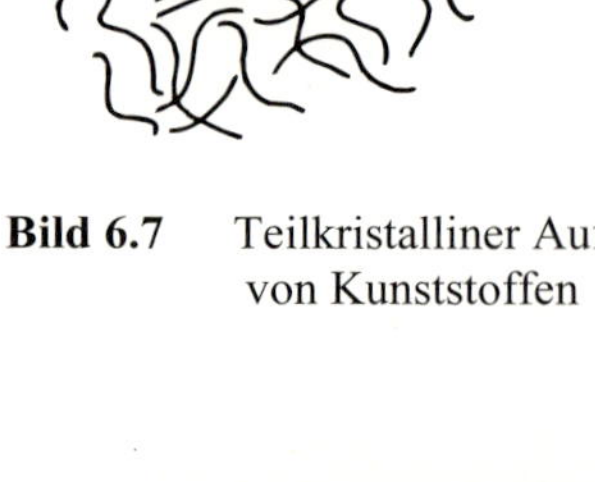

Bild 6.7 Teilkristalliner Aufbau von Kunststoffen

Möglichkeiten der Vernetzung durch Strahlen sind in [6.29] aufgezeigt. Eine Vernetzung durch Brücken, z. B. durch Schwefelatome (Bild 6.7), dient bei Kunstkautschuk zur Erhöhung der Wärmebeständigkeit.

Bindungskräfte

Als *Hauptvalenzen* oder primäre Bindekräfte bezeichnet man Kräfte im Molekül (Zusammenhalt eines Fadens, Vernetzung), die energiereich sind. Bei einem Atomabstand von (1 bis 1,5) $\cdot 10^{-8}$ cm beträgt die Bindungsenergie 200 bis 800 kJ/Mol.

Arten der Hauptvalenzen:

a) Heteropolare oder Ionenbindung (durch Aufnahme oder Abgabe von Elektronen zur Bildung einer stabilen Edelgas-Konfiguration)

b) Homöopolare oder Atom- oder kovalente Bindung (durch Paarbildung von Valenzelektronen, die zwei Atomen gemeinsam angehören).

Als *Nebenvalenzen* oder sekundäre Bindekräfte bezeichnet man Kräfte zwischen den Fadenmolekülen. Sie sind energieärmer. Bei einem Atomabstand von (3 bis 4) $\cdot 10^{-8}$ cm beträgt die Bindungsenergie 4 bis 40 kJ/Mol. Die Nebenvalenzen nehmen bei einer Temperaturerhöhung weiter ab.

Die Folge ist ein Gleiten der Linearmoleküle bei Thermoplasten ⇒ Plastizität.

Arten der Nebenvalenzen:

a) Dipole und Multipole (Ionen oder Moleküle, in denen die Schwerpunkte positiver und negativer Ladungen nicht zusammenfallen)

b) Dispersionskräfte (durch kurzperiodische Bewegung der Elektronen in den Atomen werden dauernd wechselnde Dipole geschaffen („Austauschwirkung")

c) Wasserstoffbrücken.

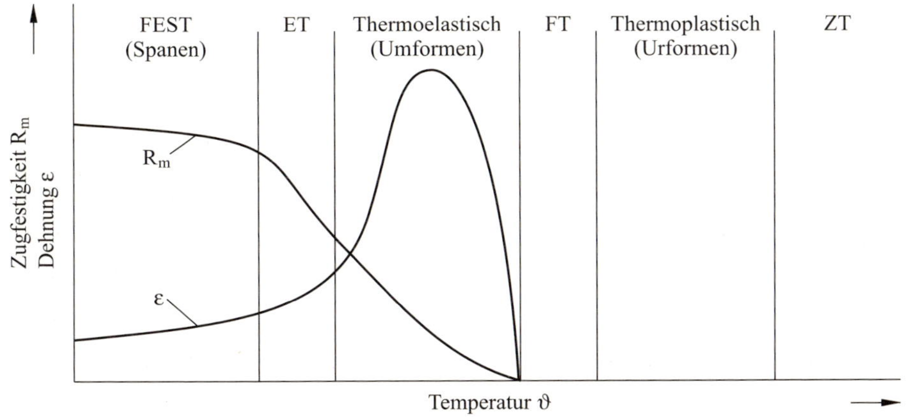

Bild 6.9 Formänderungs- und Festigkeitsverhalten amorpher Thermoplaste in Abhängigkeit von der Temperatur

Bild 6.9 veranschaulicht das elastoplastische Verhalten von *amorphen Thermoplasten.*

- *Bereich FEST*

  Die Zugfestigkeit R_m sinkt mit zunehmender Temperatur bei ansteigender Dehnung ε. Die Gestalt der Fadenmoleküle ist „eingefroren“ (Glaszustand). Hier ist eine spangebende Formgebung (Bohren, Fräsen, Drehen, Sägen) möglich.

- *Bereich ET*

  Bereich der Erweichungstemperatur (bei Erwärmung) bzw. Einfriertemperatur (bei Abkühlung). Die Einfriertemperatur wird auch als Glastemperatur bezeichnet. Molekülteile oder Atomgruppen beginnen zu schwingen und zu rotieren (beginnende Mikro-Brown´sche Bewegung). In diesem Gebiet sind keine Arbeiten zur Formgebung möglich.

- *Thermoelastischer Bereich*

  Die Mikro-Brownsche Bewegung ist voll ausgebildet. Die Fadenmoleküle sind in sich beweglich, aber an Haftpunkten fixiert. Noch findet kein Abgleiten statt. In diesem Bereich ist eine Warmformgebung um mehrere 100 % möglich. Die günstige Temperatur zur Formgebung ist bei maximaler Dehnung erreicht (PVC: 92 bis 95 °C).

- *Bereich FT*

  Bereich der Fließtemperatur. Die Haftstellen lösen sich und die Moleküle werden beweglich (Makro-Brown´sche Bewegung).

- *Thermoplastischer Bereich*

  Der Werkstoff ist teigig bis zähflüssig. Dies ist der Temperaturbereich für das Schweißen, Spritzen und Kalandrieren.

- *Bereich ZT*

  Bereich der Zersetzungstemperatur. Die Zersetzung setzt ein mit einem Kettenabbau und endet mit der vollständigen Zerstörung.

Die Bindungskräfte können je nach Anordnung der Fadenmoleküle in unterschiedlicher Weise wirksam werden.

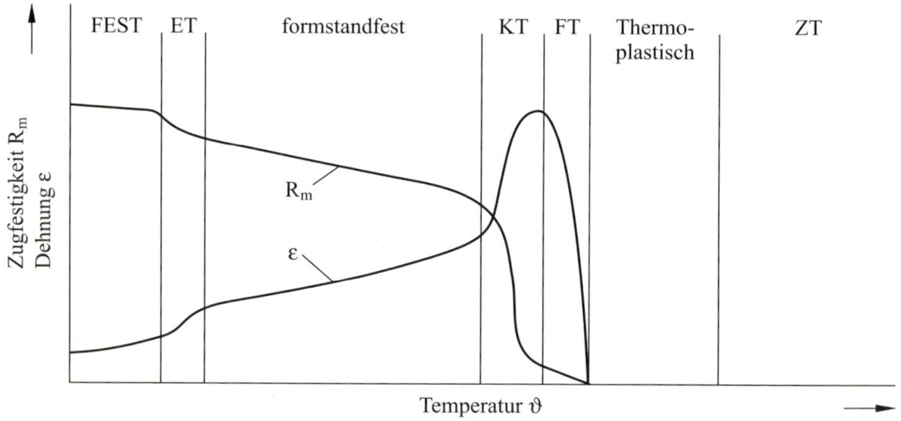

Bild 6.10 Formänderungs- und Festigkeitsverhalten teilkristalliner Thermoplaste

In Bild 6.10 ist das Formänderungs- und Festigkeitsverhalten *teilkristalliner Thermoplaste* veranschaulicht. Polyolefine, Polyamide und Polyacetate sind die wichtigsten Vertreter von Polymeren, die teilkristallin aufgebaut sind. Sie enthalten kleinste, in Kristallgittern geordnete Bereiche, die eine Länge bis zu einigen 10^{-8} cm besitzen. Dazwischen ist der Werkstoff amorph (Bild 6.8). Die Bildung der kristallinen Bereiche hat man sich durch Kettenfaltung vorzustellen, wodurch sich eine lamellenartige Mikrostruktur ergibt. Bei der Kristallisation aus der Schmelze können Sphärolite mit einem Durchmesser von einigen Zehntel Millimetern entstehen. Ein Beispiel hierfür ist Polypropylen. Ob und bis zu welchem Grade ein Polymer kristallisiert, hängt von Struktur, Symmetrie entlang der Hauptkette, Zahl und Länge der Seitenketten und von der Wärmeführung ab. Geht bei der Wiedererwärmung der geordnete Charakter verloren, was sich z. B. durch Differentialthermoanalyse (DTA) bestimmen lässt, so ist der *Kristallitschmelzpunkt* erreicht worden.

Anhand von Bild 6.10 lässt sich das von amorphen Thermoplasten etwas abweichende Verhalten der kristallinen Thermoplaste erklären.

- Bereich FEST

  Eingefrorener Zustand, der sich vom Glaszustand der amorphen Thermoplaste nicht unterscheidet, es sei denn, dass die kristallinen Thermoplaste in diesem Bereich besonders spröde sind (z. B. Polystyrol).

- Bereich ET

  Im Einfrierbereich werden die amorphen Bestandteile zunehmend viskoelastisch, während die kristallinen Bezirke noch fest bleiben. Der Festigkeitsabfall mit zunehmender Temperatur wird dadurch gebremst. Der Werkstoff bleibt formsteif bis nahe an den *Kristallitschmelzpunkt* heran. Im Gegensatz zu den amorphen Thermoplasten lassen sich die kristallinen daher oberhalb des Einfrierbereiches einsetzen. Bei Erreichen des Kristallitschmelzpunktes schmelzen die Kristalle auf und der Werkstoff geht in den thermoplastischen Zustand über.

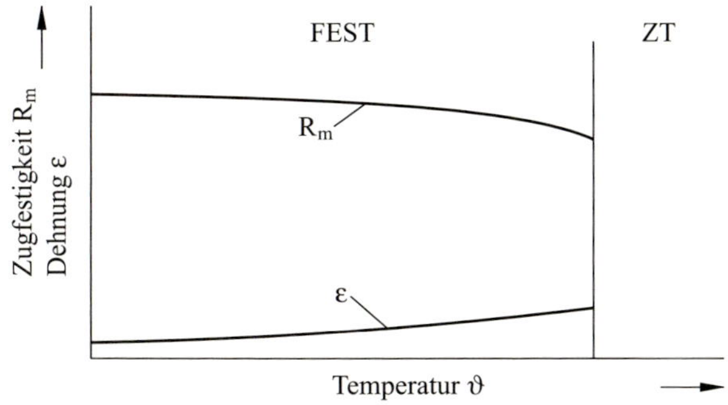

Bild 6.11 Formänderungs- und Festigkeitsverhalten ausgehärteter Duroplaste

Das Formänderungs- und Festigkeitsverhalten von *Duroplasten* geht aus Bild 6.11 hervor. Es handelt sich um vernetzte Kunststoffe, eine übereinandergleitende Bewegung der Moleküle, d. h. ein Schmelzen und Fließen, ist nicht mehr möglich. Der Glaszustand bleibt bis zur Zersetzungstemperatur erhalten, so dass es bei Erreichen dieser Temperatur fast übergangslos zur Zersetzung kommt.

Form der Makromoleküle

Im amorphen Zustand liegen die Fadenmoleküle ungeordnet neben- und durcheinander. Die Entfernungen zwischen den Makromolekülen sind groß und Nebenvalenzen sind nur an wenigen Stellen, den Kreuzungspunkten, wirksam. Dieser Zustand ist dann erwünscht, wenn eine leichte Beweglichkeit der Kettenmoleküle gefordert wird, z. B. bei Spachtelmassen. Man spricht von einer *Wattebauschstruktur*, wie sie in Bild 6.12 a wiedergegeben ist.

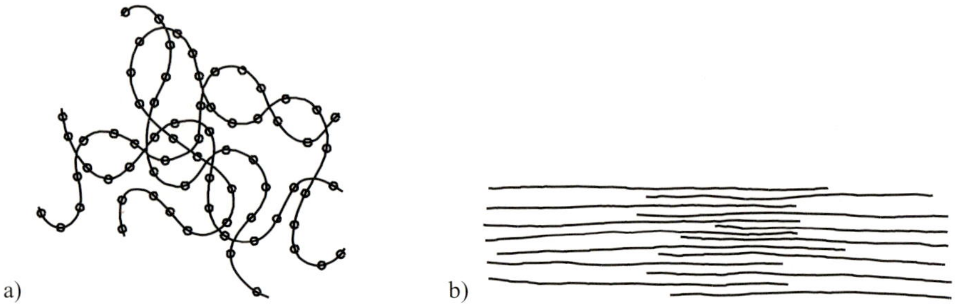

Bild 6.12 Form der Makromoleküle
a) Moleküle in Knäuelform
b) Längsgerichtete Fadenmoleküle

Bei der Verarbeitung können die Ketten jedoch ausgerichtet werden. Das ist bei den meisten üblichen Verarbeitungsverfahren, wie Kalandrieren, Extrudieren oder Spritzgießen, der Fall. Dadurch kommt es zu einer gewissen Anisotropie der Eigenschaften. Besonders stark ausgeprägt ist die Ausrichtung der Makromoleküle nach einem an die Herstellung anschließenden *Verstrecken* (Recken), Bild 6.12 b. Bei Folien kann dieses Verstrecken auch biaxial erfolgen. Die Zugfestigkeit lässt sich durch Verstrecken, wobei die Fasern um das 8- bis 10fache gelängt werden, wesentlich verbessern. Dabei ist die Festigkeit in Reckrichtung höher als senkrecht dazu. Das Recken erfolgt bei amorphen Kunststoffen knapp oberhalb der Glastemperatur, bei kristallinen knapp unterhalb der Kristallitschmelztemperatur.

6.3.3 Eigenschaften der Polymerwerkstoffe [3.6, 6.30 – 6.37]

6.3.3.1 Mechanische Eigenschaften

Einfluss der Temperatur

Erheblich stärker als bei Metallen macht sich der Temperatureinfluss bemerkbar. Bild 6.13 zeigt am Beispiel des Polystyrols und eines Styrol-Acrylnitril-Copolymerisates Spannungs-Dehnungs-Schaubilder, die bei Temperaturen zwischen + 40 und + 80 °C aufgenommen wurden.

Noch deutlicher wird der Temperatureinfluss im Zeitstandversuch (Bild 6.14). Der Konstrukteur muss daher schon bei Raumtemperatur auf Lebensdauer des Bauteils bemessen. Dabei spielt auch das umgebende Medium (Luft, Wasser, Chemikalien, aggressive Gase) eine wesentliche Rolle.

Die Prüfung des Langzeitverhaltens erfolgt im Zeitstandversuch; Kunststoffe kriechen, die Belastbarkeit sinkt also mit der Belastungsdauer

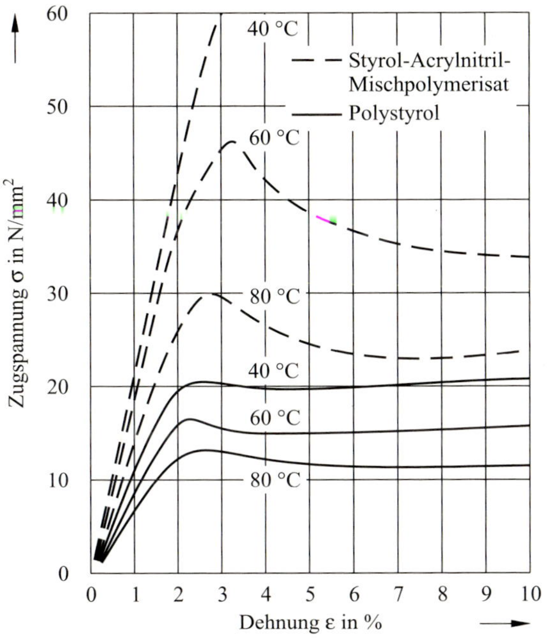

Bild 6.13
Temperaturabhängigkeit der Festigkeit von Kunststoffen [6.36]

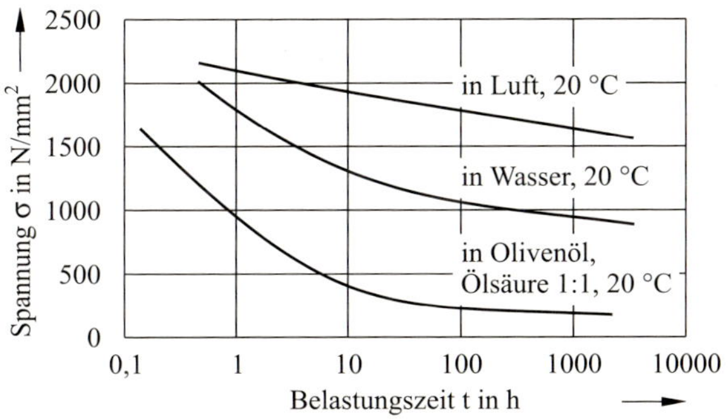

Bild 6.14
Ergebnisse des Zeitstandversuchs an Polystyrol in Abhängigkeit vom Prüfmedium [6.36]

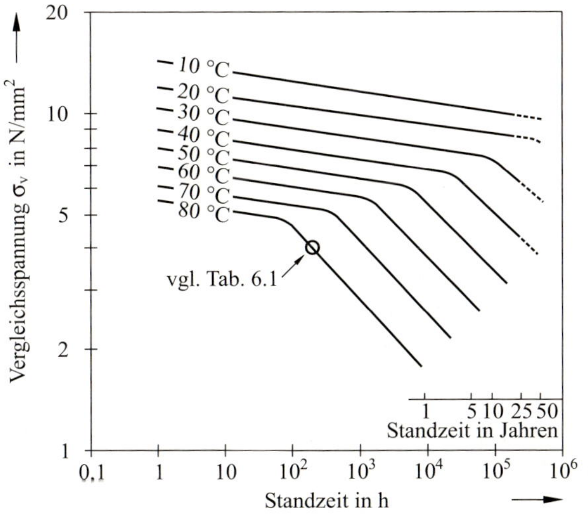

Bild 6.15
Zeitstandfestigkeit innendruckbeanspruchter Rohre aus PE hart [6.37]

Beispiel:

Bemessung auf 50 Jahre Lebensdauer (Zeitstandfestigkeit) bei Trinkwasserrohren aus PE hart.

$$\sigma_v = p \cdot \frac{d_m}{2 \cdot s} < \sigma_{zul} \qquad \text{in N/mm}^2$$

mit: σ_v: Vergleichsspannung in N/mm²; d_m: mittlerer Durchmesser in mm; s: Wanddicke in mm; p: Innendruck in N/mm²

Untere Grenze der Zeitstandfestigkeit innendruckbeanspruchter Rohre aus PE hart siehe Bild 6.15.

Tabelle 6.1 Festigkeitsanforderungen für PE hart nach DIN 8075:99

Prüftemperatur in °C	Beanspruchungsdauer (Mindeststandzeit) in h	Prüfspannung σ_0 in N/mm^2
80	170	4

Polymerisationsgrad

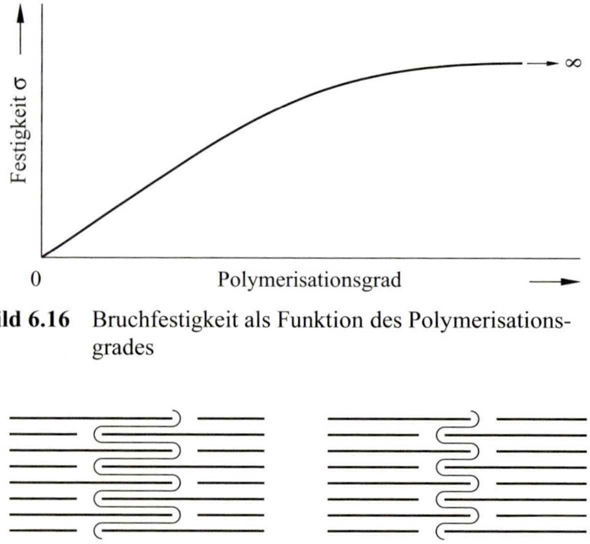

Bild 6.16 Bruchfestigkeit als Funktion des Polymerisationsgrades

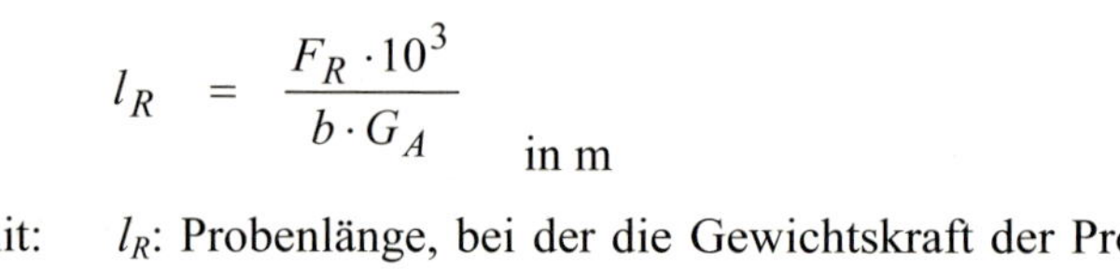

Bild 6.17 Veränderung der Kohäsionsfläche bei verschieden langen Ketten

Unter Polymerisationsgrad versteht man die Zahl der Monomere je Makromolekül. Die Festigkeit nimmt mit dem Polymerisationsgrad zu (Bild 6.16), da bei langen Ketten eine größere Kohäsionsfläche (Bild 6.17) vorhanden ist, in welcher Nebenvalenzen wirksam sind. Dementsprechend wächst die Reißlänge l_R mit der Kettenlänge. Bei Folien wird die Reißlänge als Festigkeitsmaß gewählt, da die Dicke und damit der Querschnitt des Probestreifens nur ungenau bestimmt werden kann. Sie gibt an, bei welcher Länge ein Stab oder Band des betreffenden Werkstoffs, frei aufgehängt, unter der eigenen Last zu Bruch gehen würde.

$$l_R = \frac{F_R \cdot 10^3}{b \cdot G_A} \qquad \text{in m}$$

mit: l_R: Probenlänge, bei der die Gewichtskraft der Probe gleich der Reißlast ist; F_R: Kraft im Augenblick des Reißens in N; b: ursprüngliche Breite der Probe in mm; G_A: Flächen-Gewichtskraft in N/m²

Vernetzung

Wie bereits erwähnt, steigt die Festigkeit durch Vernetzung, weil ein Teil der Nebenvalenzen durch Hauptvalenzen ersetzt wird. Dies gilt auch für die Warmfestigkeit.

- *Enge Vernetzung*
  Glasartig ausgehärtete Duroplaste mit erhöhter Warmfestigkeit.

- *Lose Vernetzung*
  Chemische Verknüpfung zwischen den Fäden (Brücken) führt zu einem elastischen Verhalten, auch bei höheren Temperaturen: Gummielastizität der *Elaste*.

Schwingbeanspruchung

Üblich ist die Prüfung im Wöhlerversuch mit Grenzschwingspielzahlen von 3 bis $4 \cdot 10^7$. Dabei ergibt sich ein starker Einfluss von Orientierung, Kristallisationsgrad, Molekulargewicht, Feuchtigkeitsgehalt, Verarbeitungsbedingungen und Eigenspannungen auf das Festigkeitsverhalten. Bild 6.18 gibt die Biegewechselfestigkeit für einige Kunststoffe wieder.

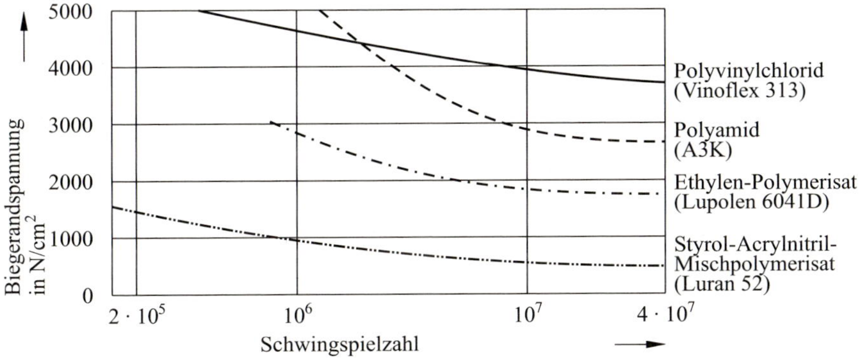

Bild 6.18 Wöhlerlinien einiger Kunststoffe [6.36]

6.3.3.2 Elektrische Eigenschaften

Die Kunststoffe gehören zu den Isolatoren.

Spezifischer *Durchgangswiderstand* ρ_D von einigen Leitern und Isolierstoffen:

Werkstoff	Cu	Al	Stahl	PF [1)]	PA [1)]	ABS [1)]	PS [1)]
ρ_D in Ω cm	$0{,}018 \cdot 10^{-4}$	$0{,}03 \cdot 10^{-4}$	$0{,}13 \cdot 10^{-4}$	10^{10}	10^{12}	10^{15}	10^{17}
[1)] Kurzzeichen siehe Tabelle 6.4 Seite 168							

Bei einem hohen spezifischen Durchgangswiderstand ($\rho_D > 10^{13}$ Ω cm) fließen elektrische Ladungen von der Oberfläche nicht mehr ab, es kommt zu einer *elektrostatischen Aufladung*. Sie entsteht dadurch, dass es bei Reibung im Bereich der Grenzflächen zu einer Ladungsverschiebung kommt, die bei dem einen Körper zu Elektronenmangel, beim anderen zu

Elektronenüberschuss führt. Die Reibung strömender Luft auf textilen Bodenbelägen kann hierfür schon ausreichen. Beim Begehen solcher aus synthetischen Fasern hergestellter Bodenbeläge kann sich der Körper auf- und bei Berührung mit einer Erdung wieder entladen. Wegen der geringen Kapazität des menschlichen Körpers sind die auftretenden Ladungsmengen zwar unbedeutend und ungefährlich, die Spannungen können jedoch mehrere tausend Volt betragen und zu einem unangenehmen Schlag führen. Da die Entladung mit Funkenbildung verknüpft sein kann, muss eine elektrostatische Aufladung in Räumen mit explosiblen Staub- oder Gasgemischen vermieden werden. Durch Beimischung, z. B. von Ruß, kann der Oberflächenwiderstand in solchen Fällen ausreichend herabgesetzt werden („leitfähige Beläge"). In harmlosen Fällen genügt die Verwendung üblicher Reinigungsmittel, die einen dünnen Oberflächenfilm bilden, der Feuchtigkeit bindet und dadurch eine elektrostatische Aufladung für längere Zeit verhindert.

Kunststoffe haben eine *hohe Durchschlagfestigkeit* (VDE 0303) von 10 bis 100 kV/mm. Liegt ein Kunststoff als Isolierstoff in einem Wechselfeld, so ist der auf das Volumen bezogene Energieverlust

$$N = E^2 \cdot 2\pi \cdot f \cdot \varepsilon_0 \cdot \varepsilon_r \cdot \tan\delta \qquad \text{in W/m}^3$$

mit: E: Feldstärke in V/m; f: Frequenz des Wechselfeldes in Hz;
ε_r: Dielektrizitätszahl; tan δ: dielektrischer Verlustfaktor

Tabelle 6.2 gibt einige Anhaltswerte für tan δ und ε_r (Richtwerte bei 23 °C und 1 MHz).

Tabelle 6.2 Dielektrischer Verlustfaktor und Dielektrizitätszahl verschiedener Kunststoffe

Kunststoff	Dielektrischer Verlustfaktor $10^4 \tan\delta$	Dielektrizitätszahl ε_r
Polyethylen	1,2	2,28
Polystyrol	1	2,5
Styrol-Acrylnitril	80	2,9
ABS-Polymerisate	200	3,2
Polyamide	200 - 300	3,6 - 3,8
PVC hart	230	2,8
PVC weich	400	4,5
Ungesättigte Polyester	200	3,3

Stoffe mit einem hohem Produkt $\varepsilon_r \cdot \tan\delta$ ($> 10^{-2}$) sind gut zum Schweißen durch Hochfrequenz-Erwärmung geeignet.

Beispiele:

a) Polyethylen $\varepsilon_r = 2{,}28$

$\tan\delta = 1{,}2 \cdot 10^{-4}$

$\varepsilon_r \cdot \tan\delta = 2{,}74 \cdot 10^{-4}$

Also nicht mit Hochfrequenzerwärmung zu schweißen, aber guter Hochfrequenzisolierstoff

b) PVC hart $\varepsilon_r = 2{,}8$

$\tan \delta = 23 \cdot 10^{-3}$

$\varepsilon_r \cdot \tan \delta = 6{,}4 \cdot 10^{-2}$

Also gut mit Hochfrequenzerwärmung zu schweißen, ungeeignet als Hochfrequenzisolierstoff.

6.3.4 Die wichtigsten Polymerwerkstoffe und ihre Anwendung [6.38 – 6.44]

Hinsichtlich ihrer Anwendung werden die Kunststoffe in *Massen-Kunststoffe* (Standardkunststoffe) und *Technische Kunststoffe* gegliedert (vgl. DIN 7708-1:80). Hinzu kommen noch *Reaktionsharze* (Duroplaste) und *Kautschuke* (Elastomere).

Massen-Kunststoffe werden in großen Mengen hergestellt. In der westlichen Welt entfallen auf sie etwa 30 Millionen Tonnen pro Jahr. Ihr Anwendungsgebiet liegt vorzugsweise bei Verpackungsfolien, Fasern, Isolierungen und Konsumartikeln. Zu dieser Gruppe gehören das PVC, PE, PP und PS. *Technische Kunststoffe* werden in wesentlich geringerem Umfang hergestellt, ihr Anteil beträgt etwa eine Million Tonnen im Jahr. Es handelt sich um Konstruktionswerkstoffe mit besonderen Anforderungen an mechanische Festigkeit, Steifigkeit, Schlagzähigkeit, gegebenenfalls auch bei Einsatz im Bereich erhöhter Temperaturen oder unter dem Einfluss korrodierender Medien. Die wichtigsten Vertreter dieser Gruppe sind die (teil-) kristallinen Polyacetale, Polyamide und Polyester und das nichtkristalline Polycarbonat und modifiziertes Polyphenylenoxid. Unter den hochwarmfesten Kunststoffen erreichen die Polyimide die größte Produktionsmenge.

Eine Übersicht über die dem Konstrukteur zur Verfügung stehenden Kunststoffe bietet Bild 6.19 [6.44, 6.45]. Tabelle 6.4 enthält nach DIN 7728-1/Z vorgesehene und in DIN EN ISO 1043-1:02 genormte und übliche Kurzzeichen. Nur die wichtigsten der in Bild 6.19 zusammengefassten Kunststoffe werden hier behandelt, wobei die Gliederung nach der Herstellungsart (Polymerisation, Polykondensation und Polyaddition) erfolgt.

6.3.4.1 Polymerisate

Durch Polymerisation werden in Anwesenheit von Katalysatoren ausschließlich Thermoplaste gewonnen.

***Polyethylen** (PE), **Polypropylen** (PP)*
(DIN EN ISO 1872-1:99, -2:97, DIN EN ISO 14 632:98, DIN EN ISO 15 013:98, DIN prEN ISO 15 013:06, DIN EN ISO 7214:00)

Das Polyethylen $[-CH_2]_n$ gehört neben Phenoplasten, Polystyrol und Polyvinylchlorid zu den vier wichtigsten Vertretern der Plaste. Es bildet zusammen mit Polypropylen und den Buten- bzw. Butadien-Polymeren die Gruppe der Polyolefine. Gasförmiges Ethylen C_2H_4, aus Erdölprodukten über Verflüssigung in der Kälte oder aus Acetylen gewonnen, wird vorwiegend nach zwei Verfahren zu Polyethylen polymerisiert:

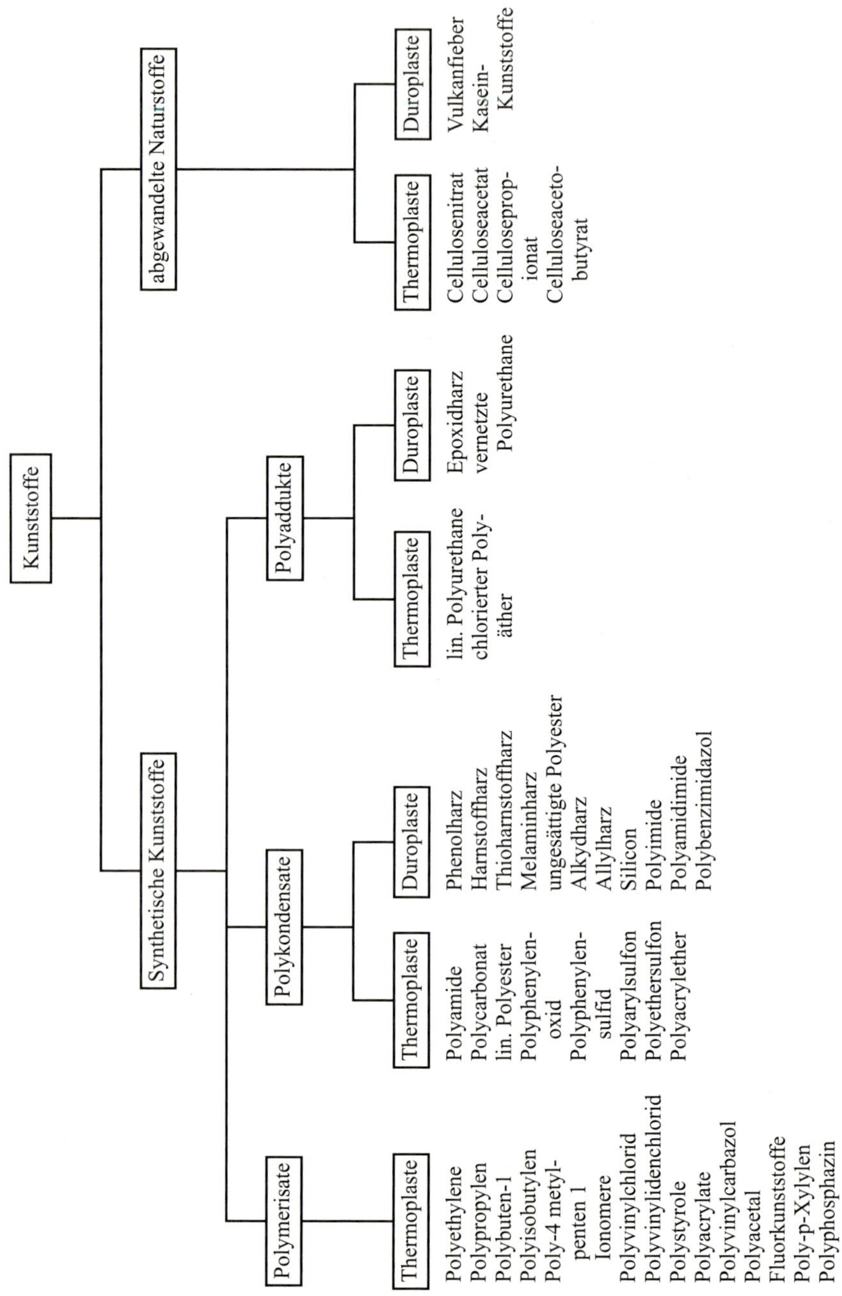

Bild 6.19 Die wichtigsten Kunststoffe

	Druck	Temperatur in °C	Katalysator
Hochdruck-Polyethylen nach ICI (PE-LD), PE weich	2.000 - 3.000	80 - 300	Sauerstoff
Niederdruck-Polyethylen nach Ziegler (PE-HD), PE hart	10 - 50	20 - 70	Nickel

Je nach Herstellungsart sind unterschiedliche Eigenschaften bedingt. Durch Vergrößern des Polymerisationsgrades (= Zahl der Grundbausteine, die zu Makromolekülen vereinigt werden) lässt sich die Warmfestigkeit erhöhen. Eine Vernetzung ist möglich durch ein Elektronen-Bombardement (1 MeV). Eine höhere Warmfestigkeit hat der Werkstoff *Polypropylen.*

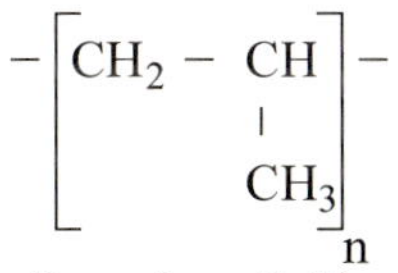

Propylen: C_3H_6

Tabelle 6.3 Dichte und Erweichungstemperatur von Polyethylen und Polypropylen

Kunststoff	Dichte in g/cm^3	Erweichungsbeginn in °C
Hochdruck PE	0,91 –0,925	112
Niederdruck PE	0,941 –0,965	130
Polypropylen	0,90	165

Anwendung

- Folien und Platten (36 % der PE-Gesamtproduktion), hergestellt in Breitschlitzextrudern oder im Schlauchspritzverfahren. Gute Durchlässigkeit für O2 und CO2 (Lebensmittelverpackung).
- Auskleidungen im chemischen Apparatebau.
- Fäden: Netze, Seile (wasserfest).
- Rohre: Von Kabeltrommeln aus verlegte Wasserrohre bis 2 km Einzellänge, korrosionsbeständig, frostsicher. Nicht beständig gegen tierische Fette.
- PP für Kunstrasen.
- Formkörper: Flaschen (unzerbrechlich, leicht), Eimer, Becher, Armaturen, Dichtungen,Transportbehälter.

Verarbeitungsverfahren[11]

Spritzgießen, Extrudieren, Hohlkörperblasen, Kalandrieren.

[11] Die Verarbeitungsverfahren für Polymerwerkstoffe sind in Kapitel 9 beschrieben

Tabelle 6.4 Kurzzeichen der wichtigsten Kunststoffe laut DIN 7728/Z, vgl. DIN EN ISO 1043-1:02

Kurz-zeichen	Erklärung	Kurz-zeichen	Erklärung
ABS	Acrylnitril-Butadien-Styrol-Copolymere	PIB	Polyisobutylen
		PMMA	Polymethylmetacrylat
AMMA	Acrylnitril-Methylmethacrylat-Copolymere	POM	Polyoxymethylen; Polyformaldehyd (Polyacetal)
CA	Celluloseacetobutyrat	PP	Polypropylen
CAB	Celluloseacetopropionat	PTFE	Polytetrafluorethylen
CF	Kresolformaldehyd	PUR	Polyurethan
CMC	Carboxymethylcellulose	PVAC	Polyvinylacetat
CN	Cellulosenitrat	PVAL	Polyvinylalkohol
CP	Cellulosepropionat	PVB	Polyvinylbutyral
CS	Kasein	PVC	Polyvinylchlorid
EC	Ethylcellulose	PVCA	Vinylchlorid-Vinylacetat-Copolymere
EP	Epoxid	PVDC	Polyvinylidenchlorid
MF	Melaminformaldehyd	PVF	Polyvinylfluorid
PA	Polyamid	PVFM	Polyvinylformal
PC	Polycarbonat	SAN	Styrol-Acrylnitril-Copolymere
PCTFE	Polychlortrifluorethylen	S/B	Styrol-Butadien-Copolymere
PDAP	Polydiallylphthalat	SI	Silicon
PE	Polyethylen	S/MS	Styrol-a-Methylstyrol-Copolymere
PET	Polyethylenterephthalat	UF	Harnstofformaldehyd
PF	Phenolformaldehyd	UP	Ungesättigte Polyester

In der Praxis haben sich neben den erwähnten Kurzzeichen noch einige andere eingeführt, die zu einer weiteren Differenzierung dienen sollen:

PE-LD	Low Density Polyethylen = Polyethylen niederer Dichte
PE-HD	High Density Polyethylen = Polyethylen hoher Dichte
E-PVC	Emulsions-PVC
S-PVC	Suspensions-PVC
ASA	Acrylester-Styrol-Acrylnitril-Copolymer
EPS	Expandierbares Polystyrol
EVA	Ethylen-Vinylacetat-Copolymer
GFK	Glasfaserverstärkte Kunststoffe (allgemein)
GUP	Glasfaserverstärkte, ungesättigte Polyesterharze

Fluor-Polymerisate

Fluor-Kohlenstoffverbindungen, Fluorcarbone. Typischer Vertreter Polytetrafluorethylen (PTFE)

$$-\left[CF_2\right]_n-$$

Hochchemikalienfester Apparatebaustoff und Trennmittel mit hoher Warmfestigkeit (dauerwärmebeständig bis 250 °C). Vorzügliche elektrische Eigenschaften.

Polyfluorcarbone sind nicht benetzbar.

Anwendung

Kolbenringe für Gaskompressoren, korrosionsbeständige Auflage. Keine Schmiermittel erforderlich, da niedriger Reibungskoeffizient, wartungsfrei.

	Schmelzviskosität in Pa s
PTFE	10^9
PFEP	10^3 - 10^4

Wegen seiner hohen Schmelzviskosität bereitet die Verarbeitung von PTFE durch Spritzgießen und Extrudieren Schwierigkeiten. Dagegen kann fluorierter Ethylen-Propylen-Kunststoff PFEP nach diesen Verfahren verarbeitet werden.

Struktur von PFEP:

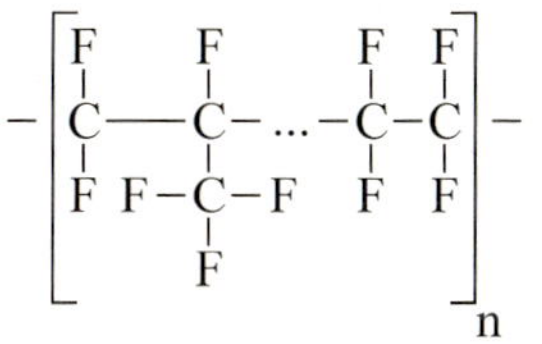

Hexafluorpropylen-Tetrafluorethylen-Copolymerisat

Weitere Fluorkunststoffe:

Polychlortrifluorethylen PCTFE

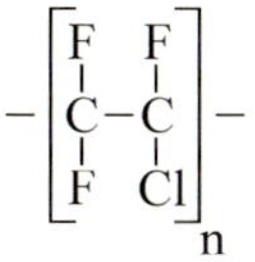

PTFE-PE-Copolymerisat PETFE

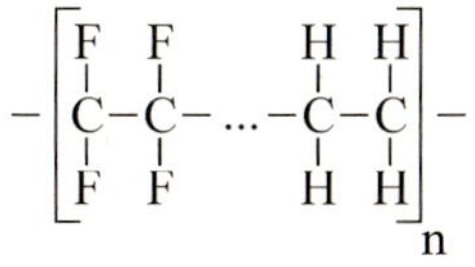

PCTFE-PE-Copolymerisat PECTFE

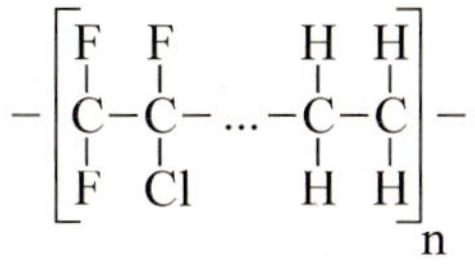

Polyvinylidenfluorid PVDF

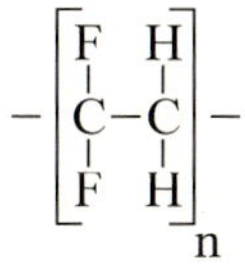

Polystyrol *(PS)*
(DIN EN ISO 2897-1:99, -2:03, DIN EN ISO 14 631:99)

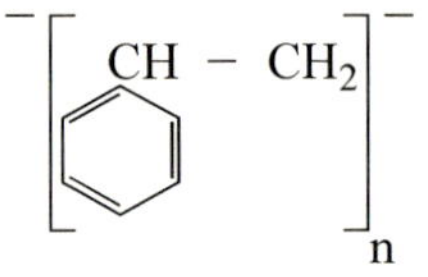

Die Eigenschaften sind vom Polymerisationsgrad abhängig. Die Molekulargewichte (= Summe der in der Moleküleinheit vorhandenen Atomgewichte) liegen zwischen 180.000 und 800.000. Polystyrol hat nur eine geringe Wärmebeständigkeit von 60 bis 90 °C.

Anwendung

- Formteile: Spritzgussteile in der Elektrotechnik, da sehr gute dielektrische Eigenschaften.
- Fäden, Folien, Platten: Abdeckplatten, Schaugläser, Drucktasten, Schaumstoffe mit geschlossenen Poren zur verfestigenden Ausfüllung der Hohlräume in den Tragflächen von Flugzeugen, zur Wärmeisolierung in der Lebensmittel-, Chemischen- und Bauindustrie. Schwimmwesten, Rettungsringe, vgl. Tabelle 6.5.

Tabelle 6.5 Wärmeleitzahl von Polystyrolschaum für 20 g/(l Raummasse)

Temperatur in °C	Wärmeleitzahl in kJ/(m · h · K)
- 50	0,096
0	0,117
+ 20	0,126
+ 50	0,138

Verarbeitungsverfahren

Spritzgießen, Extrudieren, Tiefziehen, Hohlkörperblasen, Dampfstoß-Schäumen.

Acryl-Polymerisate

Polymethylmethacrylat *(PMMA)*
(DIN EN ISO 7823-1, -2:03, -3:04)

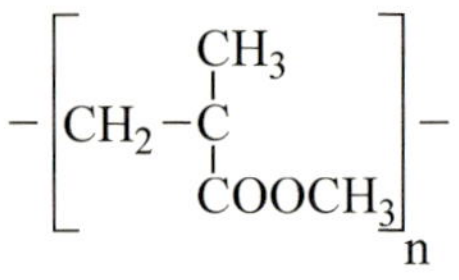

Anwendung

Tafeln, Blöcke, „Plexiglas" zur Verglasung der Kanzeln von Flugzeugen, Dachverglasung mit Welltafeln, durchsichtige Modelle (gläserner Mensch, gläserner Motor), Knochen- und Speiseröhrenersatz in der Chirurgie, da gewebefreundlich, Augenhaftgläser, wetterbeständig.

Polyacrylnitril *(PAN)*

Die Makromolekulargewichte liegen bei 60.000 bis 100.000.

$$-\left[\begin{array}{c}CH_2-\underset{\displaystyle CN}{\underset{|}{CH}}\end{array}\right]_n-$$

Anwendung

- Fasern (Orlon, Dralon)
- Mottenfeste, hautverträgliche Chemiefaser. Säureschutzanzüge, Planen, Gardinen. Verarbeitungsverfahren: Extrudieren, Spritzen.

Polyvinylester

Polyvinylchlorid *(PVC)*
(DIN EN ISO 2898-1, -2:99)

$$-\left[\begin{array}{c}CH_2-\underset{\displaystyle Cl}{\underset{|}{CH}}\end{array}\right]_n-$$

Einer der wichtigsten Kunststoffe, gekennzeichnet durch gute Verarbeitungseigenschaften einschließlich Schweißbarkeit, durch gute Beständigkeit gegenüber vielen Chemikalien, bei allerdings nur geringer Wärmebeständigkeit (Erweichen ab 80 °C). Bei gleichzeitiger mechanischer Beanspruchung beginnt die plastische Verformung schon bei 50 bis 60 °C.

PVC hart: ohne Weichmacher,

PVC weich: mit 20 bis 60 % Weichmacher.

Die Herstellung erfolgt aus Acetylen unter Anlagerung von Salzsäure, die aus Kochsalz und Schwefelsäure gewonnen wird.

$$2\,NaCl + H_2SO_4 \rightarrow Na_2SO_4 + 2\,HCl$$
$$CH \equiv CH + HCl \rightarrow CH_2 = \underset{\displaystyle Cl}{\underset{|}{CH}}$$

Polymerisation unter Anwendung von Wärme und Druck

Bei der Erzeugung von VC und der Verarbeitung zu PVC soll die Konzentration an monomerem VC in der Atemluft so klein wie möglich sein. Für die Atemluft, in der PVC als Feinstaub auftreten kann, beträgt der MAK-Wert 5 ppm. Dabei entspricht 1 ppm einem Wert von 1 mg/kg. VC wirkt toxisch und gilt als krebserzeugend. In der von der Deutschen Forschungsgemeinschaft herausgegebenen MAK- und BAT-Werte-Liste[12] wird als TRK-Wert 8 mg/m^3 beim Auftreten von partikelförmigen VC in bestehenden Anlagen für die VC- und PVC-Herstellung genannt (MAK = maximale Arbeitsplatzkonzentration, BAT = Biologische Arbeitsstofftoleranzwerte, TRK = Technische Richtkonzentration). Bei VC-haltigen Dämpfen und Gasen gilt als TRK-Wert 3 ml VC/m^3. TRK-Werte werden für krebserzeugende und krebsverdächtige Stoffe aufgestellt. Die TRK-Werte stellen keine Höchstwerte für den Erhalt der Gesundheit dar, sondern geben an, welche Konzentrationen beim Stand der

---

12 Wiley-VCH-Verlag, Weinheim, 2001

Verfahrenstechnik und guter Lüftung noch auftreten. Arbeiter an älteren VC-Anlagen haben eine vom Durchschnitt nach oben abweichende Krebserkrankungsrate. Bei der Verarbeitung von PVC und beim Umgang mit PVC-Erzeugnissen sind keine Gesundheitsschädigungen bekannt geworden.

Anwendung

- Folien und Bahnen, im Kalanderverfahren hergestellt. Korrosionsfeste Auskleidungen, PVC-beschichtete Bleche, Förderbänder, Fußbodenbeläge, selbstklebende Folien
- Schläuche, Kabelmäntel
- Rohre, Profile, Fassadenbekleidungen.

Zeitstandfestigkeit für 50-jährigen Betrieb von Rohrleitungen aus PVC-HI, Typ 1, siehe Tabelle 6.6.

Die zulässige Zeitstandbeanspruchung ergibt sich als Quotient aus der ertragbaren Zeitstandfestigkeit und dem Sicherheitsbeiwert, der in der Regel 1,5 beträgt.

Formteile

- Lacke, Klebstoffe: Selten reines PVC, meist Mischpolymerisate
- Fasern, Borsten: Chemisch beständig, aber geringe Festigkeit und Wärmebeständigkeit.

Tabelle 6.6 Ertragbare Vergleichsspannung für 50-jährigen Betrieb von Rohren aus PVC-HI, Typ 1, in N/mm^2

Temperatur in °C	(0)	(16)	20	30	40	50	60
ertragbare Mindestvergleichsspannung a_V	(22)	(16,5)	14,5	12	9,5	8	7
Klammerwerte extrapoliert aus DIN 8081							

Verarbeitungsverfahren

Kalandrieren, Extrudieren, Spritzgießen, Blasen, Tiefziehen.

PVC-Modifikationen

Zur Erzielung besonderer Eigenschaften können zahlreiche Copolymerisate auf der Grundlage von PVC erzeugt werden. Zur Verbesserung der *Schlagzähigkeit* in der Kälte dienen Mischungen mit Butadien, Ethylen, Acrylester, Vinylacetat. Die *Verarbeitbarkeit* wird verbessert durch Mischungen mit Propylen, Acrylaten, ABS.

Die *Warmfestigkeit* lässt sich durch Copolymerisation mit Acrylnitril erhöhen.

Polyvinylalkohol *(PVAL)*

Polyvinylalkohol entsteht durch Lösen von PVAC in Methanol (Verseifung).

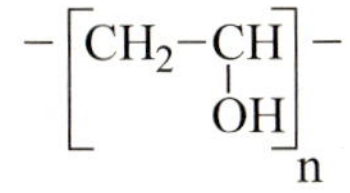

Polyvinylalkohol ist in Wasser löslich, in den üblichen Lösungsmitteln dagegen nicht. Dies bedingt die Anwendung zur wasserlöslichen Verpackung von Farbstoffen.

Polyacetal *(POM)*
(DIN 16 978:75, DIN 16 781-2:89, DIN EN ISO 9988-1:06)

Polyformaldehyd, Polyoximethylen. Unter Polyacetalen versteht man Homo- und Copolymerisate von Aldehyden mit cyclischen Acetalen.

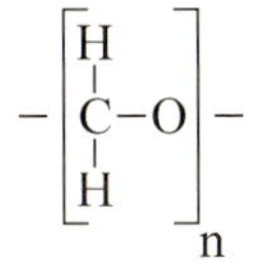

Das Acetal-Homopolymerisat wird mit verschiedenen anderen Monomeren copolymerisiert. Es zeichnet sich durch gute Festigkeitseigenschaften und Formbeständigkeit bei Erwärmung sowie hohen Abriebwiderstand aus. Auch glasfaserverstärkte Copolymerisate werden als Konstruktionswerkstoffe verwendet.

Synthesekautschuk
(DIN ISO 1629:04, DIN 78 082-1:91, DIN V 78 082-2:91)

Polybutadiene *(BR)*
(DIN 16 771-1/Z, DIN EN ISO 2580-1:02, -2:03)

Kunststoffe, deren elastoplastisches Verhalten dem des Naturkautschuks ähnlich ist, bezeichnet man auch als *Elastomere*.

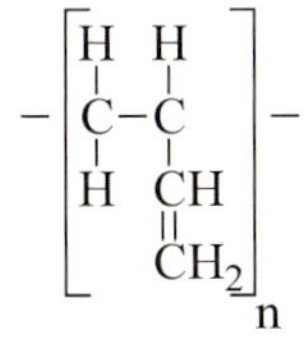

Die Polymerisation mit Natrium als Katalysator führte zu *Buna*. Zahlenbuna: Buna 32, Buna 85, Buna 115. Die Ziffer bezeichnet den Polymerisationsgrad. Heute modernere Herstellungsverfahren (Niewland, Benzolverfahren, Dehydrierung von Raffinerie- und Erdgas). Kennzeichnend für die Butadiene sind die vier C-Atome des Monomers, also eine $(C_4)_n$-Gruppe.

Die Eigenschaften werden stark davon beeinflusst, an welcher Stelle die Polymerisation erfolgt:

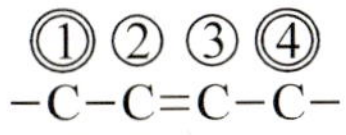

1,4-Polymerisation

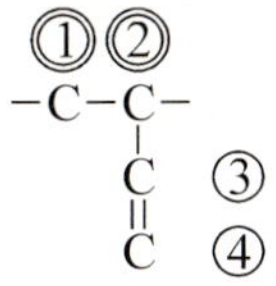

1,2-Polymerisation

Je nach Stellung der Seitengruppe kann der Aufbau unterschiedlich erfolgen:

- isotaktisch — gleiche Stellung der Seitengruppen
- syndiotaktisch — alternierende Stellung der Seitengruppen
- ataktisch — Anordnung der Seitengruppen ohne Symmetrie.

Beispiel: 1,2-Polybutadien (Bild 6.20)

Vielfache Anwendung von *Mischpolymerisaten*:

α) Butadien-Styrol-Mischpolymerisat (SBR)

β) Butadien-Acrylnitril-Mischpolymerisat (NBR)

γ) Acrylnitril-Butadien-Styrol-Mischpolymerisat (ABS) (DIN EN ISO 2580-1:02, -2:03).

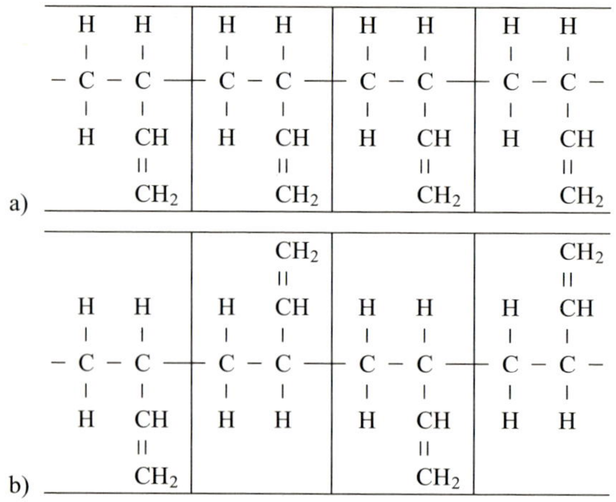

Bild 6.20 Iso- und syndiotaktischer Aufbau bei der Polymerisation von 1,2 Polybutadien
a) isotaktisch
b) syndiotaktisch

Anwendung

Gehäuse und Abdeckungen aller Art, Lüfterräder, Armaturenteile, Beschlagteile (evtl. galvanisiert).

Verarbeitungsverfahren

Spritzgießen, Extrudieren, Tiefziehen.

Eigenschaftsvergleich mit Naturkautschuk siehe Tabelle 6.7:

Tabelle 6.7 Eigenschaften von Naturkautschuk und SBR

		Vulkanisationsmischung aus Naturkautschuk	Vulkanisationsmischung aus SBR
Reißfestigkeit	in N/cm^2	2.500	2.700
Reißdehnung	in %	600	550
Rückprallelastizität	in %	45	50
Shorehärte		60	65

***Polyisobutylen** (PIB)*
(DIN 16 731:86, DIN 16 935:86)

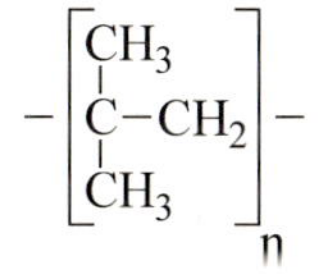

Weitgehend gesättigt, also keine Doppelbindungen mehr vorhanden. Daher gute Beständigkeit gegen Chemikalien, auch gegenüber oxydierenden Medien. Häufig Mischung mit Füllstoffen, u. a. mit Hochdruckpolyethylen.

Anwendung

- Folien, Bahnen, Auskleidung im chemischen Apparatebau, Folien im Bauwesen
- Kitte, Leime, Klebstoffe.

***Butylkautschuk** (IIR)*

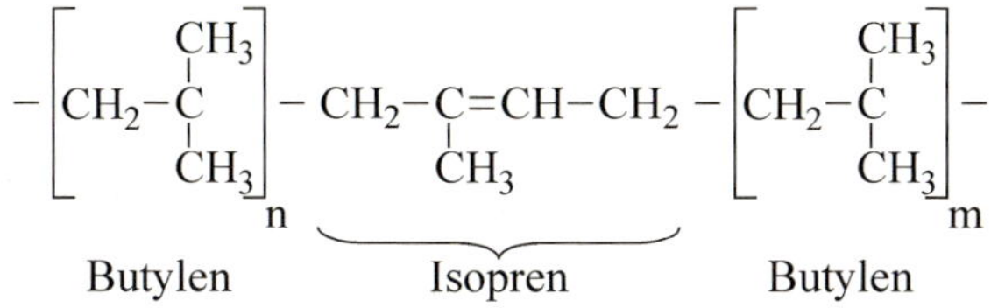

Butylkautschuk enthält eine geringe Zahl von Doppelbindungen und ist dadurch vulkanisationsfähig. Kommt dem Naturkautschuk in seinen Eigenschaften bereits sehr nahe. Sein Anteil an der Erzeugung von Kunstkautschuk steigt ständig, vgl. Tabelle 6.8, Naturkautschuk ist Polyisopren.

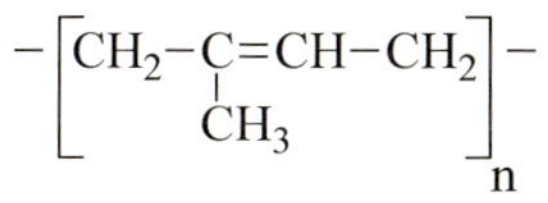

Tabelle 6.8 Weltverbrauch an Natur- und Synthesekautschuk [6.46]

	1970	1980	1990	1998	2003
Naturkautschuk (Mill. t)	3,1	3,8	5,0	6,2	7,6
Synthesekautschuk (Mill. t)	5,6	8,0	9,9	10,83	
Anteil synthetischen Kautschuks am Gesamtbedarf: etwa 60 bis 64 %					

6.3.4.2 Polykondensate

***Phenoplaste** (PF)*
(DIN EN ISO 14 526-1 bis -3:99)

Phenoplaste sind Duroplaste, die aus Phenolen und Aldehyden in Gegenwart von Katalysatoren hergestellt werden.

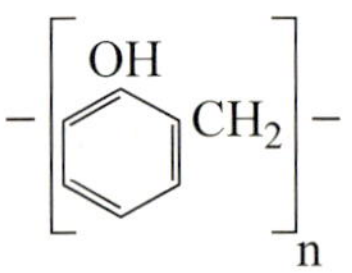

Es gibt drei Zustandsformen, je nach Grad der Vernetzung:

A- oder Resolzustand:	Alkohollöslich und in der Wärme schmelzbar
B- oder Resitolzustand:	Nicht mehr alkohollöslich, noch schmelzbar
C- oder Resitzustand:	Weder alkohollöslich, noch schmelzbar.

Anwendungen

– *Pressmassen*

Harze auf Pulverform zerkleinert, mit Füllstoffen versetzt und in B-Zustand überführt (Füllstoffe: Gesteinsmehl, Holzmehl, Papier, Baumwolle). Armaturenbretter, Gehäuse, Schalen, Walzen für Druckmaschinen, Profile, Pressteile für Elektrotechnik.

– *Harze*

Lacke, Schaumstoffe. Mit Füllstoffen: Brems- und Kupplungsbeläge, Bindemittel für Schleifscheiben, Bestandteil von Metallklebern, Modelle für spannungsoptische Untersuchungen, Croning-Maskenguss(Sand + 4 bis 8 % Phenolharz), Dämmplatten.

– *Schichtpressstoffe*

  – *Hartgewebe* (Hgw)

  Bremsbacken, Keilriemenscheiben, Kupplungsteile, Kugellagerkäfige, Lager mit guten Notlaufeigenschaften (p_{zul} = 15 bis 20 N/mm^2).

  – *Hartpapier* (Hp)

  Gedruckte Schaltungen (Aufpressen einer Kupferfolie, Aufdrucken der Schaltung mit säurefesten Farben, Abätzen des restlichen Kupfers, Neutralisieren, Trocknen).

  – *Schichtpressholz*

  Verdichtetes Lagenholz mit mehr als 8 % Phenolharz. Keilriemen- und Seilscheiben, Sitze, Lehnen, Armaturenbretter.

Verarbeitungsverfahren

Formpressen, Spritzpressen, Extrudieren.

Aminoplaste
(DIN EN ISO 14 527-1 bis -3:99, DIN EN ISO 14 528-1 bis -3:99)

Amine = Abkömmlinge des Ammoniaks NH_3

a) *Harnstoffharze* (UF)

Hergestellt aus Harnstoff und Formaldehyd (Bild 6.21).

b) *Melaminharze* (MF)

Hergestellt aus Melamin und Formaldehyd (Bild 6.22). Einsatz und Verarbeitung ähnlich wie bei Phenoplasten.

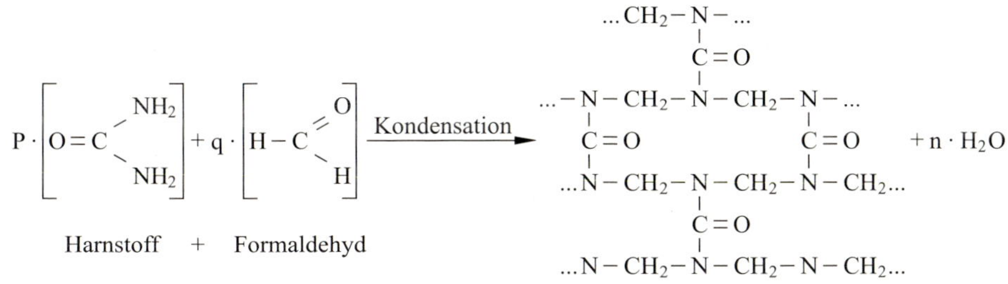

Bild 6.21 Strukturformel von Harnstoffharz, hergestellt aus Harnstoff und Formaldehyd

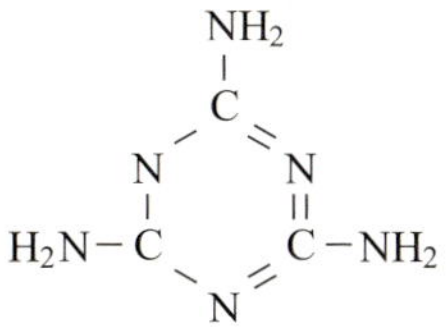

Bild 6.22 Strukturformel von Melamin

Silicone (SI)

Die bisher vorgestellten Kunststoffe haben als Basis organische Kohlenwasserstoffverbindungen. Silicone sind grundsätzlich anders aufgebaut. An der entscheidenden Stelle in der Kette befindet sich hier nicht ein Kohlenstoffatom, das die Beanspruchbarkeit in der Wärme begrenzt. Die hochwärmebeständigen Silicone stehen an der Grenze zwischen organischen und anorganischen Verbindungen. Sie bestehen aus einer Kette von Si-O-Si-O-Atomgruppen, denen lediglich als Seitengruppen Kohlenstoff enthaltende Radikale verschiedenen Aufbaus angegliedert sind. Die Silicone können mit anorganischen Füllstoffen versetzt und zu Formteilen und Schichtpressstoffen unter Druck und Wärme geformt werden.

Beispiel: Oktamethylzyklotetrasiloxan

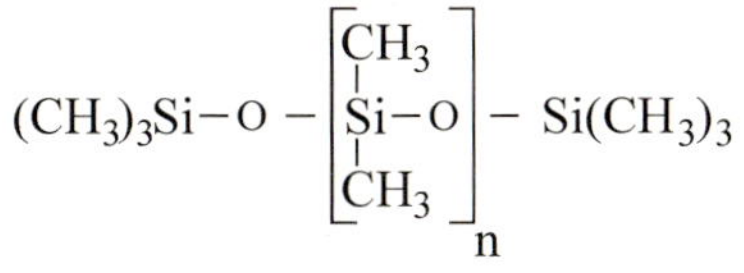

Anwendung

- Vulkanisierbarer Siliconkautschuk, verwendbar zwischen 95 und 200 °C: Dichtungen für Vakuumgeräte (keine Zersetzungsprodukte bei höheren Temperaturen), Kabelmäntel
- Harze: Farben, Lacke, Imprägnierungen. Mit Füllstoffen auch für Formteile
- Schichtpressstoffe: Hartgewebe aus Siliconlack und Glasfaserbahnen. Teile für den Elektromaschinenbau

– Öle, Fette: Gute Schmiereigenschaften, Wasser abstoßend, chemikalienfest. Imprägnieren von Mauerwerk, gute dielektrische Eigenschaften.

***Polyester** (UP)*
(DIN EN ISO 14 530-1 bis -3:99)

Unter Polyestern werden Substanzen verstanden, die durch mehrfach wiederholten Ablauf einer Esterbildungsreaktion aus geeigneten Ausgangsstoffen entstehen. Diese Ausgangsstoffe gehören chemisch den organischen Säuren und den Alkoholen an. Die Esterbildung ist der chemische Umsatz von Alkohol und Säuren als Kondensationsreaktion unter Abspalten von Wasser. Wenn Alkohol und Säure nur je eine reaktionsfähige Gruppe (OH-Gruppe bzw. abspaltbares H-Ion) haben, so entstehen einfache Ester (Bild 6.23). Besitzen beide Partner mindestens je zwei reaktionsfähige Gruppen, so bilden sich Makromoleküle, die als Polyester (Bild 6.24) bezeichnet werden.

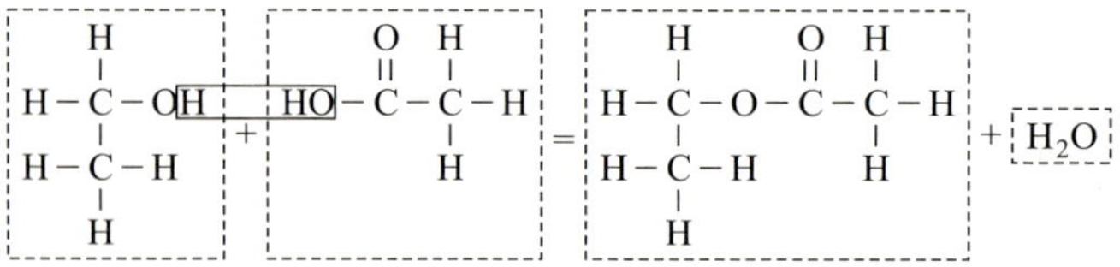

Bild 6.23 Aufbau eines einfachen Esters

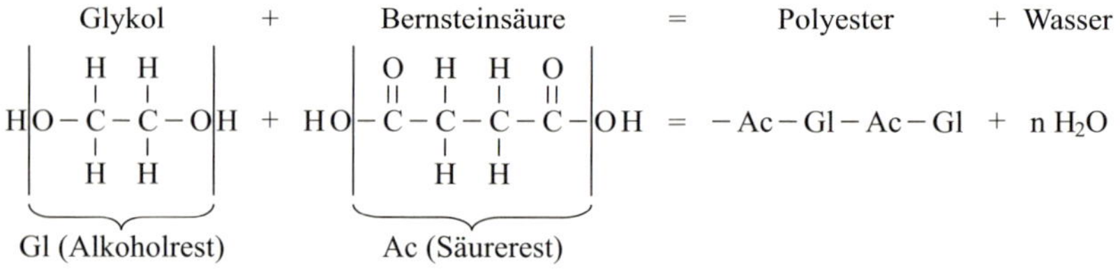

Bild 6.24 Aufbau eines Polyesters

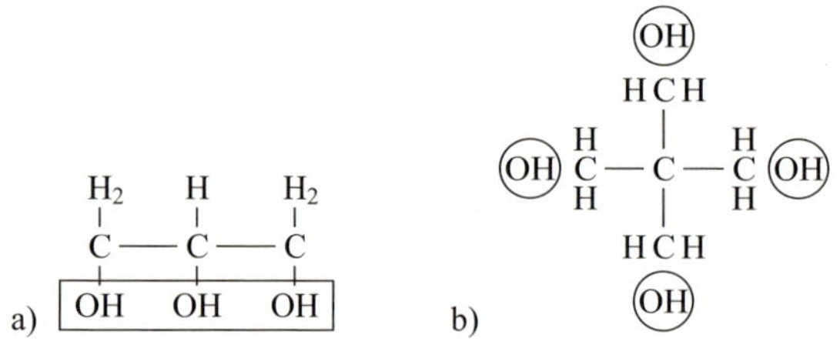

Bild 6.25 Mehrwertige Alkohole zum Aufbau von Duroplasten
a) Glyzerin, dreiwertig,
b) Pentaerythrit, vierwertig

Werden lineare Makromoleküle gebildet, ist das Ergebnis ein Thermoplast. Liegt eine Vernetzung vor, die durch den Einbau mehrwertiger Alkohole mit drei oder vier reaktionsfähigen Hydroxylgruppen ermöglicht wird, entstehen Duroplaste (Bild 6.25).

Auch durch Polymerisation ungesättigter Polyester, sofern sie noch polymerisationsfähige Doppelbindungen enthalten, kann ein räumliches Netzwerk von Makromolekülen entstehen, so dass aus einem zunächst thermoplastischen Kunststoff ein duroplastischer gebildet wird.

Von besonderer Bedeutung sind *glasfaserverstärkte Polyester* (GFK, z. B. DIN 16 868-1, -2:94, DIN 16 869-1, -2:95). Glasfasern von 10 µm werden in Strängen von z. B. 60 · 200 Elementarfäden, „Rovings“, abgespult. Die Stränge durchlaufen ein Tränkbad aus flüssigem Reaktionsharz und werden – etwa zur Herstellung eines Behälters – auf einen Stahldorn im Links- und Rechtsschraubengang aufgewickelt. Gepresste Böden werden eingeklebt. Danach findet eine Aushärtung statt. Die höchste Festigkeit liegt bei Beanspruchung in Faserrichtung vor, also anisotropes Festigkeitsverhalten. Andere Formen sind Glasfasermatten (z. B. für den Bootsbau), Glasgewebe, Glasfaservliese (sehr dünne Matten aus ungebündelten Glasfasern). Vorimprägnierte, verarbeitungsfertige Glasfaser / Harz-Kombinationen mit begrenzter Lagerfähigkeit werden als *Prepregs* bezeichnet.

Festigkeit von Glasfasern:

E-Glas: 1.300 bis 1.700 N/mm^2 Aluminiumborosilicatglas

S-Glas: ca. 4.500 N/mm^2 Magnesiumaluminiumsilicatglas

Die Entwicklung geht in Richtung höchstfester Fasern (C, B).

Anwendung

- *Textilfasern*

  (Terylene, Trevira, Diolen) sind ungesättigte Polyester, temperaturfest bis 120 °C.
- *Lacke, Klebstoffe*
- GFK

  Fahrzeugbauten (LKW, Tankwagen, Omnibusse, Kühlwagen). Behälter für chemische Industrie, Druckgasspeicher, Flüssiggasbehälter, Bootskörper, Flugzeugbau.
- *Gießharze*

  Z. B. chemikalienfeste Beschichtung aus Polyesterharz von Betonrohren. Schicht härtet nach dem Aufspritzen aus.
- *Formpressmassen*

  Ungesättigte Polyester mit Füllstoffen für Anwendung in der Elektrotechnik.
- *Schichtpressstoff*

Polyamide *(PA)*
(DIN EN ISO 1874-1:00, DIN prEN ISO 1874-2:04, DIN 16 982:74)

Lineare, durch Kondensation gebildete Thermoplaste auf der Grundlage von dem Eiweiß verwandten Ausgangsstoffen. Beispiel: Reaktion von Diaminen und Dicarbonsäuren.

$$n \cdot (H_2N \cdot R \cdot NH_2) + n\,(HOOC \cdot R_1 \cdot COOH),$$

wobei R und R_1 unterschiedlich aufgebaute Kohlenwasserstoffketten sind. Die beiden Bestandteile werden gemischt und erwärmt. Dabei kondensieren sie

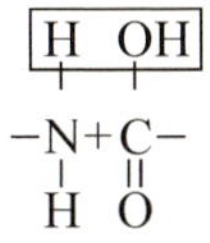

unter Bildung von Makromolekülen. Wie Polyester mit Glasfasern verstärkbar.

Anwendung

- Chemiefaser

  Perlon, bis etwa 90 °C beständig, Fallschirme, Netze, Feuerwehrschläuche, Förderbänder.

- Folien

  Extrudiert oder aus gespritzten Schläuchen hergestellt. Verpackung.

- Formteile

  Polyamidpulver mit Füllstoffen als Ausgangsstoff zum Formpressen und Spritzgießen, geräuscharme Zahnräder für feinwerktechnische Geräte, Gleitlager, Kurvenscheiben, Kettenräder, Laufräder für Gebläse, Transportketten, Laufrollen, Kupplungsteile, tragende Maschinengehäuse, Transportbehälter, Schutzhelme, Ventile für Kühlwasserpumpen, Schiffsschrauben.

Verarbeitungsverfahren

Spritzgießen, Extrudieren, Hohlkörperblasen, druckloses Gießen, Schleuderguss.

***Polycarbonat** (PC)*
(DIN EN ISO 7391-1, -2:06, DIN EN ISO 11 963:95)

Polycarbonat entsteht durch eine Kondensationsreaktion von Dihydroxydiphenylalkanen mit Kohlensäure:

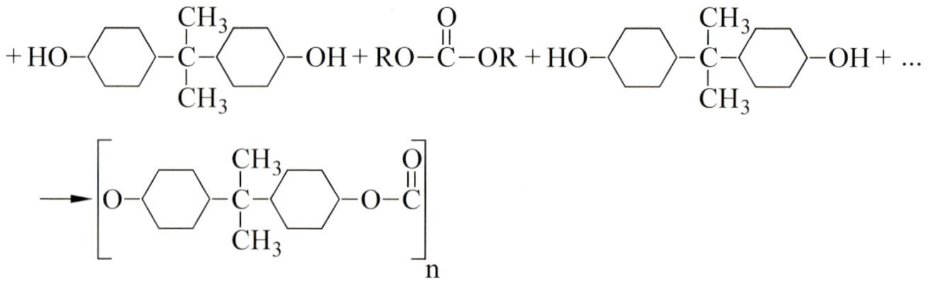

Anwendung

Kugelsicheres Panzerglas. Schweißbar und zäh, bis zu tiefen Temperaturen. Zahlreiche Anwendungsgebiete in Maschinenbau und Elektrotechnik, auch mit Glasfasern verstärkt.

***Polyimid** (PI)*

Polyimid ist die wichtigste Gruppe der hochwärmebeständigen Kunststoffe. Die Gebrauchstemperaturen können kurzzeitig, je nach Typ und Verarbeitung, bis 500 °C, für den Dauereinsatz bis 360 °C betragen. Polyimide sind gekennzeichnet durch die charakteristische Gruppe

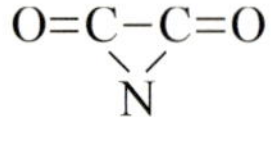

Polyimide entstehen durch Polykondensation und Polyaddition.

Polykondensate beruhen auf der Reaktion eines aromatischen Diamins mit aromatischem Dianhydrid, als Duro- und Thermoplaste verfügbar. Beispiel: Polykondensat aus Tetracarbonsäureanhydrid und aromatischem Diamin. Das Diamin wird bei 20 bis 40 °C in DMF (Dimethylformamid) gelöst. Stark exotherme Reaktion führt zu in DMF gelöster Amidcarbonsäure, die zunächst im Stickstoffstrom und später bis zu 300 °C im Vakuum getrocknet wird. Dabei bildet sich pulverförmiges Polyimid, das bei Temperaturen bis 800 °C und hohen Drücken zu Formteilen gesintert wird.

Besonderheit

Thermoplastische Polyimide sind nicht in schmelzflüssigen Zustand überführbar, weil ihre Schmelztemperatur über ihrer Zersetzungstemperatur liegt. Polyaddukte nur als Duroplaste.

Abgewandelte Polyimide

Z. B. wasserstofffreies Polyimid (bis 600 °C an Luft beständig), Polybismaleinimid, Polyamidimid, Polyesterimid, mit bis zu 50 % Masseanteil Textilglas verstärkte Polyimide.

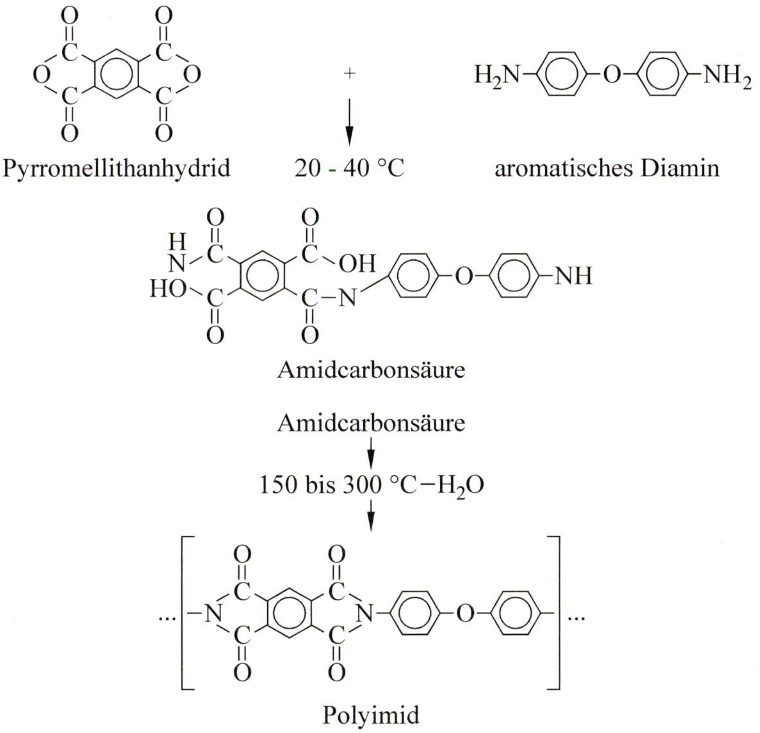

Lieferformen

Durch Pulversintertechnik hergestellte Halbzeuge und bei einigen Typen als Masse für Pressformen.

Anwendung

Beschichtungen für wärmebeständige Überzüge, z. B. auf Aluminium, Nylongewebe und Folien, Klebstoffe für Aluminium, Titan und austenitischen Stahl, öl- und fettfreie Lager- und Gleitelemente (Reibwert sinkt mit zunehmender Temperatur), Kolbenringe, Ventilsitze, Dichtungen, Schweißbrennerhandgriffe, Formteile für Strahltriebwerke. Körper für elektrische Spulen, Abdeckungen, Autozubehörteile.

6.3.4.3 Polyaddukte

***Polyurethane** (PUR)*

Die Erzeugung findet durch Umsetzung von Isocyanaten und Alkoholen satt. Sind diese Bestandteile bifunktionell, entstehen lineare Ketten, d. h. Thermoplaste.

Isocyanat: R-N=C=O

Alkohol: R´-OH

Bei der Umsetzung entsteht im einfachsten Fall unter Verschiebung des H-Atoms des Alkohols an die O=C=N-Atomgruppe des Isocyanates ein Urethan

$$R{-}N{=}\underset{\underset{O}{\|}}{C} + HO{-}R' \longrightarrow R{-}NH{-}\underset{\underset{O}{\|}}{C}{-}O{-}R'$$

Polyurethane werden entsprechend durch Reaktion von mehrfunktionellen Isocyanaten und Alkoholen gebildet (Bild 6.26). Diisocyanate und Polyalkohole oder Dialkohol und Polyisocyanate führen zu vernetzten Strukturen und damit zu Duroplasten.

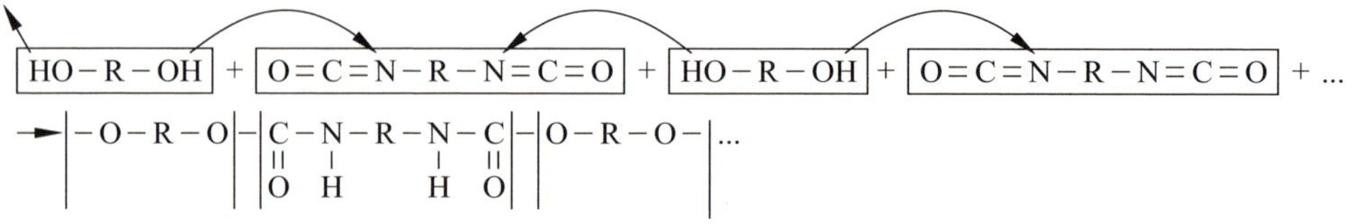

Bild 6.26 Aufbau von Polyurethanen

Anwendung

- Fasern, Folien, Lacke: Zweikomponentenlacke mit hoher Durchschlagfestigkeit.
- Klebstoffe (z. B. DIN EN 15 416-4:06)

  Zweikomponentenkleber, auch für etwas erhöhte Temperaturen geeignet (bei 100 °C haben sie 50 bis 60 % der Festigkeit bei Raumtemperatur).
- Formteile

  Je nach Art der Herstellung schlagfeste und Weichgummi ähnliche Platten und Formteile. Dichtungen (DIN EN 681-4:00), Membrane, Reifen.
- Schaum-Wärmedämm- (z. B. DIN prEN 14 315-2:06) und Leichtstoffe für Leichtbau

  Etwa 50 % der Schaumstoffe sind Polyurethane, chemisch beständig, formtreu, nicht für feuchtwarme Umgebung geeignet.

***Epoxidharze** (EP)*
(DIN EN ISO 15 252-1 bis -3:99, DIN EN ISO 3673-1, -2:99)

Herstellung aus Alkoholen und Äthylenoxidverbindungen. Meist Grundharz plus Härter, der kurz vor der Verarbeitung zugesetzt wird. Ihren Namen verdanken diese Kunststoffe der sehr reaktionsfähigen Epoxidgruppe

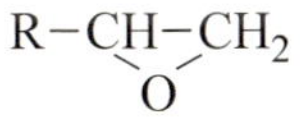

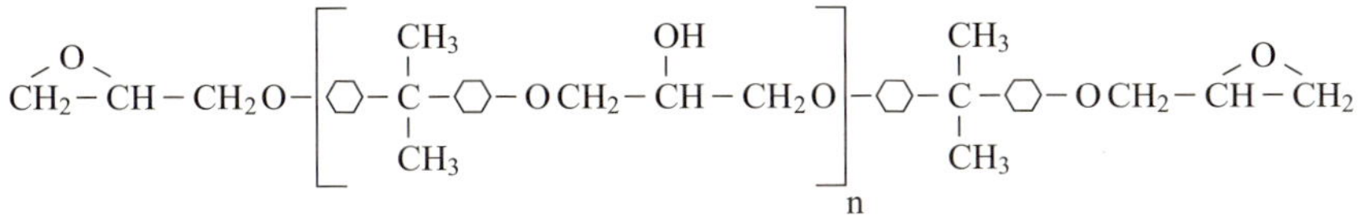

Bild 6.27 Aufbau eines Klebharzes

Anwendung

– Lacke

  Mit Epoxidlacken (DIN EN ISO 7142:04) behandelte Bleche können ohne Beeinträchtigung des Überzugs gestanzt und weitgehend durch Biegen und Tiefziehen verformt werden. Also gute Haftung. Wärmebeständig bis 120 °C.

– Kleber

  Zahlreiche Variationen, teils kalt, teils warm aushärtend. Auch Metallkleber.

– Gießharze

  Mit Füllstoffen in der Elektrotechnik angewendet.

6.3.5 **Weichmacher** (DIN EN ISO 1043-3:99), **Gleitmittel, Füllstoffe** (DIN EN ISO 1043-2:01), **Antistatika** [6.47]

1. *Innere Weichmachung.*

   Änderung der mechanischen Eigenschaften durch Mischpolymerisation von weichen und harten Komponenten.

2. *Äußere Weichmachung.*

   Änderung der mechanischen Eigenschaften durch Zugabe niedermolekularer Substanzen. Sie müssen eine gewisse chemische Verwandtschaft zu den Hochpolymeren aufweisen, bzw. in ihnen löslich sein. Die Anteile liegen zwischen einigen Prozenten und 40 %. Aktive Moleküle der Hochpolymere werden durch Moleküle des Weichmachers gebunden, so dass sie nicht zur Vernetzung beitragen können. Dadurch größere Beweglichkeit der Makromoleküle und höhere Elastizität der Kunststoffe.

Wird sehr viel Weichmacher hinzugefügt, kann der Werkstoff plastisch werden und fließen. Dadurch ist die maximale Konzentration an Weichmacher gegeben. Folgende Substanzen kommen in Betracht:

a) *Monomere Weichmacher*:

   Adipinsäureester, Phosphorsäureester, Sulfonsäureester, Essigsäureester.

b) *Polymere Weichmacher*:

   Polyester, Polybutadienacrylnitril.

Gleitmittel sind hochmolekulare Wachse zur Verbesserung der Formfüllung. Mit *Füllstoffen* wie Kaolin, Sand, Carbonaten, Sulfaten, Silicaten, Ruß usw. lassen sich die Eigenschaften der Kunststoffe variieren. Durch Zusatz gut leitender *Antistatika* kann der Oberflächenwiderstand z. B. von PE auf weniger als 10^9 W erniedrigt werden, so dass die Voraussetzungen für eine Ableitung bzw. gleichmäßige Verteilung von Oberflächenladungen geschaffen werden [6.47].

6.3.6 Schaumstoffe

Zahlreiche Kunststoffe wie PUR, PS, PVC, PF, UP, UF und PA lassen sich verschäumen. Zu diesem Zweck wird der Kunststoff erwärmt, mit Treibmitteln versetzt, für die FCKW (Fluor-Chlor-Kohlenwasserstoffe) wie Frigen oder Freon nicht mehr verwendet werden sollen, und in Formen oder im Extruder aufgeschäumt. Die Eigenschaften der Schaumstoffe sind abhängig von der Größe und Zahl der Poren. Schaumstoffe mit geschlossenen Poren werden für maritime Anwendungen, z. B. für Auftriebskörper in Booten und Schwimmwesten, mechanische Stützungen und für den Wärmeschutz, solche mit offenen Poren für den Schallschutz, für Polsterungen und Schwämme, eingesetzt.

Ein interessantes Anwendungsgebiet stellt das Ausschäumen von Stützkernen in Sandwich-Waben-Konstruktionen dar. Die Außenhaut dieser sehr steifen und dabei leichten Elemente besteht aus Metallfolie, Kunststoff oder Holz.

6.3.7 Faserverstärkte Kunststoffe (DIN 16 868, DIN 16 869 [6.48 – 6.50])

Fasern aus hochfesten Stoffen (Glas, Aramid, Kohlenstoff) können im Verbundwerkstoff der Beanspruchung entsprechend unidirektional oder kreuzweise angeordnet werden. Sie erhöhen die Festigkeit von Kunststoffteilen wesentlich und führen damit zum Leichtbau durch günstiges Verhältnis von Festigkeit zu Masse. Vielfach werden harzvorlaminierte Halbzeuge, so genannte Prepregs, verwendet.

Glasfasern mit unterschiedlicher Zugfestigkeit, Tabelle 6.9, werden zu Rovings, Gewebe, Vliesen, Bändern usw. verarbeitet und in dieser Form zur Verstärkung herangezogen (GFK).

Aramidfasern, vom Polyamid abgeleitet, werden aus dem Reaktor oder einer Polymerlösung heraus gesponnen, gewaschen, neutralisiert und getrocknet (Niedermodulfaser) oder zusätzlich verstreckt (Hochmodulfaser). Der aramidverstärkte Kunststoff wird mit AFK bezeichnet.

Tabelle 6.9 Glasfasern für die Kunststoffverstärkung

Bezeichnung	Typ	Dichte in g/cm³	Zugfestigkeit R_m in N/mm²	E-Modul in N/mm²
E-Glas	Al-B-Silicatglas	2,52	1.300 - 1.700	$0{,}79 \cdot 10^5$
S-Glas	Mg-Al-Silicatglas (mit etwas ZrO_2 u. Na_2O)	2,48	4.500	$0{,}88 \cdot 10^5$
HM-Glas		2,84	3.500	$1{,}24 \cdot 10^5$

Kohlenstofffasern für CFK werden bevorzugt aus Polyacrylnitril (PAN) durch Pyrolyse erzeugt. Je nach Verfahren sind Elastizitätsmodul und Festigkeit unterschiedlich, Tabelle 6.10. GFK wird in der Technik in großem Umfang eingesetzt, vorzugsweise für Rohre (DIN 16 868 -1, -2:94, DIN 16 869-1, -2:95) oder Behälter auch großer Abmessungen, während sich die Verwendung von AFK und CFK wegen der hohen Materialkosten auf den Bau von Flugzeugkomponenten und Sportgeräten sowie Maschinenbauteilen beschränkt, die große Beschleunigungen erfahren. Anwendungen in Kraftfahrzeugen werden zurzeit vorbereitet. Großflächige Kunststoffteile, meist aus Polyester, werden in Flachbahnanlagen hergestellt und mit Glasfasermatten oder Endlosrovings (Faserbündel) verstärkt. Auch Kombinationen aus Matten und Rovings sind möglich. Die Weiterverarbeitung erfolgt durch Pressen, Spritzgießen oder Spritzpressen. Für dieses Verfahren hat sich die Bezeichnung SMC (sheet-molding-compound) bei massiv, also nicht in Form von Flachmaterial verarbeiteten Teilen, auch BMC (bulk-molding-compound) eingeführt. Bei der SMC-Technik treten zuweilen Lackierprobleme auf, die sich dadurch vermeiden lassen, dass man nach dem Aushärten des Pressteils das Werkzeug um 3 bis 5 mm öffnet und in den entstehenden Spalt PUR-Lack einspritzt. Anschließend wird das Werkzeug bei verringertem Pressdruck erneut geschlossen, um den eingespritzten Lack zu verteilen und auszuhärten. Dabei dringt der Lack in Poren an der Oberfläche ein und füllt sie aus (IMC = in-mold-coating).

Tabelle 6.10 Kohlenstoff- und Aramidfasern für die Kunststoffverstärkung

Bezeichnung	Typ	Dichte ρ in g/cm³	Zugfestigkeit R_m in N/mm²	E-Modul in N/mm²
	Hochmodulfaser	1,95	1.750 - 2.270	$3{,}5 \cdot 10^5$ - $4{,}2 \cdot 10^5$
HT-Faser	Hochfestigkeitsfaser	1,76	2.460 - 3.160	$2{,}46 \cdot 10^5$ - $2{,}94 \cdot 10^5$
HST-Faser	Hochdehnungsfaser	1,77	4.400 - 4.800	$2{,}4 \cdot 10^5$
			cN/dtex	cN/dtex
Aramid-Faser	Kevlar *)	1,44	18 - 21	300 - 400
Aramid-Faser	Kevlar 29 *)	1,44	19	408
Aramid-Faser	Kevlar 49 *)	1,45	19	900 - 1.000
Aramid-Faser	X-500 *)	1,45 - 1,47	12 - 14	700 - 800
*) Handelsname				

Festigkeitswerte für textile Spinnfasern, Kabel, Garne, Faserbänder und Folien liegen oft im TEX-System (DIN 60 905) vor. Hierbei wird die längenbezogene Masse statt in kg/m in g/km angegeben, d. h.

$1 \text{ tex} = 1 \text{ g/km} = 10^{-6} \text{ kg/m},$

und es gelten die Einheiten gemäß Tabelle 6.11.

Tabelle 6.11 Einheiten des TEX-Systems

Name	Zeichen	Beziehung
Millitex	mtex	= 1 mg/km
Dezitex	dtex	= 1 dg/km
Tex	tex	= 1 g/km
Kilotex	ktex	= 1 kg/km

Die längenbezogene Masse wird als Feinheit Tt bezeichnet. Sie folgt aus

$$Tt = \frac{m}{l} = \frac{\rho \cdot A \cdot l}{l} = \rho \cdot A$$

mit: *A*: Faserquerschnitt; *ρ*: Dichte; *l*: Länge; *d*: Faserdurchmesser

Für eine Faser gilt:

$$Tt = \frac{d^2 \cdot \pi}{4} \cdot \rho \cdot 10^{-6} \quad \text{dtex}$$

mit: *d* in cm; *ρ* in g/cm³

bzw.

$$\frac{d^2 \cdot \pi}{4} \cdot \rho \cdot 10^{-2} \quad \text{dtex}$$

mit: *d* in µm; *ρ* in g/cm³

Im Zugversuch wird eine Zerreißkraft F in cN gemessen. Dann ist die auf die Dichte ρ bezogene Zugfestigkeit

$$R = \frac{F}{A \cdot \rho} = \frac{F}{\frac{\pi \cdot d^2}{4} \cdot \rho} \quad \text{in} \quad \frac{N\,cm}{g}$$

bzw.

$$R = \frac{F}{\frac{\pi \cdot d^2}{4} \cdot \rho} \cdot 10^3 \quad \text{in} \quad \frac{cN\,km}{g} = \frac{cN}{tex}$$

mit: *F* in cN; *d* in µm; *ρ* in g/cm³

Die sonst üblicherweise bei Metallen bestimmte Zugfestigkeit ergibt sich zu

$$R_m = R_\rho \cdot \frac{da\,N}{mm^2}$$

Beispiel: Kevlar:

$$R = 20\,cN\,/\,dtex = 200 \quad cN\,/\,tex$$

$$R_m = R_\rho = 200 \cdot 1{,}44 = 288\,\frac{daN}{mm^2} = \underline{\underline{2\,880 \quad N\,/\,mm^2}}$$

6.3.8 Metallisieren von Polymerwerkstoffen

Mit den Arbeitsmethoden der Galvanotechnik kann man Kunststoffe mit einer festhaftenden Metallbeschichtung beliebiger Dicke versehen.

Stromlose Verfahren

Bei Schichtdicken < 1 µm können Kunststoffe im Hochvakuum mit Aluminium, Kupfer, Silber oder Gold bedampft werden.

Als chemische Verspiegelung bezeichnet man ein Verfahren, bei dem auf die gereinigte und sensibilisierte Kunststoffoberfläche mit einer Zweikomponenten-Spritzpistole eine Silbersalzlösung und ein Reduktionsmittel aufgesprüht werden. Bei Vereinigung der beiden Komponenten scheidet sich ein Silberfilm ab.

Für beide Verfahren ergeben sich Anwendungen, bei denen es auf optische und dekorative Effekte ankommt: Reflektoren, reflektierende Folien, Rückstrahler.

Galvanische Verfahren

Einsetzbar für Schichtdicken über 10 µm. Durch Beizen der Oberfläche erhält man ein submikroskopisches System von Kanälen und Kavernen, in dem sich nach anschließender Aktivierung die aus einem stromlosen Metallisierungsbad abgeschiedene, etwa 0,5 µm dicke leitende Metallschicht fest verankert. Auf dieser Schicht kann dann nach denen in der Galvanotechnik üblichen Methoden eine Metallauflage beliebiger Art und Dicke niedergeschlagen werden. Wie bei der Metallgalvanisierung wird im Allgemeinen Kupfer, Nickel und Chrom in dieser Reihenfolge abgeschieden.

7 Herstellung von Eisen und Stahl

7.1 Erzeugung von Roheisen

Den Herstellungsgang bei der Erzeugung von Roheisen mit Hilfe des Hochofens und die Weiterverarbeitung zu Stahl zeigt die folgende Übersicht [7.1 - 7.21]:

Aufbereitete Erze + Koks + Zuschläge
↓
Hochofen
↓
Roheisen
↓
Mischer
↓
Frischverfahren
(Siemens - Martin-, Thomas- Sauerstoffaufblas-, Elektrostahl-Verfahren)
↓
Stahl unterschiedlicher Qualität

} chemische Technologie

↓
Formgebung
(Gießen, Blech- und Massivumformen, spangebendes Umformen)

} mechanische Technologie

7.1.1 Eisenerz

Das Element Eisen (mit 4,2 % das zweithäufigste Metall in der Erdrinde; Aluminium: 7,5 %) kommt in der Natur selten gediegen vor (in Basalten und Meteoren), meist findet es sich zusammen mit Verunreinigungen wie Ton, Sand usw. (*Bergart*, *Gangart*) in chemischen Verbindungen. Nur im technischen Sinne verwertbare Eisenverbindungen bezeichnet man als Eisenerze. Vorwiegend handelt es sich um die Oxide Fe_2O_3 und Fe_3O_4.

Theoretisch enthält

$$Fe_3O_4: \quad \frac{3 \cdot 56}{3 \cdot 56 + 4 \cdot 16} \cdot 100 = 72{,}4\,\%\ Fe$$

$$Fe_2O_3: \quad \frac{112}{112 + 48} \cdot 100 = 70\,\%\ Fe$$

Die wichtigsten Eisenerze sind:

– **Magneteisenstein (Fe_3O_4)**: 45 bis 70 % Fe (über 60 % wird als reich bezeichnet).

Vorkommen: Schweden (Kiruna) und Norwegen, Westaustralien, Adirondacks USA, Ural, schwarze Strände an der Westküste Neuseelands (Verhüttung) und in Kalifornien.

- **Roteisenstein (Fe_2O_3)**: 40 bis 60 % Fe (über 50 % reich). Phosphorarmes Erz. Auch als Eisenglanz und Hämatit bekannt (Hämatit auch Name für phosphorarme Gusseisensorte).

  Vorkommen: Brasilien, China, Australien, Elba, Spanien, Algerien, England, Ukraine, Lahn-Dill Gebiet.

- **Brauneisenstein (z. B. $2Fe_2O_3 \cdot 3\,H_2O$)**: Eisenhydroxid, Oxid mit wechselndem Wassergehalt, meist 30 bis 45 % Fe (über 45 % reich). Auch als Raseneisenstein bekannt.

  Vorkommen: Lothringen (Minette), Luxemburg, Algerien und Spanien.

- **Spateisenstein ($FeCO_3$)**: Eisenkarbonat, meist 25 bis 40 % Fe (über 38 % reich). Zur CO_2-Austreibung meist geröstet.

  Vorkommen: Siegerland, Steiermark (Tagebau am Erzberg), Kärnten, England, Ungarn.

Aufbereitung der Erze

Trennen von Erz und Gangart. Dadurch Verminderung der zu transportierenden Massen, Entlastung des Hochofens von zur Eisenerzeugung nicht benötigten Stoffen.

a) *Nassmechanische Aufbereitung*

Aufschlämmen des Erzes mit Wasser, so dass die spezifisch schwereren eisenhaltigen Bestandteile absinken, die leichtere Gangart aber fortgespült wird; unwirtschaftlich wegen des hohen Wasserverbrauchs (3 m^3/t Erz).

b) *Magnetscheidung*

Nach Zerkleinerung des Erzes folgt Trennung von Gangart und eisenhaltigen Bestandteilen durch Magnetabscheider.

c) *Rösten* (meist bei Spateisenstein)

Erhitzen des Erzes durch heiße Luft; dadurch Oxidation von Spateisenstein zu Eisenoxid:

$$2\,FeCO_3 + \frac{1}{2}\,O_2 \rightarrow Fe_2O_3 + 2\,CO_2$$

Stückigmachen des pulverigen Erzes

a) *Brikettieren* (Pressen zu kleinen Teilen)

b) *Sintern*

Das Erhitzen des mit Koks vermischten Erzes auf einer Bandsinteranlage auf Temperaturen von 900 bis 1.300 °C führt zu einer Zusammenballung der Erzkörner.

c) *Pelletisieren* (Kugelsintern, Pellets = kugelförmige Teile)

Erzstaub (Teilchendurchmesser < 0,2 mm) wird angefeuchtet und vorverdichtet. Die so entstandenen „Feuchtpellets“ („Grünpellets“, Durchmesser 10 bis 25 mm) werden gebrannt, wobei durch das Aushärten der tonigen Gangart feste Teile entstehen. Vorteil der Pellets: gute und gleichmäßige Durchgasbarkeit im Hochofen.

7.1.2 Koks

Das Ausgangsprodukt für Koks ist Steinkohle, deren Kohlenstoffgehalt mit zunehmendem erdgeschichtlichem Alter ansteigt, während die flüchtigen Bestandteile abnehmen. Verunreinigungen der Kohle bestehen hauptsächlich aus Wasserstoff, Sauerstoff, Stickstoff und Schwefel. Der Zweck der unter Luftabschluss bei hohen Temperaturen erfolgenden Verkokung liegt im Erzielen eines höheren Heizwertes: die flüchtigen Bestandteile der Kohle werden vergast und dadurch ihr Kohlenstoffgehalt erhöht. Der Verkokungsvorgang läuft in einem *Kammerofen* mit *Regenerativfeuerung* ab. Dabei strömt Luft durch die von den Kokskammern abgetrennten Brennkammern, die zur optimalen Energienutzung durch Abgase vorgeheizt sind. Bei ca. 350 °C sind alle gasförmigen und flüssigen Bestandteile wie Teer, Ammoniak, Leuchtgas u. a. abgewandert, so dass Koks mit erhöhtem Heizwert zurückbleibt.

7.1.3 Zuschläge

Die Zuschläge sollen die noch vorhandenen Gangarten und die Asche des Brennstoffs in eine niedrig schmelzende, leichtflüssige Schlacke überführen.

Das mit Zuschlägen vermischte Erz wird Möller genannt. Man braucht, je nach Erzart, bis zu 25 % des Erzgewichtes an Zuschlägen. In günstigen Fällen, bei *selbstgehendem Erz,* sind keine Zuschläge erforderlich. Die Wahl der Zuschläge richtet sich nach dem Charakter der Gangart:

Saure Gangarten benötigen basische Zuschläge

Basische Gangarten benötigen saure Zuschläge

Basische Gangarten:

Kalk (CaO)
Dolomit ($CaCO_3 + MgCO_3$)
Flussspat (CaF_2)

Saure Gangarten:

Quarzsand (SiO_2)
Tonschiefer ($Al_2O_3 + SiO_2$)
Kieselsäurehaltige Mineralien (H_2SiO_3)

Bestandteile, die sich sowohl basisch als auch sauer verhalten können, nennt man *amphoter*, z. B. Tonerde (Al_2O_3).

7.1.4 Hochofen

Geschichtliche Entwicklung

Die ersten im Laufe der Jahrhunderte entwickelten Öfen zur Gewinnung des Eisens waren die so genannten *Rennöfen*, in denen man schmiedbare Stahlluppen herstellen konnte. Der Name dieser Öfen stammt von der aus dem Feuer „rinnenden" dünnflüssigen Schlacke (Eisen: teigig). Eine Weiterentwicklung stellte der *Stückofen* dar, der den nötigen Blaswind durch wasserkraftbetriebene Gebläse bekam. Ergebnis: Schmiedbare Luppen.

Nach 1400 begann man, *flüssiges Roheisen* in *Holzkohle-Hochöfen* herzustellen.

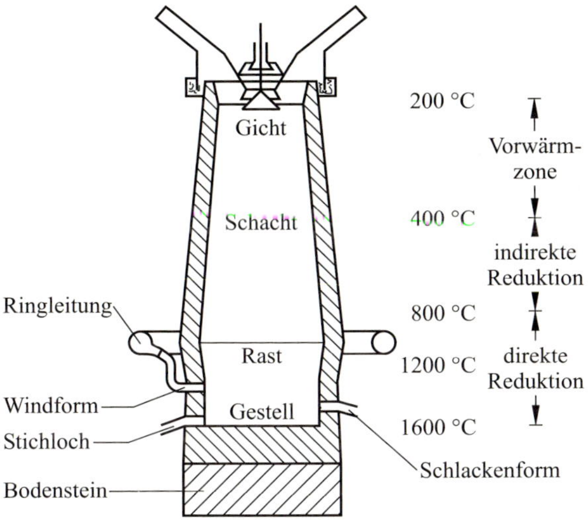

Bild 7.1 Aufbau eines Hochofens (schematisch)

Als in England die Holzkohle zur Neige ging, stellte man die Öfen auf Koks um. 1709 erfolgte die erste Eisenerschmelzung mit Koks (A Darby). 1715 war der *erste Kokshochofen* in Betrieb. Die Erfindung der Dampfmaschine begünstigte die Verwendung von Koks, da die Bergwerke nun entwässert und damit besser ausgebeutet werden konnten. Als Vorteil des Kokses erwies sich seine hohe Druckfestigkeit (Erzlast besser tragbar) und seine hohe Porosität (gute Luftdurchlässigkeit).

Gleichzeitig war der Bau großer Gebläse zur Erzeugung des *Windes* für den Hochofen möglich geworden. Den Aufbau des Hochofens zeigt Bild 7.1

Abmessungen, Verbrauch und Ausstoß

Höhe:	20 bis über 40 m
Gestellweite:	6 bis 15 m Durchmesser
Nutzinhalt:	1.300 bis 5.000 m^3
Kühlwasserverbrauch:	900 bis 1.500 $m^3/h = (22 \text{ bis } 36) \cdot 10^3\ m^3/\text{Tag}$
Tageserzeugung:	1.500 bis 10.000 t Roheisen
Schlacke:	0,4 bis 0,8 t/(t Roheisen)

Ein großer Hochofen für 10.000 Tagestonnen (tat) Roheisen benötigt etwa 25.000 t Erz, 2.500 t Kalk, 8.750 t Koks, zusammen 36.250 t Rohstoffe.

Man kann den Wirkungsgrad eines Hochofens wesentlich anheben, indem man Heißluft einbläst. Dazu wird Kaltluft durch ein Turbinengebläse auf etwa 2 bar verdichtet, in einem *Winderhitzer* (*Cowper,* Bild 7.2) im Regenerativverfahren bis zu 1.250 °C erwärmt und dann in den Hochofen eingeblasen.

Winderhitzer sind hohe, stahlummantelte Zylinder, innen mit einem feuerfesten Material ausgekleidet, die ein Gitterwerk aus feuerfesten Formsteinen (Gitterschacht) und einen Brennschacht enthalten. Während der Heizperiode wird im Brennschacht Gichtgas (evtl. durch Koksgas angereichert) verbrannt. Der heiße Gasstrom wird über die Kuppel ins Gitterwerk gelenkt, das dadurch aufgeheizt wird. Während der Windperiode wird die Verbrennung gestoppt und Kaltwind durch das heiße Gitterwerk geleitet, der sich dabei erhitzt und über eine feuerfest ausgemauerte Windleitung sowie die Blasformen als Heißwind in den Hochofen gelangt. Die maximalen Windtemperaturen liegen heute bei 1.250 °C.

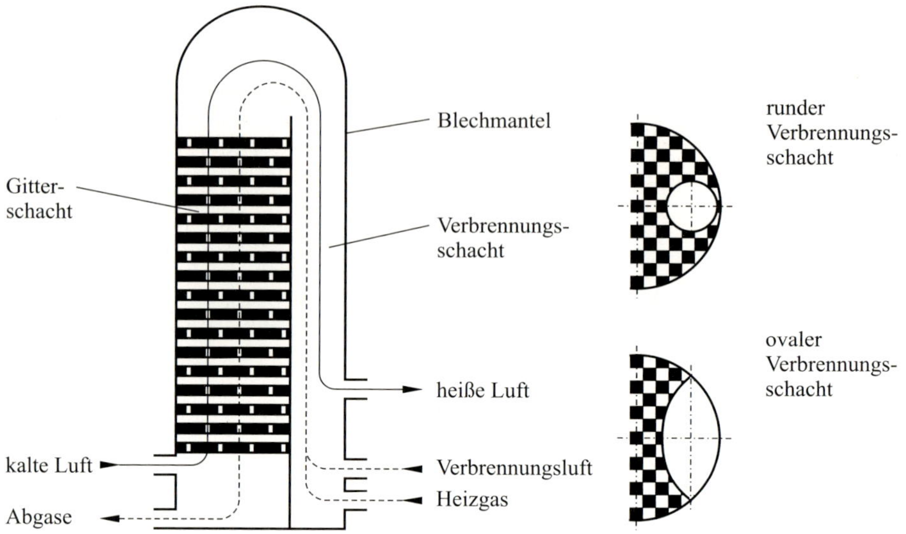

Bild 7.2 Cowper

Wegen des üblichen Intervallbetriebes braucht jeder Hochofen 4 bis 5 Cowper. Je Tonne Roheisen benötigt man ca. 4.000 m^3 Luft; das entspricht bei einem kleinen Hochofen mit einer Tagesproduktion von 800 t Roheisen etwa 2.000 m^3 Luft/min. Jede Erhöhung der Windtemperatur um etwa 100 °C bedeutet eine Koksersparnis von bis zu 4 % [7.4].

Abmessungen eines Cowpers

Höhe:	20 bis 40 m
Durchmesser:	8 bis 10 m

Chemische Vorgänge im Hochofen

Indirekte und direkte Reduktion der Erze

Im Hochofen werden die Erze zu Eisen reduziert.

a) *Indirekte Reduktion* = Reduktion durch *Kohlenmonoxid* (vgl. Bild 7.4)

$Fe_3O_4 + CO \rightarrow 3\ FeO + CO_2$

$FeO + CO \rightarrow Fe + CO_2 - 246$ kJ/kg Fe (exotherm)

$Fe_3O_4 + 4\ CO \rightarrow 3\ Fe + 4CO_2 - 104$ kJ/kg Fe

b) *Direkte Reduktion* = Reduktion durch *Kohlenstoff*, z. B.

$Fe_2O_3 + 3C \rightarrow 2\ Fe + 3\ CO + 4.200$ kJ/kg Fe (endotherm)

Diese Reaktion erfolgt in der Rast und läuft erst oberhalb von 1.000 °C ab. Man bemüht sich daher, die indirekte Reduktion, die schon ab 400 °C möglich ist, zu fördern.

Oberhalb von 800 °C nimmt Eisen Kohlenstoff auf. Dadurch wird der Beginn der Erstarrung von 1.536 °C bei reinem Eisen auf etwa 1.200 °C bei ca. 4 % Kohlenstoff erniedrigt (Bild 7.3).

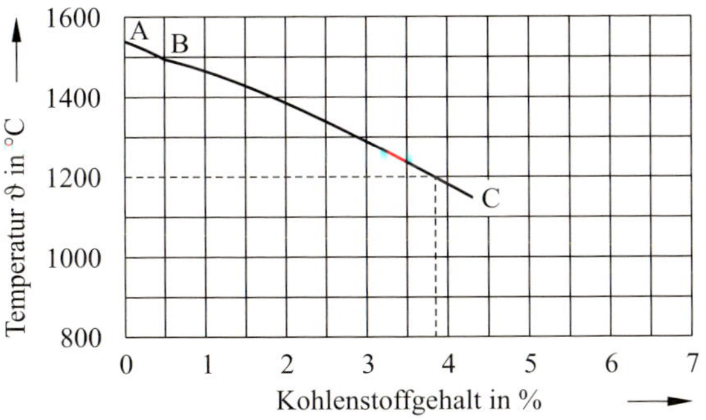

Bild 7.3 Erstarrungstemperatur von Eisen-Kohlenstoff-Legierungen (die Buchstaben A, B und C entsprechen Bild 4.22)

Der nötige Kohlenstoff bietet sich dem Eisen in Form von Koks an, der somit drei wichtige Aufgaben zu erfüllen hat:

- Lieferung der Wärme (für die Reduktion)
- Lieferung des Kohlenstoffs (für die Reduktion)
- Aufkohlung des Eisens zur Erniedrigung der Schmelztemperatur

Boudouard-Gleichgewicht: 2 CO ⇆ C + CO_2

Die Richtung, in der diese Reaktion abläuft, hängt von der Zusammensetzung der Gasatmosphäre und der herrschenden Temperatur ab.

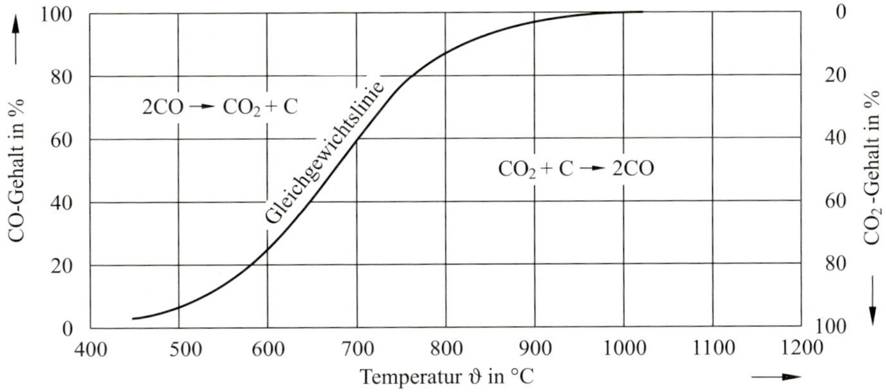

Bild 7.4 Gleichgewichtsschaubild für die Umsetzung 2 CO ⇆ CO_2 + C [7.5]

Wie aus der Gleichgewichtskurve (Bild 7.4) ersichtlich, wird oberhalb von etwa 1.000 °C kein Kohlenmonoxid mehr zersetzt. Lässt man die Lösungsmöglichkeiten der festen Phasen unberücksichtigt, so kann man anhand der vereinfachten Darstellung der Gleichgewichtsbedingungen unter Berücksichtigung der Existenzbereiche für Fe_3O_4 und FeO in Bild 7.5 die Reduktionsverhältnisse erläutern [7.6].

Übergang a – a′:
Da die Gaszusammensetzung nicht dem Gleichgewichtszustand entspricht – der CO_2-Gehalt ist zu hoch – läuft die Reaktion ab:

$$CO_2 + C \rightarrow 2\,CO$$

Übergang b – b´´: $CO_2 + C \rightarrow 2\,CO$

Bei Erreichen der Linie, welche die Existenzbereiche für Fe_3O_4 und FeO voneinander trennt, wird Fe_3O_4 zu FeO reduziert und es entsteht wieder Kohlendioxid, das – ebenfalls obiger Reaktion zufolge – zu CO umgesetzt wird.

$$Fe_3O_4 + CO \rightarrow 3\,FeO + CO_2$$

Übergang c – c´´´:

Nacheinander laufen folgende Reaktionen ab:

$$CO_2 + C \rightarrow 2\,CO$$

$$Fe_3O_4 + CO \rightarrow 3\,FeO + CO_2$$

$$\swarrow$$

$$CO_2 + C \rightarrow 2\,CO$$

$$FeO + CO \rightarrow Fe + CO_2$$

$$\swarrow$$

$$CO_2 + C \rightarrow 2\,CO$$

In gleicher Weise kann man den Reaktionsablauf verfolgen, wenn bei konstanter Gaszusammensetzung die Temperatur erhöht wird (Übergang d – d´ und e – e´).

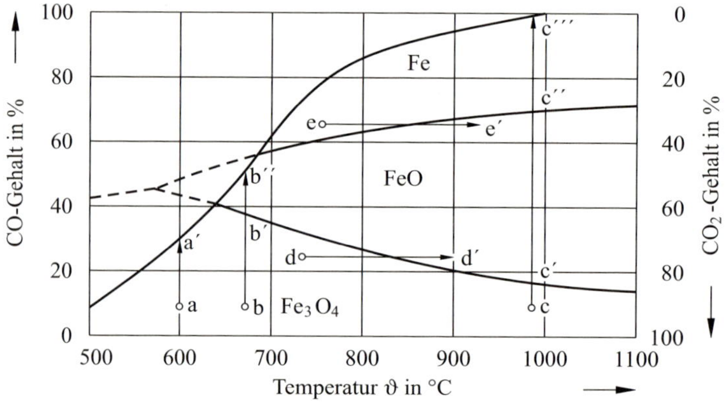

Bild 7.5 Baur-Glaessner-Diagramm, abgeändert nach Baukloh [7.6]

Reduktion der Beimengungen des Roheisens

Silicium, Mangan und *Phosphor* – in Form von Oxiden im Erz vorhanden – werden gemäß folgenden Gleichungen direkt reduziert,

$$MnO + C \rightarrow Mn + CO$$

$$SiO + 2\,C \rightarrow Si + 2\,CO$$

$$P_2O_5 + 5\,C \rightarrow 2\,P + 5\,CO$$

P_2O_5 wird vollständig reduziert, MnO in großen Mengen und SiO_2 nur, wenn hohe Temperaturen vorliegen und Eisen (zur Lösung) in der Nähe ist. Alle drei Elemente lösen sich in reiner

Form im Eisen. Der Siliciumgehalt und damit die Art der Erstarrung (grau oder weiß, vgl. Abschnitte 4.1.4.3 und 4.2.4.4) hängen somit von der Temperatur im unteren Teil der Rast ab.

Man erhält:

– bei geringeren Temperaturen in der Rast:	siliciumarmes, weißes Roheisen (Roheisen für die Stahlherstellung).
– bei höheren Temperaturen in der Rast:	siliciumreiches, graues Roheisen (Gießerei-Roheisen).

Schmelzenführung

Je nach Gangart und Zuschlägen erfolgt ein basisches oder saures Schmelzen. Das Verhältnis von basischen zu sauren Bestandteilen bestimmt die Basizität, die durch den *Basengrad* $(CaO + MgO)/SiO_2$ definiert ist. Ist der Basengrad größer als 1 liegt basisches Schmelzen vor, ist er kleiner als 1 saures Schmelzen.

Außer Mangan, Silicium und Phosphor findet man *Schwefel* aus dem Koks im Roheisen. Nur bei basischem Schmelzen (basischer Schlacke) kann der Schwefel abgebunden werden, z. B. gemäß

$$\mathrm{FeS + CaO} + \underset{\text{aus dem Koks}}{\underset{\downarrow}{\mathrm{C}}} \rightarrow \underset{\text{Schlacke}}{\underset{\downarrow}{\mathrm{CaS}}} + \mathrm{Fe + CO}$$

Bei saurem Schmelzen (saurer Schlacke) geht der Schwefel vollständig in das Roheisen über und versprödet es.

Hochofenbetrieb

Schichtweise werden bei der Beschickung des Hochofens Erz und Koks samt den Zuschlägen eingefahren.

Während des Schmelzvorgangs sammelt sich das flüssige Roheisen im unteren Teil des Gestells, die Schlacke mit geringerer Dichte schwimmt darüber. Alle 2 bis 3 Stunden erfolgt ein Abstich, der etwa 15 bis 20 Minuten dauert. Dazu wird das Stichloch für das Roheisen mit einer Sauerstofflanze oder mit Pressluftwerkzeugen geöffnet. Durch die Sauerstofflanze werden so hohe Temperaturen erzeugt, dass der keramische Stopfen schmilzt. Nach dem Abstich setzt die Stichlochstopfmaschine einen neuen Pfropfen ein. Der Schlackenabstich erfolgt durch ein gesondertes Stichloch.

Nach 5 bis 6 Jahren sind die Hochöfen reparaturbedürftig, so dass sie „ausgeblasen“ und überholt werden müssen.

Moderne Hochöfen sind mit Prozessrechnersystemen ausgestattet, die den Betrieb überwachen und steuern. Sie sorgen insbesondere für die Einhaltung aller Sollwerte für die Einsatzstoffe und reagieren schnell auf Änderungen, erkennen Fehler, protokollieren Betriebsdaten und steuern den Cowperbetrieb.

7.1.5 Erzeugnisse des Hochofens

Roheisen *(DIN EN 10 001:90)*

Roheisensorten

Weißes Roheisen: Das Eisen enthält viel Mangan und wenig Silicium. Der Kohlenstoff liegt daher teils gelöst, teils in Form von Fe_3C (Zementit) vor, und die Bruchfläche des Roheisens sieht weiß aus.

Graues Roheisen: Der Siliciumgehalt ist relativ hoch, der Mangangehalt niedrig. Der Kohlenstoff liegt daher zum großen Teil in Form von Graphit vor, und die Bruchflächen des Roheisens zeigen ein graues Aussehen.

Die Zusammensetzung einiger Roheisensorten ist in Tabelle 7.1 wiedergegeben.

Tabelle 7.1 Massengehalt einiger Roheisensorten in %

Roheisensorte	C	Si	Mn	P	S
Hämatit	3,5 - 4,2	2,0 - 2,5	0,7 - 1,5	< 0,1	0,02 - 0,04
Gießereiroheisen, grau	3,5 - 4,2	2,0 - 2,5	0,5 - 1,0	0,5 - 0,8	0,02 - 0,04
Gießereiroheisen, weiß	3,2 - 3,7	0,3 - 0,5	0,5 - 1,5	1,8 - 2,2	0,05 - 0,12
Stahleisen [1)]	3,0 - 4,0	0,3 - 1,0	2,0 - 6,0	0,1	bis 0,04

[1)] „Stahleisen" wird zu Stahl weiterverarbeitet.

Weiterbehandlung des flüssigen Roheisens

Das sauer erschmolzene Roheisen enthält 0,3 bis 0,5 % Schwefel, der mit Soda entsprechend folgender Gleichung entfernt wird

$$FeS + Na_2CO_3 + 2\ C \rightarrow Na_2S + Fe + 3\ CO.$$

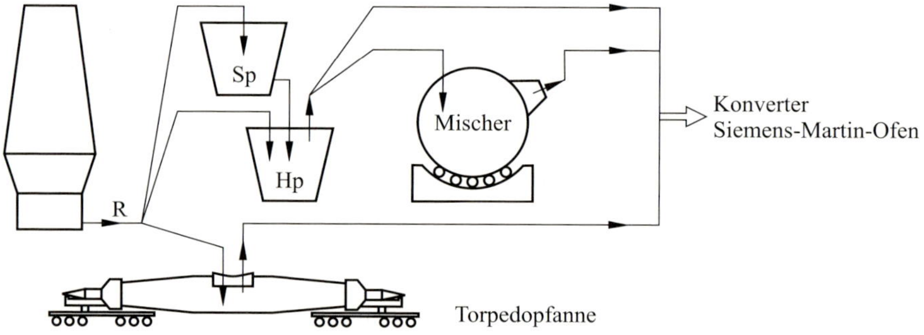

Bild 7.6 Möglichkeiten der Sodazugabe [7.7]

Die verschiedenen Möglichkeiten der Sodazugabe – in der Hochofenrinne (R), in der Hochofentransportpfanne (Hp), in der Siphonpfanne (Sp) oder während des Ausfüllens aus dem Mischer oder aus der Torpedopfanne – sind in Bild 7.6 schematisch veranschaulicht.

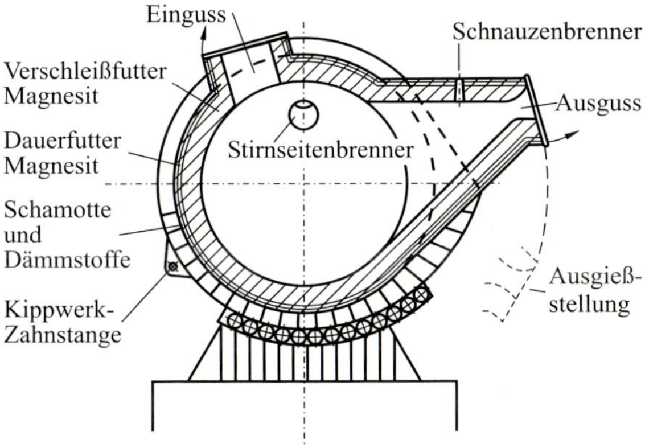

Bild 7.7 Roheisenmischer

Nach dem Verlassen des Hochofens gelangt das flüssige Roheisen in den *Mischer* (Bild 7.7), der als Sammelbehälter dient (800 bis 1.000 t Fassungsvermögen) und gleichmäßig zusammengesetztes Eisen für das Stahlwerk liefert. Zugleich findet auch im Mischer eine Entschwefelung statt:

$$FeS + Mn \rightarrow MnS + Fe$$

In den zurückliegenden Jahren wurde der Begrenzung des Schwefelgehaltes im Stahl immer stärkere Beachtung geschenkt.

Ein großer Teil der heutigen Stähle weist einen Gehalt unter 0,015 % auf, je nach Stahlwerk etwa 20 % einen Gehalt < 0,010 % und bei einzelnen spezialisierten Stahlherstellern enthalten bis zu 11 % der Stähle nur 0,003 bis 0,005 % Schwefel. Die Anforderungen sind dann besonders hoch, wenn die Stähle für dickwandige Stahlkonstruktionen vorgesehen sind und dabei Beanspruchungen in Dickenrichtung aufgenommen werden müssen. Diese niedrigen Schwefelgehalte erhält man durch eine zusätzliche Entschwefelung des Roheisens in der Pfanne (vgl. Abschnitte 7.3), z. B. mit Soda, und durch eine nachgeschaltete Stahlentschwefelung. Es ist möglich, bereits im Roheisen Schwefelgehalte von 0,020 % zu erzielen.

Schlacke

Je Tonne Roheisen produziert der Hochofen etwa 0,4 bis 0,8 t Schlacke. Sie wird z. B. granuliert (durch kaltes Wasser in feinkörnigen Sand verwandelt) und folgenden Verwendungszwecken (in Deutschland bis zu 100 %) zugeführt:

- saure Schlacke: Baustoffe für Wege
- basische Schlacke: Sand für Mörtelherstellung, Zement. Zerfällt nach gewisser Zeit zu Schlackemehl, daher nicht im Straßenbau verwendbar
- beide Schlackenarten: Schlackenwolle für Isolierzwecke.

Gichtgas

Zusammensetzung

8 bis 10 % CO_2

25 bis 30 % CO

1 bis 4 % H_2

55 bis 60 % N_2

Der Heizwert der in großen Mengen anfallenden Gichtgase ist gering:

3.750 bis 4.200 kJ/m³ [13]

Die Gichtgase werden verwendet für:

[13] bezogen auf den Normalzustand nach DIN 1343 ($T_n = 0\,^0C$, $p_n = 1{,}0133$ bar)

Winderhitzer, Sinteranlagen, Wärm- und Schmelzöfen, Kokerei (Brennkammern), Kraftanlagen des Hüttenwerks.

Das Gichtgas enthält beim Verlassen des Ofens etwa 10 bis 30 g/m^3 Staub[13]. Das entspricht innerhalb von 24 Stunden 30 bis 90 t für einen mittelgroßen Hochofen.

Für das Reinigen des Gases gibt es drei Verfahren. Bei der wirksamsten Methode, der *elektrostatischen Gasreinigung,* wird der Staub negativ aufgeladen und an der positiv geladenen Wand des Filterraumes abgeschieden. Damit kann die Staubmenge bis auf etwa 0,02 g/m^3 abfiltriert werden[13]. Dieser Reinheitsgrad ist bei Verwendung von Gichtgas in Gasmaschinen erforderlich. Bei der weniger wirksamen *Nassreinigung* lässt sich der Staubgehalt auf 0,01 bis 0,04 g/m^3 verringern[13] und bei der *Trockenreinigung,* bei der sich der Staub aus dem in einem Sammelbehälter durchgewirbelten Gas am Boden absetzt und abgeführt wird, nur auf 3 bis 6 g/m^3 [13].

7.1.6 Entwicklungen im Hochofenbau und Hochofenbetrieb

Die Entwicklung zu erhöhter Wirtschaftlichkeit im Hochofenbetrieb verlief und verläuft in folgende Richtungen:

1. Größere Öfen
2. Hochdruckverfahren
3. Zusatz von Ersatzreduktionsmitteln
4. Heißwind bis 1.400 °C
5. Verbesserte Prozesssteuerung [7.8]
6. Kontinuierlicher Hochofenprozess

Bezüglich der *Ofengröße* ist man mit 15 m Gestellweite wahrscheinlich an der Grenze des wirtschaftlich Sinnvollen und technisch Machbaren angelangt.

Das *Hochdruckverfahren* bringt eine Steigerung der Wirtschaftlichkeit um bis zu 15 %. Durch eine Drosselung des Gichtgasabganges werden dabei im Inneren des Hochofens ein höherer Druck und eine geringere Gasgeschwindigkeit erreicht. Alle modernen Hochöfen werden heute mit Gegendruck an der Gicht betrieben (2,3 bis 5,5 bar absolut). Bei einem Druckverlust von 1,5 bis 1,8 bar im Hochofen ergibt sich ein Mischwinddruck von 4,5 bis 5,5 bar. Man benötigt damit weniger Koks und erhält ein fast staubfreies Gichtgas.

Durch Zusatz von *Ersatzreduktionsmitteln* (Schweröl, Kohlenstaub, Erd-, Koksgas, Kugeln aus Altkunststoff, Teer) wird der Verbrennungsvorgang vor den Wind-Formen beschleunigt und die Hochofenleistung gesteigert. Die Reduktionsmittel je t Roheisen können sich z. B. wie folgt zusammensetzen: 350 kg Koks, 110 kg Einblaskohle, 20 kg eingeblasenes Öl, 4 kg eingeblasenes Erdgas. Ferner wird eine Minderung des Koksverbrauches durch *Heißwind* erzielt.

Eine Steigerung der Windtemperatur um 100 K erhöht die Flammentemperatur um etwa 70 K und mindert den Koksverbrauch um 2 bis 4 %. Durchschnittswindtemperatur in BRD: 1150 °C.

Tabelle 7.2 Windtemperatur und Koksverbrauch

Windtemperatur	Reduktionsmittelverbrauch
850 °C	640 kg Koks je t RE, RE = Roheisen
1.240 °C	< 500 kg Reduktionsmittel je t RE (davon z. B. 2/3 Koks und 1/3 Einblaskohle)

Die *kontinuierliche Roheisenerzeugung* wird angestrebt, ist bisher jedoch in der Produktion noch nicht verwirklicht worden.

7.1.7 Andere Verfahren zur Erzreduktion und Herstellung von Roheisen

Der Hochofen steht hinsichtlich der Erzreduktion bei weitem an erster Stelle. Unter den hierfür in Betracht kommenden sonstigen Verfahren, wie Elektroofen, Krupp-Rennverfahren sowie Gasreduktionsverfahren, hat das letztgenannte laufend an Bedeutung gewonnen.

Elektroofen

Niederschachtofen: Sehr hoher Energieverbrauch.

Krupp-Rennverfahren

1930 wurden in den Krupp-Gruson-Werken Drehrohröfen von etwa 5 m Durchmesser und ca. 100 m Länge eingeführt. Diese Öfen werden von unten im Gegenstrom beheizt und produzieren ein stahlähnliches Material, das im Verhüttungsofen weiterverarbeitet werden muss.

Gasreduktionsverfahren („Direktreduktion" fester Erze, [7.9])

Die Reduktion fester Stückerze oder Agglomerate (Pellets) erfolgt mit Hilfe von Spaltgasen (z. B. Methan aus Erdgas) im *Schachtofen* nach dem Gegenstromprinzip ohne Verflüssigung der Erze. Ergebnis ist ein *Eisenschwamm* mit etwa 85 bis über 95 % Fe. Da die Gangart weitgehend mitgeschleppt wird und sich im Eisenschwamm wieder findet, ist ein hoher Eisengehalt der Erze von ca. 68 % erforderlich.

Heiße Reduktionsgase (Temperatur unterhalb 1.100 °C) strömen von unten nach oben, während das Erz abwärts wandert. Dabei ergibt sich eine optimale thermische und chemische Ausnutzung der Reduktionsgase, die im *Röhrenspaltofen* durch Umsatz von Erdgas mit Wasserdampf oder CO_2 gemäß folgender Spaltreaktionen erzeugt werden:

$$CH_4 + H_2O \rightarrow CO + 3\ H_2$$

$$CH_4 + CO_2 \rightarrow 2\ CO + 2\ H_2$$

Das entstandene CO bewirkt die Erzreduktion. Die Weiterverarbeitung des Eisenschwamms erfolgt im Lichtbogenofen, wobei die Gangart als Schlacke aufschwimmt und abgezogen werden kann.

Die Gasreduktionsverfahren stellen die wichtigste Alternative zum Hochofen dar. Dabei sind die Kosten für Erz, Reduktionsmittel und elektrische Energie für den Einsatz maßgeblich. Vorteilhaft sind die geringen Investitionskosten, die das Verfahren vorzugsweise für geringere Leistungen (z. B. 0,6 Mill. jato) geeignet machen („Ministahlwerke"). Das Verfahren wird bevorzugt in Ländern eingesetzt, in denen Energie, Reduktionsstoffe - insbesondere Erdgas - und Eisenerz kostengünstig verfügbar sind.

7.2 Stahlherstellung

Stahl sind alle ohne Nachbehandlung schmiedbaren Eisenwerkstoffe.

Zusammensetzung

C-Gehalt	≤ 2 %, außerdem Beimengungen von Silicium, Mangan, Phosphor und Schwefel.
	Bei Schmiedetemperatur enthält unlegierter Stahl somit keine spröden Phasen, wie z. B. Zementit (vgl. Kapitel 4.1.4.2).

Drei Stahlsorten, die allerdings besonders kohlenstoffarm sind, werden nicht ganz korrekt dennoch als Eisen bezeichnet:

Weicheisen:	0,04 % C
Armco-Eisen:	0,015 % C (für Versuchszwecke geeignet)
Reinst-Eisen:	0,001 % C

Eigenschaften des Stahles

Große Zähigkeit, Festigkeit, Schmiedbarkeit, gute Verformbarkeit, hoher Schmelzbereich.

7.2.1 Chemische Vorgänge beim Frischen

Zur Stahlerzeugung wird der Kohlenstoffgehalt und die Menge der Begleitelemente des Roheisens durch verschiedene Verfahren herabgesetzt. Man nennt diese Verfahren *Frischen.* Alle Frischverfahren beruhen auf denselben chemischen Vorgängen. Die im Roheisen enthaltenen Beimengungen werden in der angegebenen Reihenfolge *nacheinander* durch Eisen-Sauerstoff-Verbindungen (indirekt) oxidiert und aus dem Roheisen entfernt:

$$Si + 2\,FeO \rightarrow SiO_2 + 2\,Fe$$

$$Mn + FeO \rightarrow MnO + Fe$$

$$C + FeO \rightarrow CO + Fe$$

$$P + 5\,FeO \rightarrow P_2O_5 + 5\,Fe$$

SiO_2 und MnO wandern in die Schlacke, an die auch P_2O_5 gebunden wird, CO entweicht gasförmig. Etwa vorhandener Schwefel wird in geringen Mengen gasförmig an den Sauerstoff (SO_2) oder in fester Form an Mangan oder Kalk gebunden.

Da der versprödende Phosphor weitestgehend entfernt werden muss und der Kohlenstoff vor dem Phosphor oxidiert wird, muss der im fertigen Stahl gewünschte Kohlenstoffgehalt nach dem Frischen wieder eingestellt werden (Rückkohlung). Dies geschieht durch den Kohlenstoffgehalt des für die Desoxidation verwendeten Ferromangans, durch Zugabe von Kohlenstoff in Pulverform oder in Form von Kohleziegeln.

7.2.2 Frischverfahren

Historische Entwicklung

Bild 7.8 lässt die Entwicklung der Stahlherstellungsverfahren erkennen. Danach haben sich seit Mitte des vorigen Jahrhunderts die Verfahren zur Erzeugung von Stahl grundlegend verändert.

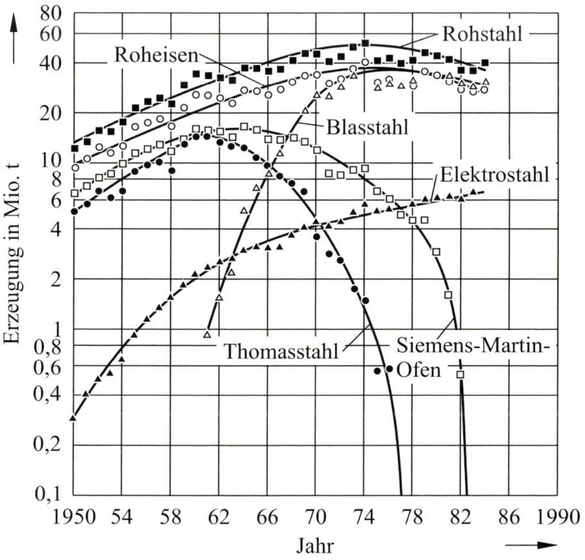

Bild 7.8 Bedeutung und Wandel der Stahlherstellungsverfahren in der Bundesrepublik Deutschland

Der Engländer *Bessemer* entwickelte 1855 ein Verfahren, bei dem in einem Konverter durch Blasen mit Luft aus Roheisen Stahl erzeugt werden konnte. Die Auskleidung des Konverters bestand aus einem sauren Futter, das die Verarbeitung von phosphorreichem Roheisen ausschloss. 1877 gelang es *Thomas*, ein basisches Futter mit ausreichender Feuerfestigkeit zu entwickeln (Dolomit), mit dem sich auch dieses Roheisen verarbeiten ließ.

Beide Konverterverfahren liefen in einem geschweißten Stahlbehälter ab, der um einen Drehzapfen schwenkbar war. Das Roheisen wurde in flüssiger Form eingefüllt. Durch den mit Öffnungen versehenen Behälterboden (Nadelboden) konnte dann, während sich der Konverter von der Füllstellung zur Blasstellung aufrichtete, Luft eingeblasen werden, um die Eisenbegleiter zu oxidieren. Der Blasvorgang dauerte 12 bis 18 Minuten. Eine Beheizung war nicht erforderlich, weil die Verbrennungswärme ausreichte, die Charge flüssig zu halten. Das Blasen mit Luft führte zu einem verhältnismäßig hohen Stickstoffgehalt im Stahl und damit zu einer Alterungsempfindlichkeit. 1976 wurde der letzte Thomas-Konverter in Deutschland stillgelegt.

Parallel zu diesen *Windfrischverfahren* verlief die Entwicklung des *Herdfrischens*. Es begann 1784 mit dem *Puddelofen* , bei dem die Roheisenschmelze beim Umrühren (to puddle = rühren) in Berührung mit darüber streichenden sauerstoffhaltigen Verbrennungsgasen von Kohle oder Koks kam. Dabei wurde das Roheisen mit zunehmender Oxidation teigig, da die Ofentemperatur nicht die für die Flussstahlerzeugung notwendige Höhe erreichte. Das Ergebnis waren Stahlluppen, die durch Verschmieden (Pressschweißen) weiterverarbeitet wurden. Erst durch das *Siemens-Martin-Verfahren* konnte man Flussstahl – im Gegensatz zum teigigen

Stahl des Puddelofens – erzeugen. Es wurde durch die Erfindung des Regenerativprinzips durch Friedrich Siemens ermöglicht, das zu wesentlich höheren Ofentemperaturen führte. Der Franzose Pierre Martin kam 1864 auf die Idee, Roheisen und Schrott gemeinsam im Regenerativofen zu schmelzen. Luft und Brenngas strömten bei diesem Verfahren getrennt durch je einen Wärmespeicher mit Gitterwerk aus feuerfesten Steinen und vereinigten sich über der Charge. Die Abgase zogen durch die beiden anderen Wärmespeicher und erhitzten deren Mauerwerk. Etwa halbstündig wurde die Strömungsrichtung von Gas und Luft umgesteuert. Auf diese Weise konnten im Ofen Temperaturen von 1.700 bis 1.750 °C erzielt werden. Der Oxidationsvorgang nahm etwa 8 Stunden in Anspruch, die Stickstoffaufnahme war gering.

Außer Roheisen wurde in verschiedenen Varianten des Verfahrens auch Eisenerz und Schrott als Sauerstoffträger zugegeben. 1982 wurde der letzte Siemens-Martin-Ofen in Deutschland stillgelegt.

Sauerstoffblasverfahren

Sauerstoffaufblas- (LD-) Verfahren

Das moderne Stahlwerk stützt sich auf das *Sauerstoffaufblasverfahren*, das Anfang der 1950er Jahre von der Firma VOEST in Linz gemeinsam mit der Österreichischen Alpine Montangesellschaft in Donawitz (LD-Verfahren) entwickelt wurde. Bereits Bessemer hatte ein ähnliches Verfahren vorgeschlagen, konnte es aber nicht zur Produktionsreife führen.

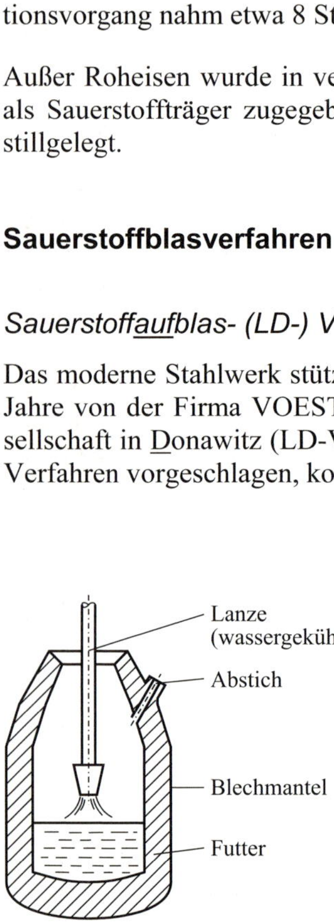

Bild 7.9 LD-Konverter

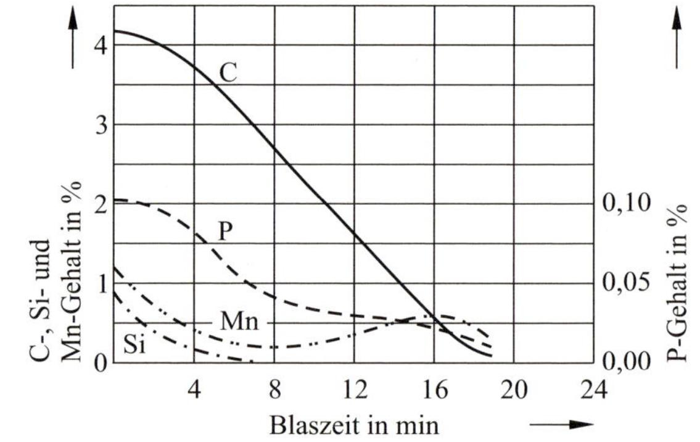

Bild 7.10 Frischverlauf im LD-Konverter beim Aufblasen von reinem Sauerstoff mit Schrottkühlung [7.10]

Man verwendet eine wassergekühlte Lanze mit einem Kupfermundstück, um Sauerstoff von oben auf die Schmelze zu blasen (Bild 7.9). Ausgangsmaterial ist phosphorarmes Erz, das z. B. in Österreich reichlich vorhanden ist.

Die Blaszeit beträgt zwischen 10 und 20 Minuten (vgl. Bild 7.10). Man kann hierbei den Stickstoffgehalt klein halten (abhängig von O_2-Reinheit), so dass ein hochwertiges Produkt entsteht. In Deutschland ging man rasch dazu über, die Thomas-Konverter durch LD-Konverter zu ersetzen. Allerdings musste das Verfahren zur Verarbeitung phosphorreicher Erze etwas modifiziert werden:

LD-AC-Verfahren (AC: ARBED CNRM)

Sauerstoff und Kalk werden gleichzeitig eingeblasen, so dass eine frühzeitige Schlackenbildung zur rechtzeitigen Entphosphorung erfolgt. Der Schmelzverlauf ist durch zwei Perioden gekennzeichnet:

Erster Abschnitt: Phosphor wird auf 0,2 % und Kohlenstoff auf 0,7 % erniedrigt. Die Schlacke mit hohem P_2O_5-Gehalt wird abgezogen (Düngemittel);

Zweiter Abschnitt: Kühlmittelzugabe (Schrott oder Erz, sonst zu hohe Temperaturen). Weitere Herabsetzung von Phosphor und Schwefel auf das gewünschte Maß.

Sauerstoffbodenblasverfahren, bodenblasender Konverter nach dem OBM-Prinzip

Beim bodenblasenden Sauerstoffkonverter (OBM = Oxygen-Boden-Metallurgie) wird reiner Sauerstoff von unten, also analog zum ursprünglichen Thomas-Verfahren, durch einen Düsenboden in die Schmelze geblasen. Damit wird eine intensivere Durchmischung und demzufolge eine kürzere Schmelzfolge erreicht als beim LD-Verfahren. Eine Zerstörung der Bodendüsen lässt sich dadurch verhindern, dass der Sauerstoffstrahl von einem kohlenwasserstoffhaltigen Schutz- und Kühlmedium umgeben wird. Üblicherweise leitet man den Sauerstoff durch Düsen aus zwei konzentrischen Rohren ein. Dabei strömt durch das Innenrohr der Sauerstoff und durch den umgebenden Ringspalt z. B. Propan oder Erdgas. Vorteile des Verfahrens sind auch in der raschen Schrottauflösung und der sicheren Kontrolle des Frischablaufes zu sehen. Ein Nachteil ist der geringere mögliche Schrottumsatz gegenüber dem LD-Verfahren (vgl. Bild 7.11).

<table>
<tr><th colspan="2">Sauerstoffaufblasverfahren</th><th colspan="2">Sauerstoffbodenblasverfahren</th></tr>
<tr><td>Nachteile:</td><td colspan="2">Vorteile:</td><td>Nachteile:</td></tr>
<tr><td>- Überoxidation
- Reaktion Schlacke / Metall
- Baddurchmischung</td><td>- Flexibilität
- Schlackenbildung
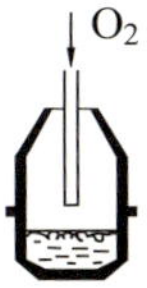</td><td>- geringe Überoxidation
- Baddurchmischung
- Reaktion Metall / Schlacke</td><td>- Schlackenbildung
- Schrottzusatz
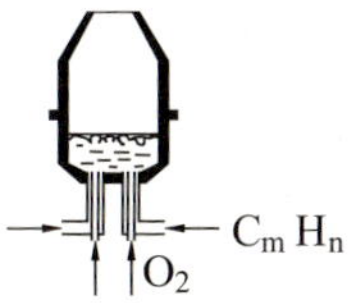</td></tr>
<tr><td colspan="4">kombiniertes Blasverfahren</td></tr>
<tr><td colspan="2">Vorteile:
- geringe Überoxidation
- gute Baddurchmischung
- gute Metall-Schlacken-Reaktionen
- Flexibilität
- Schlackenbildung</td><td colspan="2">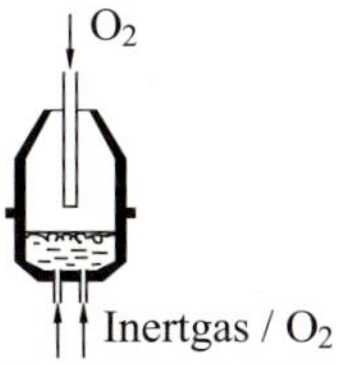</td></tr>
</table>

Bild 7.11 Charakteristische Merkmale der Sauerstoffblasverfahren nach Wiemer, Delhey, Sperl und Weber

Kombinierte Verfahren: LD-Verfahren mit Inertgasspülung oder Sauerstoffblasen durch den Behälterboden

Die Vorteile von Aufblas- und Bodenblasverfahren lassen sich miteinander kombinieren, wenn von oben mit Sauerstoff und von unten mit Inertgas, eventuell zusätzlich mit Schlackebildnern, oder auch mit Sauerstoff geblasen wird.

Dadurch kann bei guter Baddurchmischung und einem um 25 % beschleunigtem Blaszyklus mehr Schrott als beim nur bodenblasenden Konverter zugesetzt werden. Weitere Vorteile sind eine homogene Schmelze und ein schnelles Auflösen des Schrottes, ein höheres Ausbringen an Eisen und Legierungselementen (es geht weniger in die Schlacke), ein Ansteigen des Mangangehaltes am Blasende (niedriger Oxidationszustand der Schlacke) und ein verbesserter Reinheitsgrad, insbesondere eine intensivere Entschwefelung. Diese Vorteile haben dazu geführt, dass heute das kombinierte Blasen allgemein bevorzugt wird. Beim Bodenspülen mit Inertgas wird der Sauerstoffverbrauch gesenkt. Man verwendet dabei Gasspülsteine, z. B. mit gerichteten Schlauchporen, durch die Argon mit 0,01 bis 0,3 $m^3/(min \cdot t)$ geblasen wird. Phosphor kann nur aus dem Bad entfernt werden, wenn die Aktivität seines Oxids durch CaO erniedrigt worden ist, das in der Schlacke gelöst vorliegen muss. Trotz der Zusatzkosten für Gas, Investitionen und Wartung ergibt sich ein Kostenvorteil für das kombinierte Blasen. Bild 7.12 gibt einen Konverter für diesen Prozess wieder, in Bild 7.11 sind die verschiedenen Verfahrensvarianten einander gegenübergestellt.

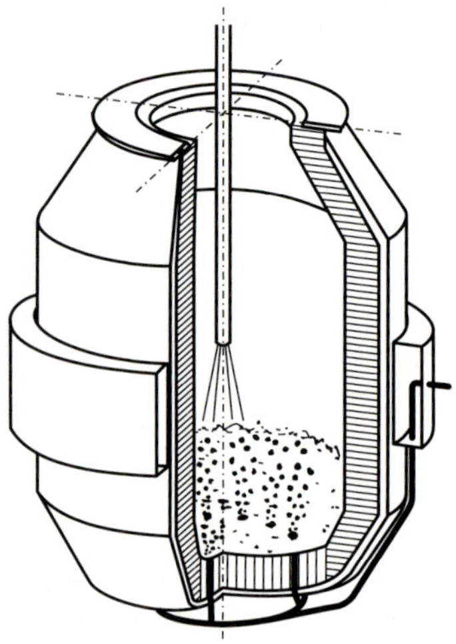

Bild 7.12 LD-Konverter mit Bodenspülsteinen für Inertgas nach Weidner, Hüttler und Grabner

Sauerstoffanlagen in Stahlwerken

Der Sauerstoff wird in Großanlagen durch die Zerlegung atmosphärischer Luft gewonnen. Als Luftzerlegungsprozess kommt mit wenigen Ausnahmen nur der Tieftemperaturprozess in Frage, bei dem nicht nur Sauerstoff, sondern auch die anderen in der Luft enthaltenen Gase, vor allem Stickstoff und Argon, durch fraktionierte Destillation gewonnen werden. Während der Stahlerzeugungsprozess in LD-Konvertern und auch in Elektroöfen diskontinuierlich abläuft, wird der Sauerstoff kontinuierlich gewonnen. Zur Überbrückung der ungleichmäßigen Abnahme werden die Gase auf hohen Druck komprimiert und in Druckbehältern gespeichert.

Elektrostahl-Verfahren [7.11, 7.12]

Bei den Elektrostahl-Verfahren wird die notwendige Wärme durch Umwandlung elektrischer Energie in Elektrolichtbogen- oder in Induktionsöfen erzeugt. Folgende Ofentypen sind im Einsatz (Bild 7.13):

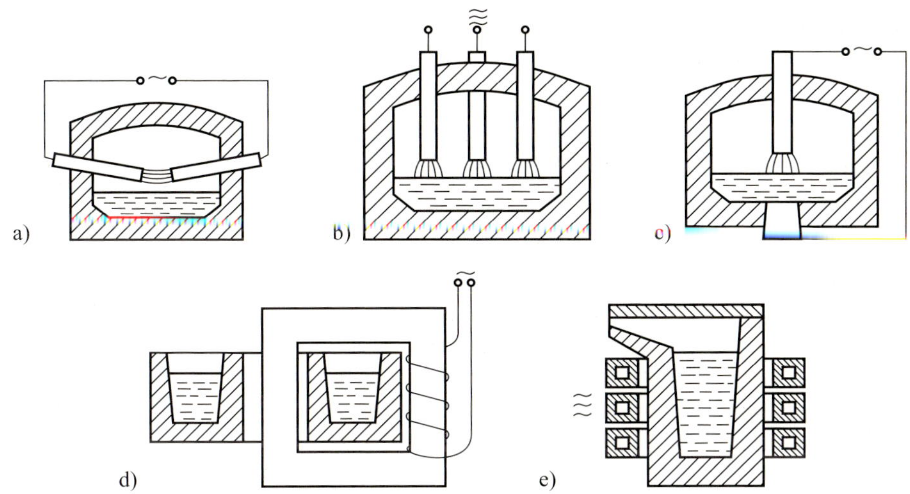

Bild 7.13 Elektroöfen
a) Stassano b) Héroult c) Girod d) Kjellin e) Kernloser Induktionsofen

1. Indirekte Lichtbogenöfen (Stassano)

   Der Wärmeübergang erfolgt durch Strahlung. Üblich sind kleinere Öfen mit 1 bis 5 t Fassungsvermögen.

2. Direkte Lichtbogenöfen (Heroult, Girod)

   Der Wärmeübergang erfolgt im Stromdurchgang, die im Lichtbogen in Wärme umgewandelte elektrische Energie wird auf das Stahlbad und die Schlacke durch Strahlung und Leitung übertragen. Das Fassungsvermögen kann bis zu 300 t betragen.

3. Induktionsöfen (dünnwandiger Stahl- oder Keramiktiegel)

   Der Tiegel ist von einer Induktionsspule aus wassergekühltem Kupferrohr umgeben. Die durch diese fließenden Mittel- oder Hochfrequenz-Wechselströme induzieren in der Schmelze Wirbelströme, wodurch das als Widerstand wirkende Schmelzgut erwärmt wird. Fassungsvermögen: einige kg bis ca. 100 t.

   – Niederfrequenzöfen 3 bis 25 Hz
   – Hochfrequenzöfen bis zu 500 Hz

Etwa 95 % des Elektrostahls werden in Lichtbogenöfen erzeugt. Die entstehenden Temperaturen von bis zu 3.500 °C ermöglichen die Auflösung schwer schmelzender Legierungselemente. Der Lichtbogenofen ist deshalb besonders geeignet für die Erschmelzung legierter Stahlsorten. Mit einem Fassungsvermögen von bis zu 300 t sind Lichtbogenöfen jedoch heute so leistungsfähig, dass mit ihnen nicht nur legierte, sondern auch unlegierte Stähle wirtschaftlich erschmolzen werden können.

Die hohe elektrische Leistung des Lichtbogens wird heute fast ausschließlich zum Einschmelzen des Schrotts, oder auch von Eisenschwamm oder Roheisen benutzt. Beim Einschmelzen erfolgt durch die Reaktion von Eisenoxiden mit dem Kohlenstoff des Bades eine gewisse Entkohlung und eine Entphosphorung durch Ausspülen aus der durch das gebildete CO zum Kochen gebrachten Schmelze. Der Hauptteil der *metallurgischen* Arbeit (Entfernen unerwünschter Begleitelemente, insbesondere Entschwefelung, Zugabe von Legierungselementen) wird aber außerhalb des Lichtbogenofens durch eine sekundärmetallurgische Behandlung vorgenommen.

Die Beschickung des Lichtbogenofens erfolgt bei abgehobenem Deckel aus Chargierkörben (50 t). Zuschläge werden durch die Arbeitsöffnung vor oder während des Frischprozesses eingebracht oder eingeblasen (Kalk). Zur Beschleunigung des Einschmelzens werden heute Brenngas-Sauerstoffgemische eingeblasen, wodurch sich Schmelzzeiten von 40 min erreichen lassen. Der Lichtbogen brennt zwischen drei Graphitelektroden und dem Einsatz (Schrott bzw. Schmelze). Zum Abgießen über eine Schnauze wird der gesamte Ofen mittels einer Kippvorrichtung um 42° geneigt. Bei neueren Öfen mit exzentrisch angeordnetem Bodenabstich muss nur noch um 12° gekippt werden.

Hauptvorteile des Elektrolichtbogenofens sind seine gute Regelbarkeit, die es gestattet, die Legierungselemente best möglichst auszunutzen und jede gewünschte Stahlzusammensetzung exakt zu erschmelzen, sowie sein hoher Wirkungsgrad. Bei der Weiterentwicklung der Lichtbogenöfen spielen die Erhöhung der elektrischen Leistung, die Wasserkühlung des Deckels sowie der in austauschbare Segmente aufgeteilten Wände, die Vorwärmung des Schrottes mit Hilfe der Prozesswärme und die Prozesssteuerung eine Rolle. Bei modernen Gleichstrom-Lichtbogenöfen (z. B. Salzgitter AG in Peine) stehen einer Elektrode aus Graphit (750 mm Durchmesser) auf einem Bodenteller zahlreiche (z. B. 240) Bodenelektroden aus Stahl zur Stromableitung gegenüber.

7.3 Sekundärmetallurgie

Unter Sekundärmetallurgie werden alle Verfahrensschritte zusammengefasst, die im Hüttenwerk außerhalb von Hochofen, Konverter und Elektro-Lichtbogenofen ablaufen. Hierzu gehören

- Pfannenmetallurgie ohne Vakuum
- Vakuummetallurgie
- Sonderverfahren zur Herstellung hochlegierter Stähle
- Umschmelzverfahren.

Mit den Zielen einer Homogenisierung von Temperatur und Zusammensetzung vor dem Abguss, einer exakten Einstellung der Legierung, Entkohlung, Entschwefelung, Entphosphorung, Entfernen von Spurenelementen, Entgasung, Desoxidation, Einschlusseinformung, Verbesserung des Reinheitsgrades und Beeinflussung des Erstarrungsgefüges wird die Sekundärmetallurgie für die Herstellung von solchen Stählen genutzt, an die höchste Qualitätsansprüche gestellt werden. Insbesondere lassen sich mit ihrer Hilfe niedrigste Gehalte an Kohlenstoff, Schwefel, Sauerstoff, Stickstoff, Wasserstoff, Phosphor und einigen Spurenelemente einstellen [7.13, 7.14].

7.3.1 Pfannenmetallurgie ohne Vakuum

Hierunter fallen alle metallurgischen Maßnahmen, die in stehenden oder transportablen Pfannen außerhalb des eigentlichen Roheisen- oder Stahlherstellungsprozesses ablaufen. Die einfachste Methode stellt das *Inertgasspülen* mit Argon dar, wobei die Pfanne basisch ausgekleidet sein muss und eine hochbasische Schlacke zur Aufnahme der Reaktionsprodukte dient. Zweck des Spülens ist je nach Anwendungsfall

- der Abbau des Temperaturprofils in der Pfanne, vor allem für Strangguss, bzw. die schnelle Einstellung der optimalen Gießtemperatur (evtl. zusätzlich mit Kühlschrott)
- die homogene Verteilung der Legierungs- bzw. Oxidationsmittel
- die Verbesserung des Reinheitsgrades durch den Transport der nichtmetallischen Verunreinigungen in die Schlacke sowie teilweise Entfernung von Gasen
- die Rührhilfe bei metallurgischen Reaktionen, z. B. beim Entschwefeln mit Soda, Kalk oder Verbindungen anderer Erdalkalimetalle.

Das Spülen kann über Lanzen oder Spülsteine erfolgen. Dabei werden mit dem Spülgas, falls erforderlich, auch Zusätze wie Legierungsmittel oder Schlackenbildner für die Entschwefelung transportiert. Entschwefelung und Verbesserung des Reinheitsgrades sind die wichtigsten Aufgaben der Pfannenmetallurgie. Durch eine Fein- oder Nachentschwefelung des flüssigen Stahls in der Pfanne lassen sich auf diese Weise Schwefelgehalte von weniger als 0,002 % erreichen. Durch eine Desoxidation, z. B. mit Ferrosilicium oder Aluminium, sind auch äußerst geringe Sauerstoffgehalte möglich (untere Grenzwerte mit besonderen Maßnahmen 0,0002 % gelöst bzw. 0,0015 % gesamt).

7.3.2 Vakuummetallurgie

Zur Verringerung des Gehaltes an Wasserstoff, Sauerstoff und Stickstoff kann der flüssige Stahl vor dem Vergießen einer Vakuumbehandlung unterzogen werden. Anwendung findet dies z. B. bei der Erzeugung von Edelstählen und schweren Schmiedestücken.

Je nach Anordnung von Gießpfanne und Vakuumgefäß unterscheidet man zwischen verschiedenen Varianten des Verfahrens (Bild 7.14).

Pfannenentgasung: Die Gießpfanne steht im Vakuumgefäß. Der Stahl entgast infolge des niedrigen Gaspartialdruckes oberhalb der Schmelze.

Gießstrahlentgasung: Die Gießpfanne befindet sich außerhalb des Vakuumgefäßes. Im Gefäß ist eine Kokille angeordnet, in die der Stahl über eine Zwischenpfanne (Vorentgasung) vergossen wird. Beim Eintritt in das Vakuumgefäß wird der Gießstrahl in feine Tröpfchen zerstäubt. Durch die große Oberfläche dieser Tröpfchen ergibt sich eine besonders intensive Entgasung.

Abstichentgasung: Unter Verzicht auf die Pfanne wird unmittelbar aus dem Konverter vergossen, die Wärmeverluste werden dadurch verringert.

Umlaufentgasung: In die Gießpfanne tauchen zwei Stutzen eines Vakuumgefäßes. Mit Unterstützung durch ein Fördergas steigt der Stahl über einen Stutzen in die Vakuumkammer, wird dort zerstäubt und fließt entgast durch den zweiten Stutzen in die Pfanne zurück.

Vakuumhebeverfahren: Beim Absenken des Vakuumgefäßes dringt ein Teil der Schmelze in dieses ein, wird entgast und fließt beim Anheben des Vakuumgefäßes wieder in die Pfanne zurück. Dieser Vorgang wird solange wiederholt bis die gesamte Schmelze entgast ist.

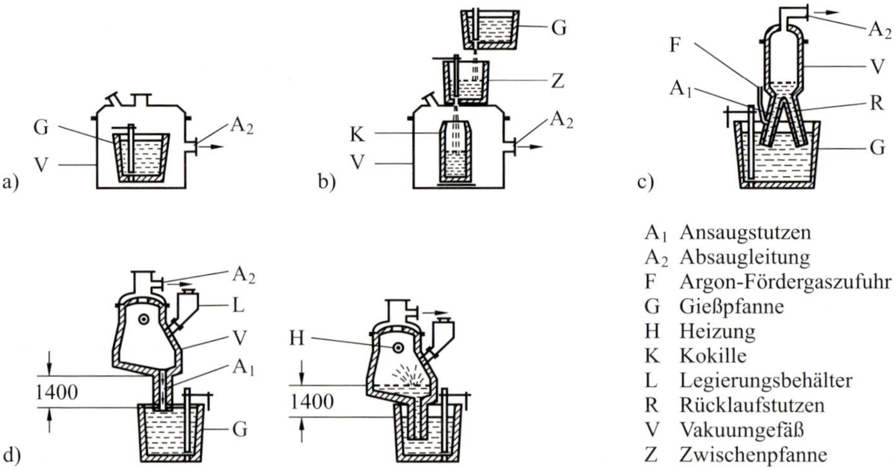

Bild 7.14 Entgasung im Vakuum
a) Pfannenentgasung b) Gießstrahlentgasung c) Umlaufentgasung d) Vakuumhebeverfahren

7.3.3 Sonderverfahren zur Herstellung hochlegierter Stähle

Die hochlegierten, nichtrostenden Stähle wurden früher im Elektro-Lichtbogenofen erzeugt. Aufgrund der thermodynamischen Beziehungen im System Fe-C-Cr-O lässt sich jedoch der Kohlenstoff nur bei sehr hohen Temperaturen und / oder niedrigen Sauerstoffpartialdrücken herausfrischen. Aus diesem Grund wurden Prozessgasverfahren entwickelt, die teils bei Normaldruck (AOD-Verfahren), teils unter Vakuum (VOD-Verfahren) betrieben werden.

AOD-Verfahren (AOD = Argon-Oxygen-Dekarburierung)

Bei der Herstellung hochlegierter, hochchromhaltiger Stähle kann die Einstellung sehr niedriger Gehalte an Kohlenstoff, Schwefel und Sauerstoff dadurch erreicht werden, dass der zunächst im Elektroofen niedergeschmolzene Einsatz im Argon-Sauerstoff-Strom entkohlt und nach Abschalten des Sauerstoffs unter Zugabe von CaO und Silicium entschwefelt und desoxidiert wird. Infolge des dadurch erzielten hohen Reinheitsgrades ergibt sich eine gute Kaltverformbarkeit der Stähle bei niedrigem Verhältnis von Streckgrenze zu Zugfestigkeit. Zum Legieren lassen sich billige, hoch kohlenstoffhaltige Ferrolegierungen einsetzen.

VOD-Verfahren (VOD = Vakuum-Oxygen-Decarburierung)

Das VOD-Verfahren steht in Konkurrenz zum AOD-Verfahren. Es entspricht weitgehend einer Standentgasung, wobei zusätzlich eine Lanze zum Aufblasen von Sauerstoff vorgesehen ist. Es eignet sich zur Erzeugung hochlegierter Stähle mit extrem niedrigen Kohlenstoff- und Stickstoffgehalten.

7.3.4 Umschmelzverfahren

Zur Entfernung unerwünschter oder schädlicher Spurenelemente und zur Herstellung von Blöcken, die möglichst frei von Blockseigerungen, Innenfehlern und nichtmetallischen Einschlüssen sind, werden normal abgegossene Blöcke umgeschmolzen.

Elektroschlacke-Umschmelzen (ESU, Bild 7.15)

Der umzuschmelzende Block wird in Form einer Abschmelzelektrode in ein Bad flüssiger Schlacke getaucht und die zum Schmelzen erforderliche Wärme beim Durchgang des Stromes durch das als Widerstand wirkende Schlackenbad erzeugt. Der flüssige Stahl tropft durch die heiße, reaktionsfähige Schlacke, wird dabei gereinigt und erstarrt anschließend rasch in einer wassergekühlten Kokille. Durch eine geeignete Schlackenzusammensetzung kann eine bedeutende Verringerung der Schwefel- und Sauerstoffgehalte des Stahles sowie nichtmetallischer Einschlüsse erzielt werden.

Die umgeschmolzenen Stähle zeichnen sich durch höchste Reinheit und verbesserte technologische Eigenschaften aus, besonders durch eine deutlich verbesserte Warmverformbarkeit und durch gute Querzähigkeitswerte (Sicherheit gegen Terrassenbruch), wobei sich die erzwungene gerichtete Erstarrung günstig auswirkt.

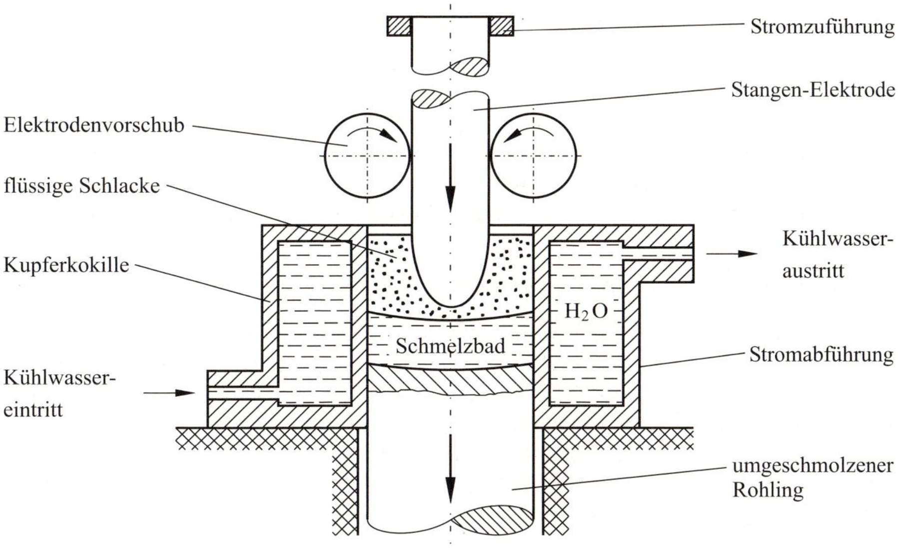

Bild 7.15 Elektroschlacke-Umschmelzen (ESU)

Umschmelzen im Vakuum-Lichtbogenofen (Bild 7.16)

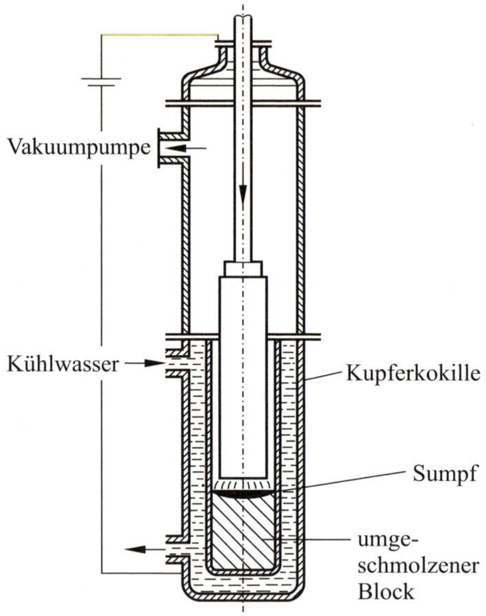

Der Rohblock ist der negative Pol. Als positiver Pol wird eine wassergekühlte Kupferkokille größeren Durchmessers verwendet. Unter dem Einfluss des Lichtbogens schmilzt der eingesetzte Elektrodenblock langsam ab und erstarrt rasch in der Kupferkokille, so dass nur ein geringer Sumpf flüssigen Stahls erhalten bleibt.

Bild 7.16
Vakuum-Lichtbogenofen-Umschmelzen

Plasma- und Elektronenstrahlumschmelzen

An die Stelle des Lichtbogens im Vakuumofen kann auch ein Plasma- oder Elektronenstrahl treten. Dieses Umschmelzverfahren wird vorzugsweise für Nichteisenmetalle eingesetzt.

7.4 Produktionszahlen, Energieeinsatz, Umweltschutz

Die Weltjahresproduktion an Rohstahl betrug 2006 über 1,2 Milliarden Tonnen und ist damit seit 1950 auf etwa das Fünffache gestiegen. In Deutschland betrug die Jahresproduktion an Stahl im Jahr 2006 47,23 Millionen t, bei über 30 Millionen t produziertem Roheisen. Dabei werden etwa 50 % der Weltjahresproduktion aus Schrott erschmolzen, wozu 60 % weniger Energie benötigt werden als für die Stahlerzeugung aus Erz. [7.1].

Dies spielt bei den insgesamt für die Stahlerzeugung benötigten beträchtlichen Energiemengen, wie sie schon aus älteren Angaben hervorgehen, eine bedeutende Rolle. So betrug im Jahre 1980 die für die Stahlerzeugung benötigte Energie immerhin fast 8 % des Gesamtenergieverbrauchs, obwohl, wie Tabelle 7.3 zeigt, der spezifische Energieaufwand je Tonne erzeugten Stahls im Vergleich zu den anderen Metallen gering ist [7.15]. Eine Senkung des Energiebedarfs musste daher ein wichtiges ökonomisches und ökologisches Anliegen sein. Tatsächlich konnte durch optimale Energieausnutzung in allen Erzeugungsstufen von Roheisen und Stahl der Gesamtenergiebedarf je t Rohstahl seit 1980 (Tabelle 7.3) um etwa 35 % auf jetzt $5 \cdot 10^3$ kWh/t Rohstahl verringert werden. Dazu beigetragen haben Maßnahmen zur Wärmerückgewinnung und Abwärmenutzung, sowohl im Umfeld der Hochöfen als auch im Stahlwerk [7.16].

Tabelle 7.3 Spezifischer Primärenergieaufwand bei der Metallerzeugung, Vergleichswerte nach [7.15] für das Jahr 1980. Der heute noch nötige spezifische Energieaufwand ist erheblich geringer (vgl. obigen Wert für Stahl und die Werte für Aluminium in Kapitel 5.5.1.1, S. 131).

Metall		Rohstahl	Aluminium	Kupfer	Zink	Magnesium
Spez. Energieaufwand	in 10^3 kWh/t	7,7	78,6	36,1	17,3	95,5
Absoluter Weltenergieaufwand	in 10^{12} kWh	5,24	0,97	0,32	0,089	0,0222
Anteil am Weltenergieverbrauch	in %	7,7	1,4	0,47	0,13	0,03

Moderne Stahlwerke erfüllen auch die Anforderungen des Umweltschutzes, allerdings mit einem beträchtlichen Aufwand. Die Stahlindustrie gibt jährlich etwa 1 Milliarde Euro für den Umweltschutz aus. Der Schwerpunkt liegt dabei auf einer Verringerung der gasförmigen und der Staubemissionen. Letztere konnten von 9 kg/t Rohstahl in 1960 auf 0,5 kg/t Rohstahl gesenkt werden, der Wasserverbrauch in zwanzig Jahren auf weniger als ein Drittel. 80 bis 90 % des eingesetzten Wassers werden gereinigt und wieder verwendet. Dabei ist anzumerken, dass auch Umweltschutz energieintensiv ist. Der erforderliche Energieaufwand hierfür nähert sich einem Wert von 1 bis 2 % des gesamten für die Erzeugung des Rohstahls notwendigen Aufwandes. Das rohstoffschonende Recycling von Schrott ist bei der Stahlherstellung fast ohne Qualitätsverlust seit jeher in die Technologie mit einbezogen, ebenso die Weiterverwertung der bei der Roheisen- und Stahlerzeugung anfallenden Nebenstoffe (Schlacke, Gichtgas).

7.5 Vergießen von Stahl

Ein Teil des Stahles wird als *Blockguss* in Kokillen vergossen, z. B. im Gespann gemäß Bild 7.17, der größere Teil – 95 % heutzutage in Deutschland – jedoch als *Strangguss* verarbeitet.

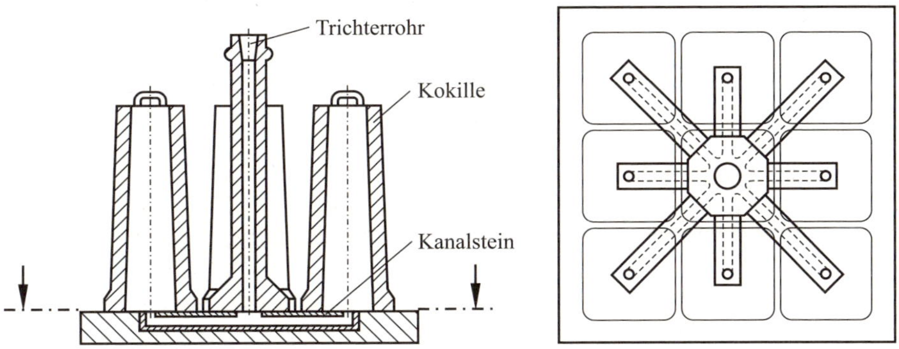

Bild 7.17 Gespannguss

Blockguss

Unberuhigtes Vergießen

Flüssiger Stahl kann größere Mengen an Sauerstoff lösen. Sinkt die Temperatur der Schmelze nach dem Vergießen in die Kokille (Bild 7.17), so nimmt die Löslichkeit für Sauerstoff ab. Das gebildete FeO und der Kohlenstoff reagieren unter Bildung von CO wie folgt:

$$C + FeO \rightarrow CO + Fe$$

Das nach oben entweichende Gas bringt das Bad zum „Kochen“.

Der Erstarrungsvorgang beginnt außen, wo sich Dendriten bilden und ins Innere der Kokille hineinwachsen. Verunreinigungen, die die Erstarrungstemperatur erniedrigen, reichern sich an der Erstarrungsfront an, werden also nach innen und durch das „Kochen“ des Bades nach oben gedrängt, und konzentrieren sich daher im Innern und bevorzugt im Kopf des Blockes.

Diese Entmischung über den Blockquerschnitt nennt man *Blockseigerung*. Im Kern sind Phosphor und Schwefel angereichert, während der Randbereich weniger Verunreinigungen enthält, als es der Pauschalzusammensetzung des Stahles entspricht. Am Kopf des Blockes bildet sich als Folge des Schwindens bei der Erstarrung ein Erstarrungslunker (Kopflunker).

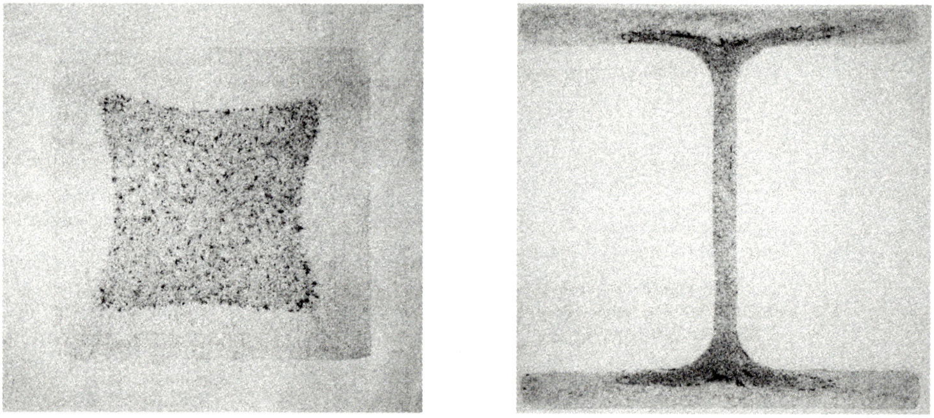

Bild 7.18 Nachweis von Seigerungen in unberuhigt vergossenem Stahl mit Baumann-Abdrucken: im Kern eines Blockes (links) und nach dem Auswalzen in einem Profil (rechts)

Beim Auswalzen des Blockes bleibt die Seigerung im Innern erhalten (Bild 7.18). Die reine, saubere Außenschicht nennt man *Speckschicht*.

Ein Teil der freiwerdenden Gase sammelt sich in Randblasen zwischen den Dendriten. Bei sinkender Temperatur wird verunreinigte Schmelze in die Gasräume hineingesaugt (*Gasblasenseigerung*).

Beruhigtes Vergießen

Um das „Kochen“ und damit die Entstehung von Seigerungen zu vermeiden, muss der freiwerdende Sauerstoff zu einer festen Verbindung abgebunden werden. Als Desoxidationsmittel verwendet man Silicium und Mangan oder das besonders stark desoxidierende Aluminium. Da keine gasförmigen Reaktionsprodukte entstehen, erstarrt das Bad ruhig, d. h. ohne Kochen. Man spricht infolgedessen von beruhigtem Vergießen. Die Verunreinigungen sind in diesem Falle ziemlich gleichmäßig über den Querschnitt verteilt, und man findet weder Block- noch Gasblasenseigerungen. Allerdings ist der Kopflunker bei beruhigt vergossenem Stahl wesentlich tiefer (Beeinträchtigung der Wirtschaftlichkeit, da beim Auswalzen ein „gedoppelter" Stahl entsteht, falls man den Kopf nicht tief genug abschneidet).

Wird zusätzlich Aluminium zur Desoxidation verwendet, so bindet dieses Element nicht nur Sauerstoff, sondern auch Stickstoff ab, so dass ein alterungsbeständiger Stahl entsteht. Al_2O_3 und AlN bilden ferner Keime, welche die Ausbildung eines feinen Korns bewirken (gute Zähigkeit bei erhöhter Festigkeit).

Oberhalb 0,25 % Kohlenstoff und bei Anwesenheit bestimmter Legierungselemente kann der Stahl nicht unberuhigt vergossen werden, weil Randblasen auftreten. FeS und FeO machen den Stahl rotbrüchig und warmrissanfällig, da der Schmelzpunkt der zuletzt erstarrenden hiermit verunreinigten Schmelze auf weniger als 1.000 °C sinkt, was für eine Warmverformung bereits zu tief liegt.

Ist die Vergießungsart nicht bekannt, kann man durch eine Analyse feststellen, um welchen Stahl es sich den Festlegungen der DIN 17 100/Z gemäß handelt: um einen unberuhigten (U) oder beruhigten (R) bzw. stark beruhigten (RR) Stahl. Es gilt

Analyse:	nur Mn	$\Rightarrow$ U[14]
	Mn + Si (> 0,15 %)	$\Rightarrow$ R
	Mn + Al (> 0,02 %)	$\Rightarrow$ R
	Mn + Si + Al (> 0,02 %)	$\Rightarrow$ RR

Baumann- oder Schwefelabdruck zur Sichtbarmachung von Seigerungen

Der Nachweis von Schwefel- oder Phosphor-Seigerungen kann auf verschiedene Weise erfolgen. Sie sind oft schon am ungeätzten grob- oder feingeschliffenen Stahlteil (unter dem Mikroskop) erkennbar und können durch gebräuchliche Ätzmittel (Heyn´sches oder Oberhoffer´sches Ätzmittel, vgl. Kapitel 4.2.1, [2.20]) noch deutlicher hervorgehoben werden.

Mit Hilfe eines Baumann-Abdruckes lassen sich Schwefelseigerungen direkt auf Photopapier darstellen. Dieses wird in 5 %ige H_2SO_4 getaucht und mit der Bildschicht (Silberbromid) auf die feingeschliffene Oberfläche des zu prüfenden Stahles aufgebracht. Liegt beispielsweise geseigerter Schwefel an Mangan gebunden vor, so spielen sich folgende chemische Vorgänge ab:

$$MnS + H_2SO_4 \rightarrow H_2S + MnSO_4$$

$$2\,AgBr + H_2S \rightarrow Ag_2S + HBr$$

Bromwasserstoff entweicht, und die Stellen mit Seigerungen werden auf dem Photopapier durch eine Braunfärbung (Ag_2S) sichtbar (Bild 7.18).

[14] alte Kennbuchstaben nach DIN 17 100/Z

Strangguss [7.17 – 7.21]

Seit 1952 wird Stahl auch im Stranggussverfahren vergossen (Bild 7.19). Der Anteil des Stranggießens liegt in der Bundesrepublik heute bei mehr als 95 %, weltweit bei etwa 85 %.

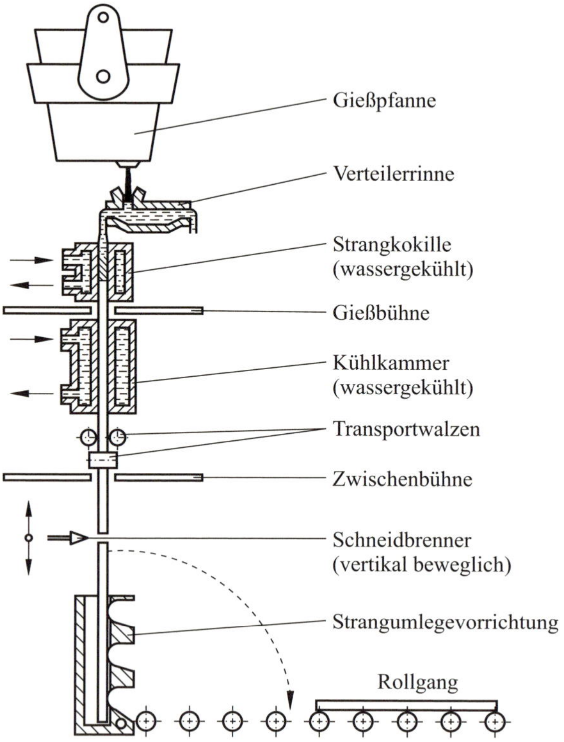

Bild 7.19 Vertikal-Stranggießanlage

Aus der Gießpfanne gelangt der flüssige Stahl über Verteilerrinnen in die wassergekühlte, bei Gießbeginn unten verschlossene Kokille. Während des Gießens wird der Verschluss abgesenkt, so dass der erstarrende Strang nach unten austreten und durch Transportwalzen weiterbefördert werden kann. Die Kokille oszilliert während des Gießvorgangs in Laufrichtung des Stranges, damit dieser nicht an der Kokillenoberfläche anhaftet. Wenn der Gussstrang aus der Gleitkokille austritt, hat er eine erstarrte Schale von 10 bis 30 mm Dicke, während der Kern noch flüssig ist, Bild 7.21. Die Gießgeschwindigkeiten betragen zwischen 0,6 und 6 m/min. Der Strang wird durch mitlaufende Schneidbrenner auf Länge getrennt. Die Querschnitte des Stahlstranges sind rechteckig, quadratisch oder vieleckig, Hohlquerschnitte werden seltener vergossen.

Die Stranglänge ist grundsätzlich nicht begrenzt und entspricht dem Pfanneninhalt. Es werden mehrere Pfannen als Sequenzguss hintereinander abgegossen, so dass Stahlverluste nur am Anfang und Ende des Gusses auftreten Die Abmessungen der über 2 m langen Kokillen und damit der vergossenen Brammen betragen bis etwa 2.500 × 400 mm^2. Stranggussformate für Knüppel-Halbzeug sind auch 100 x 100 mm^2 oder 450 x 650 mm^2. Um Poren und Randblasen zu vermeiden, wird der Kohlenstoffgehalt im Allgemeinen auf 0,20 % begrenzt und vor dem Abgießen desoxidiert.

Folgende Verfahren werden verwendet (Bild 7.20):

- Vertikal-Stranggießen (V)
- Biege-Richt-Stranggießen (BR)
- Kreisbogen- oder Ovalbogen-Stranggießen (B)
- Horizontal-Stranggießen (nur bei Grauguss und Stählen angewendet, die sich beim normalen Stranggießen nicht biegen lassen).

Das Verfahren und die Querschnittsgröße sind maßgebend für die gesamte Bauhöhe der Fertigungseinrichtung, vgl. Tabelle 7.4, [7.20]. Kreis- und Ovalbogen-Anlagen ermöglichen eine starke Verringerung der Bauhöhe. Wichtige Funktionen der Stranggießanlagen sowie der Verfahrensablauf werden heute automatisch geregelt (DIN EN 14 753:03).

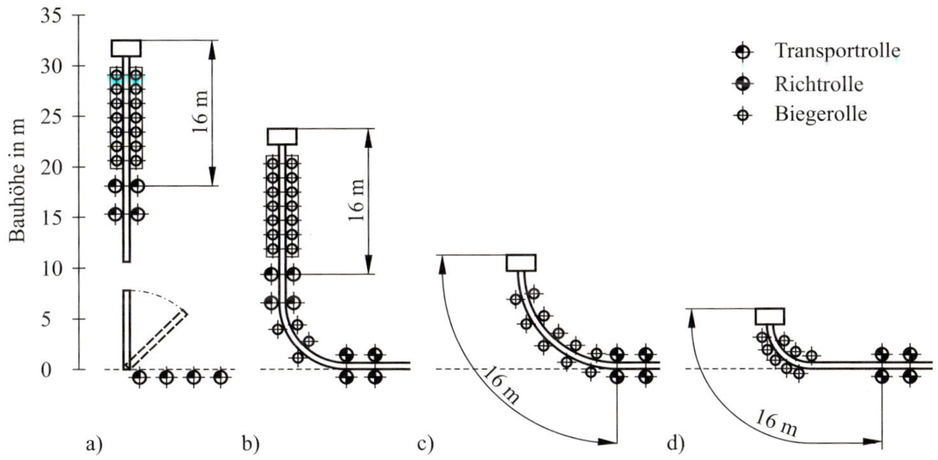

Bild 7.20 Verschiedene Bauformen von Stranggießanlagen, [7.20]
a) Vertikal-Stranggießanlage b) Biege-Richt-Stranggießanlage c) Kreisbogen-Stranggießanlage d) Ovalbogen-Stranggießanlage

Tabelle 7.4 Bauhöhen der verschiedenen Stranggießanlagen

Querschnitt in mm^2	Länge der Erstarrungshöhe in m	Bauhöhe in m		
		V	BR	B
100 x 100	5,5	17	10	4
200 x 200	11,0	23,5	18,5	7,5
300 x 300	16,5	30	--	11

V Vertikal-Stranggießanlage
BR Biege-Richt-Stranggießanlage
B Bogen-Stranggießanlage

Das sich im Strangguss einstellende Gefüge, das die Eigenschaften des Erzeugnisses bestimmt, hängt in starkem Maße von den Erstarrungsbedingungen ab. Durch die Wasserkühlung in der Kokille und der anschließenden Sekundärkühlzone wird eine wesentlich höhere Erstarrungsgeschwindigkeit als beim Blockguss erreicht. Das Seigerungsbild ist deshalb in beiden Fällen sehr unterschiedlich. Die insbesondere vom unberuhigten Blockguss her bekannten Seigerungen in Längsrichtung, d. h. vom Blockkopf zum Blockfuß hin mit entsprechenden Auswirkungen auf die Eigenschaften der Profile oder Bleche, treten bei Strangguss nicht auf. Dagegen kann es hier zu mehr oder weniger stark ausgeprägten *Mittenseigerungen* kommen, die aber durch sorgfältige Überwachung der Anlagen, der Gießtemperatur und der Kühlungsverhältnisse beherrschbar sind.

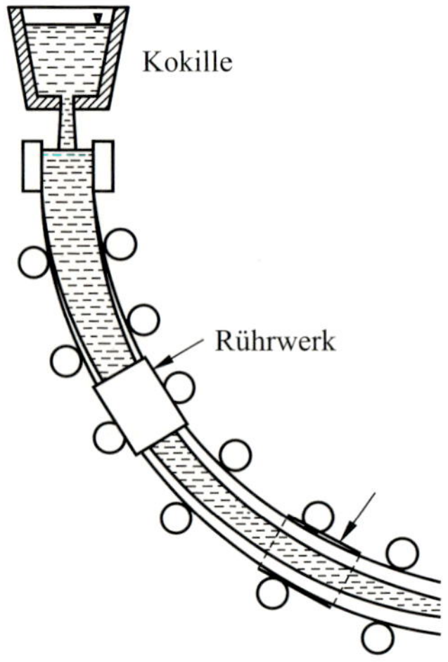

Bild 7.21 Elektromagnetisches Rührwerk in der Sekundärkühlzone einer Stranggießanlage

Besonders wirksam ist die Unterdrückung einer gerichteten Erstarrung, bei der eine mit Legierungselementen angereicherte Restschmelze vor den wachsenden Dendriten zur Mitte hin vorgeschoben wird, durch *elektromagnetisches Rühren*. Das vom Rührwerk erzeugte, elektromagnetische Feld verursacht im noch flüssigen Stahl dynamische Kräfte und damit eine Konvektionsströmung. Dendritenspitzen werden abgerissen und dienen als Keime, die ein globulitisches Kristallwachstum begünstigen. Die Ausbildung einer Mittenseigerung wird dadurch behindert.

Das Herstellen von Walzprodukten als Strangguss führt zu einer Verbesserung der Gesamtausbringung um 8 bis 10 % gegenüber Blockguss und zu einer Einsparung von Vorwalzkosten.

Darüber hinaus ist man bestrebt durch Stranggießen auch endabmessungsnahe Flachprodukte zu erzeugen. Die Entwicklung hat bisher zum *Dünnbrammengießen* mit Gießdicken von 50 bis 90 mm geführt, das im Verbund mit mehreren Warmwalzgerüsten schon eine erprobte Produktionstechnologie darstellt. Das *Vorbandgießen* mit Banddicken von 10 bis 15 mm befindet sich noch im Pilotstadium, das *Bandgießen* für Gießdicken von 1 bis 5 mm arbeitet mit einem Zweiwalzenverfahren in Labor- aber auch in Produktionsanlagen (vgl. Kapitel 8.3.4.8 Bandgießen).

8 Verarbeitung metallischer Werkstoffe

Die Tabelle 8.1 enthält ein Ordnungssystem für die Fertigungsverfahren in Anlehnung an DIN 8580:03. Diese systematische Einordnung aller Verfahren, die Umformverfahren detailliert nach den Kraftrichtungen unterteilt, dient einer allgemeinen Übersicht. Die Darstellung der verschiedenen Fertigungsverfahren in den folgenden Abschnitten Warmformgebung, Kaltformgebung, Gießereitechnik, Pulvermetallurgie und Sprühkompaktieren, Beschichten von Stahl sowie Fügetechnik richtet sich stark nach der jeweiligen praktischen Bedeutung und erfolgt beim Umformen verfahrens- und produktorientiert für Schmiedeteile, Grob- oder Feinbleche, Profile, nahtlose, geschweißte und Präzisions-Stahlrohre sowie Stangen und Drähte [7.1, 8.1 – 8.26]. Die Ausführungen und Angaben der folgenden Kapitel gelten vielfach allgemein für metallische Werkstoffe der technischen Praxis. Der besonderen Bedeutung der Stähle entsprechend wird häufig speziell auf deren Verarbeitung eingegangen. Im Hinblick auf Besonderheiten bei der Verarbeitung von Aluminiumwerkstoffen sei auf [5.26] verwiesen.

Tabelle 8.1 Ordnungssystem „Fertigungsverfahren" DIN 8580

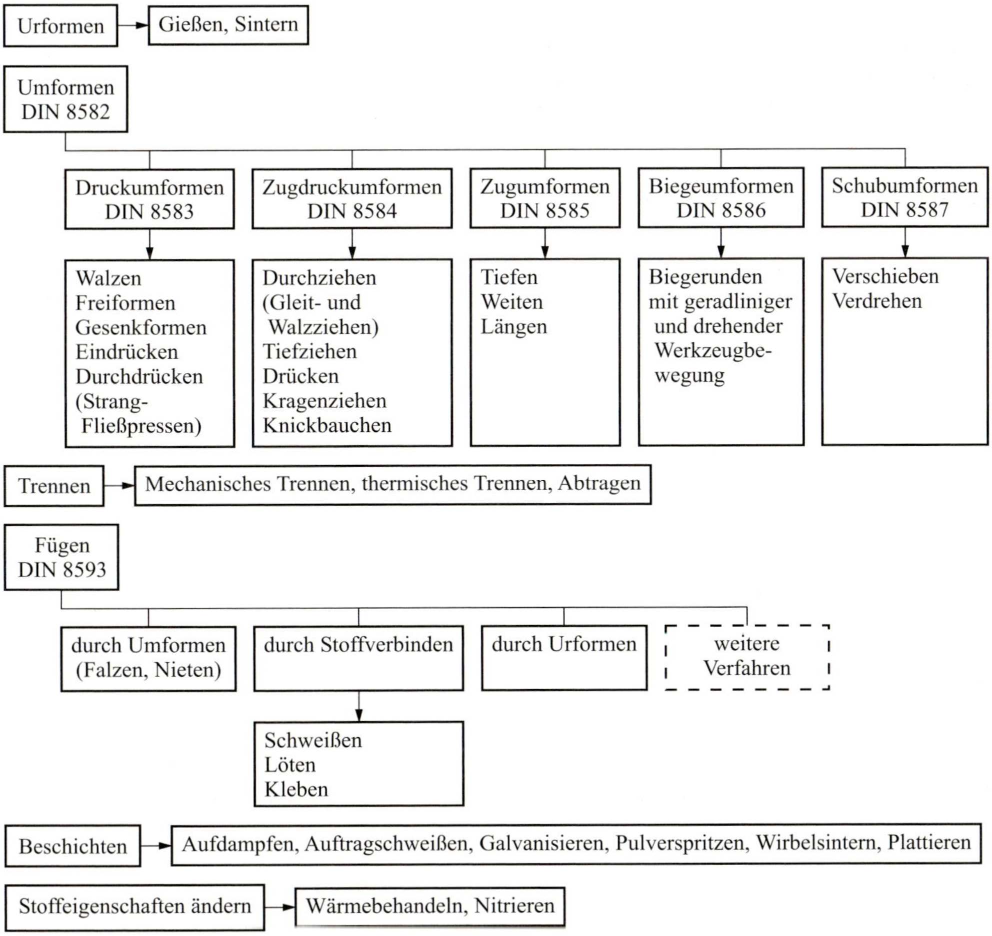

8.1 Warmformgebung

8.1.1 Werkstoffverhalten beim Umformen [8.3, 8.7, 8.11, 8.12]

Temperaturbereiche für die Warmformgebung von Stahl:

weicher Stahl	1.100 bis 1.200 °C (Weißglut)
harter Stahl	1.000 bis 1.100 °C (Gelbglut)
untere Erwärmungsgrenze	800 bis 900 °C (Rotglut).

Eine unzweckmäßige Wärmeführung kann die Eigenschaften des Walzgutes beeinträchtigen:

Überhitzung. Wird Stahl längere Zeit bei hohen Temperaturen gehalten, so kommt es zu Grobkornbildung und bei Luftzutritt zu Entkohlung und Verzunderung.

Verbrennen. Bei Temperaturen oberhalb 1.200 °C beginnt eine Oxidation auf den Korngrenzen, die nicht rückgängig gemacht werden kann.

Blaubruch. Bei einer Verformung im Bereich von 300 bis 500 °C kann es infolge verminderter Verformbarkeit zu Rissbildung kommen.

Andererseits ergibt sich bei richtig durchgeführter Warmformgebung eine Qualitätsverbesserung durch die Einstellung gleichmäßigerer Werkstoffeigenschaften: erhöhte Dichte (z. B. durch Verschweißen von Gasblasen), verbesserte Zähigkeit, günstigere Gefügeausbildung.

In der Festigkeitslehre rechnet man mit Werkstoffkennwerten, die dem Spannungs-Dehnungs-Diagramm entnommen werden, das üblicherweise im Zugversuch aufgenommen wird (vgl. Kap. 3.2.2.1). Man bezieht dabei die Kraft F auf den Ausgangsquerschnitt S_0 der Probe. Weil sich dieser aber während des Versuchs laufend ändert, werden nicht die wahren Spannungen ermittelt.

Um bei einem Umformvorgang plastisches Fließen des Werkstücks in der Umformzone einzuleiten bzw. aufrechtzuerhalten, müssen die tatsächlich wirkenden Spannungen eine bestimmte charakteristische Größe erreichen. Deshalb ist es zur Ermittlung von Werkstoffkennwerten in der Umformtechnik üblich, die wirkende Kraft F auf die tatsächliche Fläche S zu beziehen. Die Spannung

$$k_f = \frac{F}{S}$$

heißt im Bereich des plastischen Fließens „Fließspannung“, der zugehörige Werkstoffwiderstand „Formänderungsfestigkeit“. Sie ist diejenige Spannung, die bei einem einachsigen Spannungszustand das Eintreten, bzw. nach schon vorangegangener Umformung das Aufrechterhalten des plastischen Zustands bewirkt.

Nach der Schubspannungshypothese tritt dann Fließen, d. h. plastische Verformung ein, wenn die Differenz zwischen größter und kleinster Hauptspannung gleich der Formänderungsfestigkeit k_f des Werkstoffes ist, also wenn

$$\sigma_1 - \sigma_3 = k_f \qquad \text{(Tresca-Fließkriterium)}$$

mit $\sigma_1 > \sigma_2 > \sigma_3$. Man nimmt dabei an, dass die mittlere Spannung σ_2 ohne Einfluss auf den Eintritt des plastischen Zustandes ist. Die *Formänderungsfestigkeit* k_f ist eine Werkstoffkenngröße, abhängig von der Temperatur, der Formänderungsgeschwindigkeit und dem Umformgrad φ. Berücksichtigt man die Verluste (Reibung) durch den Formänderungswirkungsgrad η_F, so ist der *Formänderungswiderstand*

$$K_w = \frac{1}{\eta_F} \cdot k_f$$

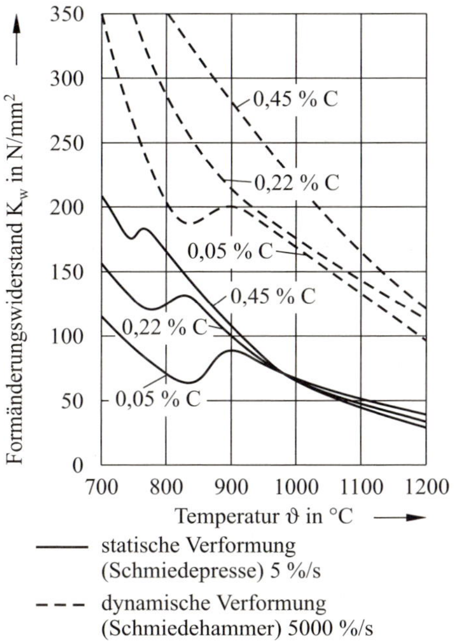

Bild 8.1 Formänderungswiderstand unlegierter Stähle bei Warmverformung (30 % Stauchung) [7.10]

Aus Bild 8.1 kann man entnehmen, dass der für verschiedene Stähle unterschiedliche Formänderungswiderstand mit wachsender Temperatur ab- und mit wachsender Formänderungsgeschwindigkeit stark zunimmt. Dies spielt eine Rolle, wenn man etwa das Pressenschmieden mit dem Hammerschmieden vergleicht.

Der *Umformgrad* φ eignet sich zur Beschreibung großer plastischer Formänderungen besser als die in der Festigkeitslehre übliche, auf die Ausgangslänge bezogene Dehnung ε. Bezieht man, z. B. im Zugversuch, die Längenänderung dl definitionsgemäß auf die augenblickliche Länge l, so gilt:

$$d\varphi = \frac{dl}{l}$$

Integriert man dφ über dem Umformweg, so ergibt sich der Umformgrad:

$$\varphi = \int_{l_0}^{l_1} \frac{dl}{l} = \ln \frac{l_1}{l_0}$$

Geht man davon aus, dass beim Stauchen eines Rechtkants keine Volumenänderung auftritt, so bedeutet dies bei den Abmessungen

Rechtkant vor dem Stauchen:	h_0, l_0, b_0,
Zwischenform:	h, l, b,
Endform:	h_1, l_1, b_1,

dass das Volumen

$$V = h_0 \cdot l_0 \cdot b_0$$
$$= h \cdot l \cdot b = h_1 \cdot l_1 \cdot b_1 = konst.$$

oder

$$\frac{h_1 \cdot l_1 \cdot b_1}{h_0 \cdot l_0 \cdot b_0} = \left(\frac{h_1}{h_0}\right) \cdot \left(\frac{l_1}{l_0}\right) \cdot \left(\frac{b_1}{b_0}\right) = 1$$

$$\ln \frac{h_1}{h_0} + \ln \frac{l_1}{l_0} + \ln \frac{b_1}{b_0} = \varphi_1 + \varphi_2 + \varphi_3 = 0$$

Dabei ist

$$\varphi_1 = \ln \frac{h_1}{h_0}$$: logarithmische Stauchung

$$\varphi_2 = \ln \frac{l_1}{l_0}$$: logarithmische Längung

$$\varphi_3 = \ln \frac{b_1}{b_0}$$: logarithmische Breitung

und es gilt: Die Summe der logarithmischen Formänderungen in den 3 Hauptrichtungen ist bei der bildsamen Formgebung gleich Null. In Bild 8.2 ist die Abhängigkeit der Formänderungsfestigkeit k_f von der logarithmischen Stauchung für verschiedene Werkstoffe dargestellt. Die *Fließkurven* wurden im Zylinderstauchversuch aufgenommen. Sie kennzeichnen die Neigung zur Verfestigung der Werkstoffe bei plastischer Verformung im Bereich der Raumtemperatur.

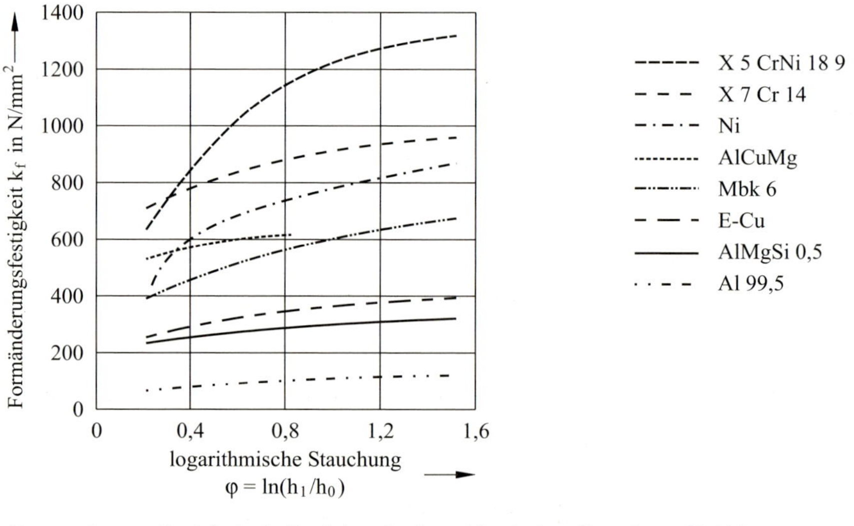

Bild 8.2 Formänderungsfestigkeit als Funktion der logarithmischen Stauchung [8.13]

In guter Annäherung gilt

$$k_f = \alpha \cdot \varphi^n \qquad \text{mit } \alpha \text{ und } n \text{ als werkstoffabhängigen Konstanten.}$$

Bei doppeltlogarithmischer Auftragung ergeben sich demnach für die Fließkurven Geraden, deren Steigung durch den *Verfestigungsexponenten n* gekennzeichnet ist.

8.1.2 Verfahren zur Warmformgebung [7.1, 8.2 – 8.8]

8.1.2.1 Schmieden (DIN 8583-1:03, [8.14])

Das Schmieden stellt ein Druckumformverfahren mit gegeneinander bewegten Werkzeugen dar. Man unterscheidet zwischen Freiform- (DIN EN 10 250-1:99) und Gesenkschmieden (DIN EN 10 254:00), wobei die Werkzeuge die Form des Werkstücks nicht oder nur teilweise (= Freiformen) bzw. ganz oder zu einem wesentlichen Teil (= Gesenkformen) enthalten. In Bild 8.3 sind verschiedene Freiformverfahren und in Bild 8.4 verschiedene Gesenkformverfahren dargestellt.

Bei der Einteilung der Schmiedemaschinen wird nach der Art, in der die Kraft- und Energiekenngrößen bereitgestellt werden, unterschieden. Demnach gibt es weggebundene, kraftgebundene und arbeits- bzw. energiegebundene Maschinen. Wie Bild 8.5 zu entnehmen, gibt es Schmiedehämmer und Schmiedepressen. Die Formgebung unter dem Hammer erfolgt in mehreren Stufen, d. h. mit mehreren Schlägen. Man verwendet das Freiformschmieden für Einzelfertigung und kleinere Serien, das Gesenkschmieden für die Massenfertigung. Die Schmiedehämmer wiederum unterteilt man in Schabotten- und Gegenschlaghämmer. In Bild 8.6 sind die verschiedenen, heute gängigen Bauarten dargestellt.

Beim Betrieb eines Hammers ist seine Steuerung entscheidend

- zum Verändern der Schlagstärke
- zum schnellen Lösen des Obergesenkes vom Schmiedestück nach dem Schlag durch Umsteuern des Bären.

Somit ergeben sich drei Aufgaben für eine Hammersteuerung

- Umsteuern der Bewegung des Bären im oberen und unteren Totpunkt als Funktion von Weg und Zeit
- Erzeugung einer bestimmten Schlagfolge (Reihen- oder Einzelschlag)
- Erzeugung einer bestimmten Schlagart (Setz-, Kleb- oder Prellschlag).

Das Schmieden unter der *Presse* ist geeignet für große Formänderungen in einer Stufe.

Man unterscheidet:

Pressen mit *unmittelbarem Antrieb,* Bild 8.7 (Spindelpressen, Kurbelpressen, Exzenterpressen, Kniehebelpressen, DIN 8650:85, DIN 8651:90, DIN 55 181:83, DIN 55 184:85), und Pressen mit *mittelbarem Antrieb,* Bild 8.8 (hydraulische Pressen). Die hydraulischen Pressen sind kraftgebundene Schmiedemaschinen, siehe Bild 8.5, bei denen die Nennkraft bei jeder Stößelstellung zur Verfügung steht. Sie werden wegen der relativ langen Druckberührzeiten vornehmlich zum Schmieden großer Leichtmetallteile, ferner zum Warmfließpressen und Zwischenformen relativ großer Teile aus Stahl verwendet.

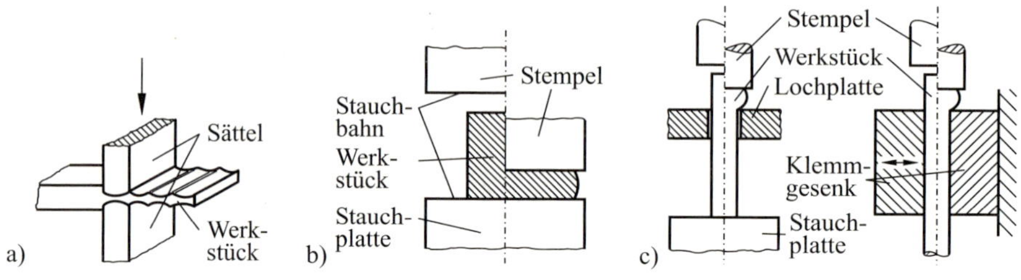

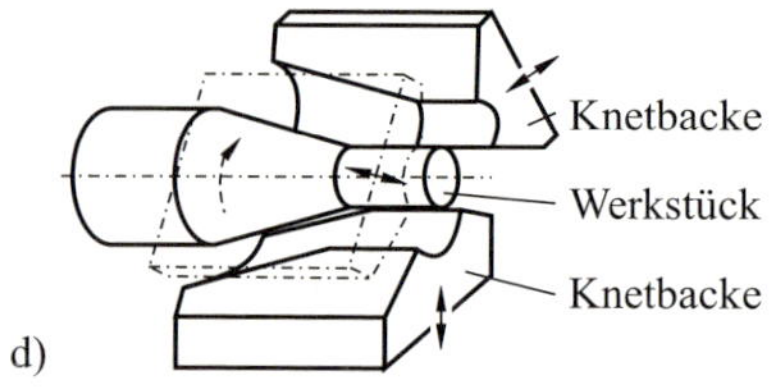

Bild 8.3
Schmiedeverfahren, Beispiele für Freiformverfahren. Nach DIN 8583-3:03, DIN 7527-1:71 bis -6:75
a) Recken von Vollkörpern b) Stauchen c) Anstauchen d) Rundkneten im Vorschubverfahren

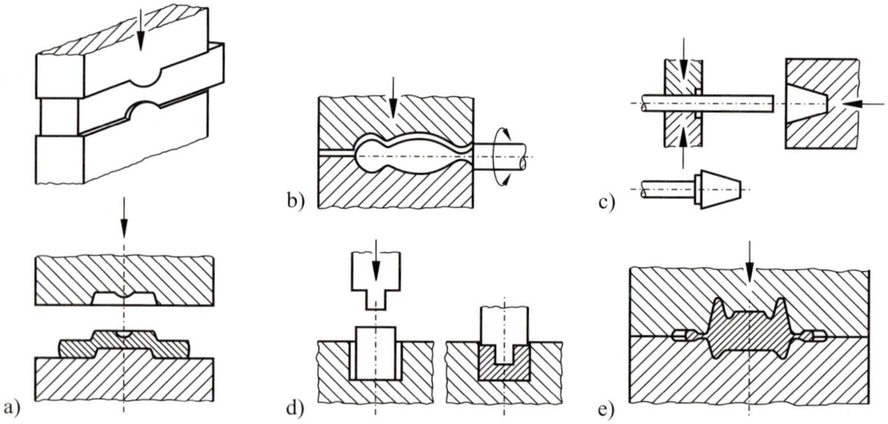

Bild 8.4 Schmiedeverfahren, Beispiele für Gesenkformverfahren. Nach DIN 8583-4:03
a) Formstauchen b) Reckstauchen c) Anstauchen im Gesenk d) Formpressen ohne Grat
e) Formpressen mit Grat

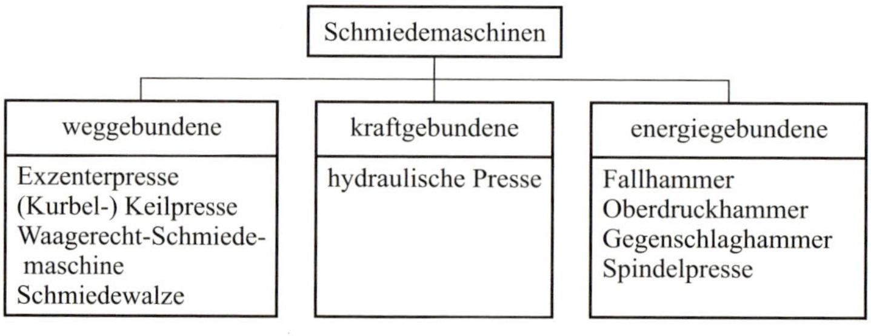

Bild 8.5 Klassifizierung der Schmiedemaschinen

Die Exzenter- und Kurbelpressen sind weggebundene Pressen, deren gemeinsames Kennzeichen der durch die Kinematik des Kurbeltriebs festgelegte Weg und die von der jeweiligen Stößelstellung abhängige Maximalkraft sind.

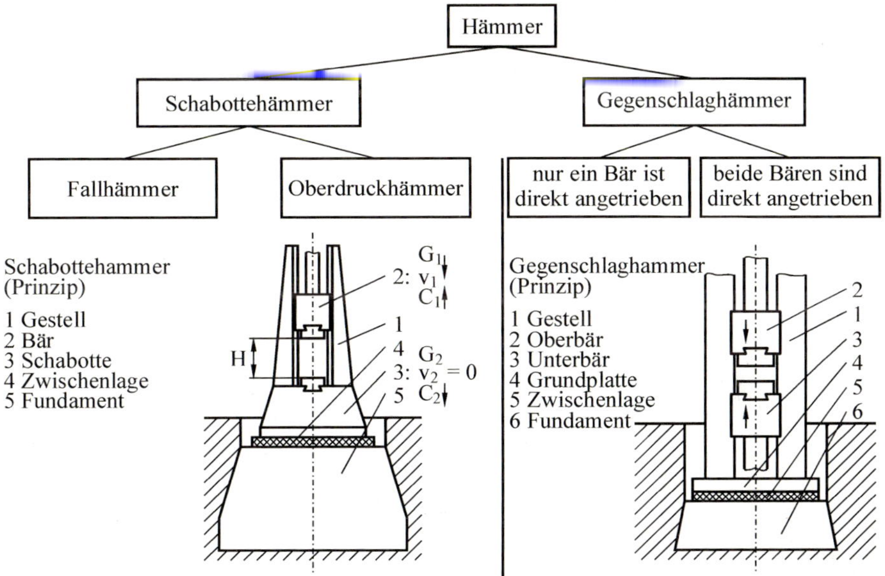

Unterscheidungsmerkmale	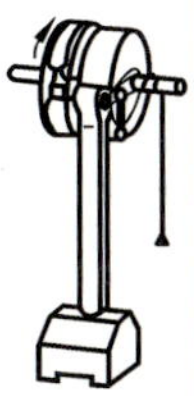 a)	 b)	 c)	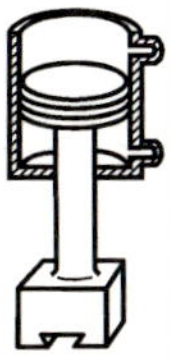 d)	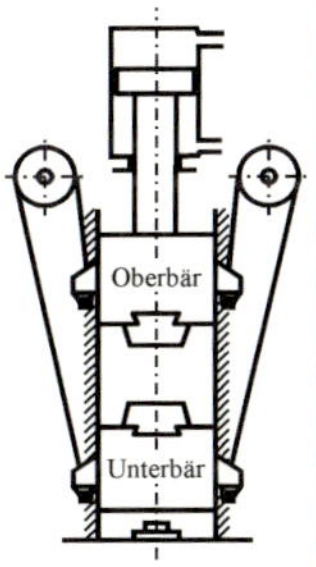 e)	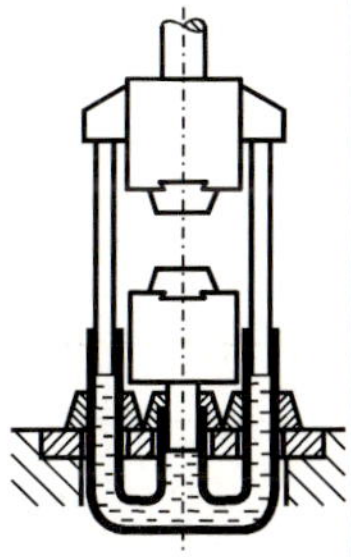 f)
Arbeitsvermögen	$m \cdot g \cdot h$			$(1/2)m \cdot v^2$	$(m_1 + m_2) \cdot (1/2) \cdot v^2 \approx m \cdot v^2$	
Kupplung	Kupplungsband	Reibscheiben	Kolben			
Bärkupplung	—	—	—		Stahlbänder	Flüssigkeit
Druckmittel (Speicher)	Schwungrad		Dampf, Luft, Öl		Dampf, Luft	Dampf, Luft, Öl

Bild 8.6 Bauarten von Schmiedehämmern [8.7]
a) Riemenfallhammer mit Wickelantrieb
b) Kettenfallhammer mit Wickelantrieb
c) Fallhammer mit Kolbenstange
d) doppelt wirkender Oberdruckhammer
e) Gegenschlaghammer mit mechanischer Kopplung
f) Gegenschlaghammer mit hydraulischer Kopplung

a_1 = Vorlauf-Treibscheibe
a_2 = Rücklauf-Treibscheibe
b = Schwungscheibe

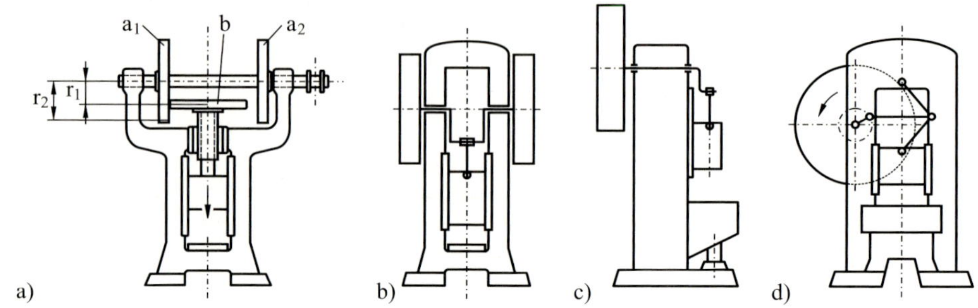

Bild 8.7 Schmiedepressen mit unmittelbarem Antrieb
a) Spindelpresse, b) Kurbelpresse, c) Exzenterpresse, d) Kniehebelpresse

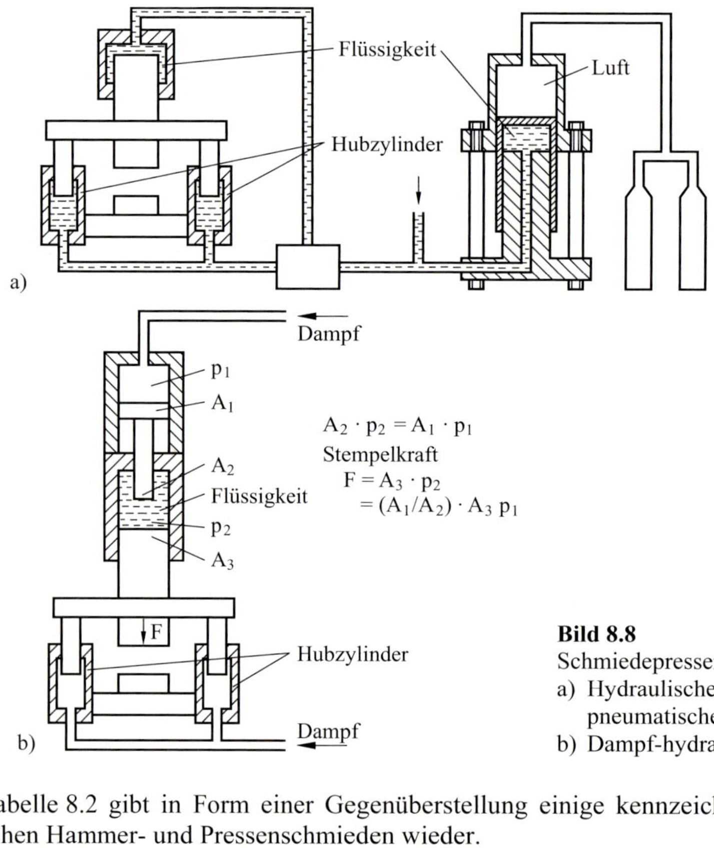

Bild 8.8
Schmiedepressen mit mittelbarem Antrieb
a) Hydraulische Presse mit hydraulisch-pneumatischem Akkumulator
b) Dampf-hydraulische Presse

Tabelle 8.2 gibt in Form einer Gegenüberstellung einige kennzeichnende Unterschiede zwischen Hammer- und Pressenschmieden wieder.

Mit dem Ziel, eine der Kontur des Fertigteils möglichst nahekommende Schmiedeteilkontur (near net shape) in wenigen Schmiedestufen, nach Möglichkeit in einer Stufe, zu erreichen und die notwendige Nacharbeit durch spanende Verfahren auf ein Minimum zu reduzieren, wurde das *Präzisionsschmieden* entwickelt. Dabei werden im geschlossenen Gesenk bei üblichen Schmiedetemperaturen praktisch gratlose Schmiedeteile, z. B. Zahnräder oder Pleuel, mit hoher Maß- und Formgenauigkeit (ISO-Qualitäten IT 8 bis IT 10) gefertigt. Voraussetzungen für das Präzisionsschmieden sind eine sehr große Volumengenauigkeit der Rohlinge (< 5 %), eine hohe Temperaturgenauigkeit der Rohteilerwärmung, eine weitgehende Unterdrückung der Zunderbildung durch Schutzgasatmosphäre und / oder induktive Schnellerwärmung der Teile, automatische Handhabung der Teilprozesse zur Reproduzierbarkeit der Transport- und Liegezeiten und eine entsprechend große Werkzeuggenauigkeit.

Tabelle 8.2 Hammer- und Pressenschmieden (DIN EN 14 673:06)

	Hammerschmieden	Pressenschmieden
Werkstückmasse	< 700 kg	> 700 kg
Art der Krafteinleitung	dynamisch	statisch
Verformungsgeschwindigkeit	hoch	niedrig
Energieverlust durch Verformung von Schabotte und Fundament	ca. 40 %	gering
Krafteinwirkungsdauer	kurz	beliebig
Tiefenwirkung	gering	groß
Anwendung	Gesenkschmieden und Freiformschmieden kleinerer Teile	Freiformschmieden großer Teile
Besonderheiten	leichtes Abspringen des Zunders, glatte Oberfläche, gutes Ausfüllen des Gesenkes	kleinere Fundamente, geringere Erschütterungen, höhere Werkzeugtemperatur

Sonderschmiedeverfahren

In neuerer Zeit gelangten aus Gründen der Wirtschaftlichkeit und z. T. unter Qualitätsverbesserung der Schmiedestücke in zunehmendem Maße Sonderschmiedeverfahren zum industriellen Einsatz. Unter *Kaltgesenkschmieden* versteht man das Formpressen mit Grat bei Raumtemperatur. Es wird insbesondere bei der Fertigung kleiner Teile aus Stahl und vor allem aus NE-Metallen mit Einsatzmassen von weniger als 0,1 kg angewandt und bietet gegenüber dem konventionellen Gesenkschmieden folgende Vorteile:

- verbesserte Oberflächenqualität und Maßhaltigkeit (keine Verzunderung)
- geringer Energieverbrauch (keine Werkstückstofferwärmung)
- erhöhte Werkzeuglebensdauer (keine thermische Beanspruchung)
- engere Fertigungstoleranzen (ISO-Qualitäten IT 8 bis IT 12)

Für höher legierte Werkstoffe, für die eine Kaltumformung wegen zu hoher Werkzeugbeanspruchung nicht in Betracht gezogen werden kann, sowie für kaltumformbare Werkstoffe mit dem Ziel, die Zahl der Umformstufen zu verringern, wird das *Halbwarmumformen* eingesetzt. Man versteht darunter ein Umformen bei erhöhten Temperaturen, d. h. Temperaturen zwischen Raumtemperatur und den üblichen Schmiedetemperaturen. Stahl wird im Bereich von 500 bis 800 °C halbwarm umgeformt. Dabei führt der Umformvorgang noch zu einer bleibenden Verfestigung des Werkstoffs.

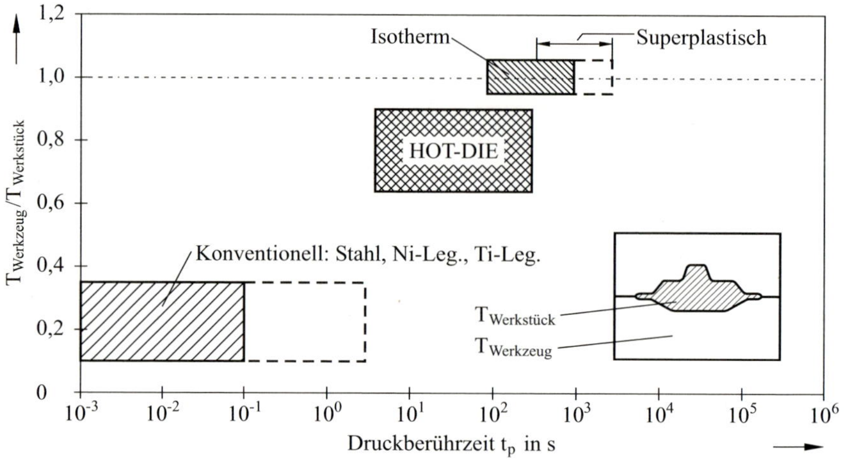

Bild 8.9 Einordnung verschiedener Schmiedeverfahren hinsichtlich bezogener Werkzeugtemperaturen und Druckberührzeiten nach [8.15], HOT-DIE: Bereich des Heiß-Gesenkschmiedens

Um auch komplizierte Schmiedestücke aus hochwarmfesten Nickel-Basis-Werkstoffen und aus Titan herstellen zu können, wurden das *Heiß-Gesenkschmieden* und das *Isotherme Gesenkschmieden* entwickelt. Dabei erwärmt man die Schmiedewerkzeuge auf Schmiedestückstemperatur (Isothermes Schmieden) oder auf Temperaturen, die 150 bis 200 °C unterhalb derjenigen der Werkstücke liegen (Heiß-Gesenkschmieden). Siehe hierzu Bild 8.9. Aufgrund dieser Verhältnisse kann die Umformgeschwindigkeit wesentlich gesenkt werden, wodurch sich die benötigte Schmiedekraft stark verringert und die Herstellung feingliedriger Bauteile möglich wird. Die spanende Endbearbeitung dieser Schmiedeteile kann somit erheblich reduziert werden.

Beim *Thixoschmieden* werden vor allem Aluminiumlegierungen bei Temperaturen innerhalb des Solidus-Liquidus-Intervalls, also in einem Zustand, in dem die Legierung teils flüssig und teils fest ist, in Gesenken auf die Endform gepresst (vgl. Thixogießen). Temperatur und Energiezufuhr müssen sehr genau geregelt werden. Der raschen Formfüllung schließt sich eine konstant gehaltene Druckbelastung während der Erstarrung an. Das Entstehen von Lunkern und Schrumpfungsporositäten wird so verhindert.

Technik des Schmiedens (DIN 7523-2:86, DIN 7527-1:71 bis -6, DIN EN 10 243-1, -2)

Hinweise für das zweckmäßige Gestalten von Gesenkschmiedeteilen gibt die DIN 7523. Gesenkteilung nennt man die Fläche, welche die beiden Gesenkhälften trennt (Bild 8.10). Am Gesenkschmiedeteil stellt sie sich als umlaufende Trennlinie dar. Verlauf und Lage der Gesenkteilung haben einen großen Einfluss auf die Wirtschaftlichkeit der Herstellung und, z. B. durch die Beeinflussung des Faserverlaufs, auf die Eigenschaften von Gesenkschmiedeteilen.

Beim Festlegen der Teilung muss auch der Versatz am Schmiedeteil berücksichtigt werden (Bild 8.10). Der zulässige Versatz nach DIN 7526/Z (DIN EN 10 243-1:99/AC:05, -2:99/AC:05) ist nicht in die zulässigen Maßabweichungen einbezogen, sondern gilt unabhängig und zusätzlich zu diesen. Das muss beim Bemaßen von Gesenkschmiedeteilen, insbesondere von spanend zu bearbeitenden Flächen, berücksichtigt werden. Für tiefe Hohlräume sind Abweichungen von der Parallelität zwischen der Achse der Innenkontur und der Mittellinie der Außenkontur zugelassen.

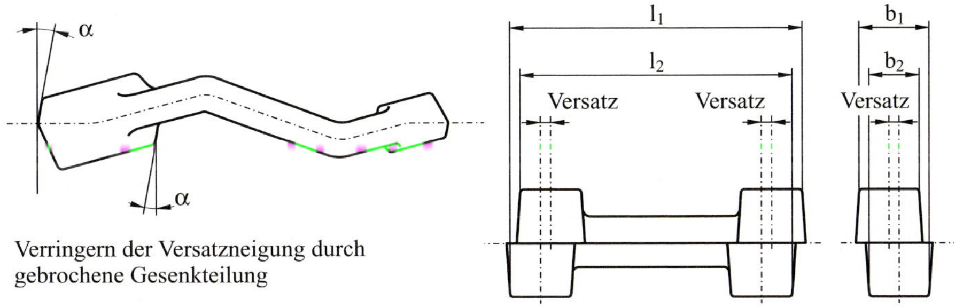

Bild 8.10 Gesenkteilung und Versatz nach DIN 7526/Z, DIN EN 10 243-1, -2

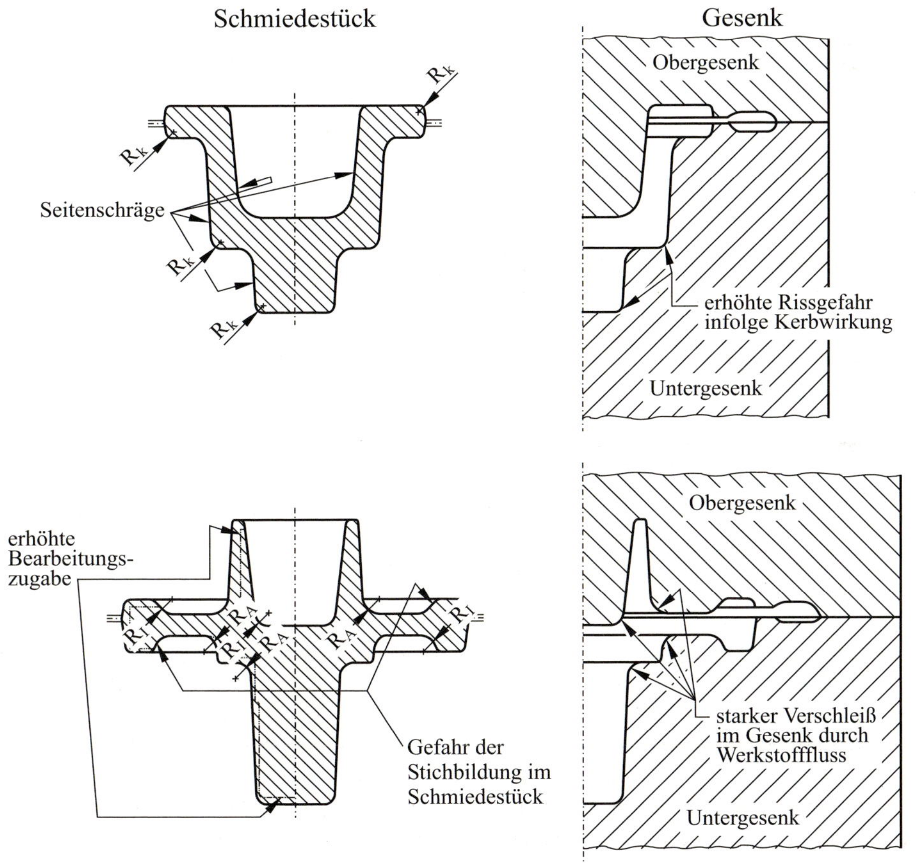

Bild 8.11 Seitenschräge, Kantenrundung R_K und Hohlkehlen (R_I innere, R_A äußere) am Schmiedestück nach DIN 7526/Z, DIN EN 10 243-1, -2 (Maßtoleranzen)

Um Gesenkschmiedeteile aus der Gravur heben zu können, müssen ihre in Umformrichtung liegenden Flächen geneigt sein. Die erforderliche Neigung, die *Seitenschräge (DIN 7523-2)*, ist je nach Umformverfahren an Innen- und Außenflächen verschieden groß. Unter Umständen kann auf sie verzichtet werden, wenn entsprechende Auswerfervorrichtungen an den Umformmaschinen vorhanden sind. Die Halbmesser von *Kantenrundungen* (DIN 7523-2) dürfen nicht zu klein gewählt werden. Je kleiner sie sind, desto höher muss der Druck sein, um die Gravur vollständig auszufüllen. Dadurch steigen die Kerbspannungen an den entsprechenden Stellen des Werkzeugs und es können Spannungsrisse auftreten (Bild 8.11). Bei zu kleinen Rundungshalbmessern von *Hohlkehlen* können Schmiedefehler (z. B. Stiche) entstehen, die sich nur durch höheren Aufwand (z. B. zusätzliche Verformung) vermeiden lassen. Die den Hohlkehlen am Gesenkschmiedeteil entsprechenden Kanten der Gravuren unterliegen infolge Reibung starkem Verschleiß, der mit kleiner werdendem Rundungshalbmesser zunimmt.

Das Gesenkschmieden dünner Böden erfordert mit zunehmendem Verhältnis von Bodenbreite zu *Bodendicke* größere Druckspannungen. Jeder Boden sollte in die anschließenden Formelemente über Hohlkehlen mit ausreichend großen Rundungshalbmessern übergehen.

8.1.2.2 Warmwalzen (DIN 8583-2:03, [7.1])

Der überwiegende Teil der Stahlwerksprodukte wird im Walzwerk zu Blechen, Profilstahl, Rohren, Stabstahl und Draht weiterverarbeitet (DIN 24 500-1:73 bis -15:72).

***Walzwerköfen** (DIN 24 500-2:71)*

Tieföfen

Sie heißen so, weil sie unter Flur angeordnet sind. Der vom Stahlwerk kommende Block wird gleich nach dem Gießen in den Ofen abgesenkt.

Stoßöfen (Flammöfen)

Sie sind über Flur angeordnet und für kleine Blöcke vorgesehen. Diese werden aus dem kälteren Ofenteil in den heißeren durchgestoßen.

Walzwerk

Das Walzwerk besteht aus Walzgerüsten (DIN 24 500-4:68), die zur Walzstraße (DIN 24 500-3:68) zusammengestellt werden, so dass in einer Reihe von Umformschritten Halbzeuge oder Fertigprodukte gewalzt werden können.

Walzgerüste (Bild 8.12) sind z. B.:

Horizontal-Zweiwalzengerüst (Duo). Ungünstig, weil der Rücktransport des Blockes außerhalb der Walzen erfolgt und demnach keine Verformung des Blockes bewirkt. Die obere Walze ist verstellbar.

Bei anderen Walzgerüsten wird der Block auch beim Rücktransport mit verringertem Walzspalt umgeformt.

Dreiwalzengerüst (Trio). Die mittlere Walze ist fest, die anderen sind verstellbar.

Reversierwalzengerüst. Die Drehrichtung der Walzen wird nach jedem Durchgang (Stich) umgesteuert.

Vierwalzengerüst (Quarto). Wegen der beiden Stützwalzen ist diese Anordnung für hohe Belastung geeignet.

Universalwalzgerüst. Vor und hinter den Horizontalwalzen sind Vertikalwalzen zur seitlichen Begrenzung des Blockes angebracht. Es dient z. B. zur Herstellung von I-Profilen.

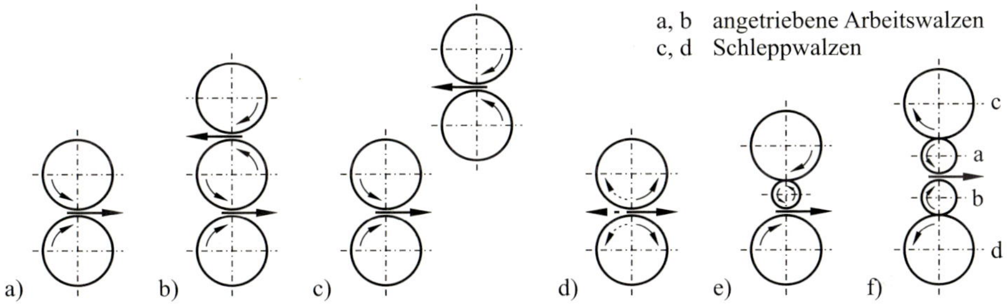

Bild 8.12 Walzgerüstarten: a) Horizontal-Zweiwalzengerüst b) Dreiwalzengerüst c) Doppeltes Zweiwalzengerüst d) Reversierwalzengerüst e) Lauth'sches Dreiwalzengerüst f) Vierwalzengerüst. DIN 24 500-4

Walzstraßen (Bild 8.13)

Nach der Anordnung der Walzgerüste unterscheidet man

Umkehrstraße. Ein- oder mehrgerüstige Walzstraße, bei der das Walzgut in mindestens einem Walzgerüst mehrere Stiche erfährt. Nach jedem dieser Stiche wird die Walzrichtung geändert.

Offene Straße. Walzstraße, bei der mehrere Walzgerüste nebeneinander längs einer Achse angeordnet sind. Alle Gerüste können von einer Seite oder unterteilt von beiden Seiten angetrieben werden.

Gestaffelte Straße. Walzstraße, bei der mehrere Walzgerüste nebeneinander versetzt angeordnet sind. Der Antrieb kann für jedes Gerüst einzeln oder für mehrere Gerüste gemeinsam vorgenommen werden.

Halbkontinuierliche Straße. Walzstraße, bei der einige Walzgerüste in Linie hintereinander (kontinuierlich), andere offen oder gestaffelt angeordnet sind.

Vollkontinuierliche Straße. Walzstraße, bei der Vor-, Zwischen- und Fertiggerüste in Linie hintereinander oder versetzt angeordnet sind und vom Walzgut in einer oder parallel in mehreren Adern kontinuierlich durchlaufen werden. Bei Aufteilung in mehrere Adern wird das Walzgut der einzelnen Stränge gleichmäßig verformt.

Schließlich werden Walzstraßen unabhängig von der Art ihres Aufbaus danach bezeichnet, ob sie Vormaterial (*Vorstraße*), Zwischengut (*Zwischenstraße*) oder im letzten Teil des Walzprozesses auf Fertigmaß auswalzen (*Fertigstraße*). Auch die Art der Erzeugnisse, wie sie im Folgenden noch aufgeführt wird, dient zur Bezeichnung von Walzstraßen.

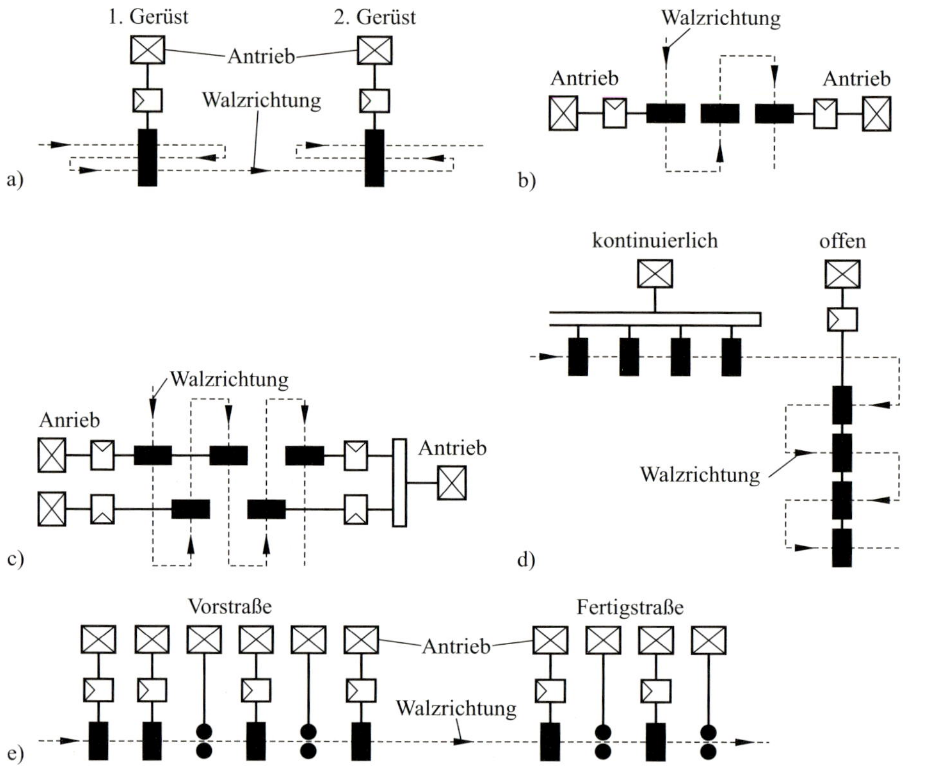

Bild 8.13 Walzstraßen nach DIN 24 500-3 a) Umkehrstraße b) Offene Straße c) Gestaffelte Straße d) Halbkontinuierliche Straße e) Vollkontinuierliche Straße

Walzvorgang

Man bezeichnet beim Walzen mit

Stich den Durchgang durch ein Walzenpaar

Stichzahl die Anzahl der Stiche

Vorblocken das Verwalzen eines Rohblockes, wie er vom Vergießen kommt, zum Vorblock. Dieser ist das Ausgangsmaterial für Halbzeug.

Walzenarten

Stahlwalzen

Geschmiedete Walzen sind geeignet für höchste Beanspruchung, tief eingeschnittene Kaliber und für Stoßbeanspruchung. Die Festigkeit dieser Walzen liegt bei 600 bis 1.100 N/mm^2.

Nachteile: Warm- oder Brandrisse sind möglich.

Bei Stahl als Walzgut kann es bei hohen Temperaturen zu Aufschweißungen kommen (je höher der Kohlenstoffgehalt der Walze, desto geringer ist die Gefahr). Dadurch werden die Walzen beschädigt.

Stahlgusswalzen. Sie haben eine geringere Festigkeit (450 bis 750 N/mm^2), Zähigkeit und Verschleißfestigkeit als geschmiedete Walzen, sind aber kostengünstiger als diese. Es bestehen die gleichen Nachteile wie bei geschmiedeten Walzen.

Vorteil für beide Walzenarten: Bei Verschleiß können sie auftraggeschweißt und weiter verwendet werden.

Gusseiserne Walzen

Hartgusswalzen. Sie werden hergestellt, indem man Gusseisen in eine entsprechend geformte Kokille gießt. Die Außenhaut erstarrt rasch, da sie an der Metallform abgeschreckt wird. So erhält man außen eine harte Schale (Ledeburit, Martensit). Verschweißungen zwischen Gusseisenwalze und Walzstahl treten nicht auf. Die Oberfläche des Walzgutes ist glatt. Anwendung nur für Flachprodukte und kleine Profile.

Nachteil: Die Biegefestigkeit von Hartgusswalzen ist gering.

Graugusswalzen. Herstellung in mit Abschreckplatten ausgelegten Sand- oder Lehmformen führt zu halbharten Walzen, die bei kleinen Walzgutmengen zur Herstellung von schweren Profilen und Grobblechen benutzt werden. Siliciumreiche Gusswerkstoffe werden in Kokillen vergossen, man erhält die „mildharten" Walzen. Hauptanwendungsgebiet: Mittlere Profile.

Walzen aus Gusseisen mit Kugelgraphit. Infolge guter Verformbarkeit auch für höhere Walzenkräfte zu verwenden.

Walzenkaliber

Um Profilquerschnitte herzustellen, benötigt man profilierte Walzenkaliber (Bild 8.14).

Offenes Kaliber: Jede Walze stellt eine Hälfte der Form her.

Geschlossenes Kaliber: Das obere greift in das untere Kaliber ein.

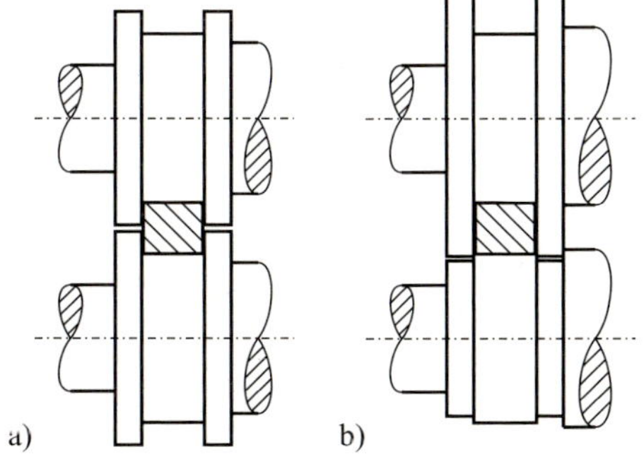

Bild 8.14 Walzenkaliber:
a) offen b) geschlossen

Kammwalzen

Kammwalzen sind Walzenzahnräder mit Pfeilverzahnung, die das Antriebsmoment auf die obere und mittlere Walze übertragen (Bild 8.15).

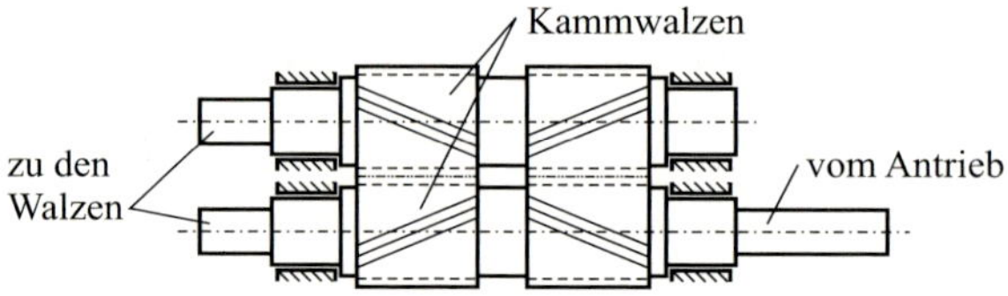

Bild 8.15
Zweiwalzen-Kammwalzgerüst

Kleeblatt

Die Kraftübertragung vom Kammwalzengerüst auf die Walzen erfolgt über Kleeblattspindeln und entsprechend ausgebildete Muffen gemäß Bild 8.16.

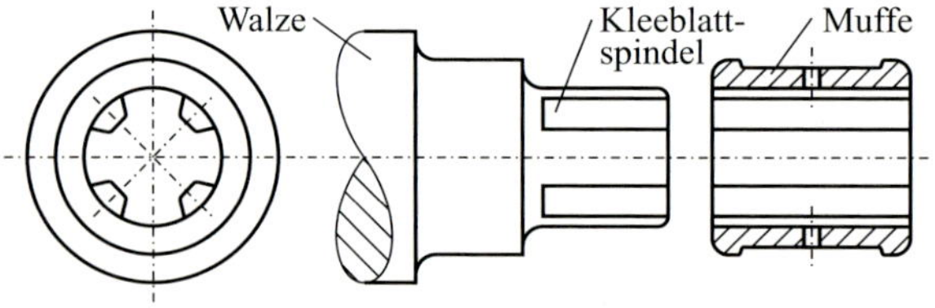

Bild 8.16
Walze mit Kleeblattspindel

Erzeugnisse des Walzwerkes

Vorblöcke, Vorbrammen (aus Rohblöcken bzw. Rohbrammen hergestellt) bis zu 30 t. Sie werden in einer Warmbreitbandstraße zu Flacherzeugnissen weiterverarbeitet.

Knüppel. 50 bis 350 mm □, für Profilerzeugnisse, Bänder, Drähte.

Platinen. Vorprodukte für Feinblech.

Formstahl. Normalprofile, Parallelflanschträger, Schienen usw.

Walzdraht. In besonderen Drahtwalzwerken hergestellt. Dabei erhält das Material durch Längung eine hohe Durchlaufgeschwindigkeit von 40 m/s und mehr.

Drähte bis herunter zu 5 mm Durchmesser werden in Warmwalzwerken hergestellt, die Weiterverarbeitung geschieht in kaltem Zustand durch Ziehen.

Blech. Grob-, Mittel- und Feinblech, Breit-, Mittel- und Schmalband. Grobbleche von mehr als 4,75 mm, Mittelblech von 3 bis 4,75 mm, Feinblech von weniger als 3 mm Dicke. Breitband mit 600 bis 2.000 mm, Mittelband mit 100 bis 600 mm, Schmalband mit 10 bis 100 mm Breite.

Einzugsbedingung

Wenn das Werkstück in den Walzspalt eingezogen werden soll, muss die Einzugsbedingung erfüllt sein, d. h. nach Bild 8.17

$$\mu \cdot N \cdot \cos\alpha \;>\; N \cdot \sin\alpha$$

oder

$$\mu \;>\; \tan\alpha$$

mit N: von Walze auf Werkstück wirkende Kraft; μ: Reibungskoeffizient

Der Winkel α ist abhängig vom Walzendurchmesser und der Dicke des Werkstückes vor und hinter den Walzen.

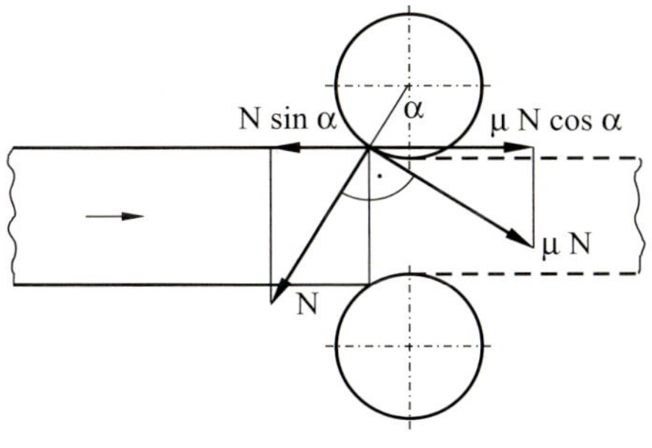

Bild 8.17
Einzugsbedingungen am Walzspalt

Fließscheide

Im Walzspalt (Bild 8.18) bewegt sich das Walzgut mit sich stetig ändernder Geschwindigkeit. Sie kann also nicht gleich der Umfangsgeschwindigkeit der Walzen sein. Die Folge hiervon ist eine Relativbewegung zwischen Walzgut und Walzen, verbunden mit einem entsprechenden Walzenverschleiß. An einer Stelle des Kontaktbogens sind die Geschwindigkeiten gleich, dort tritt keine Relativbewegung auf. Die Ebene, in der sich die Richtung des Stoffflusses ändert, wird als *Fließscheide* bezeichnet.

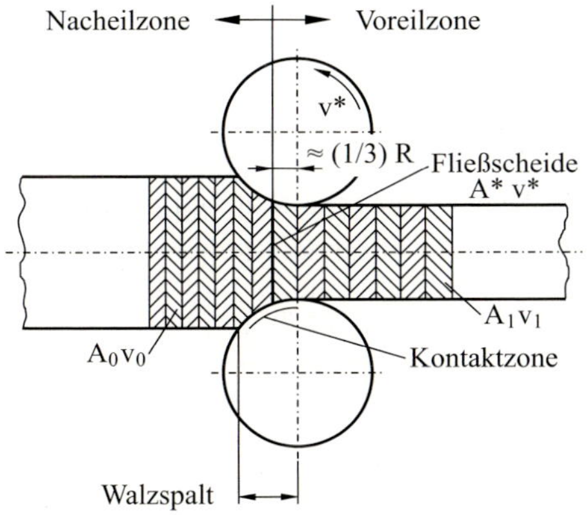

Bild 8.18 Bezeichnungen beim Walzvorgang

Ist v die Geschwindigkeit, so gilt

– *vor* der Fließscheide:

$$v_{Walzgut} \;<\; v_{Walze}$$

Nacheilzone, Rückstauzone.

Das Walzgut rutscht nach links.

– *hinter* der Fließscheide:

$$v_{Walzgut} \;>\; v_{Walze}$$

Voreilzone.

Das Walzgut rutscht nach rechts.

Die Fließscheide liegt nahe dem Austritt des Walzgutes. Bei Volumenkonstanz gilt:

$$A_0 \cdot v_0 \;=\; A_1 \cdot v_1 \;=\; A^* \cdot v^*$$

Dabei ist A^* der Querschnitt des Walzgutes an der Stelle im Walzspalt, an der die Geschwindigkeit des Walzgutes gleich der Umfangsgeschwindigkeit v^* der Walzen ist.

Umformgrad

Die Verformung des Walzgutes geschieht hauptsächlich durch Längen, weniger durch Breiten. Der maximale Umformgrad φ_1 (vgl. Kapitel 8.1.1) tritt beim Flachwalzen in Dickenrichtung auf. Beim Walzen ist es üblich, den Umformgrad durch die bezogene Stichabnahme (bezogene Höhenabnahme)

$$\varepsilon_h = \frac{h_E - h_A}{h_E} \qquad \text{(E: Einlauf, A: Auslauf)}$$

auszudrücken.

Meist sind bei starker Verformung mehrere Stiche nötig, da andernfalls Risse im Walzgut auftreten würden. Beim ersten Stich soll $\varepsilon_h \approx 0{,}5$ sein. Am Ende des Walzprozesses ist das Material besser verformbar geworden und ε_h kann höher gewählt werden:

$$\varepsilon_h \approx 0{,}7 \; bis \; 0{,}9$$

Thermomechanische Behandlung

Durch eine geeignete Wahl von Umformgrad und Endwalztemperatur lassen sich günstige Gefügezustände und damit günstige Eigenschaften des Walzgutes, wie hohe 0,2 %-Dehngrenze und hohe Zugfestigkeit bei großer Zähigkeit, erreichen. Beim *normalisierenden Walzen* erfolgt die Endumformung im Bereich der Normalisierungstemperatur oberhalb A_3, d. h. bei einer tieferen Temperatur als beim konventionellen Walzen. Durch eine rasch erfolgende Rekristallisation wird ein grobkörniger Austenit vermieden und bei der anschließenden γ-α-Umwandlung entsteht ein relativ feinkörniges, dem normalgeglühten Zustand entsprechendes Gefüge.

Zum *thermomechanischen Walzen* (vgl. Abschnitt 4.3) sind perlitreduzierte mikrolegierte Stähle mit hinreichenden Gehalten an Elementen wie Niob und Titan geeignet. Diese Elemente verzögern die Rekristallisation in starkem Maße, so dass bei Endwalztemperaturen kleiner als 900 °C (unterhalb von A_3) die γ-α-Umwandlung von nur teilweise rekristallisiertem oder nicht rekristallisiertem unterkühltem Austenit ausgeht. Es entsteht ein besonders feinkörniges Umwandlungsgefüge, das, je nachdem ob die Abkühlung nach dem Walzen an Luft oder besonders rasch durch Wasser erfolgt, ferritisch-perlitisch bis bainitisch-(martensitisch) ist. Die Mikrolegierungselemente (Titan, Niob, Vanadium) tragen durch eine Ausscheidungshärtung zur Festigkeitssteigerung bei. Zum Erzielen rein bainitischer Gefüge (Wasservergüten) sind erhöhte Mangan- und Molybdängehalte erforderlich.

8.1.2.3 Herstellung von nahtlosen Rohren

Die Herstellung nahtloser Rohre erfolgt über zwei Verfahrensschritte, nämlich das Lochen eines Blockes und das Strecken des erzeugten Hohlblockes.

Lochen

Schrägwalzverfahren nach Mannesmann (Bild 8.19)

Zwei Walzen, die um 3 bis 6° schräg zueinander angeordnet sind, drehen sich im gleichen Drehsinn. Am vorderen Ende der Walzen befinden sich konische Teile, die das Einziehen des Blockes ermöglichen. Es kommt dabei zu einer Querstauchung des Materials. Die dadurch im Innern auftretenden Zugspannungen bewirken ein Aufreißen des Blockes. Ein eingeführter Dorn unterstützt den Vorgang.

Das Ergebnis ist ein dickwandiger Hohlkörper mit 20 bis 30 mm Wanddicke, dessen Oberfläche noch mit dem Glättungsteil der Walzen geglättet wird.

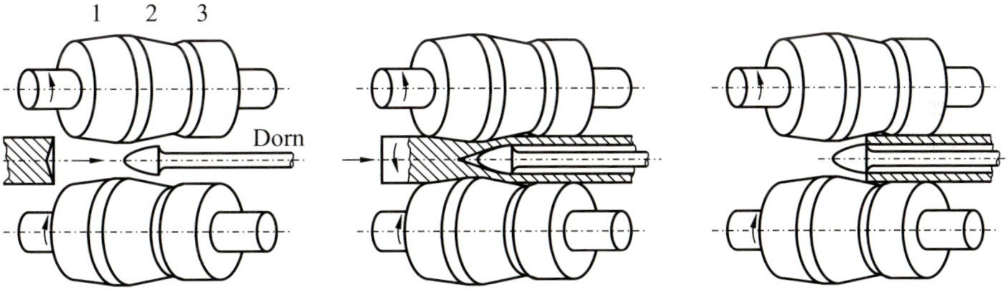

Bild 8.19 Schrägwalzverfahren nach Mannesmann. 1 Lochungsteil, 2 Querwalzteil, 3 Glättungsteil [8.16]

Lochen nach dem Ehrhardt-Verfahren (Bild 8.20)

Das Ausgangsmaterial hat einen quadratischen Querschnitt und wird in eine runde Form (Gesenk, Matrize) eingesetzt. Von oben her presst man mit einem runden Dorn ein Sackloch ein, so dass ein unten geschlossener Hohlkörper entsteht.

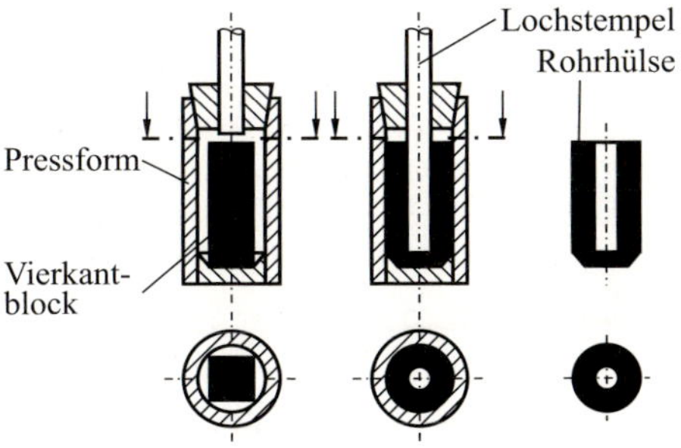

Bild 8.20
Lochen nach dem Ehrhardt-Verfahren [8.16]

Gießen von Hohlblöcken

Üblich sind Stahlguss, Schleuderguss oder Strangguss bzw. bei legierten Stählen Vollguss mit anschließendem Bohren.

Strecken

Pilgern nach Mannesmann (Bild 8.21)

Es handelt sich um einen Walzschmiedevorgang. Der Hohlblock sitzt auf einem Dorn und wird in zwei Walzen eingeführt, die nur zum Teil kalibriert sind. Der abgeflachte Teil der Walzen greift nicht an.

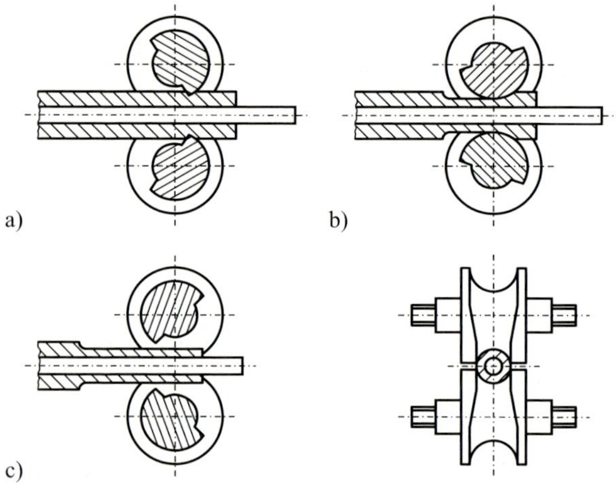

Bild 8.21
Pilgerschrittwalzen von Rohren [8.16]
a) Luppe wird gefasst
b) Ausstreckvorgang
c) Luppe freigegeben zum Vorschieben

Das Kaliberteil kneift eine bestimmte Werkstoffmenge ab (Bild 8.21 a), dann erfolgt das Auswalzen (Bild 8.21 b) auf Fertigwanddicke und das Glätten. Das Rohr mit Dorn wird dabei zurückgedrängt. Durch den abgeflachten Bereich der Walzen wird es freigegeben (Bild 8.21 c) und schnellt so weit vor, dass wieder ein neues Stück abgekniffen, gewalzt und geglättet werden kann. Es handelt sich also um einen diskontinuierlichen Walzvorgang.

Das Pilgerschritt-Verfahren kann für lichte Weiten der Rohre bis zu 600 mm verwendet werden. Die Leistung einer solchen Anlage ist bei Rohren mit einem mittleren Durchmesser von 300 mm ca. 20 bis 25 Rohre pro Stunde. Die Länge der Rohre kann bis zu 30 m betragen.

Stoßbank-Verfahren nach Ehrhardt (Bild 8.22)

Das Verfahren ist für kleinere Durchmesser geeignet. Früher wurden die Rohre durch Ziehringe hindurchgestoßen, heute benutzt man nicht angetriebene profilierte Rollen (Bild 8.22). Die Rohre können Längen bis zu 10 m haben.

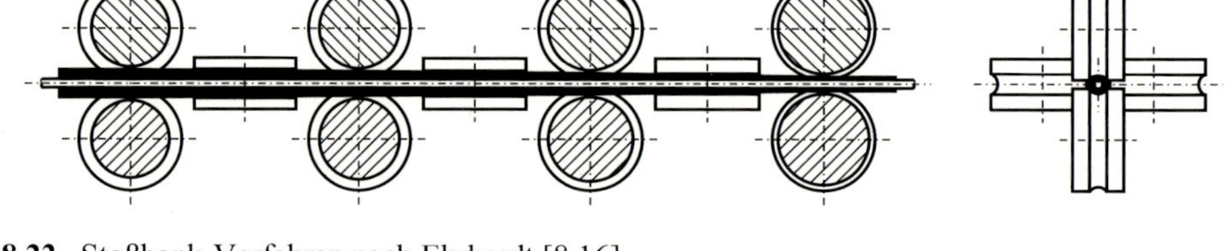

Bild 8.22 Stoßbank-Verfahren nach Ehrhardt [8.16]

Reduzierwalzwerk (Bild 8.23)

Rohre mit einem kleineren Innendurchmesser als 40 mm werden ohne Dorn im Reduzierwalzwerk (Bild 8.23) gestreckt. Es besteht aus profilierten Rollenpaaren, die um 90° oder 120° versetzt gegeneinander angeordnet sind. Die Umdrehungszahlen steigen von Gerüst zu Gerüst bei enger werdendem Kaliber, um ein Anstauchen der Wanddicke zu vermeiden.

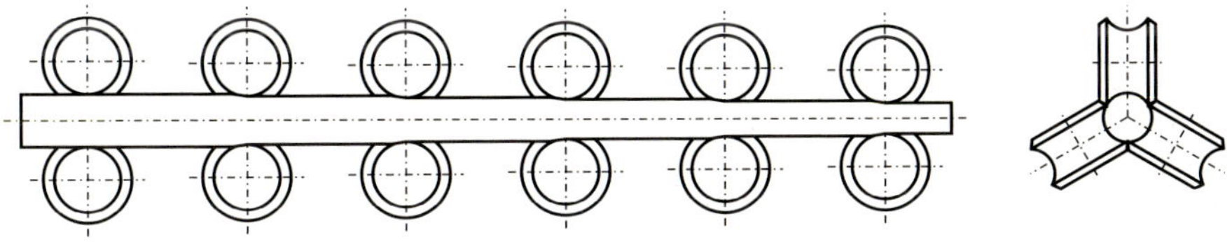

Bild 8.23 Reduzierwalzwerk [8.16]

8.1.2.4 Herstellung von geschweißten Rohren

Bei der Herstellung geschweißter Rohre müssen einzelne Bleche (dickwandige Rohre) oder Stahlband zu rohrförmigen Körpern mit längs oder spiralförmig verlaufendem Schlitz geformt werden.

Zum Schweißen dünnwandiger Rohre werden meist Widerstands-Schweißverfahren eingesetzt. Beim Schweißen mit Netzfrequenz wird der Schweißstrom dem Schlitzrohr durch Rollenelektroden zugeführt (Bild 8.24). Die zu verschweißenden Flächen erwärmen sich beim Stromdurchgang infolge des Übergangswiderstandes. Der erforderliche Schweißdruck wird durch Druckrollen aufgebracht. Durch die Verwendung von mittel- bzw. hochfrequentem Schweißstrom, der konduktiv oder meist induktiv (Bild 8.25) übertragen wird, erreicht man Schweißgeschwindigkeiten bis 100 m/min. Bei induktiver Stromübertragung stört eine verzunderte Blechoberfläche im Gegensatz zu konduktiver Stromübertragung nicht.

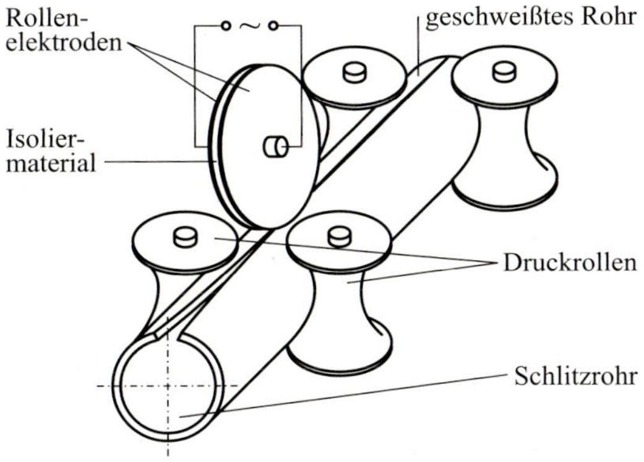

Bild 8.24
Widerstandsschweißen von Rohren mit Rollenelektroden [8.16]

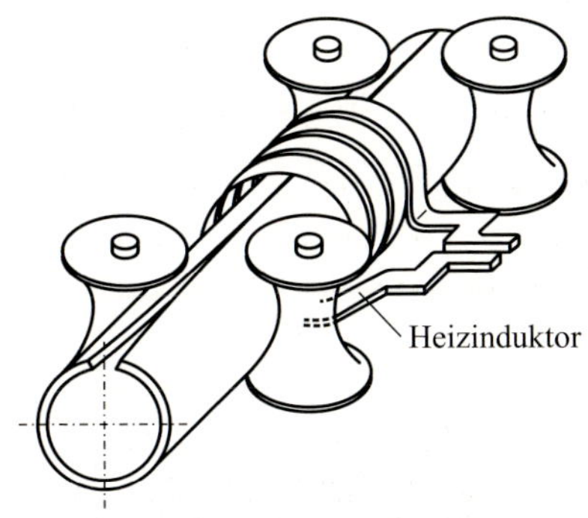

Bild 8.25
HF-Schweißen von Rohren mit induktiver Stromzuführung

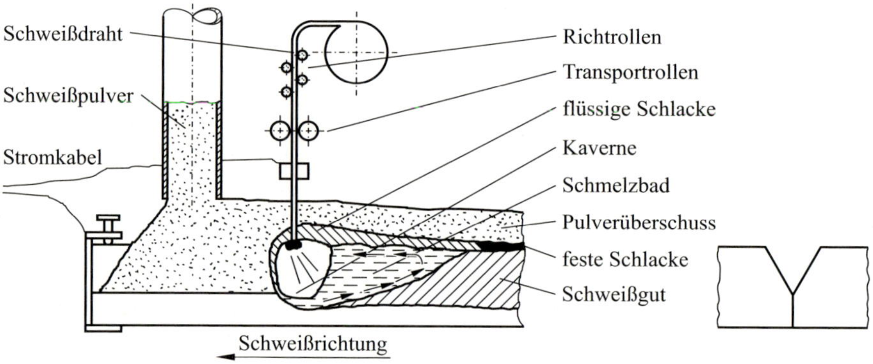

Bild 8.26 UP-Schweißen

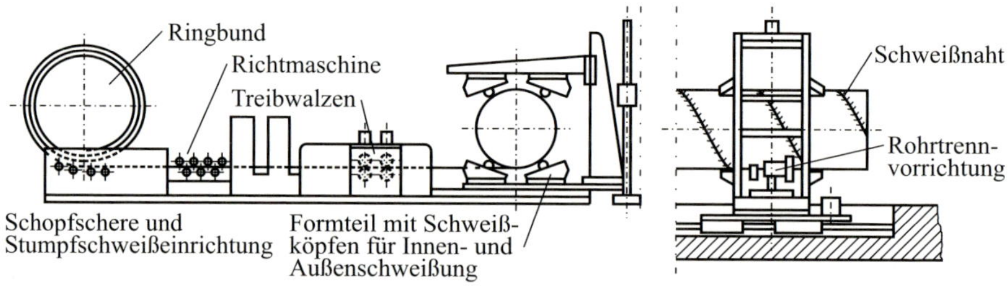

Bild 8.27 Herstellung von Wendelnahtrohren [8.16]

Für dickwandige Großrohre (500 bis 1.200 mm Durchmesser für Gas-, Wasser- und Öltransport) verwendet man das vollmechanisierte Unterpulverschweißverfahren (UP-Schweißverfahren, Bild 8.26). Dabei werden die Rohre längs der Schlitze erst von innen und dann von außen jeweils in horizontaler Lage verschweißt. Mit diesem Verfahren lassen sich auch Wendelnahtrohre herstellen. Dabei geht man von einem Stahlband aus, das schraubenlinienförmig in Rohrform gewickelt wird (Bild 8.27). Im Fretz-Moon-Verfahren wird das Stahlband zum geschlitzten Rohr geformt und durch Erwärmung im Ofen pressgeschweißt.

*8.1.2.5 **Strangpressen** (DIN 8583-6:03, [8.17, 8.18])*

Es handelt sich um ein Massivumformverfahren, das früher nur bei Nichteisenmetallen (DIN 24 540-1:86 bis -3:86) üblich war, heute auch zur Herstellung von Stahlprofilen (Schmierung: geschmolzenes Glas) eingesetzt wird. Bei Kunststoff nennt man Strangpressen *Extrudieren.*

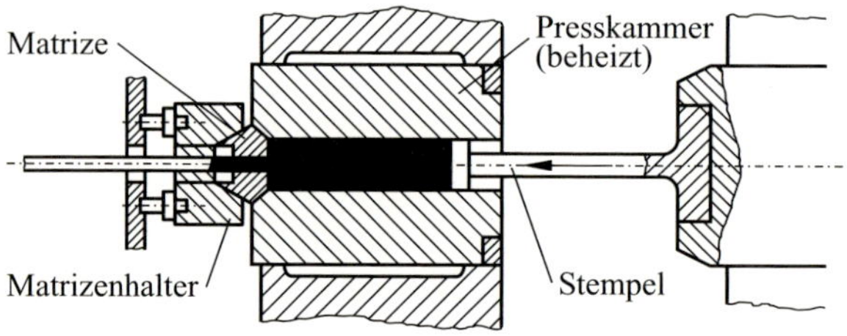

Bild 8.28 Strangpressen von Vollprofilen (Pressrichtung horizontal)

Beim *Vorwärts-Strangpressen* (*direktes Strangpressen*) wird der in der Presskammer befindliche Werkstoffblock im erhitzten gut umformbaren Zustand mittels eines Pressstempels durch eine Matrize aus Warmarbeitsstahl gedrückt, deren Form der austretende Strang annimmt, Bild 8.28.

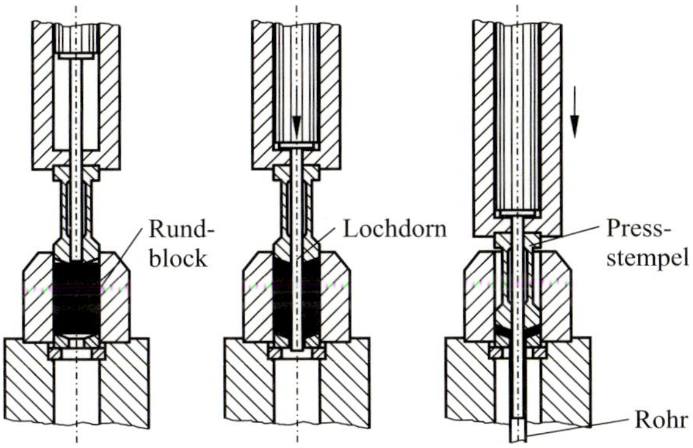

Bild 8.29 Strangpressen von Hohlprofilen (Pressrichtung vertikal)

In dem beheizten Aufnehmer bleibt ein Pressrest zurück, der wieder eingeschmolzen werden kann.

Beim *Rückwärts-* (*indirekten*) *Strangpressen* drückt die verschlossene Presskammer den Werkstoffblock gegen einen feststehenden Hohlstempel, an dessen Ende die Matrize sitzt. Der Pressstrang fließt durch den Hohlstempel ab, Werkstoffblock und Kammer bewegen sich in gleicher Richtung, so dass als Verfahrensvorteil keine Reibung zwischen ihnen auftritt.

Mit diesen Verfahren werden Voll- und Hohlprofile mit kompliziertem, auch hinterschnittenem Querschnitt aus Al-, Mg-, Cu-Legierungen und Stählen hergestellt. Ein Nachbearbeiten ist vielfach nicht erforderlich, was die Serienfertigung erleichtert. Stranggepresste Al-Profile haben große Bedeutung im *Fahrzeugleichtbau (DIN EN 755-1 bis -9, DIN EN 12 020-1, -2:06).*

Sonderfälle: Herstellung von Bleikabelmänteln und umhüllten Schweißelektroden.

Für die Herstellung von Rohrprofilen (Bild 8.29) wird das auf Walztemperatur erwärmte Rundmaterial in der Presskammer zunächst gelocht. Der Lochstempel bleibt in seiner Endstellung stehen und bildet mit der Matrizenöffnung einen Ringspalt, der den Rohrabmessungen entspricht. Mit dem Pressstempel wird der Block durch den Ringspalt gedrückt.

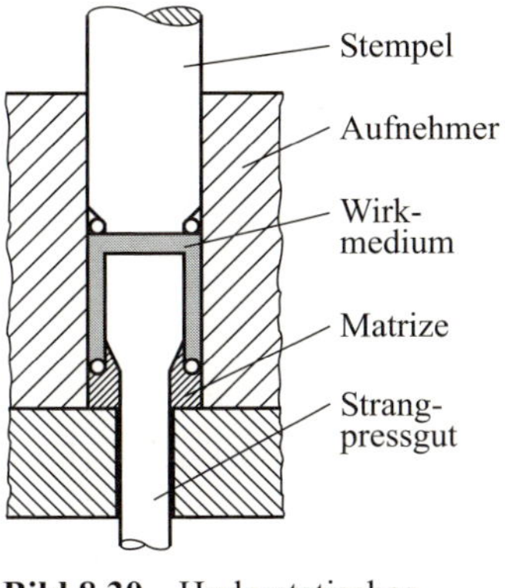

Bild 8.30 Hydrostatisches Strangpressen

Eine wichtige Verfahrensvariante ist das *hydrostatische Strangpressen*. Dabei wird die benötigte Presskraft mit Hilfe eines flüssigen Druckmediums aufgebracht (Bild 8.30). Das Verfahren ist besonders für spröde und schwer umformbare Werkstoffe geeignet. Durch Wegfall von Reibkräften zwischen Aufnehmer und Rohteil und Verringerung der Reibkräfte in der Matrize vermindert sich die notwendige Presskraft bis zu 40 %. Besonders lange Rohteile und nichtzylindrische Teile, ferner unterschiedliche Rohteildurchmesser bei gleichem Aufnehmerdurchmesser, lassen sich problemlos pressen. Zwar wird das hydrostatische Strangpressen heute überwiegend bei Raumtemperatur durchgeführt, mit geeignetem Druckübertragungsmedium aber auch im Bereich der Warmumformung eingesetzt.

8.2 Kaltformgebung

8.2.1 Merkmale der Kaltformgebung

Nach DIN 8582 spricht man von Kaltumformen, wenn ein Werkstück vor dem Umformen nicht über die übliche Raumtemperatur hinaus erwärmt wird. Bei einer Kaltumformung wird im Allgemeinen die Oberfläche geglättet und es kann eine große Maßgenauigkeit erreicht werden. Je nach Werkstoff und Art der Umformung tritt dabei eine mehr oder weniger ausgeprägte Kaltverfestigung ein (vgl. Bild 8.2). Man unterscheidet Blech- (Kaltwalzen, Biegeumformung, Tiefziehen, Streckziehen, Drücken) und Massivumformung (Draht- und Stangenziehen, Fließpressen) oder gebundene und freie Umformung.

8.2.2 Verfahren der Kaltformgebung [8.1, 8.9, 8.19]

8.2.2.1 Kaltwalzen

Warmgewalztes Vorblech wird überwiegend in Kaltbreitbandstraßen auf das gewünschte Endmaß gewalzt. Für große Querschnittsabnahmen verwendet man Arbeitswalzen mit kleinem Durchmesser (vgl. Einzugsbedingung, Abschnitt 8.1.2.2). Nach Bild 8.17 wird α bei gleicher Stichabnahme um so größer, je kleiner der Durchmesser der Walzen ist, die um eine gleichmäßige Blechdicke über die ganze Breite zu gewährleisten entweder leicht ballig geschliffen oder mit Stützwalzen gegen zu starke Durchbiegung versehen sind. In modernen Feinblech-Bandwalzwerken kann die Endgeschwindigkeit bis zu 2.000 m/min (120 km/h) betragen. Sonderwalzverfahren für höchste Abmessungsgenauigkeiten benutzen Sendzimir- und Planetenwalzwerke.

Bei den Planetenwalzgerüsten umläuft eine Vielzahl kleiner Arbeitswalzen die schwere Stützwalze großen Durchmessers. In genau geregelten modernen Kaltwalzstraßen lassen sich Kaltbänder mit Dickenabweichungen von wenigen tausendstel Millimeter und mit hoher Oberflächengüte bei Enddicken bis zu 0,15 mm erzielen. Die kaltgewalzten Bänder werden z. B. zur Beseitigung der Kaltverfestigung rekristallisierend geglüht.

Durch abschließendes Kaltnachwalzen (Dressieren) mit einer Dickenabnahme unter 3 % wird die Umformbarkeit von Tiefziehblechen verbessert. In Kaltprofilieranlagen mit geeigneten Walzenkalibern werden aus Kaltband Profilbleche erzeugt. Ein erheblicher Teil des Kaltbandes wird in Bandbeschichtungsanlagen [8.20] oder in gesonderten Verfahren (z. B. Tauchen, Spritzen, Plattieren) mit metallischen (Verzinken, Alitieren) oder nichtmetallischen (Email, Gummi, Kunststoff) Überzügen versehen.

8.2.2.2 Biegeumformen (DIN 8586:03)

Biegerunden (Bild 8.31)

Das Biegerunden erfolgt auf Dreiwalzen- oder Vierwalzen-Blechbiegemaschinen, z. B. bei der Herstellung geschweißter Rohre aus Blechtafeln größerer Dicke. Nur die Oberwalze ist angetrieben. Bei der Dreiwalzenmaschine müssen die Randstreifen in einem Abkantwerkzeug oder in einer Vierwalzen-Biegemaschine gesondert angebogen werden

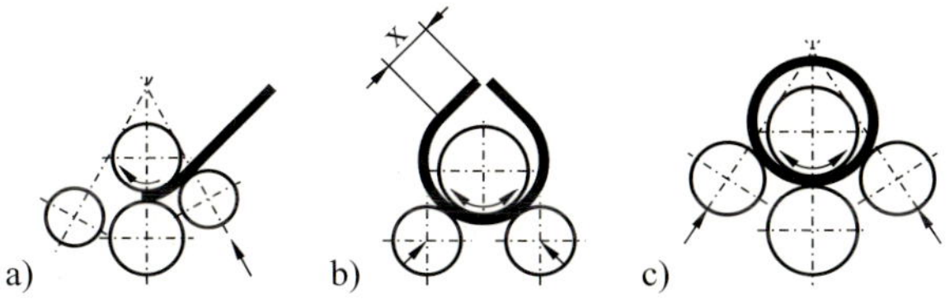

Bild 8.31
Biegerunden von Blechtafeln
a) Anbiegen der Endstreifen x
b) Drei-Walzen-Biegemaschine
c) Vier-Walzen-Biegemaschine

Abkanten (Bild 8.32)

Abkanten ist das Biegen um eine Achse parallel zur Längsrichtung des Bleches, Herstellung von Abkantprofilen aus dünnen langen Blechen.

Verwendung: Leichtbau.

Maschinen: Abkantpressen, Abkantmaschinen, Profilwalzmaschinen.

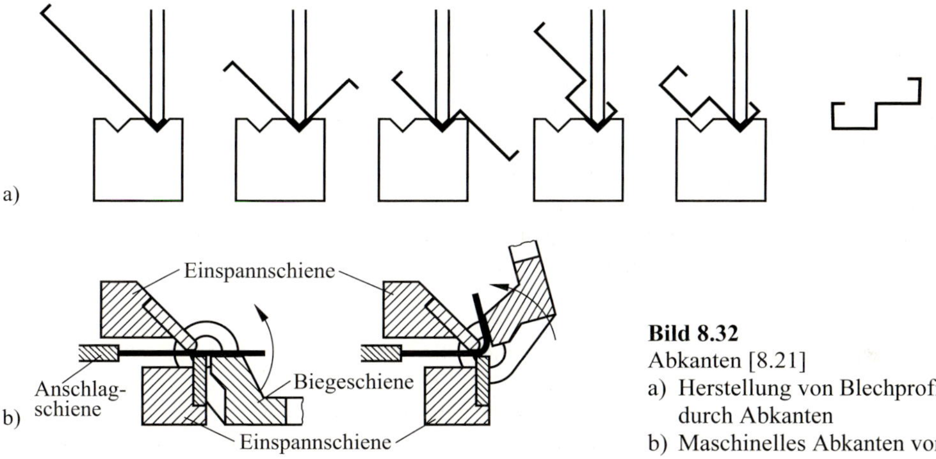

Bild 8.32
Abkanten [8.21]
a) Herstellung von Blechprofilen durch Abkanten
b) Maschinelles Abkanten von Blech

Biegestanzen und Biegen mit Unterschnitt (Bilder 8.33, 8.34)

Das Biegestanzen findet Verwendung für kleinere Blechteile, wobei die Verformung z. B. um eine Achse parallel zur Längsrichtung des Bleches mit einem Ausschneide- oder Lochvorgang verbunden wird. Bild 8.34 zeigt das Biegen mit Unterschnitt durch einen drehbar gelagerten Formstempel.

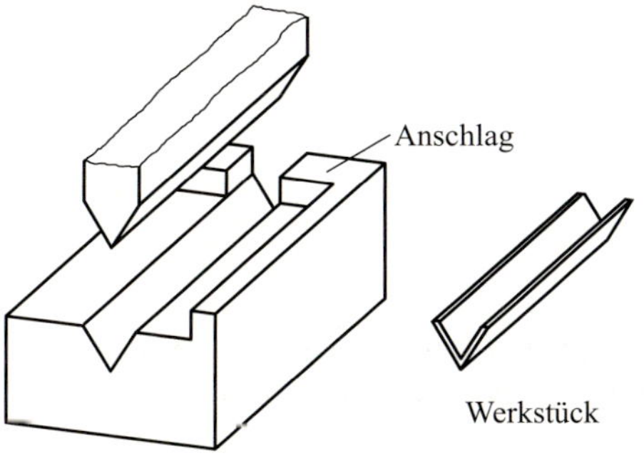

Bild 8.33
Biegestanzen

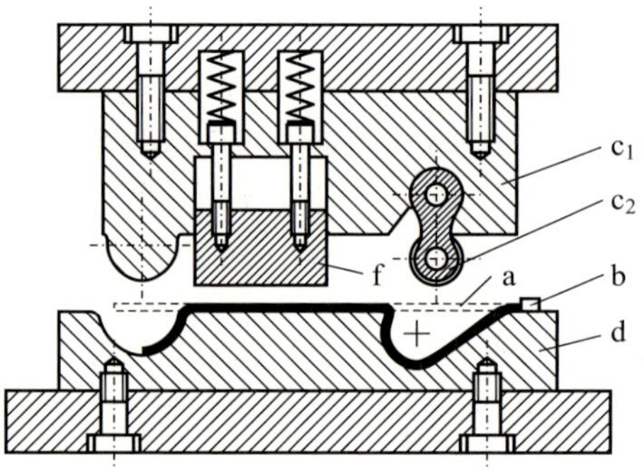

Bild 8.34
Biegen mit Unterschnitt [8.21]
a Zuschnitt,
b Anschlag,
c_1 Biegestempel,
c_2 drehbar gelagerter Formstempel,
d Matrize,
f Niederhalter

Richten (Bild 8.35)

Das Richten von Drähten, Profilen und Blechen erfolgt auf einer Rollenrichtmaschine (Bild 8.35). Starke Zustellung der oberen Richtrollen im Einlauf, zum Auslauf hin abklingend.

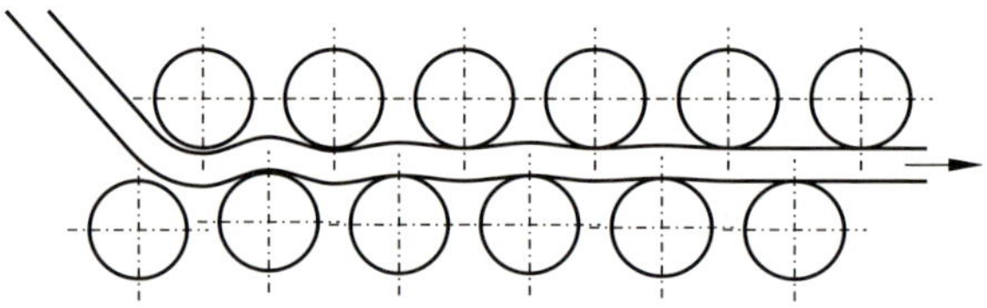

Bild 8.35
Rollenrichtmaschine

Rollen (Bild 8.36)

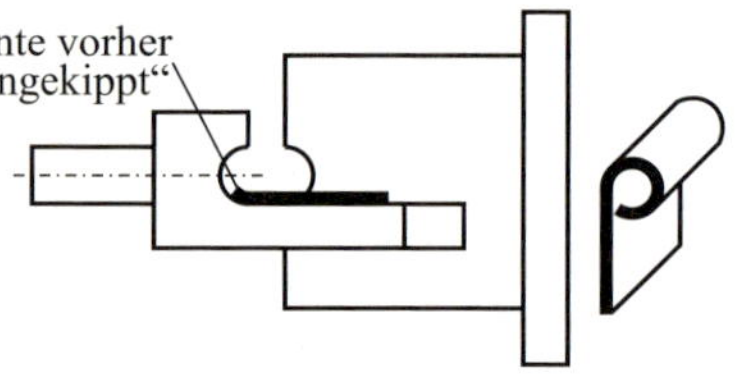

Zur Herstellung von Versteifungen oder Scharnieren.

Bild 8.36
Rollen

Sicken (Bilder 8.37, 8.38)

Zur Versteifung von Blechen (Leichtbau).

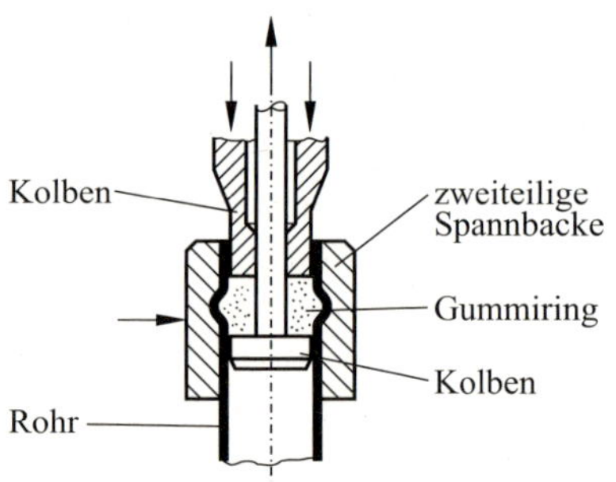

Bild 8.37
Rohrsickwerkzeug [8.22]

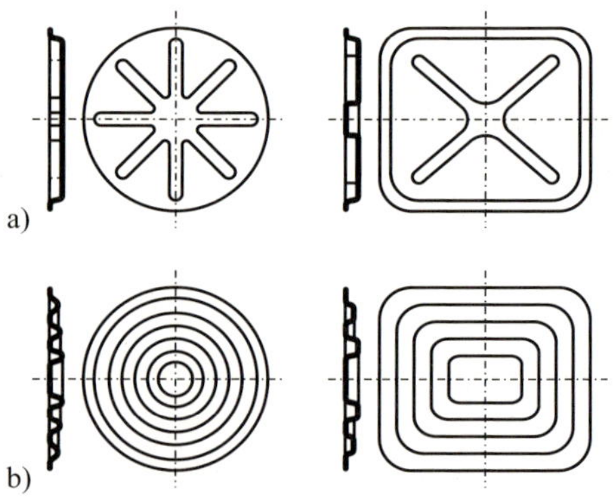

Bild 8.38
Versteifungssicken an Böden [8.21]
Versteifung bei a) besser als bei b)

Bördeln (Bild 8.39)

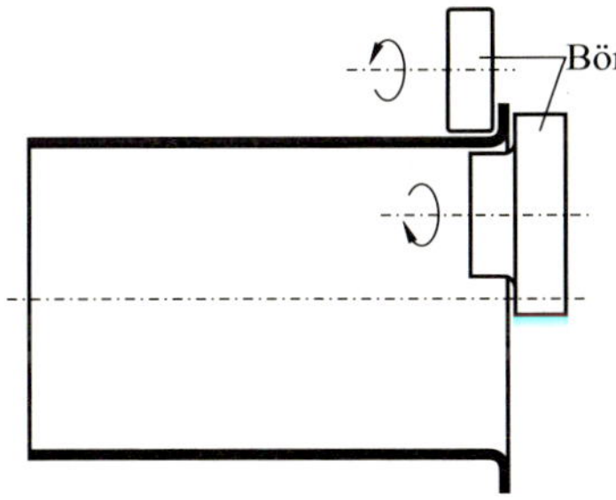

Zweck: Versteifung von Tiefziehteilen oder Blechprofilen. Vorarbeit zum Schweißen dünner Bleche ohne Zusatzwerkstoff oder zum Löten.

Bild 8.39
Bördeln

Falzen (Bild 8.40, [8.23])

Anwendung: Dünnwandige Vierkantrohre für lufttechnische Anlagen, Verkleidungen, Dosen, Bedachungen.

Gute Kaltverformbarkeit erforderlich.

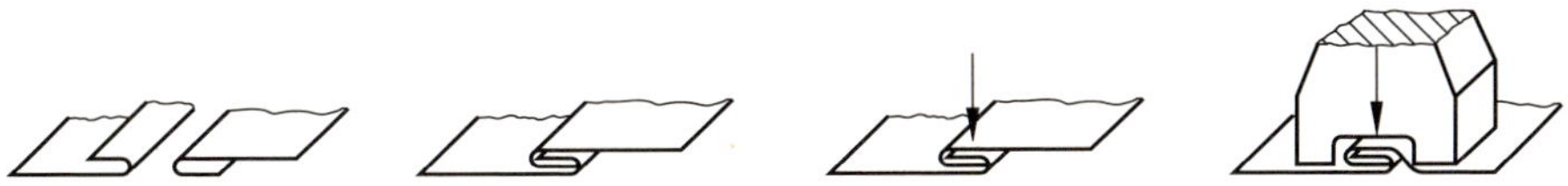

Bild 8.40 Falzen [8.23]

8.2.2.3 Tiefziehen *(DIN 8584-1, -3:03)*

Unter Tiefziehen versteht man das Umformen von ebenen Blechzuschnitten durch Ziehring (Ziehmatrize) und Ziehstempel zu einseitig offenen Hohlkörpern ohne wesentliche Änderung der Blechdicke (Bild 8.41). Es handelt sich dabei nach DIN 8584 um eine Kombination von Zug- und Druckumformung. Bei zu starkem Stauchen können Falten unter dem Niederhalter, bei zu starkem Strecken Risse, z. B. so genannte Bodenreißer, auftreten. Zur Unterdrückung der Faltenbildung ist eine Mindest-Niederhalterkraft erforderlich. Bodenreißer lassen sich durch Begrenzen des Tiefziehverhältnisses d_0/d_1 auf die in Tabelle 8.3 angegebenen Höchstwerte vermeiden.

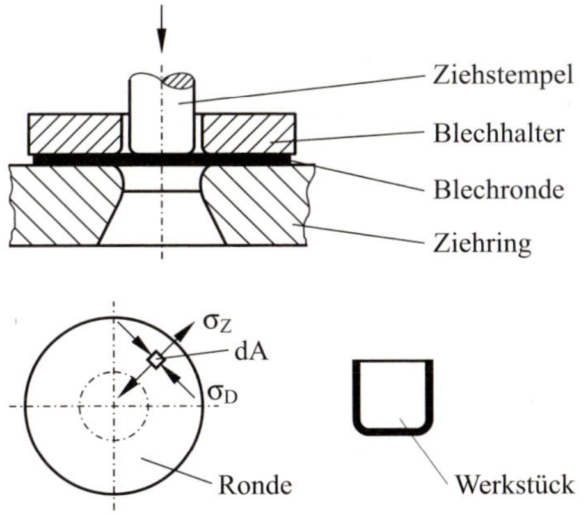

Bild 8.41 Tiefziehwerkzeug mit Faltenhalter
dA Flächenelement, σ_Z Zugspannung, σ_D Druckspannung

Die Werte des Grenzziehverhältnisses hängen außer vom Werkstoff auch von der Dicke [8.5] und der Anisotropie der Bleche ab. Bei großem Tiefziehverhältnis zur Herstellung eines tiefen „Napfes“ sind mehrere Arbeitsgänge, oft bis zu 10 Züge, erforderlich. Mit jedem Weiterzug wird der Durchmesser des Hohlkörpers kleiner. Ein hierfür geeignetes Zwischenziehwerkzeug ist in Bild 8.42 wiedergegeben (Abstreckziehwerkzeug).

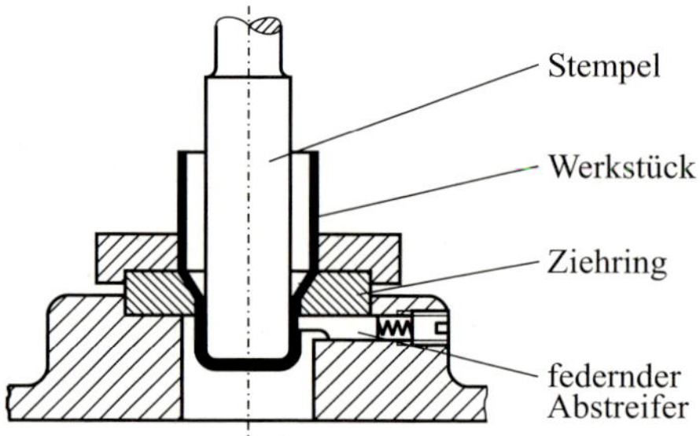

Bild 8.42 Zwischenziehwerkzeug ohne Faltenhalter [8.21]

Tabelle 8.3 Grenzziehverhältnisse [8.2, 8.9]

Werkstoff	$\frac{d_0}{d_1}$
Cu, CuZn (Messing)	1,9 - 2,2/1,3 – 1,4
Al, Al-Legierungen	1,9 – 2.1/1,4 – 1,6
DC-Stähle (IF 18)	1,9 – 2,2(2,3)/1,2 – 1,3
Cr- (CrNi-) Stähle	1,55 - 1,7(2,0)/1,25 - 1,6

d_0 Außendurchmesser der Ronde
d_1 Stempeldurchmesser
Werte für Erstzug/Werte für Weiterzug

Das Tiefziehen hat als eines der wichtigsten Verfahren der Blechumformung große Bedeutung für die Serienfertigung von Hohlkörperbauteilen Für das Umformen kompliziert geformter Karosserieteile ist aber eine Kombination von Tiefziehen, Streckziehen und Biegen nötig.

Elastische Druckmittel (Tiefziehen mit Wirkmedien)

Anstelle von Stempel und Matrize verwendet man häufig elastische Druckmittel.

Vorteile: Man benötigt nur eine Positivform, keine genaue Passung zwischen Stempel und Matrize erforderlich. Werkzeugkosten auf 1/10 erniedrigt. Außerdem Zeitgewinn, da bei großem Ziehverhältnis (z. B. bis 2,4) weniger Züge nötig sind, bedingt durch die Überlagerung der das Fließen begünstigenden Druckkraft des Druckmittels auf das Werkzeug. Andererseits ca. zehnfach höherer Umformdruck. Anwendung für schwierige Ziehteile mit wenigen Zügen.

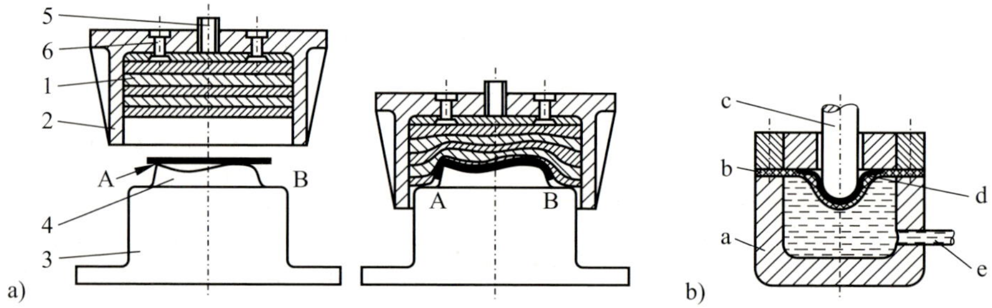

Bild 8.43 Tiefziehen mit elastischen Druckmitteln [8.21]
a) Gummiplattenstapel im Koffer b) Hydroform-Ziehwerkzeug
A Schneidkante, Bereich A-B Umformung, 1 Gummiplattenstapel, 2 „Koffer“ für 1, 3 Tauchplatte, 4 Kernstempel, 5 Einspannzapfen, 6 Halterung für verklebtes Plattenpaket, a Hydraulisches Kissen mit Füllung, b Gummimembrane, c Stempel, d Werkstück, e Druckflüssigkeit

Die Wanddicken sind bei diesem Verfahren auf 1 mm bei Stahl und 2,5 mm bei Aluminium begrenzt.

Man unterscheidet zwei Arten des Tiefziehens mit elastischem Druckmittel (Bild 8.43):

- Gummiplattenstapel im Koffer
- Druckflüssigkeit wirkt über eine Gummimembran (z. B. „*Hydroform*-Verfahren“).

8.2.2.4 Streckziehen

Beim Streckziehen ist das Blech entweder an zwei gegenüberliegenden Seiten fest eingespannt (einfaches Streckziehen) oder durch Zug bis zur Streckgrenze vorgespannt (Tangentialstreckziehen). In beiden Fällen erfolgt die Umformung durch einen gegen das Blech gedrückten Stempel. Das Verfahren wird zur Herstellung großflächiger gewölbter Teile, insbesondere bei kleinen Losgrößen wie z. B. bei Karosserieteilen im Omnibusbau, angewandt. Vorteil des Tangentialstreckziehens mit der Kombination von Recken und Biegen: auch bei geringer Wölbung des Ziehteils entsteht kein nennenswertes Rückfedern und der Verschnitt ist klein.

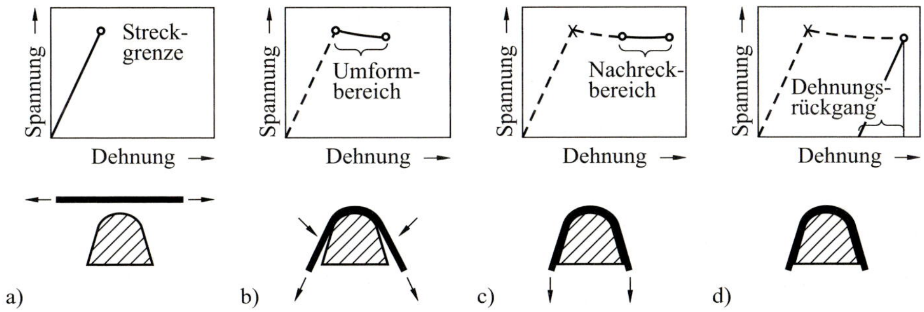

Bild 8.44 Streckziehen [8.21]: a) Recken bis $R_{p\,0,2}$ b) Umformen c) Nachrecken d) Entlasten

8.2.2.5 Drücken (DIN 8584-4:03)

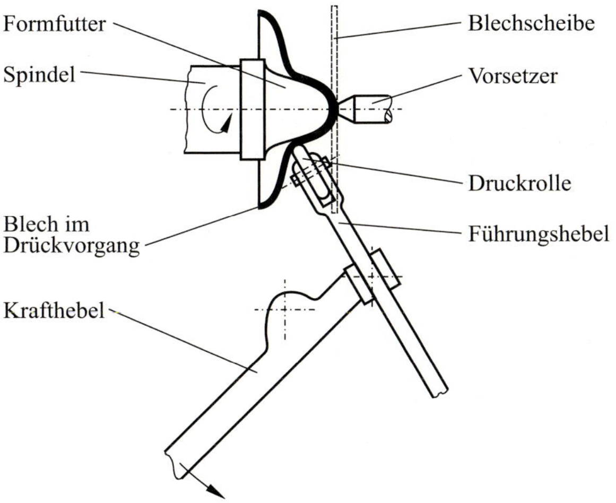

Bild 8.45 Exzenter-Drückvorrichtung

Die Krafteinleitung durch Drückwerkzeuge in das auf einem umlaufenden Formfutter liegende Blech erfolgt punktförmig auf einer schraubenförmigen Linie (Bild 8.45). Das Werkstück wird meist in mehreren Umformstufen an die Kontur des Formfutters angedrückt. Anwendung dieses Verfahrens der Zug-Druck-Umformung zur Herstellung rotationssymmetrischer, z.T. auch elliptischer, Hohlkörper, z. B. von Triebwerksteilen, Glühlampensockeln Schraubdeckeln usw. Das Drücken kann von Hand oder hydraulisch, bei großen Stückzahlen auf Automaten erfolgen.

8.2.2.6 Kugelstrahlumformen [4.12, 8.24]

Beim Kugelstrahlumformen erfolgt eine Umformung von Blechen durch gezielten Beschuss mit Strahlmittelkugeln (Kugeln aus Stahl, Keramik, Glas. Durchmesser = 100 µm bis 3 mm). Dazu fahren Druckluft-Strahldüsen in einem bestimmten Abstand längs vorgegebener Linienzüge (z. B. mäander- oder spiralförmig) über das zu bearbeitende Blech. Bei relativ geringer Strahlenergie ergibt sich dabei eine plastische Streckung der Oberfläche und damit eine Wölbung des Blechs entgegen der Strahlrichtung, In der plastisch gestreckten Oberflächenschicht geringer Dicke bleiben Druckeigenspannungen zurück. Bei zu großer Strahlenergie tritt eine durchgreifende Verformung und folglich eine Durchbiegung des Blechs in Strahlrichtung auf.

Ein Vorteil des Verfahrens ist es, dass bei großflächigen Bauteilen geringe Wölbungen, wie sie z. B. bei Verkehrsflugzeug-Tragflächen aus Al-Legierungen vorliegen, gut reproduzierbar zu erzeugen sind. Weitere Anwendungen findet das Kugelstrahlumformen für Türrahmen beim Airbus und für den Ariane 5 Tankboden mit 5,80 m Durchmesser (Blechstärke 1,4 bis 2,4 mm).

8.2.2.7 Innenhochdruckumformen (Hydroforming, DIN 8584-7:03, [8.25])

Als relativ neues Verfahren der Kaltformgebung hat das Innenhochdruckumformen große Bedeutung gewonnen. Bei diesem Verfahren wird über ein Wirkmedium ein hoher Innendruck auf die meist rohrförmigen Ausgangsformteile ausgeübt, diese dadurch in ein Formwerkzeug gepresst und so in eine neue, z. B. kompliziertere Form gebracht oder auf ein genaues Maß kalibriert. Durch den hohen hydrostatischen Druck ist ein gutes Umformvermögen der Werkstoffe gewährleistet. Wanddickenänderungen werden gering gehalten durch eine über Stempel auf die Rohrstirnflächen ausgeübte und auf den Innendruck abgestimmte Stauchkraft.

Das Verfahren findet bei Stählen und Aluminiumlegierungen Anwendung zum

- Aufweiten von Hohlteilen (Rohren)
- Kalibieren von Hohlteilen (Rohren)
- Herstellen von Rohrbögen
- Herstellen von profilierten Hohlteilen
- Durchsetzen von rohrförmigen Hohlteilen
- Herstellen von Rohrverzweigungen

Typische industrielle Bauteile sind Längs- und Querträger an Pkw-Hinterachsen oder komplette Überrollbügel. Auch als Fügeverfahren wird Innenhochdruckumformen eingesetzt. Bei der Herstellung gebauter Nockenwellen wird der Rohrkörper an den Stellen, an denen übergeschobene Ringe mit Nocken sitzen, durch Innendruck so aufgeweitet, dass ein Aufschrumpfen der Nockenringe erfolgt. Außer einer Gewichtseinsparung von 40 % gegenüber konventionell hergestellten Nockenwellen bringt dieses Verfahren wirtschaftliche Vorteile [8.26].

8.2.2.8 Draht-, Stangen- und Rohrziehen

Vorbehandlung

Bis zu gewissen Querschnitten kann man Stangen und Drähte durch Warmwalzen herstellen, darunter nur durch Kaltziehen. Beim Walzen ist für die Wärmekapazität des Walzgutes sein

Volumen verantwortlich, für die Wärmeabgabe seine Oberfläche. Das Verhältnis von Volumen zu Oberfläche eines Zylinders nimmt mit geringer werdendem Durchmesser ab:

$$\frac{V}{O} = \frac{d}{4}$$

Drahtziehen

Drähte mit kleinem Querschnitt müssen kaltgezogen werden, da sie beim Walzen zu schnell abkühlen würden. Die Grenzen liegen für Walzdraht bei 5 mm Durchmesser für Stahl und bei 6,5 mm Durchmesser für Kupfer. Nach dem Warmwalzen bis zum kleinstmöglichen Durchmesser zieht man die Drähte kalt bis zu den gewünschten Abmessungen weiter. Vorher wird der Zunder des Walzdrahtes beseitigt, da er sich sonst in die Oberfläche der Drähte eindrücken und die Ziehwerkzeuge beschädigen würde. Man entfernt den Zunder durch Beizen mit Salz- oder Schwefelsäure oder mechanisch durch Strahlen mit Drahtkorn oder durch Biegen.

Ziehwerkzeuge (DIN 1546:54, DIN 1547-1:69 bis -11:69)

Die früher verwendeten Zieheisen bestanden aus Werkzeugstahl mit 1,8 bis 2,5 % Kohlenstoff[15], 3 bis 4 % bzw. 12 bis 13 % Chrom (gute Verschleißbeständigkeit). Heute meist Ziehsteine aus Sinterhartmetall (cobaltgebundene Wolframcarbide) bzw. aus Diamant (Bild 8.46), da leistungsfähiger (Tabelle 8.4). Mit Diamant-Ziehsteinen (DIN 1546) lassen sich feine Drähte mit 0,003 bis 0,5 mm Durchmesser herstellen. Das Bohren der Diamant-Ziehsteine erfolgt am wirtschaftlichsten mit einem Bearbeitungs-Laser.

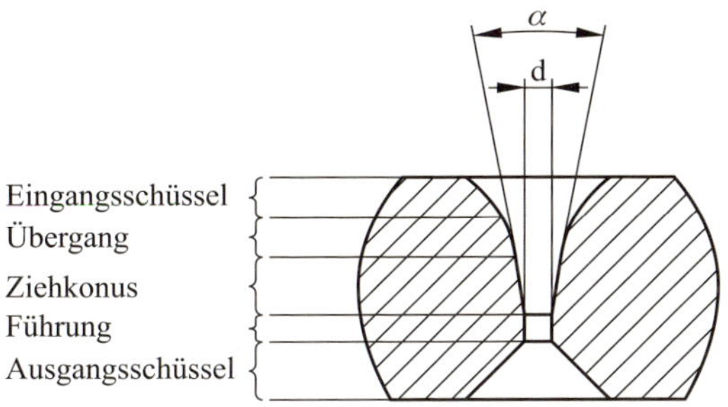

Bild 8.46 Diamant-Ziehstein

Tabelle 8.4 Vergleich zwischen verschiedenen Ziehwerkzeugen

Werkstoff des Ziehwerkzeuges	Verschleißwiderstand (Relation)	Kosten (Relation)
Werkzeugstahl	1	1
Hartmetall	100	5
Diamant	10.000	35

Ziehvorgang

Um den Draht in den Ziehstein einführen zu können, muss er durch Schleifen oder Hämmern (Rundhämmermaschine) angespitzt werden. Er wird dann in den Stein eingefädelt und mit der Ziehzange durchgezogen. Während des Vorganges wird mit Ziehfetten – Seife und Ölen – geschmiert.

[15] Bei hochlegierten Stählen sind Kohlenstoffgehalte > 2 % möglich

Beim Ziehen von Stahl ist eine bezogene Querschnittsabnahme

$$\varepsilon_F = \frac{\Delta A}{A_0} \cdot 100 \quad \text{in \%} \quad \text{von 75 bis 90 \%}$$

in mehreren Zügen ohne Zwischenglühen möglich (z. B. von 5 mm auf 0,6 mm Durchmesser). Nach starker Kaltverfestigung wird unter Schutzgas zwischengeglüht. Man unterteilt in

Grobzüge	16 bis 4,2 mm Durchmesser
Mittelzüge	4,2 bis 1,6 mm Durchmesser
Feinzüge	1,6 bis 0,7 mm Durchmesser

Ziehverfahren, bei denen der Draht auf Trommeln aufgewickelt wird, nennt man *Geradeausverfahren.* Bei einer Umlenkung spricht man von *Parallelverfahren* (vorwiegend für Feindrähte).

Aus vorgewalzten Teilen werden durch Ziehen auch Profile mit beliebigen Querschnitten und sehr genauen Abmessungen hergestellt (Strangziehen). Da es sich um eine Kaltverformung handelt, liegt die Festigkeit höher als bei warmgewalzten Stählen (vgl. DIN EN 10 263-1:01).

Rohrziehen

Bei der Herstellung von Präzisionsrohren (DIN EN 10 305-1, -2:03) werden warmumgeformte Rohre durch Rohrziehen im kalten Zustand weiter verformt. Man unterscheidet dabei folgende Varianten:

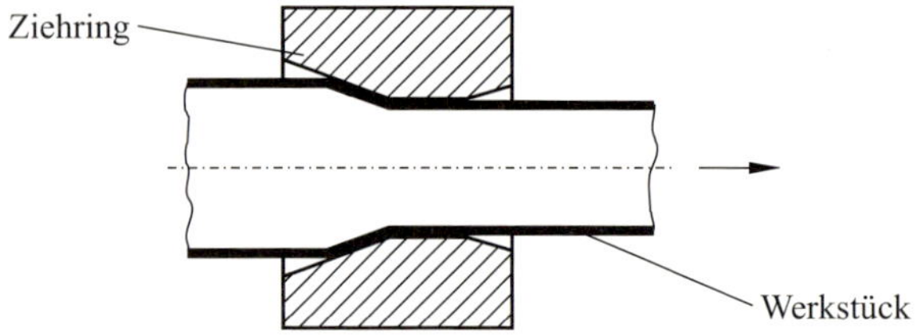

Bild 8.47 Hohlziehen

Hohlziehen (Bild 8.47): Wanddicke und Innendurchmesser hängen vom Spannungszustand ab. Die Genauigkeit ist gering. Man verwendet daher das Verfahren zum Vorziehen. Keine Innenkalibrierung.

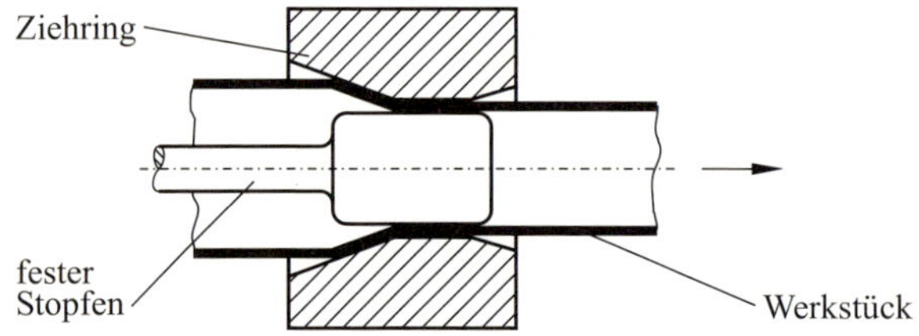

Bild 8.48 Stopfen-Zug

Stopfen-Zug (Bild 8.48): Die Wanddicke lässt sich durch den Stopfendurchmesser einstellen, der für die Kalibrierung sorgt.

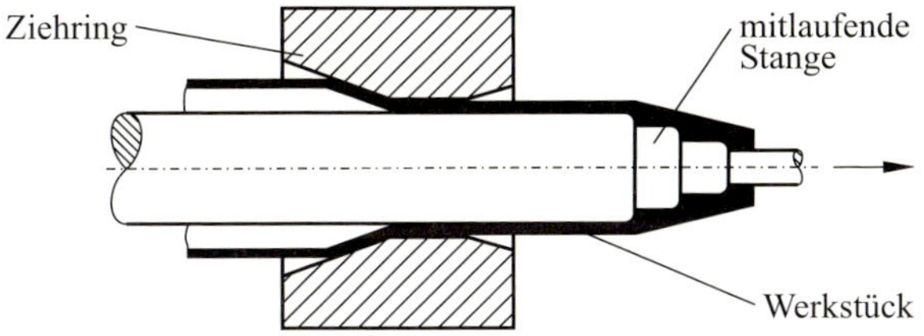

Bild 8.49 Stangen-Zug

Stangen-Zug (Bild 8.49): Um die Stange nach dem Ziehen entfernen zu können, muss das Rohr etwas nachgewalzt werden, wodurch die Abmessungen an Genauigkeit verlieren.

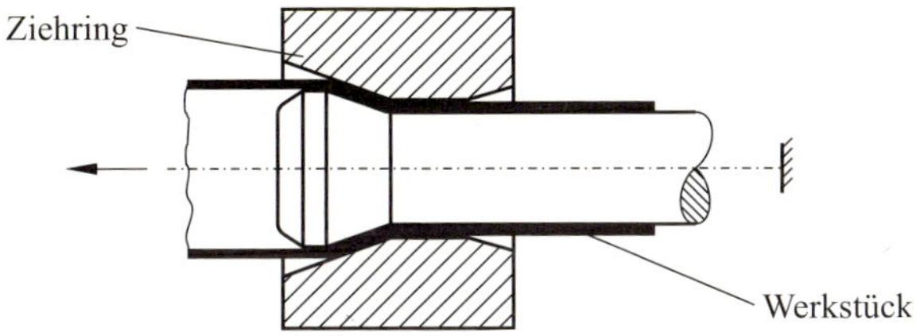

Bild 8.50 Aufweite-Zug

Aufweite-Zug (Bild 8.50): Der Innendurchmesser wird aufgeweitet und erhält dadurch eine besonders glatte Oberfläche.

*8.2.2.9 **Fließpressen** (DIN 8583-6:03)*

Es handelt sich um ein Massivumformen bei Raumtemperatur (im Sonderfall auch bei Schmiedetemperatur) zur Herstellung von Voll- und Hohlkörpern. Die Form des Werkstückes ergibt sich aus der Form von Pressstempel und Pressbüchse. Es wird mit hohen Drücken gearbeitet, da die Formänderungsfestigkeit des Werkstoffes überschritten werden muss. Früher wurde das Verfahren nur für Nichteisenmetalle angewendet, seit einigen Jahren auch für Stahl, seitdem man Presswerkzeuge mit der notwendigen Festigkeit von ca. 3.000 N/mm^2 herstellen kann. Je nach Wirkrichtung des Stempels zur Fließrichtung des Werkstoffes unterscheidet man:

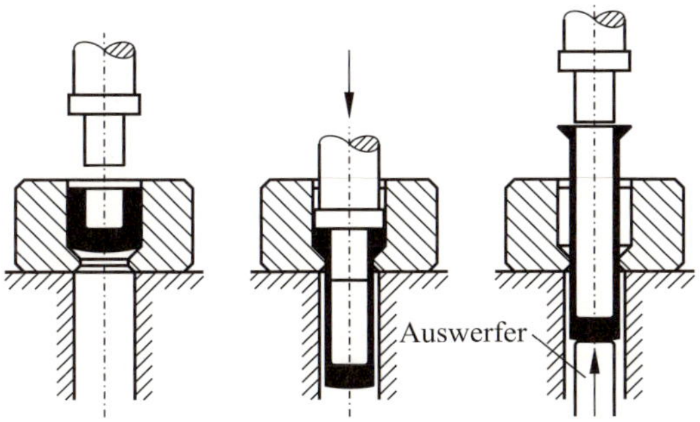

Bild 8.51 Vorwärts-Hohlfließpressen

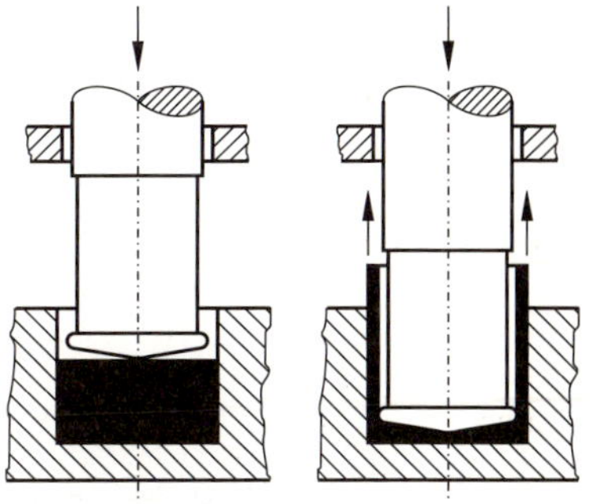

Bild 8.52 Rückwärtsfließpressen

Vorwärtsfließpressen (Bild 8.51)

Stempel- und Werkstoffbewegung sind gleichsinnig. Herstellung von zylindrischen Formteilen (Voll- und Hohlkörper).

Rückwärtsfließpressen (Bild 8.52)

Stempel- und Werkstoffbewegung sind gegenläufig. Herstellung von einseitig geschlossenen Hohlkörpern wie Näpfen und Tuben (Rückwärts-Napffließpressen).

*8.2.2.10 **Hochgeschwindigkeitsumformen** (Hochenergieumformen)*

Explosivumformen (Bild 8.53)

Umformen durch die Stoßwelle eines Sprengsatzes. Theoretischer Anfangsdruck: 10^6 bar, Fortpflanzungsgeschwindigkeit der Druckwelle: 1.500 bis 850 m/s (je nach Sprengstoff). Umformgeschwindigkeit am Werkstück: bis 300 m/s. Hohe Druckbeanspruchung ermöglicht Umformung schlecht verformbarer Werkstoffe.

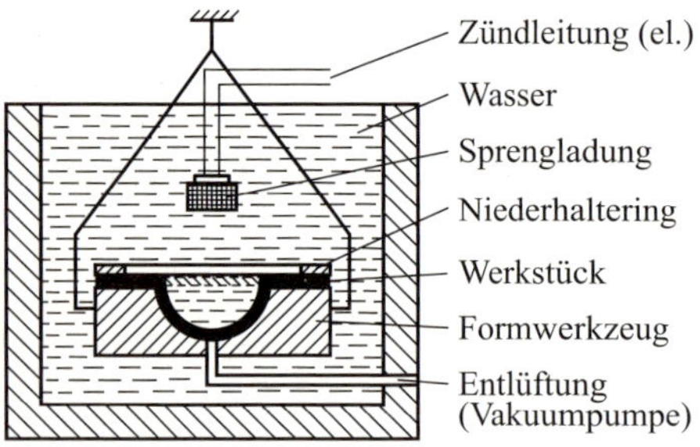

Bild 8.53
Explosivumformen

Elektromagnetisches Umformen (Bild 8.54)

Durch eine Kondensatorentladung wird über eine Spule kurzzeitig ein starkes Magnetfeld aufgebaut, das im leitenden Werkstoff einen gegenläufigen Strom und damit ein entsprechendes Magnetfeld induziert. Die schockartige Kraftwirkung wird zum Umformen kleinerer Teile aus Feinblech ausgenutzt.

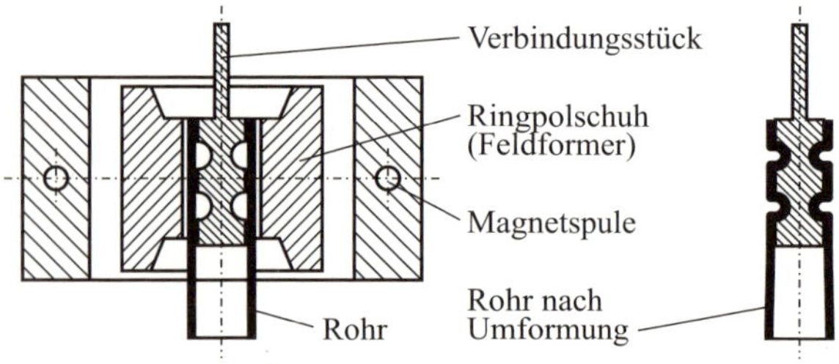

Bild 8.54
Elektromagnetisches Umformen [8.21]

Elektrohydraulisches Umformen (Bild 8.55)

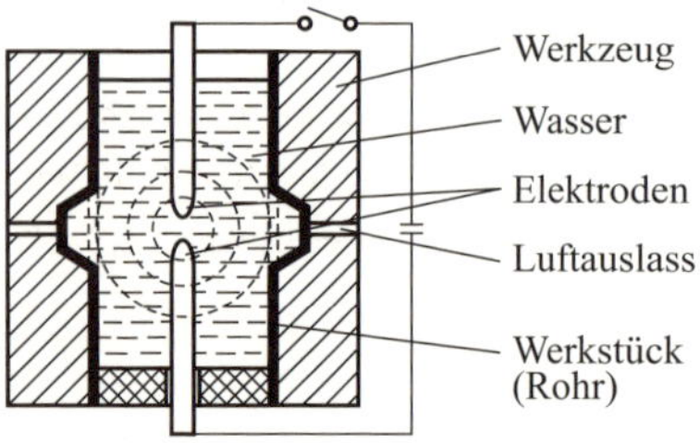

Bild 8.55 Elektrohydraulisches Umformen durch Hochspannungslichtbogen (Hydrospark)

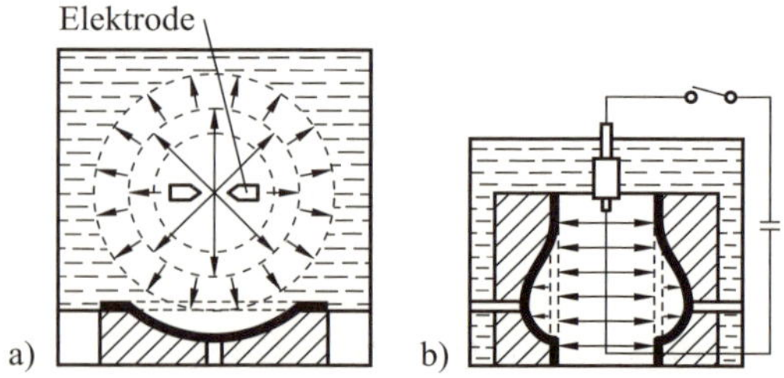

Bild 8.56 Elektrohydraulisches Umformen
a) Unterwasserlichtbogen
b) Vergasen eines dünnen Drahtes

Umformen durch die hydraulische Druckwelle, die durch einen Hochspannungslichtbogen oder durch Vergasen eines dünnen Drahtes bei Stromdurchgang unter Wasser erzeugt wird.

8.3 Gießereitechnik

Das Gießen in Fertigform erlaubt als Urformverfahren die spanlose Formgebung der Metalle auf einfachste Weise. Mit unterschiedlichen Gießverfahren lassen sich sowohl sehr große, schwere Gussstücke als auch feingliedrige Gussteile herstellen, wobei – analog zum Schmieden – meist endabmessungsnahe Teile angestrebt werden, um die noch nötige spanende Bearbeitung auf ein Minimum zu beschränken. Bei den Gießverfahren unterscheidet man *Schwerkraftgießen* und *Druckgießen*. Das Schwerkraftgießen kann in *verlorene Formen* oder in *Dauerformen* (Kokillenguss, Strangguss, Schleuderguss, Bandgießen) erfolgen. In verlorenen Formen wird ein dem zu gießenden Werkstück entsprechender Hohlraum durch ein *Dauermodell* (Sandguss, Maskenformguss) oder ein *verlorenes Modell* (Feinguss, Vollformguss) ausgeformt. Beim Gießen mit Anwendung von Druck muss in Dauerformen vergossen werden (Niederdruck-Kokillenguss, Druckguss, Thixogießen) [8.2, 8.27 – 8.46].

8.3.1 Gusswerkstoffe und Besonderheiten beim Gießen

Die wichtigsten Gussmetalle auf Eisenbasis sind:

GS	Stahlguss
GG / EN-GJL	Gusseisen mit Lamellengraphit
GGG / EN-GJS	Gusseisen mit Kugelgraphit
GT / EN-GJM	Temperguss.

Ausgangsprodukt für Gusseisen ist graues Roheisen aus dem Hochofen. Durch den Zusatz von Gussschrott, Stahlschrott und Zuschlägen erhält man Gusseisensorten verschiedener Zusammensetzung. Der Gießereiofen wird durch diese *Gattierung* auf das Erschmelzen einer bestimmten Sorte eingestellt.

Bedeutung haben ebenfalls

NE-Schwermetallguss

NE-Leichtmetallguss.

Aluminiumschmelzen dürfen nicht über 760 °C erwärmt werden, da sonst eine verstärkte Aufnahme von Wasserstoff erfolgt. Um ein feinkörniges Gussgefüge zu erhalten, setzt man Natrium als Keimbildner hinzu. Bei Magnesiumlegierungen und bei Schwermetallen wird die Oxidbildung durch eine Salzabdeckung ($MgCl_2$) verhindert.

Wichtige Besonderheiten beim Gießen [8.34]

Formfüllungsvermögen. Das Füllvermögen ist bei reinen, niedrigschmelzenden Metallen (Blei, Zink, Zinn) und bei eutektischen Legierungen mit niedrigem Schmelzpunkt gut (GG / EN-GJL,

G-Al Si 13). Die Erstarrung erfolgt in diesen Fällen bei einem Temperaturhaltepunkt und nicht in einem Temperaturintervall. Der Punkt "e" (Bild 4.7) kennzeichnet die Zusammensetzung einer eutektischen Legierung. Auch Lote sind meist naheeutektische Legierungen.

Gaslöslichkeit. Beim Abkühlen der Schmelze treten die bei höherer Temperatur gelösten Gase (O_2, H_2) wieder aus. O_2 bildet Oxide, wenn keine Desoxidationsmittel vorhanden sind. Sind die Reaktionsprodukte gasförmig, führen sie u. U. zur Porenbildung. Um Schäden durch Gaseinschlüsse zu vermeiden, beachte man:

- Langsam abkühlen, damit die Gase entweichen können
- Vakuum-Schmelzen und Vakuum-Gießen bei besonders stark Gase lösenden Metallen
- Gasdurchlässige Formen zur Förderung der Entgasung.

Seigerungen sind Entmischungen in mikroskopischen oder makroskopischen Bereichen.

Eine *Kristallseigerung (Bildung von Zonenmischkristallen)* entsteht innerhalb des einzelnen Kristalls beim Vorliegen eines großen Erstarrungsintervalls.

Eine *direkte Blockseigerung (makroskopische Seigerung)* ist eine örtliche Anreicherung von Legierungs- oder Begleitelementen infolge unterschiedlicher Schmelzpunkte und Dichten. Die zuletzt erstarrenden Bestandteile reichern sich im Blockinnern an.

Umgekehrte Blockseigerung. Diese Form kann bei NE-Metallen auftreten. Da der Block schrumpft, steht die Restschmelze im Innern des Blockes unter erhöhtem Druck. Sie wird daher zwischen den Stängelkristallen nach außen gepresst und erstarrt in Form von Ausquellungen an der Blockoberfläche. Vor der Weiterverarbeitung muss diese Schicht beim Halbzeug entfernt werden. Zu dieser Form der Seigerung neigen die Systeme Cu-Sn, Al-Cu und Zn-Cu.

Schwinden ist die bei fast allen Metallen und Legierungen auftretende Volumenverringerung vom Erstarrungsbeginn bis zur Abkühlung auf Raumtemperatur. GG: 1 % , GS: 2 % Schwindung

Lunker sind nach außen offene oder in sich geschlossene Hohlräume im Gussstück, hervorgerufen durch Schwindung in Verbindung mit ungleichmäßiger Abkühlung. Beide Einflüsse müssen zusammen auftreten. Weder Schwindung allein bei gleichmäßiger Abkühlung noch ungleichmäßige Abkühlung ohne Schwindung führen zu Lunkern. Lunker treten bevorzugt in örtlichen Werkstoffanhäufungen und im Bereich schroffer Querschnittsübergänge auf. Man vermeidet daher Werkstoffanhäufungen und setzt bei großen Querschnittsänderungen Speiser, in denen sich dann die Lunker bilden können.

Eigenspannungen sind auf ein behindertes Schwinden in Verbindung mit ungleichmäßiger Abkühlung zurückzuführen. Sie wachsen mit dem Schwindmaß und dem Elastizitätsmodul des Werkstoffes.

Werkstoffabhängige Fehlerscheinungen

Heißrisse erkennt man an der oxidierten Bruchfläche, wenn sie mit der Atmosphäre in Verbindung stehen. Niedrigschmelzende Bestandteile auf den Korngrenzen führen beim Abkühlen zu Heißrissen. Die Gefahr ist umso größer, je mehr das Gussstück durch die Form am Schwinden gehindert wird. Daher werden Teile mit großem Schwindmaß oft im rotwarmen Zustand aus der Form geschlagen.

Kaltrisse. Die Bruchfläche ist bei Kaltrissen blank. Sie entstehen durch hohe Eigenspannungen in schlecht verformbaren Gusswerkstoffen. Der Verlauf ist meist transkristallin, d. h. quer durch die Körner.

8.3.2 Gießereiöfen

Öfen für Gusseisen

Gießereischachtofen (Bild 8.57). 0,5 bis 1,5 m im Durchmesser, 4 bis 7 m Höhe, Blechmantel, Ausmauerung mit Schamottesteinen oder Ausstampfen mit Klebsand, also saures Ofenfutter.

Man heizt mit Koks, was zu einer Aufschwefelung führt. Die damit notwendige Entschwefelung findet im Vorherd statt. Der Ofen wird Schichtweise mit Koks, Kalkstein und Roheisen beschickt. Der Kalk führt zur Vorentschwefelung, die jedoch bei saurer Schlackenführung nicht ausreicht. Keine wesentlichen chemischen Reaktionen. Leistung: ca. 5 t/h bei mittlerer Ofengröße.

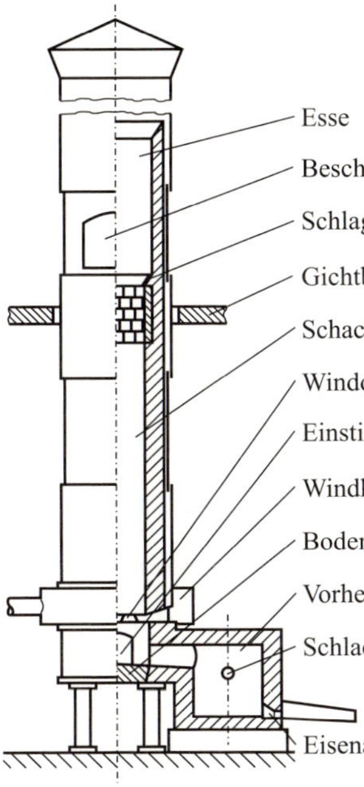

Bild 8.57 Gießereischachtofen [8.35]

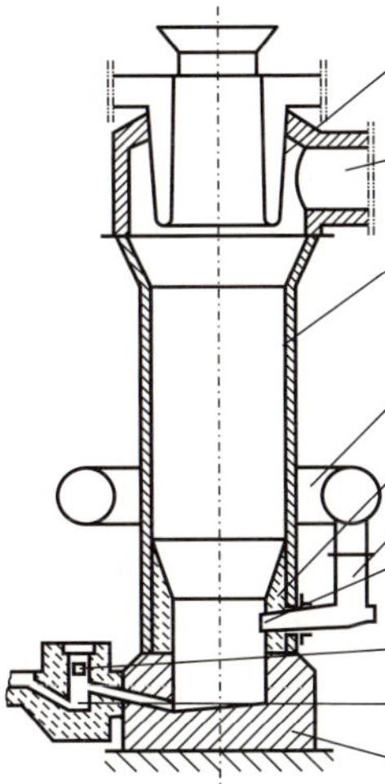

Bild 8.58 Heißwind-Kupolofen

Heißwind-Kupolofen (Bild 8.58). Höhere Leistung bei Winderhitzung auf 450 bis 600 °C.

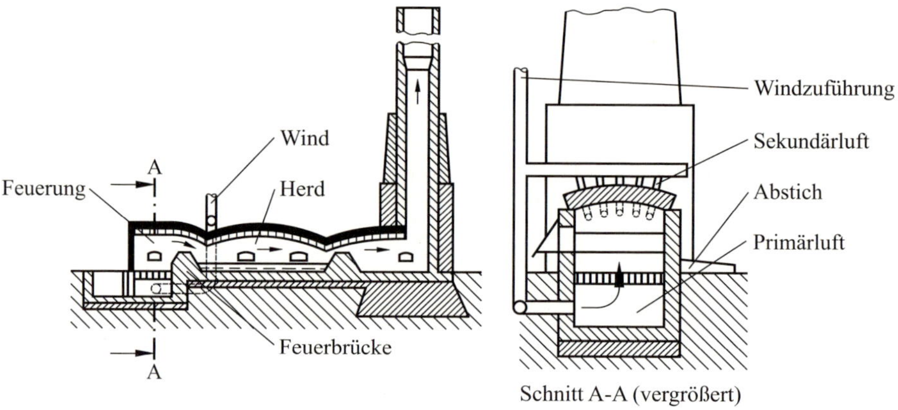

Bild 8.59 Flammofen (Herdofen) [8.21]

Flammofen (Bild 8.59). Der Flammofen ist treffsicher zum Erschmelzen der Gusseisensorten einstellbar. Das Gusseisen kann bei höherer Temperatur mit niedrigerem Kohlenstoffgehalt erzeugt werden. Die Beheizung findet mit Steinkohle, Gas oder Öl statt.

Brakelsberg-Trommelofen (Bild 8.60). Dreh- und schwenkbarer Flammofen für eine bessere Entgasung bzw. zur Schonung des Gewölbes durch ständige Kühlung (Schmelze bleibt nicht an derselben Stelle infolge der ständigen Rotation des Ofens).

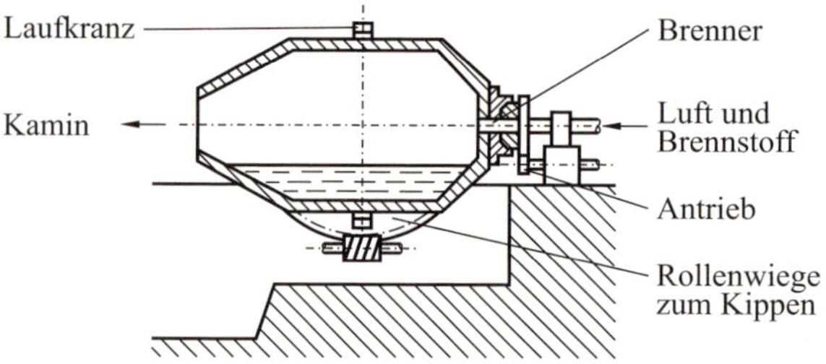

Bild 8.60
Brakelsberg-Trommelofen [8.21]

Tiegelofen. Der Tiegelofen wird durch Flammgase erwärmt (für kleinere Gussstücke und NE-Metalle).

Elektroöfen. Lichtbogen- und Induktionsöfen wie im Stahlwerk. Die Anlage- und Betriebskosten sind verhältnismäßig hoch, daher vorzugsweise für hochwertigen Guss eingesetzt, für den sich die beim Elektroofen mögliche gute Regelbarkeit des Schmelzganges lohnt. Besonders niedrige Rauchgas- und Staubemissionen haben dazu geführt, dass mit Netzfrequenz betriebene Induktionstiegelöfen teilweise an die Stelle von Heißwind-Kupolöfen getreten sind.

Öfen für NE-Metalle

NE-Metalle werden in folgenden Öfen erschmolzen:

Tiegelofen	Gas- oder Ölfeuerung, Induktionserwärmung		
	Fassungsvermögen:	Leichtmetalle:	25 bis 100 kg
		Schwermetalle:	60 bis 800 kg

Induktionsofen (siehe Bild 7.13).

Herdofen

8.3.3 Gießverfahren mit verlorenen Formen

Das Modell

Das *Modell* ist ein Abbild des zu gießenden Werkstückes unter Berücksichtigung des Schwindmaßes und der Bearbeitungszugaben. Hohlräume und Aussparungen im Gussstück werden durch eingelegte *Kerne* erzeugt.

Modellwerkstoffe: Holz, Metall für Dauermodelle, Kunststoff oder Wachs für verlorene Modelle.

Die Modelle werden in einem Formstoff eingebettet. Der nach dem Wiederausheben des Modells gebildete Hohlraum stellt die Gießform dar.

Die Form

Anforderungen an die Form:

- Hinreichende Festigkeit, damit sie den Beanspruchungen bei Transport und Guss möglichst dauerhaft standhält,
- so ausgeprägt (scharf), dass das Gussstück an freien Flächen keiner Nachbearbeitung bedarf und saubere Oberflächen erhält,
- möglichst schlecht wärmeleitend zur Erzielung einer langsamen Abkühlung (Ausnahme: Schalenhartguss),
- möglichst gasdurchlässig, damit durch die Reaktion zwischen Schmelze und Formstoff entstandene sowie aus der Schmelze selbst freiwerdende Gase entweichen können,
- hitzebeständig, damit der Formstoff nicht am Gussstück anklebt.

Formstoffe

Lehm für Schablonenformerei.

Formsand. Quarzsand und Ton in unterschiedlichen Mengen. Quarzsand: SiO_2; Ton: $Al_2O_3 \cdot 2SiO_2 \cdot 2H_2O$.

Man unterscheidet:

- *grünen Sand* (mageren Sand): 8 % Ton und 4 % H_2O, für Nassguss geeignet (Trockenform würde zerfallen), für kleine Massenteile verwendet,
- *mittelfetten Sand*: 8 bis 15 % Ton und 7 % H_2O, gut bildsam, aber in nassem Zustand wenig gasdurchlässig, daher nur für den Trockenguss geeignet,

- *fetten Sand* (Masse): 15 bis 20 % Ton und 10 % H_2O, gut bildsam und nach der Trocknung sehr fest, für hohe Temperaturen geeignet (z. B. für GS),
- *synthetischen Sand*: Sand, dem Kunststoffe, z. B. Phenolharz, beigemischt sind.

Formsandprüfung

Zur Sicherstellung einer optimalen Gussqualität müssen die Formsande eine Prüfung der folgenden Eigenschaften bestehen:

- Korngröße durch Siebanalyse
- Tongehalt
- Feuerbeständigkeit
- Druck- und Scherfestigkeit
- Gasdurchlässigkeit
- Feuchtigkeit.

Herstellung von verlorenen Formen

Herdformerei (Bild 8.61)

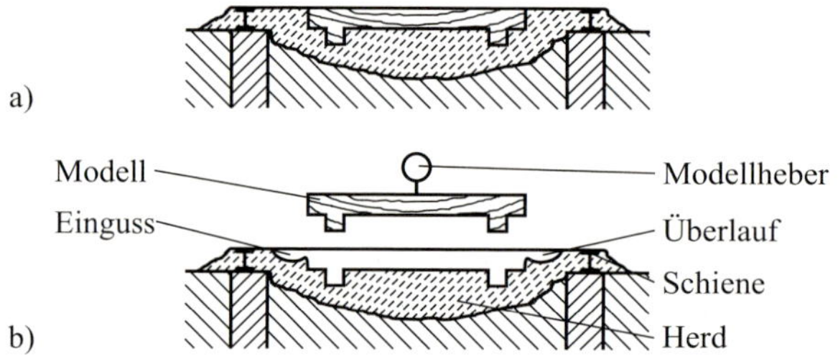

Bild 8.61 Herdformerei [8.21]
a) Modell eingeformt
b) Modell ausgehoben

Koksschicht, Formsandschicht, Modellsandschicht (oberste Lage), in die das Modell eingedrückt wird. In die dadurch entstandene Form wird eingegossen. Beim bedeckten Herdguss wird die Oberfläche mit einem Formkasten abgedeckt. Die Oberflächengüte des Gussstückes kann dadurch verbessert werden.

Kastenformerei (Bild 8.62)

Formkästen (DIN 1524/Z) aus GG oder Stahl. Die Modellhälften werden im Unter- und Oberkasten eingeformt, die Kästen nach Einlegen der Kerne aufeinander gesetzt und mit dem Eingusstrichter versehen.

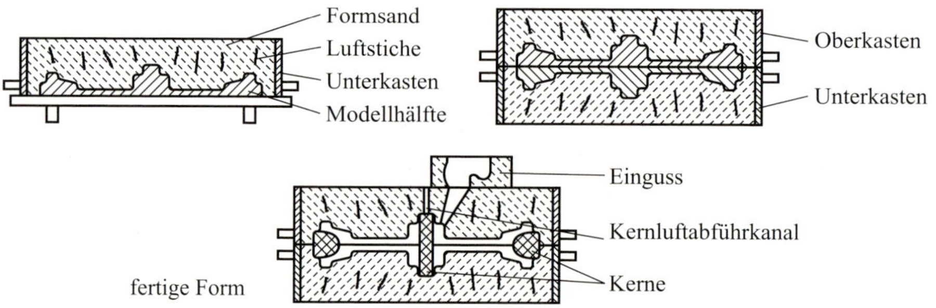

Bild 8.62 Kastenformerei [8.36]

Schablonenformerei (Bild 8.63)

Dreh- und Ziehschablonen aus Holz mit Blechbeschlag. Nur für kleine Stückzahlen, da hoher Lohnkostenanteil.

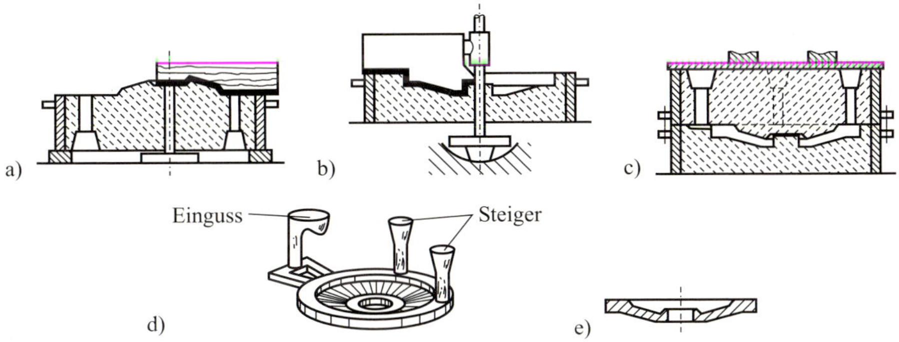

Bild 8.63 Schablonenformerei [8.21]
a) Schablonieren der Oberteilform b) Schablonieren der Unterteilform c) fertige Form
d) Gussstück e) Werkstück

Maschinenformerei

Die moderne Gießerei ist weitgehend mechanisiert und automatisiert, so auch die Vorgänge bei der maschinellen Herstellung von Formen und Kernen.

1. Die *Verdichtung* des Sandes erfolgt durch Stampfen, Hochdruckpressen, Rütteln, Schleudern, Blasen (Bild 8.64). Beim Pressen wird im Allgemeinen das Modell in den Sand gedrückt, um die größte Sanddichte am Modell zu erreichen. Verdichten großer Formen erfolgt durch abschnittweises Pressen mit stufenförmig angeordneten Einzelpressflächen. Rütteln führt ebenfalls zu einer hoher Sanddichte am Modell.
2. *Trennen von Modell und Form:* Ein Abheben der Form ist ungünstig, da raue Oberflächen durch abbrechenden Sand entstehen können. Vorzuziehen ist das Wendeverfahren (Bild 8.65) bei dem nach dem Wenden der Formkasten abgesenkt wird. Eine weitere Möglichkeit ist das Schwenken der Form und Abheben des Modells (Bild 8.66). Das Durchzugverfahren eignet sich für schmale, senkrecht angeordnete Teile (Bild 8.67).

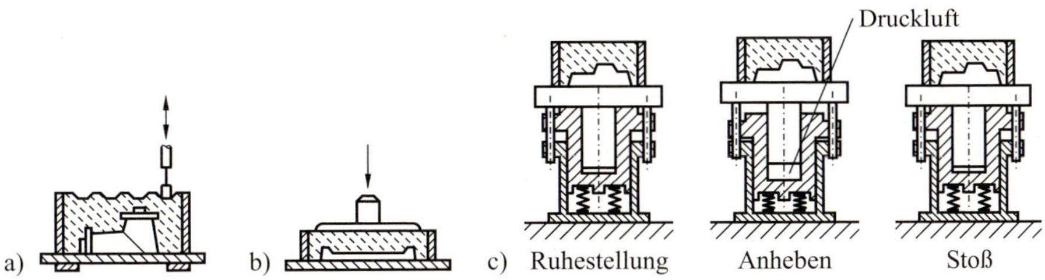

Bild 8.64 Möglichkeiten des Formsandverdichtens [8.37]
a) Hochdruckpressen mit Einzelstempeln b) Pressen c) Rütteln

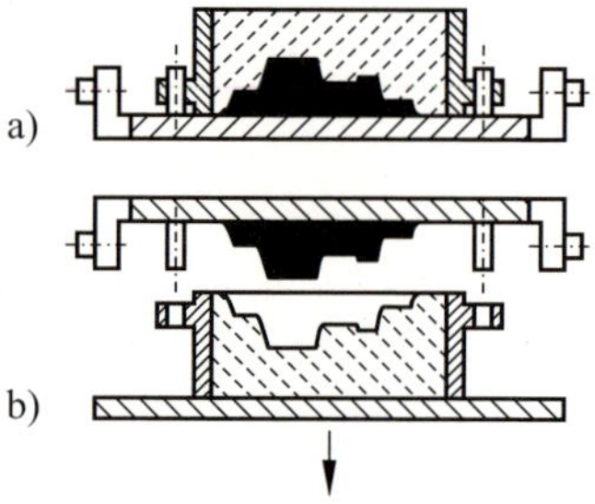

Bild 8.65 Wendeformmaschine [8.37]:
a) Wenden und b) Absenken des Formkastens

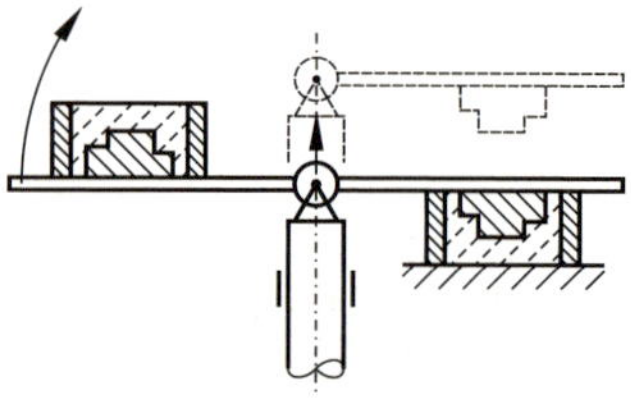

Bild 8.66 Schwenk- und Abhebeformmaschine [8.37]:
Schwenken und Abheben des Modells

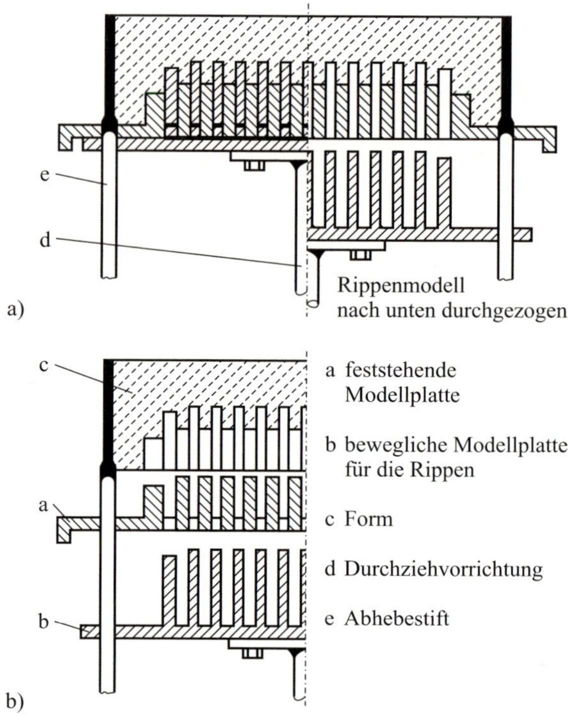

Bild 8.67 Durchziehformmaschine
a) Form verdichtet b) Form abgehoben

Maskenformerei nach Croning

Dem Sand wird ein aushärtbarer Kunststoff beigegeben (SiO_2 + 4 bis 10 % Phenolharz + Beschleuniger Hexamethylentetramin) und mit diesem Gemisch eine Maskenform gemäß Bild 8.68 hergestellt.

Vorteile: Geringer Formstoffverbrauch, hohe Konturengenauigkeit und gute Gasdurchlässigkeit.

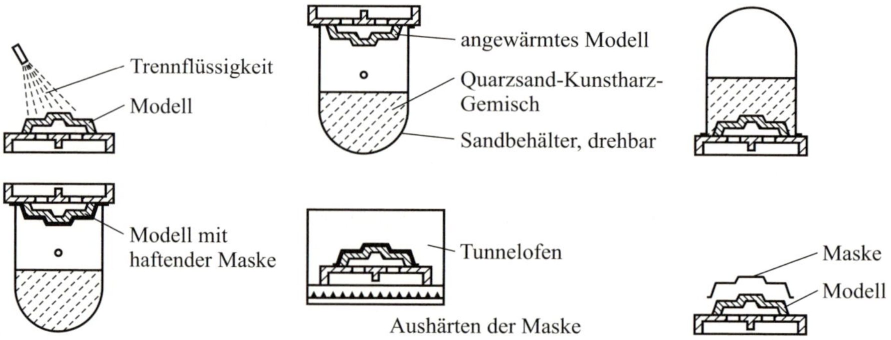

Bild 8.68 Herstellung einer Maskenform [8.37]

Anwendung: Automobilindustrie, Massenteile (Rippenzylinder, Kurbelwellen, Nockenwellen, Lauf- und Leiträder für Pumpen, Armaturen). Das Verfahren eignet sich auch zur Kernherstellung.

Formherstellung für Feinguss und Vollformguss

Modelle aus Wachs oder Schaum-Polystyrol werden in geeigneten Werkzeugen hergestellt und zu einer Modelltraube zusammengefügt. Nach Aufbringen von feuerfestem Material oder einer Schlichte wird die Modelltraube eingeformt.

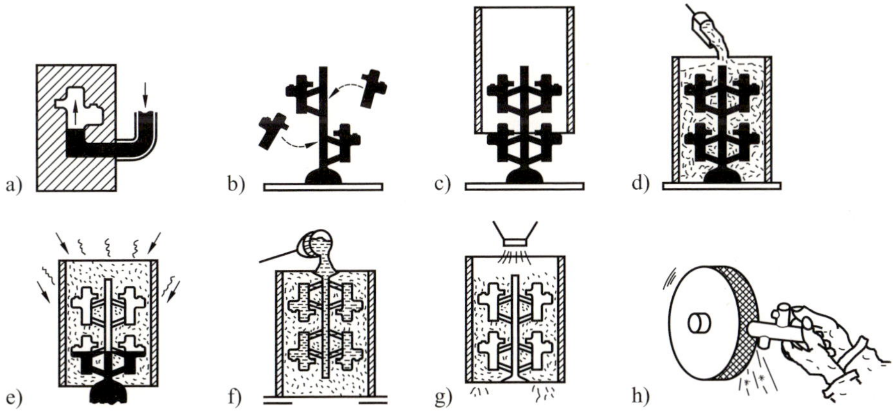

Bild 8.69 Herstellung von Teilen im Wachsausschmelzverfahren (Feinguss) [8.38]
a) Modellherstellung b) Montage c) Einformen d) Hinterfüllen mit Füllstoff, anschließend verdichten e) Trocknen, Ausschmelzen, Brennen f) Gießen g) Ausklopfen h) Trennen und Putzen

Nach Verdichten und Trocknung kann das Wachs ausgeschmolzen und der so entstandene Hohlraum als Form verwendet oder direkt gegen das sich zersetzende, vergasende Polystyrolmodell gegossen werden (Bild 8.69). Der Vorteil dieser Verfahren mit verlorenen Modellen besteht in der hohen Maßgenauigkeit eines durch Verwendung ungeteilter Formen gratfreien Gussstückes. Anwendung findet der Feinguss für Serienteile der Feinwerktechnik (früher Schreibmaschinenteile), das Vollformgießen mit Polystyrolmodellen vor allem für Teile aus Aluminiumlegierungen wie Zylinderköpfe oder Kurbelgehäuse.

Kernherstellung

Kerne werden mit Schablonen oder in Kernkästen hergestellt und können mit Kerneisen verstärkt werden. Die Verdichtung erfolgt mit Pressluft oder auf Rüttelmaschinen. Bei Verfahren zur automatisierten Kernherstellung wird die Kernfestigkeit nicht durch Verdichten, sondern durch physikalische oder chemische Behandlung (Härten mit Wärme, Kohlendioxid oder Katalysator) erreicht.

Kohlendioxid-Erstarrungsverfahren. Quarz-, Zirconsand oder Schamotte werden mit Wasserglas oder wasserglashaltigem Binder vermischt und wie normaler Formsand verwendet. Eine Lagerung unter Luftabschluss ist erforderlich, da sonst die Aushärtung vorzeitig beginnt. Nach der Fertigstellung der Form wird CO_2 eingeblasen und folgende chemische Reaktion herbeigeführt:

$$R_2O \cdot n\,SiO_2 + m\,H_2O + CO_2 \rightarrow R_2CO_3 \cdot q\,H_2O + n\,(SiO_2 \cdot p\,H_2O)$$

Das ausgeschiedene Kieselsäuregel bindet die Quarzkörner.

Hot-Box-Verfahren. Der Sand wird mit flüssigem Kunstharzbinder Phenol-Formaldehyd (2 %) und flüssigen oder pulverförmigen Ammoniumchlorid-Harnstoff-Verbindungen als Härter gemischt, unter einem Druck von 6 bis 7 bar verpresst und bei Temperaturen von 120 bis 150 °C ausgehärtet. Eine Wasserkühlung der Blasform verhindert das vorzeitige Aushärten.

Cold-Box-Verfahren (*Gas-Nebel-Verfahren*). Trockener Quarzsand mit flüssigem Zweikomponenten-Binder wird in Kernkästen verdichtet und mit Katalysatornebel (Triethylaminnebel) auf kaltem Wege innerhalb von Sekunden gehärtet. Verwendung auf Vollautomaten, aber auch von Hand und auf von Hand bedienten Maschinen. Eine Beurteilung der verschiedenen Verfahren enthält Tabelle 8.5.

Tabelle 8.5 Beurteilung der wesentlichen Eigenschaften der nach verschiedenen Verfahren hergestellten Kerne [8.39]

Eigenschaften	Maskenform-Verfahren	Hot-Box-Verfahren	Cold-Box-Verfahren	Kohlendioxid-Erstarrungsverfahren
Lagerfähigkeit der Sandmischung	1	3	4	2
Lagerfähigkeit der Kerne	2	3	1	4
Formfüllungsvermögen	1	3	2	4
Maßgenauigkeit der Kerne	2	3	1	4
Gasdurchlässigkeit	1	2	2	4
Gasentwicklung	4	3	1	2
Geruchsbelästigung	3	3	4	1
Festigkeit	3	1	2	4
Zerfall	3	2	1	4
$\Sigma =$	20	23	18	29
Bewertungsmaßstab : 1 = günstig, 4 = ungünstig				

8.3.4 Gießverfahren mit Dauerformen

Gießverfahren in Dauerformen aus Metall eignen sich für NE-Metalle und Stahl, einzelne Verfahren (Schleuderguss, Strangguss) auch für Grauguss.

8.3.4.1 Kokillenguss

50 % der Leichtmetalle werden in Kokillen vergossen.

- *Vollkokille*: Außenform aus GG, Kerne aus warmfestem Stahl

- *Gemischtkokille*: Außenform aus GG, Kerne aus Sand oder als Maske nach Croning
- *Halbkokille*: Unterteil aus Metall, Oberteil einschließlich der Kerne aus Sand; Halbkokillenguss wird angewendet, wenn mit Heißrissen zu rechnen ist.

8.3.4.2 Druckguss [8.40 - 8.42]

Die Schmelze wird unter hohem Druck (200 bis 1.200 bar) und mit großer Geschwindigkeit (bis 100 m/s) in eine geschlossene metallische Dauerform gegossen. Der Druck bleibt auch während der Erstarrung wirksam. Anwendbar nur für NE-Metalle, wobei hohe Anforderungen an Genauigkeit und Oberflächengüte erfüllbar sind. Infolge der Formfüllung unter hohem Druck können Werkstücke mit Wanddicken bis herab zu 2 mm und mit dünnen Rippen konturgenau vergossen werden. Eine nachträgliche Bearbeitung ist meist nicht erforderlich. Weitere Vorteile des Verfahrens sind eine geringere Neigung zur Lunkerbildung, ein dichteres Gefüge, Kornverfeinerung durch die hohe Abkühlgeschwindigkeit und eine höhere Gießleistung als beim Kokillenguss. Damit ist das Verfahren insgesamt sehr wirtschaftlich.

Druckguss-Legierungen müssen ein gutes Formfüllungsvermögen und geringes Schwindmaß haben, um Kaltrissen beim Erstarren vorzubeugen. Sie dürfen auch nicht zu Heißrissen neigen (erhöhte Abkühlgeschwindigkeit!). Die Schmelztemperatur muss zur Schonung der Kokille niedrig liegen. Als Legierungen kommen in Frage:

GD-Zn-Leg.	DIN EN 1774:97
GD-Al-Leg.	DIN EN 1706:97
GD-Mg-Leg.	DIN EN 1753:97
GD-CuZn-Leg.	DIN EN 1982:98
GD-Pb-Leg.	DIN 17 640-1:04

Eisenwerkstoffe (Stahl- oder Grauguss) lassen sich nicht verwenden.

Man unterscheidet, je nachdem ob sich die Gießbüchse (der Zylinder in dem der Gießkolben läuft) außerhalb oder innerhalb des Ofens befindet, zwischen dem Kaltkammer- und Warmkammerverfahren.

Kaltkammerverfahren (Bild 8.70)

Die Druckkammer ist vom Ofen getrennt angeordnet (Bild 8.70). Vom Ofen wird eine dosierte Menge Schmelze in die Druckkammer (Gießbüchse) eingefüllt. Der anlaufende Druckkolben verschließt die Einfüllöffnung, beschleunigt, drückt die Schmelze mit hoher Geschwindigkeit in die Form und übt während des gesamten Erstarrungsvorganges einen hohen Nachdruck aus. Nach dem Öffnen der Druckgießform wird das Werkstück durch einen Auswerfer ausgeworfen. Die Schussfolge beträgt 100 bis 300 Teile pro Stunde. Da die Druckkammer einer geringeren Beanspruchung als beim Warmkammerverfahren ausgesetzt wird, ist das Verfahren auch für hohe Temperaturen (Kupfer- und Aluminiumlegierungen) geeignet.

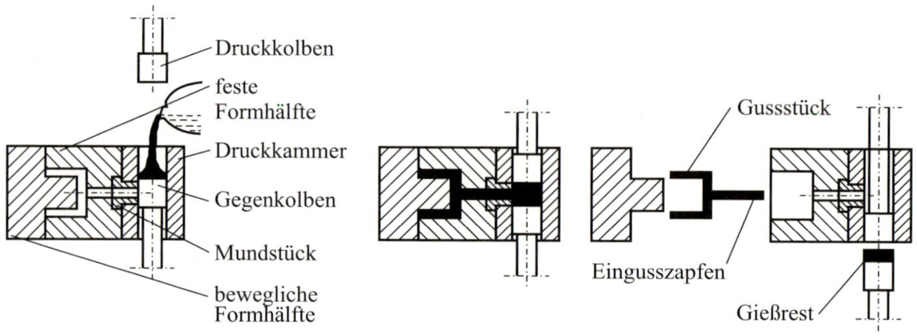

Bild 8.70 Gießvorgang auf einer Maschine mit senkrechter Kaltkammer (schematisch)

Warmkammerverfahren (Bild 8.71)

Die Druckkammer ist mit dem Ofen verbunden. Hohe Schussfolgen bis über 1.000 Abgüsse je Stunde sind möglich. Anwendung für Magnesium, Messing, Zink, Zinn, Blei.

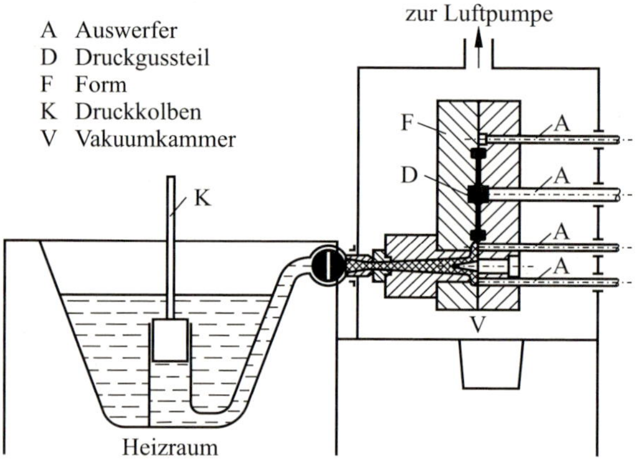

Bild 8.71 Warmkammer-Druckgießmaschine [8.37]

Eine weitere Variante des Hochdruckgießens stellt das Vakuumdruckgießen dar. Dabei werden vor dem Formfüllvorgang der Formhohlraum sowie sämtliche Zuführkanäle evakuiert und dadurch verhindert, dass die turbulente Gießströmung Lufteinschlüsse enthält. Das Vakuum wird gleichzeitig zum Ansaugen der Metallschmelze in die Gießbüchse verwendet. Aufgrund des geringeren Gasgehaltes sind derart hergestellte Druckgussteile schweiß- und wärmbehandelbar.

8.3.4.3 Thixogießen

Thixogießen (Semi-Solid Metal Casting, SSM) entspricht vom grundsätzlichen Verfahrensablauf dem Druckgießen. Jedoch wird keine flüssige Schmelze vergossen, sondern eine Legierung im teigigen Zustand zwischen Solidus- und Liquidustemperatur. Die in Form zylindrischer Bolzen hergestellten Rohlinge werden unmittelbar vor dem Gießvorgang in einem Induktionsofen teilweise aufgeschmolzen, bis sie eine hinreichend teigige Konsistenz aufweisen. Nach Einführen in die Druckgießmaschine und dem Aufbringen einer Kraft durch den Gießkolben tritt thixotropes Fließen ein. Die nahezu turbulenzfreie Formfüllung läuft weitaus langsamer ab als beim Druckguss, die Nachdrücke sind geringer. Infolge der niedrigen Temperatur tritt nur eine geringe Schwindung auf. Man erhält bei richtiger Wahl von Werkzeug und Temperatur ein endabmessungsnahes Formteil hoher Qualität.

Von den zahlreichen Varianten des neuen Verfahrens hat sich noch keine als eindeutig beste herauskristallisiert. Wegen seiner wichtigen Vorteile (durch turbulenzfreie Formfüllung, kaum Gaseinschlüsse oder Lunker, durch niedrige Gießtemperaturen geringere Schwindung, weniger Verschleiß an Form und Kolben, geringerer Energiebedarf und gute Maßhaltigkeit mit wenig Nacharbeit) ist man bestrebt, das Verfahren in die Fertigung einzuführen. Allerdings sind nur Wandstärken ab 6 mm realisierbar.

Tabelle 8.6 Vergleich wesentlicher Merkmale von Gießverfahren mit Dauerformen

Verfahren	Kokillenguss	Druckguss	Thixogießen
Bauteilwerkstoff	Stahl, NE-Metalle	NE-Metalle mit Schmelzpunkt unter etwa 800 °C, z. B. Aluminium, Zink, Kupfer, Blei	NE-Legierungen mit ausreichend großem Bereich zwischen Solidus- und Liquiduslinie (bislang auf Aluminium beschränkt)
Formwerkstoff	Sand, Stahl, Graphit	Warmarbeitsstahl	Warmarbeitsstahl
Wanddicken	min. etwa 15 mm (bei Stahl, Al)	min. 2 mm (ab 10 - 15 mm Festigkeitseinbußen)	min. 6 - 10 mm
Hauptvorteil	Einfach, Preisgünstig	Komplexe Bauteile, hohe Produktivität	Geringe Schwindung, hohe Qualität
Anwendung	Halbzeuge, dickwandige Fertigteile	Dünnwandige, komplexe Fertigteile	Endabmessungsnahe Fertigteile

8.3.4.4 Niederdruckgießverfahren

Neben den Hochdruckgießverfahren werden auch Niederdruckgießverfahren eingesetzt, bei denen ein Gasdruck auf die Schmelze wirkt und diese über ein Füllrohr in die Gießform drückt. Nach dem Erkalten wird der Druck weggenommen, so dass die nicht erstarrte Schmelze in das Bad zurückfließen kann. Da die Gießformen hierbei einer niedrigeren Belastung ausgesetzt sind, haben sie eine erheblich höhere Lebensdauer. Die Trennung der Schmelze vom erstarrten Eingusszapfen muss jedoch an der richtigen Stelle erfolgen. Bei entsprechender Automatisierung ist das Verfahren für die Großserienfertigung geeignet und wird hauptsächlich für Gussstücke mit geringen Wanddicken (1,6 bis 2,5 mm) eingesetzt. Die Neigung zu Lunkern und Gaseinschlüssen sowie Einbußen bei der Oberflächengüte sind jedoch nachteilig.

8.3.4.5 Schleuderguss

Verfahren zur Herstellung rotationssymmetrischer Gussteile (Rohre, Büchsen, Muffen) unter Einwirkung der Fliehkraft in einer rotierenden Dauerform (Bild 8.72). Für Stahlguss, Grauguss und NE-Schwermetalle.

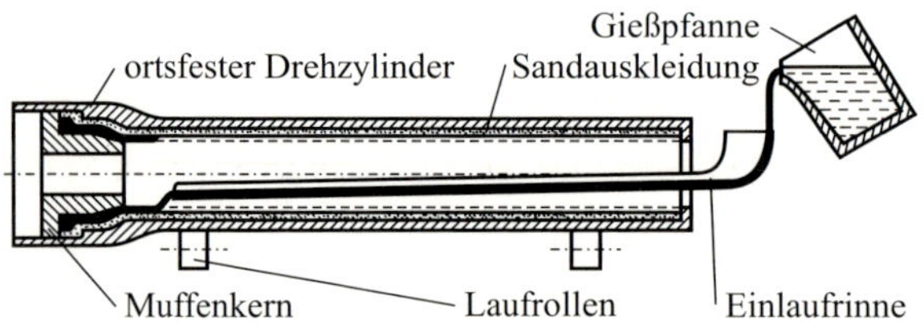

Bild 8.72
Schleudergießmaschine

8.3.4.6 Schleuderformguss

Herstellung von nicht rotationssymmetrischen Teilen im Schleudergussverfahren.

8.3.4.7 Strangguss

Für die Herstellung von Stangen und Rohren aus Grauguss, Stahlguss und Kupferlegierungen. Die kurze Kokille besteht aus einer Kupferlegierung oder Graphit und ist wassergekühlt (vgl. Bild 8.73). Besonders geeignet für große Wanddicken mit kleinem Innendurchmesser.

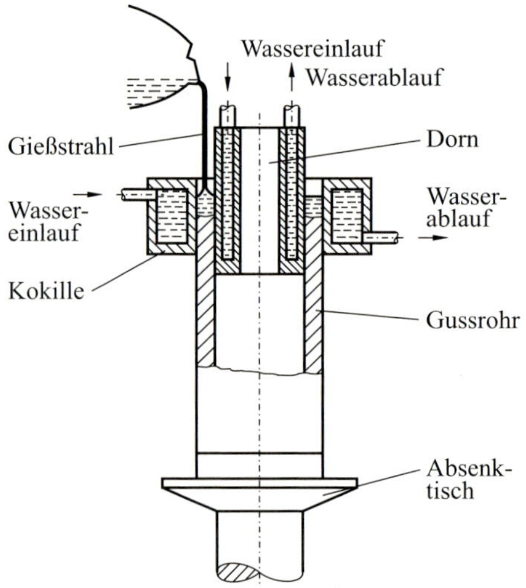

Bild 8.73
Vertikal-Stranggießen eines Rohres

8.3.4.8 Bandgießen

Bei der Herstellung von Blechen aus NE-Metallen, insbesondere von Zinklegierungen, verwendet man Bandgießanlagen. Die aus Induktionsöfen kommende Metallschmelze wird bei diesem Verfahren zwischen zwei umlaufende, flexible Stahlbänder vergossen, die einen rechteckigen, gegen die Horizontale leicht geneigten Kokillenhohlraum bilden, der durch mitlaufende Gliederketten seitlich begrenzt wird. Das Stahlband ist zur Vermeidung von Verwerfungen mit einer wärmedämmenden Beschichtung versehen.

Durch intensive Kühlung der Kokillenbänder wird die Wärme aus dem erstarrenden Strang rasch abgeführt. Der erstarrte Gussstrang läuft dann unmittelbar in die Walzstraße ein und wird beim Durchlaufen mehrerer Gerüste auf das Endmaß von 2,5 bis 0,5 mm ausgewalzt, vgl. [8.43].

Verschiedene Varianten des Bandgießens werden neuerdings auch zur Herstellung von Stahlblechen mit Dicken von 1 bis 20 mm erprobt (vgl. Kapitel 7.5 Vergießen von Stahl).

8.3.4.9 Gießwalzen

Beim Gießwalzen z. B. von Aluminiumlegierungen (Bild 8.74) tritt das flüssige Metall aus der Marinite-Düse dicht vor der engsten Stelle in den Gießspalt ein, wo es in wenigen Sekunden erstarrt und noch eine Dickenabnahme von 10 bis 15 % erfährt, ehe es die Maschine verlässt.

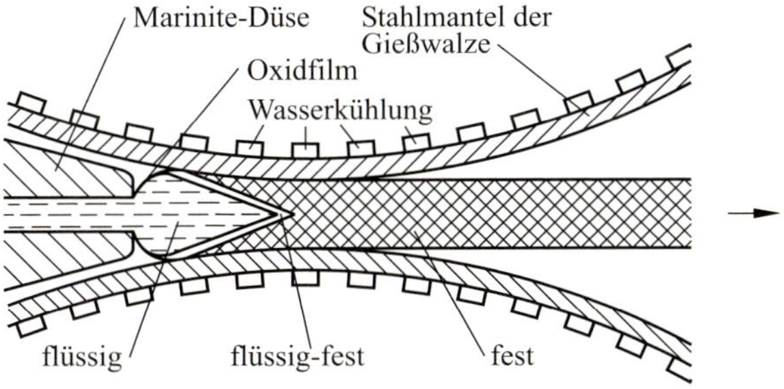

Das gegossene Band wird gehaspelt und anschließend kaltgewalzt. Wegen der fehlenden Warmformgebung wird zur Kornverfeinerung meist eine titan- oder borhaltige Vorlegierung zugegeben [8.43].

Bild 8.74
Schematische Darstellung der Erstarrung von Aluminium in einer horizontalen Gießwalzanlage nach [8.44]

8.3.4.10 Verbundguss

Die Gussteile bestehen aus 2 oder mehr Metallen (z. B. Aufgießen einer Schmelze auf bereits erstarrtes Metall oder auf Formstahl). Beispiele siehe Bilder 8.75 und 8.76. Al-Fin-Verfahren (Bild 8.76): GG-Teil wird in eine Reinaluminium-Schmelze getaucht (damit die Verbindung erfolgen kann, müssen die Teile metallisch blank sein). Das so vorbehandelte Teil wird dann in eine Kokille eingesetzt und mit einer Leichtmetalllegierung umgossen.

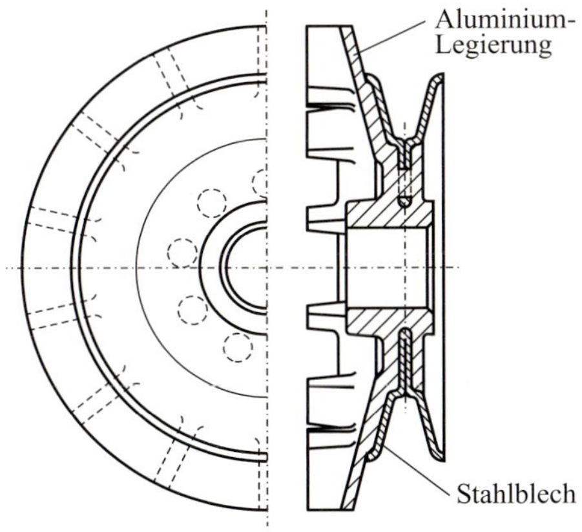

Bild 8.75 Verbundgussteil, Flügelrad mit Keilriemenantrieb [8.37]

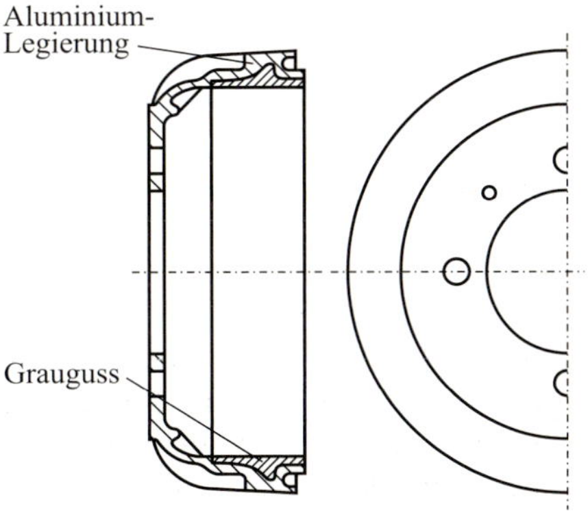

Bild 8.76 Verbundgussteil, Bremstrommel [8.37]

Anwendung: Leichtmetallkolben aus Aluminium mit Grauguss-Kolbenringträgern für Dieselmotoren, Bremstrommeln.

8.3.5 Nachbehandlung

Eingusstrichter und Steiger werden entfernt und das Gussstück geputzt. Als Putzverfahren dienen das Druckluft-Putzstrahlen, Schleuder-Putzstrahlen, Druckwasser-Putzstrahlen, Sand- und Stahlstrahlen. Ausbesserung fehlerhafter Teile durch Schweißen, Wärmenachbehandlung, soweit erforderlich.

8.3.6 Regeln für den Konstrukteur und Gießerei-Ingenieur

8.3.6.1 Stoffgerechter Entwurf

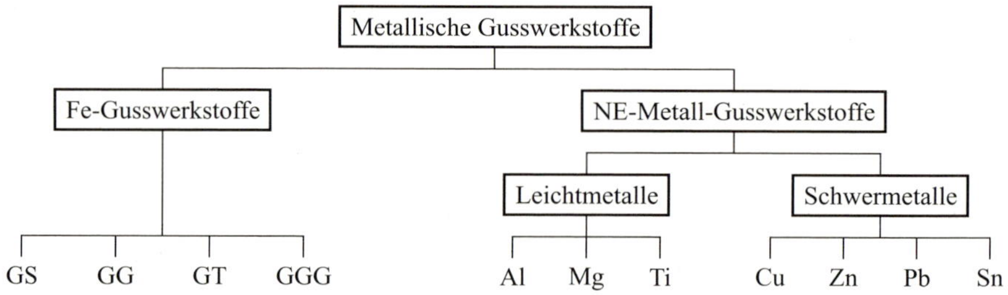

Stahlguss *(GS, DIN EN 1559-2:00)*

Hohe Zugfestigkeit bei guter Verformbarkeit. Betriebstemperatur für niedriglegierten Stahlguss bis 580 °C, für hochlegierten Stahlguss zwischen 900 bis 1.000 °C.

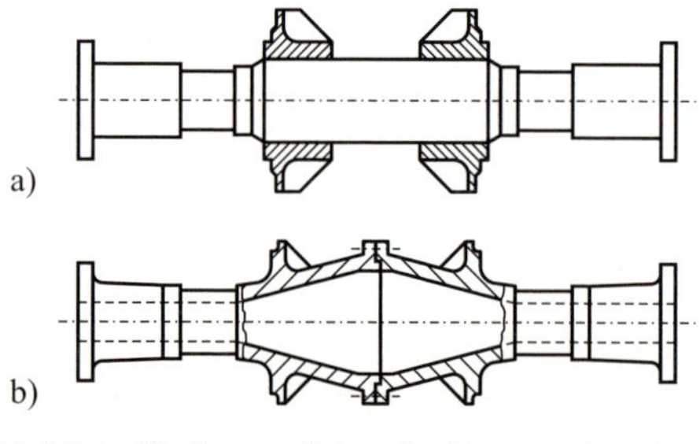

Bild 8.77 Umkonstruktion der Hauptwelle einer Bergwerks-Turmfördermaschine [8.37]
a) geschmiedete Welle b) gegossene Welle

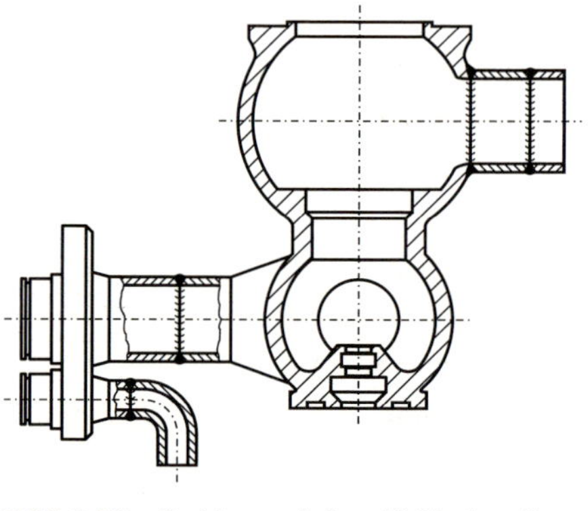

Bild 8.78 Stahlguss-Schweiß-Verbundkonstruktion eines Hochdruck-Ventilgehäuses [8.45]

Hohe Warmstreckgrenze (Streckgrenze bei höheren Temperaturen) und gute Zeitstandfestigkeit. Korrosionsbeständigkeit bei hochlegiertem Stahlguss. Gute Kavitations- und Erosionsbeständigkeit.

Anwendungen: Turbinenbau (Gehäuse, Laufräder, Flansche, Ventilkästen), Schiffspropeller, Hohlwellen (Bild 8.77) usw.

Verbundkonstruktion von Stahlguss und Walzstahl. Durch Verbundkonstruktionen ist eine Herabsetzung der Fertigungskosten möglich, da die Zahl der Verbindungsnähte gegenüber der reinen Schweißkonstruktion kleiner wird (Bild 8.78) und sich die Gusskonstruktion vereinfacht.

Wärmenachbehandlung. Im Gussstück liegt bei rascher Abkühlung *Widmannstättengefüge* vor. Je nach Form und Abmessungen enthält es außerdem Eigenspannungen. Das eine lässt sich durch Normal-, das andere durch Spannungsarmglühen beseitigen.

Gestaltung. Um Risse und zu hohe Eigenspannungen, die auf das verhältnismäßig große Schwindmaß von 2 % zurückzuführen sind, zu vermeiden, sollten keine schroffen Querschnittsübergänge gewählt, Hohlkehlen mit großem Radius ausgeführt und die Wanddicke möglichst gleichmäßig über 8 mm gehalten werden. Massepunkte sind durch Speiser als Flüssigkeitsreservoire mit Schmelze zu versorgen und flüssig zu halten, damit nicht durch Absaugen von Schmelze Hohlräume entstehen.

Gusseisen mit Lamellengraphit *(GG / EN-GJL, DIN EN 1561:97)*

Der größte Anteil der Gusserzeugnisse entfällt auf Grauguss.

Eigenschaften und Anwendung:

- Geringe *Rostempfindlichkeit* (Gusshaut). Daher Anwendung für Reaktionsgefäße, Kolonnen, Pumpenteile im chemischen Apparatebau, für Kessel, Radiatoren usw.
- *Unempfindlichkeit gegenüber äußeren Kerben.* Infolge der zahlreichen inneren Kerben (Graphit, geringe Bruchdehnung) besteht keine zusätzliche Empfindlichkeit gegenüber äußeren Kerben.
- *Große Dämpfung.* Durch innere Reibung verursacht, also wieder die Folge des Graphits im Gefüge.

  Anwendung: Gestelle von Werkzeugmaschinen und Schwermaschinen wie Prüfmaschinen, Pressen und anderen Maschinen der Umformtechnik, Getriebegehäuse.
- *Verschleiß.* Bei perlitischer Grundmasse, insbesondere aber bei harter Oberfläche durch rasche Abkühlung (Abschreckplatten, Hartguss) oder durch Oberflächenhärtung gutes Verschleißverhalten.

  Anwendung: Walzen, Führungsbahnen.
- *Bearbeitbarkeit.* Gusseisen ist besonders gut spanabhebend bearbeitbar, weil nur kurze Späne anfallen, Härte der Gusshaut beachten.
- *Notlaufeigenschaften.* Da Graphit ähnlich wie ein Schmiermittel wirkt, sind die Notlaufeigenschaften gut.

Anwendung: Gleitbahnen, Zahnräder, Lager.

- *Festigkeitseigenschaften.* Hohe Druckfestigkeit (3 bis 4-fach gegenüber der Zugfestigkeit) bei geringer Bruchdehnung (0,2 bis 1 %).

  Anwendung: Druckbeanspruchte Teile.

Gusseisen mit Kugelgraphit *(GGG / EN-GJS, DIN EN 1563:97)*

Der Graphit liegt in Kugelform vor (Bilder 5.8 bis 5.10) und unterbricht das Gefüge nicht so schroff wie der Lamellengraphit (Bild 4.30) von Grauguss. Die Folge ist eine erheblich bessere Verformbarkeit. Gegenüber Stahlguss besitzt es den Vorteil der niedrigeren Gießtemperatur und der geringeren Schwindung. Die kugelförmige Graphitausbildung wird durch Impfen der Schmelze mit Magnesium erreicht.

Anwendung: Kurbelwellen, Rohre.

Temperguss *(GT / EN-GJM, DIN EN 1562:97)*

Temperrohguss (weißes Gusseisen) wird einer Wärmebehandlung unterzogen. Dabei bildet sich knotenförmiger Graphit (Bild 5.13) und das Gusseisen wird bedingt verformbar. Es nimmt in dieser Beziehung eine Zwischenstellung zwischen Grauguss und Kugelgraphitguss ein. Je nach Art der Wärmebehandlung und dem sich daraus ergebenden Gefüge unterscheidet man zwischen weißem (EN-GJMW) und schwarzem Temperguss (EN-GJMB), vgl. Abschnitt 5.

Anwendung: Hinterachsgehäuse, Kurbelwellen, Nockenwellen, Lenkgehäuse, Radnaben, Fangmaul von Anhängerkupplungen im Automobilbau, Teile für Landmaschinen vielfach aus schweißbarem GJMW-360-12, damit Reparaturen möglich sind. Auch Verbundkonstruktionen von GJMW-360-12 und Stahl, abbrenngeschweißt. Rohrverbindungsstücke, Fittings, Hebel.

8.3.6.2 Gießgerechter Entwurf

Eine Reihe gießtechnischer Besonderheiten wirken sich auf den Entwurf aus.

Bild 8.79 Stängelkristallisation in einem Gussteil (Al-Barren) Ätzmittel 3 der Tabelle 78 aus [8.46]

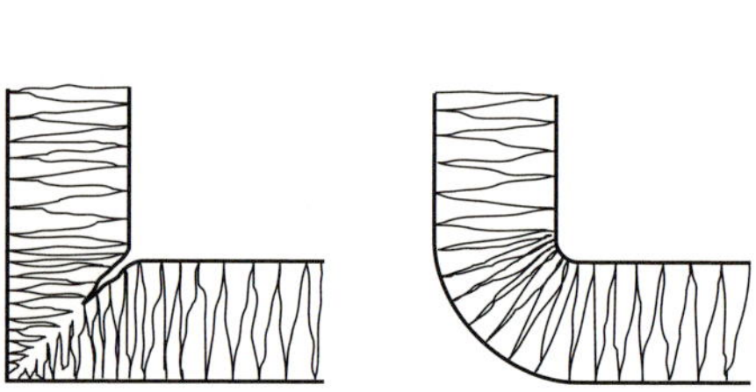

Bild 8.80 Stängelkristallisation an Ecken und deren Folgen bei ungünstiger scharfer Innenecke

Stängelkristallisation

Das Auftreten von Stängelkristallen (Bild 8.79) im Gussteil kann bei ungünstiger Anordnung (Bild 8.80) zu Rissen führen. Scharfe Ecken sind daher ungünstig.

Abkühlgeschwindigkeit

Hohe Abkühlgeschwindigkeiten führen bei dünnen Wänden zu einem feinen Korn mit günstigen Festigkeitseigenschaften, geringe Abkühlgeschwindigkeiten führen demgegenüber, insbesondere bei größeren Dicken, zu Grobkorn und verminderter Festigkeit. Nötigenfalls kann die Abkühlgeschwindigkeit durch Anbringen von Abschreckplatten örtlich erhöht werden.

Volumenänderungen

Bei und nach der Erstarrung kommt es zu einer Verkleinerung des Volumens, vgl. Tabelle 8.7.

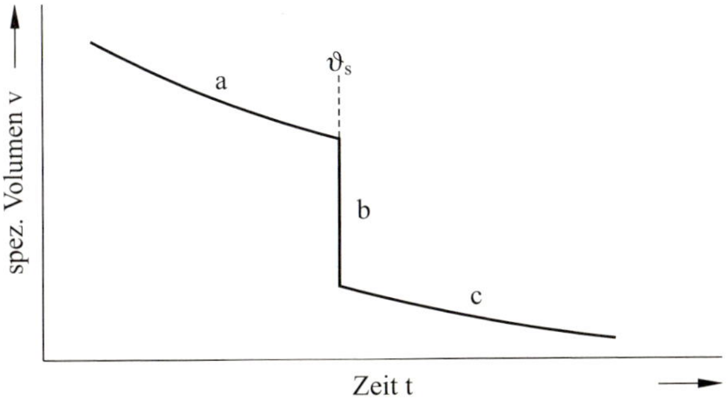

Bild 8.81 Volumenänderung bei der Abkühlung eines reinen Metalles: a, c Abkühlungskontraktion, b Erstarrungskontraktion, ϑ_s Erstarrungstemperatur

Der Reihe nach treten ein:

a) Schwindung im flüssigen Zustand
b) Erstarrungsschwindung (Lunkergefahr)
c) Schwindung im festen Zustand (kann zu Spannungen, Rissen und Maßänderungen gegenüber der Form führen).

Bei einem reinen Metall verläuft das Schrumpfen gemäß Bild 8.81.

Tabelle 8.7 Erstarrungsschrumpfung und Schwindung im festen Zustand

Erstarrungsschrumpfung (physikalische Größe) in %								
Al	Cu	Pb	Fe	Zn	Mg	Bi	Sb	GG (4 % C)
- 6,3	- 4,2	- 3,4	- 4,0	- 6,5	- 3,8	+ 3,3	+ 1,0	- 1,5

Schwindung im festen Zustand (technologische Größe) in % nach DIN 1511							
GS	GG	GTW	GTS	GBi	GAl und GMg	GZn	GPb
2	1	1,6	0,5	1,5	1,25	1,5	1

Lunker

Grob-, Fein- und Mikrolunker entstehen beim ungleichmäßigen Abkühlen und Schwinden an den Stellen der letzten Erstarrung. Man versteht darunter nach außen offene oder geschlossene Hohlräume im Gussstück (Bild 8.82).

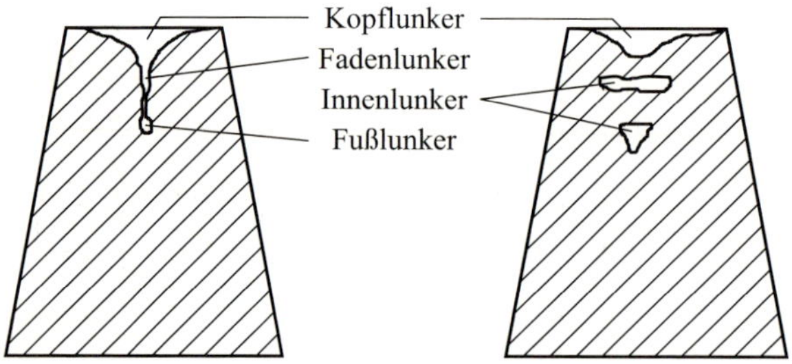

Bild 8.82 Anordnung und Form von Lunkern im Gussblock

Mikrolunker bilden sich zwischen Tannenbaumkristallen aus.

Lunker lassen sich nicht vollständig vermeiden, man kann jedoch dafür sorgen, dass sie sich an unschädlichen Stellen (z. B. Steigern) bilden.

Konstruktive Maßnahmen gegen Lunkerbildung

- Vermeidung von Materialanhäufungen (Bilder 8.83 bis 8.88) [8.37],
- Querschnitt zum Speiser hin kontinuierlich vergrößern (Heuvers'sche Kreismethode, Bilder 8.89 bis 8.91),
- Rippen schwächer als die Wände wählen oder Ausbuchtungen anbringen (Bilder 8.92 und 8.93).

Bild 8.83 Ausbildung von Kreuzungspunkten und Verzweigungen an Wänden
a) ungünstig b) günstig

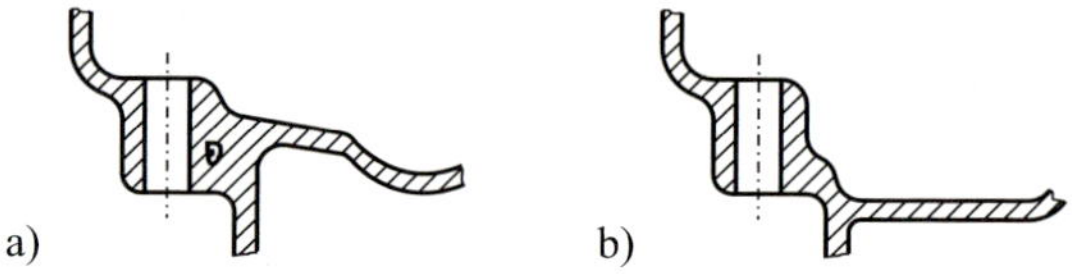

Bild 8.84 Anordnungen von Befestigungsaugen
a) ungünstig, b) günstig

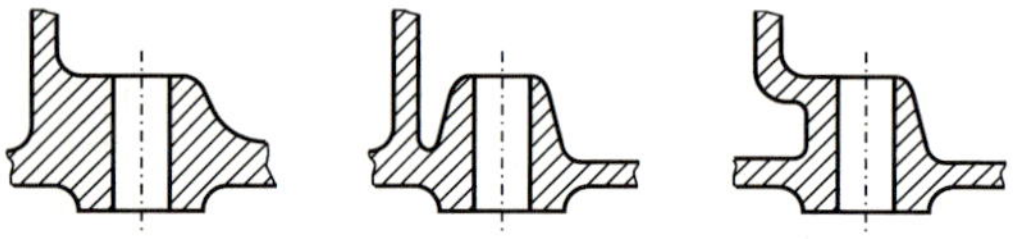

Bild 8.85 Verbesserung einer Lagerstelle mit 3 Wandanschlüssen

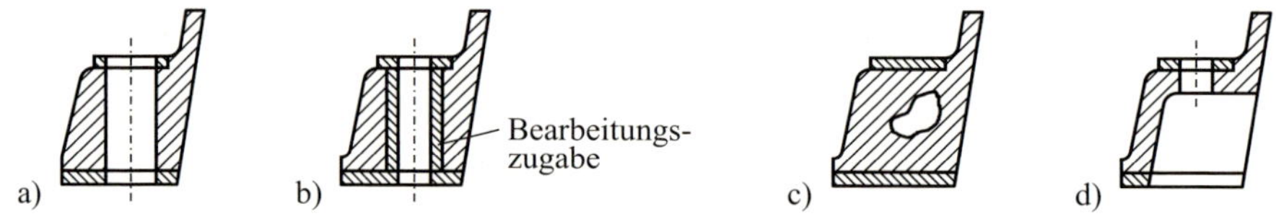

Bild 8.86 Umgestaltung eines Befestigungsauges
a) ursprüngliche ungünstige Konstruktion, b) Gussausführung mit Bearbeitungszugabe,
c) Vollguss, ungünstig wegen Lunkergefahr, d) gieß- und bearbeitungstechnisch günstige Gestaltung [8.37]

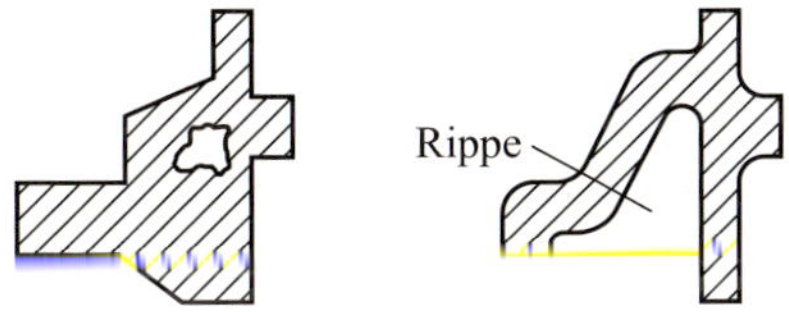

Bild 8.87 Materialanhäufung durch Verrippung beseitigt

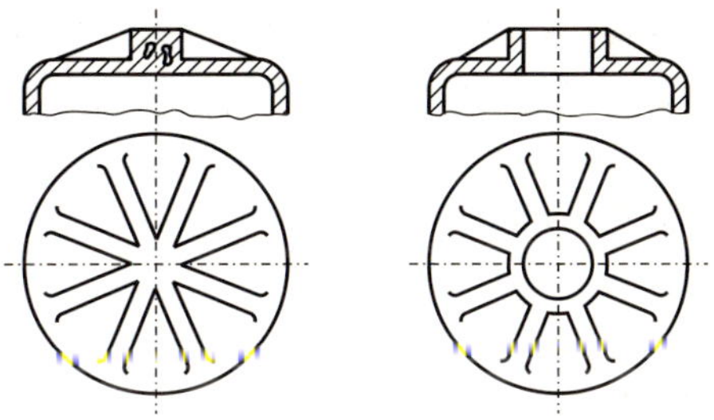

Bild 8.88 Werkstoffanhäufung durch Ringwulst aufgelöst

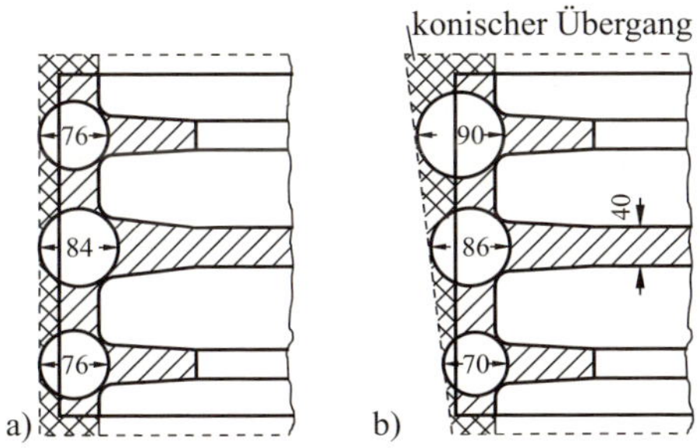

Bild 8.89
Festlegender Wanddicke eines Radkranzes mittels des Heuvers´schen Kontrollkreises [8.37]
a) ungünstig b) günstig

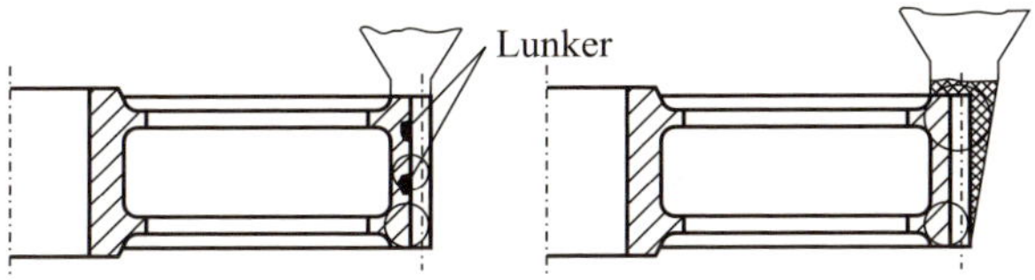

Bild 8.90
Festlegung der Materialzugabe zur Dichtspeisung eines Zahnkranzes [8.37]

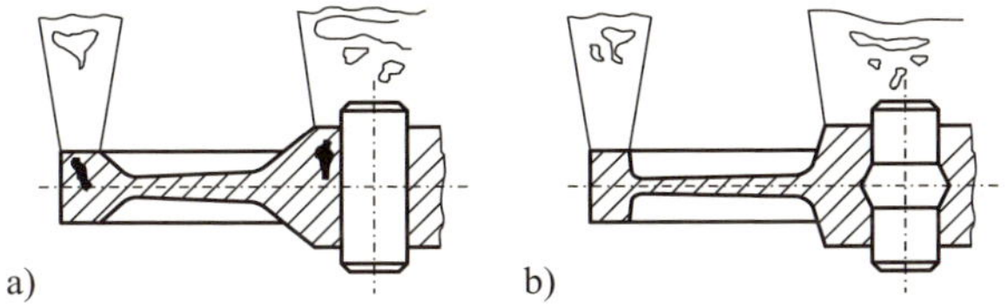

Bild 8.91
Maßnahmen zur Vermeidung der Lunkerbildung bei einem Schwungrad [8.21]
a) ungünstig b) günstig

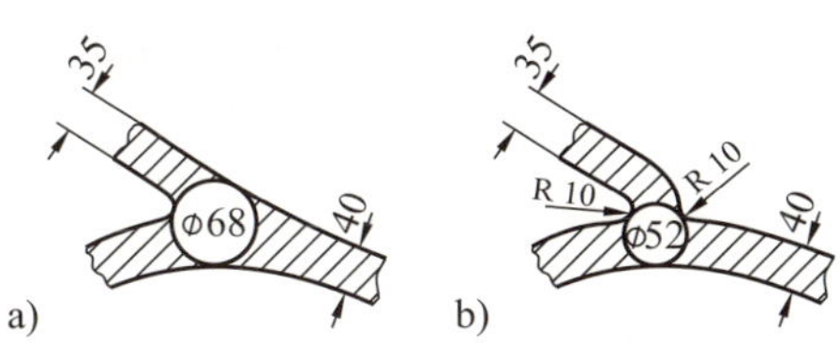

Bild 8.92 Wandverzweigungen [8.37]
a) ungünstig b) günstig

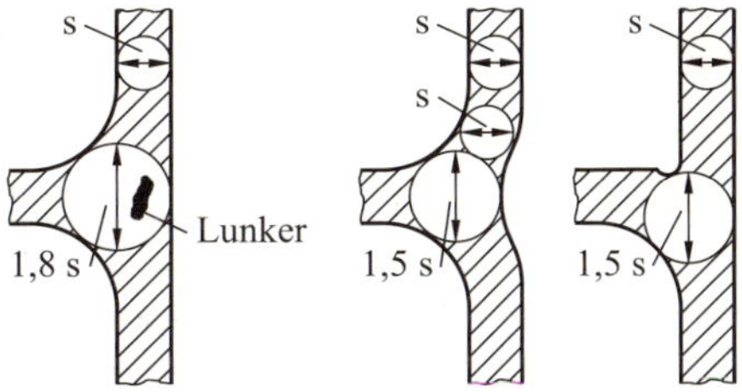

Bild 8.93 Knotenpunkte

Gießtechnische Maßnahmen gegen Lunkerbildung

- Gattieren auf ein geringes Schwindmaß (naheuktische Legierung)
- niedrige Gießtemperatur

- geringes Temperaturgefälle in der Gusswand (geringe Abkühlgeschwindigkeit)
- bei geringen Wanddicken eventuell gleichmäßige, rasche Abkühlung, z. B. durch Abschreckplatten
- dünne Querschnitte heizen, um den Durchgang zu größeren offen zu halten
- gelenkte Abkühlung bei ungleichen Wanddicken
- Einlegen von Kühlkörpern in dicke Querschnitte (Nägel, Platten)
- Anwendung von Steigern, Speisern, verlorenen Köpfen.

Maßnahmen gegen Lunkerbildung durch Beeinflussung der Erstarrung

- Heißes Material in Trichter nachgießen
- Anschneiden des kleinsten Querschnittes
- Steuerung der Gießgeschwindigkeit.

Gasblasenlunker entstehen durch:

- vom Gießstrahl mitgerissene Luft
- Gase aus dem Formwerkstoff
- Gase aus den Kühlkörpern
- Gase aus Spritzkugeln
- aus der Schmelze freiwerdende Gase.

Sonstige gießtechnisch vermeidbare Fehler

- Schlacken, Schaum- und Sandeinschlüsse
- Schülpen (schalenförmig abgelöste Sandteile)
- Anbrennen des Formstoffes
- Nichtausfüllen der Form.

8.3.6.3 Formgerechter Entwurf

- Teil muss einformbar sein
- Abhebeschrägen, Kanten- und Eckenrundungen (Bild 8.94)
- keine Hinterschneidungen
- keine Ansteckteile (solche Teile sollen sich fest am Modell befinden, Bild 8.95)
- einfache Modellteilung (Bild 8.96)
- wenig Kerne, keine Außenkerne (Bild 8.97)
- ausreichende Luft- und Gasabführung (horizontale Flächen vermeiden, Bild 8.98).

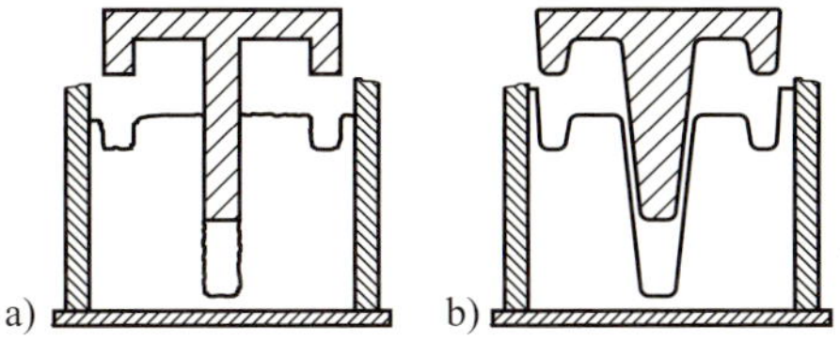

Bild 8.94
Modelleinformung
a) ohne Abhebeschräge und Kantenrundungen, Formbeschädigungen
b) richtige Gestaltung

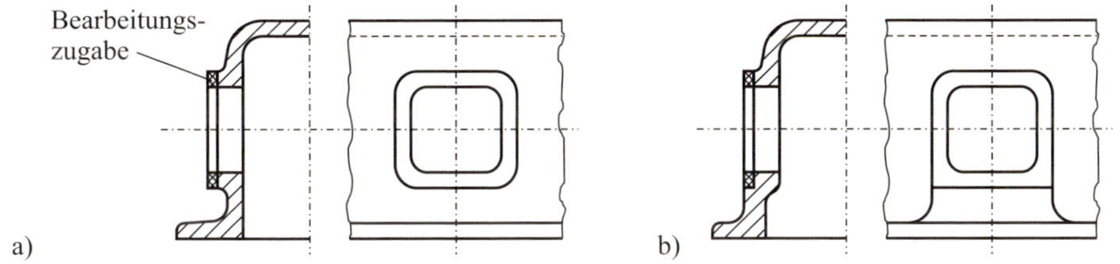

Bild 8.95 Gehäusedurchbruch [8.37].
a) Ausformen des Durchbruches macht Losteil am Modell erforderlich, b) durch Umgestaltung Losteil vermeiden

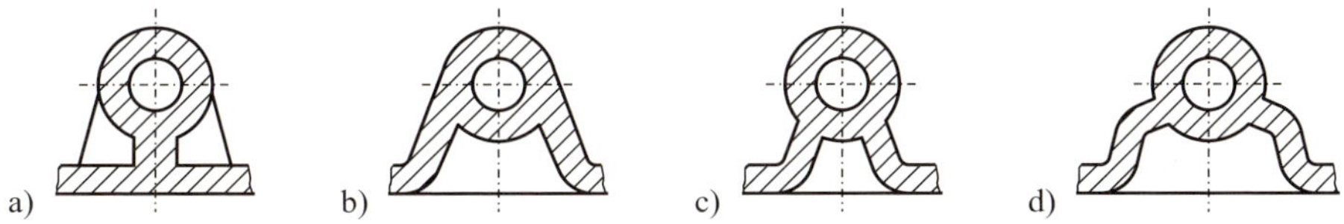

Bild 8.96 Gestaltung eines Lagers unter Beachtung guter Einformbedingungen [8.37]
a) erster Entwurf, zweiteilige Form erforderlich, b) billige, einteilige Form möglich, aber Materialanhäufung, c) Materialanhäufung verhindert, schwierige Formarbeit, d) leicht formbar, keine Materialanhäufung

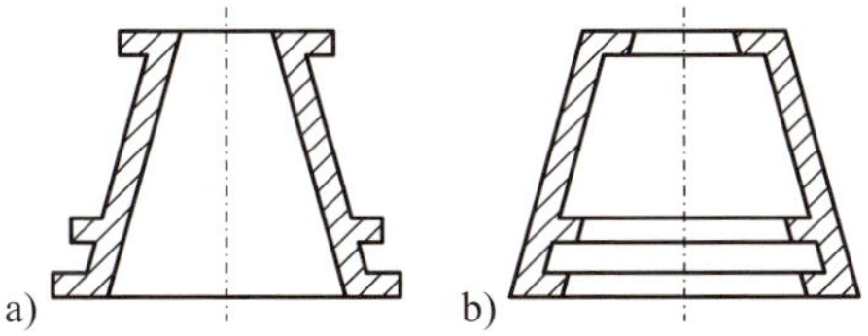

Bild 8.97
Umgestaltung eines Maschinenfundamentes
a) Außenkern erforderlich, ungünstig
b) nur Innenkern erforderlich, günstig

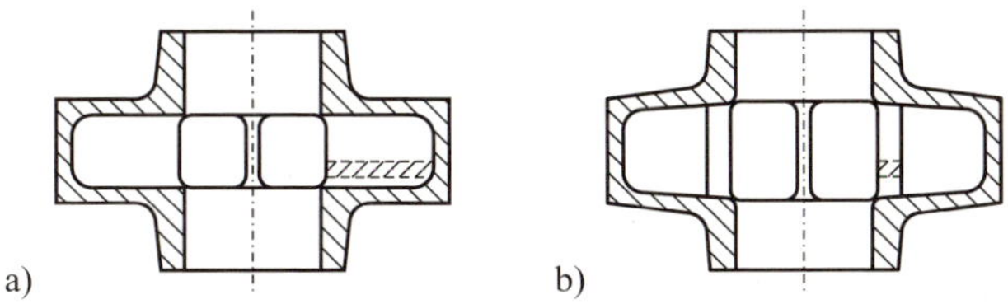

Bild 8.98 Gestaltung einer Trommel [8.35]
a) ungünstige Luftabführung, Rippen b) verbesserte Luftabführung durch Schrägstellung der Wände, Stege statt Rippen

8.4 Pulvermetallurgie

Das pulvermetallurgische Formgebungsverfahren (DIN EN ISO 3252:00) ist ein urformendes Fertigungsverfahren gemäß DIN 8580:03. Im Gegensatz zu den durchweg durch Sintern erzeugten keramischen Werkstoffen wird bei Metallen die Sintertechnologie nur angewandt für Werkstoffe und Bauteile, die sich schmelzmetallurgisch nicht oder nicht in der erforderlichen Qualität herstellen lassen [8.47, 8.48]. So ist die Pulvermetallurgie interessant für

- hochschmelzende Metalle und Gemenge metallischer mit keramischen Phasen (Cermets)
- heterogene Werkstoffe mit besonders feiner Dispersion verschiedener Phasen
- hochreine Legierungen, die nicht durch Tiegelmaterial verunreinigt sein dürfen
- höchst carbidhaltige Stoffe wie Schnellarbeitsstähle und Hartmetalle mit bis zu etwa 50 % Volumenanteil der (Titan)-Carbidphase (vgl. Kapitel 5.2.3.8 und 5.5.3).

Als Fertigungsschritte sind wie bei der Sinterkeramik zu nennen: Pulverherstellung, Formen und Pressen der Pulver sowie Brennen bzw. Sintern der Rohkörper. Es können Bauteile mit hoher Genauigkeit bei einer Masse von einigen Zehntel Gramm bis zu einigen Kilogramm, beispielsweise für die Feinwerktechnik, vorteilhaft in großer Stückzahl hergestellt werden.

Als Rohstoffe dienen Pulver aus Eisen, Stahl und Nichteisenmetallen, denen Stearate oder synthetische Wachse als Gleitmittel (z. B. 0,5 bis 1,5 %) zugegeben werden.

8.4.1 Pulverherstellung

Zur Herstellung metallischer Pulver lassen sich außer mechanischen auch chemische Verfahren heranziehen. Die unterschiedliche Größe und Form der erzeugten Pulverteilchen bestimmen das Pressverhalten bei der Formgebung, das spätere Sinterverhalten und letztlich die Eigenschaften der Fertigteile.

Mechanisches Mahlen, z. B. in Kugelmühlen, ist bei spröden Ausgangsstoffen möglich und führt zu kantigen Teilchen. Zur Herstellung von Eisen- und Nichteisen-Metallpulvern wird als mechanisches Verfahren häufig das Verdüsen ihrer Schmelzen in einem Druckgas- oder Druckwasserstrahl angewandt. Dabei ergeben sich im Metallpulver abnehmende Oxidgehalte, wenn statt Druckluft Druckwasser oder sogar – wie für Legierungen mit oxidationsempfindlichen Bestandteilen nötig – ein inertes Gas benutzt wird. Die Form der Teilchen kann kugelig oder eher plättchenförmig oder spratzig sein.

Zu den chemischen Verfahren gehören das elektrolytische Abscheiden von Metallen aus Lösungen ihrer Salze, z. B. für Cu-Pulver, das Reduzieren pulverförmiger Metalloxide sowie das für Fe- und Ni-Pulver angewandte Carbonyl-Verfahren, bei dem gasförmige Metall-CO-Verbindungen bei höheren Temperaturen thermisch unter Bildung der metallischen Komponente in kugeliger Form zerfallen.

8.4.2 Formen und Pressen der Pulver

Nur bei Sinterteilen, wie z. B. bei Filtern und selbstschmierenden Lagern, bei denen eine bestimmte Porosität gezielt eingestellt werden soll, erfolgt das Formen drucklos durch Einfüllen der Pulver in eine Form, in der dann gesintert wird.

Für alle anderen Sinterteile werden die Metallpulver zur Formgebung unter Anwendung der schon für Sinterkeramik beschriebenen Verfahren (vgl. Kapitel 6.2.1) unter hohen Drücken (z. B. 400 bis 600 N/mm^2) verpresst, also z. B.

- in einer mit Hartmetall ausgekleideten Form einachsig *kaltgepresst*, wobei – wie in Kapitel 6.2.1 beschrieben – durch den Druckabfall in Pressrichtung auch die Pulververdichtung in Pressrichtung abnimmt. Es sind 80 bis 90 % der theoretischen Materialdichte erreichbar
- *isostatisch gepresst*, indem man das Pulver in eine verschlossene elastische Form füllt, auf die in einem Pressbehälter über eine Flüssigkeit wie Öl allseitiger hydrostatischer Druck einwirkt
- in Sonderfällen bei schlecht press- oder sinterbaren Pulvern *heiß gepresst* während des Sintervorganges (Drucksintern), wobei die pressbedingte Kornverfestigung durch temperaturbedingte Entfestigung aufgehoben wird und die Sinterkörper nahezu die theoretische Dichte erreichen
- *heißisostatisch* im Autoklaven unter Schutzgas gepresst.

8.4.3 Brennen (Sintern) der Pulver

Das Sintern der Presskörper erfolgt unter Schutzgas bei einer Temperatur, die unterhalb der Schmelztemperaturen der Hauptkomponenten des Formkörpers liegt. Durch Diffusion zwischen festen oder zwischen festen und flüssigen Phasen entsteht dabei über Schweiß- und Lötvorgänge ein Formkörper, dessen Festigkeit mit der Dichte zunimmt.

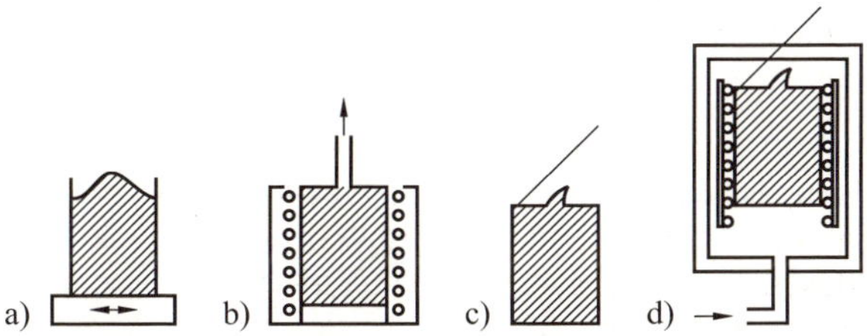

Bild 8.99 Heißisostatisches Pressen (HIP) [49]
a) Füllen b) Entgasen c) Versiegeln
d) Heißisostatisch Pressen

Mit dem *heißisostatischen Pressen* (HIP) steht heute eine Technik zur Verfügung, die zwar aufwändig ist, aber zu Sinterteilen mit nahezu 100 %iger Dichte und damit größtmöglicher Festigkeit führt, indem sie das Pulverpressen, das Sintern und gegebenenfalls das Kalibrieren in einem Verfahren vereinigt.

Mit ihr lassen sich endabmessungsnahe Fertigteile herstellen, wobei die in Bild 8.99 schematisch dargestellten Fertigungsschritte Einfüllen des Pulvers in eine elastische Hüllform, Entgasen der Füllung und Versiegeln und Pressen im Autoklaven bei Sintertemperatur notwendig sind. Der eigentliche Pressvorgang läuft unter Schutzgas (Argon oder Helium) ab, wobei Verfahrensdrücke von 100 bis 300 N/mm^2 und Temperaturen von 1.000 bis 2.000 °C aufgebracht werden.

Diese Technik wird außer zur Herstellung von Fertigteilen auch zum Plattieren und Beschichten von kleineren Bauteilen, zum Nachverdichten von Gussgefügen, zum Diffusionsschweißen und zum Schmelzimprägnieren angewendet.

8.4.4 Nachbehandlungen

Metallische Sinterteile erreichen nicht immer die angestrebten Maßgenauigkeiten und Eigenschaftsprofile. Die Verbesserung der Formteilgenauigkeit (Kalibrierung) erfolgt über zusätzliche Kaltverformung. Die statische und die dynamische Festigkeit (DIN prEN ISO 2740:06, DIN EN ISO 4498:07, DIN EN ISO 4507:07) lassen sich mit der Verringerung noch vorhandener Porositäten durch nachgeschaltete Kalt- oder Warmformgebungsverfahren weiter erhöhen. Dafür kommen alle bisher besprochenen Verfahren wie Kaltgesenkschmieden, Halbwarmumformen, Gesenkschmieden, Strangpressen sowie hydrostatisches Strangpressen zum Einsatz. Im Fall der zusätzlichen Warmformgebung spricht man, wenn mit dem Nachverdichten eine wesentliche Umformung verbunden ist, auch von *Sinterschmieden* oder *Pulverschmieden*. Wird nach dem Kaltformgebungsvorgang nochmals gesintert, spricht man nach DIN EN ISO 3252 auch von Zweifachsintertechnik, an die sich zur Verbesserung der Maßgenauigkeit ein weiteres Nachpressen anschließen kann. Derart nachbehandelte Sinterteile, z. B. Zahnriemenräder, erreichen die Festigkeit schmelzmetallurgisch hergestellter Teile.

Es gibt pulvermetallurgisch hergestellte Teile, die sich mit Massivteilen durch Schweißen verbinden lassen. Dies gilt z. B. für Eisen-Nickel-Sinterteile mit 2,5 bis 5 % Nickel, die man mit Massivstahl verschweißen kann. Im Übrigen gibt es viele Möglichkeiten der Legierungszusammensetzung von Sinterteilen, die sich schmelzmetallurgisch nicht realisieren lassen. Hierzu gehört beispielsweise die Gruppe der Hartmetalle (vgl. Kapitel 5.5.3).

8.5 Sprühkompaktieren

Neben dem Gießen und dem Pulversintern wurde als neues Urformverfahren in den letzten Jahren das *Sprühkompaktieren* [8.49] entwickelt. Bei diesem Verfahren werden die aus einer Schmelzpfanne auslaufenden Metallschmelzen mit Schutzgasen wie Argon oder Stickstoff zu feinsten Tröpfchen in eine Sprühkammer hinein zerstäubt. Ein Gasstrom transportiert die Teilchen im entstehenden Sprühkegel zu einer Unterlage, auf der die auftreffenden Tropfen mit außerordentlich hoher Geschwindigkeit abkühlen, erstarren und kompaktiert und zu einer Vorform aufwachsen. Auf diese Weise lassen sich Halbzeuge wie Bolzen, Rohre oder Flachprodukte herstellen oder auch endformnahe Werkstoffverbunde, z. B. Rohre mit aufgesprühten Verschleißschutzschichten oder gradierte Verbunde. Das Sprühkompaktieren ist mit allen für den Maschinenbau wichtigen Metallen durchführbar.

Der Hauptvorteil des Verfahrens besteht darin, dass sich Werkstücke aus Legierungen herstellen lassen, die konventionell nur schwer oder gar nicht vergießbar und bisher nur pulvermetallurgisch zu erzeugen waren. Dabei können in den Sprühkegel auch Fremdteilchen injiziert werden, entweder als Hartstoffphasen, die nicht mit der Metallschmelze reagieren wie Karbide, Nitride oder Oxide, oder als reaktive Teilchen, die mit dem Metall zu Hartstoffphasen wie TiN, Al_2O_3 oder AlN reagieren. Bei der Herstellung relativ großvolumiger Vorprodukte kommen dem Sprühkompaktieren gegenüber der Pulvermetallurgie wirtschaftliche Vorteile zu.

Die Gefüge der entstehenden Werkstücke zeichnen sich aus durch

- besondere Feinkörnigkeit
- weitgehende Seigerungsfreiheit
- sehr gute Homogenität
- geringe Porosität.

Aufgrund dieser vorteilhaften Gefügezustände, hat das Sprühkompaktieren für die Entwicklung von Hochleistungswerkstoffen besondere Bedeutung. Dabei sind Hartstoff-Metall-Verbunde als Hochleistungsschneidstoffe, Gleitleisten aus verschiedenen CuSn-Legierungen mit extrem günstiger Verschleißfestigkeit gegenüber konventionell gefertigten Bronzeteilen sowie industriell gefertigte Zylinderlaufbuchsen aus sprühkompaktierten Al-Legierungen typische Anwendungsbeispiele.

8.6 Beschichten

Zur Veränderung der Eigenschaften der Werkstoffe an der Oberfläche, z. B. um die Korrosionsbeständigkeit zu erhöhen, werden metallische oder nichtmetallische Überzüge aufgebracht [8.50 – 8.54].

8.6.1 Metallische Überzüge

8.6.1.1 Plattieren

Tauchplattieren. Der Stahl wird zunächst z. B. in HCl gebeizt und anschließend in das flüssige Metallbad getaucht oder durch dieses kontinuierlich hindurch gezogen. Eine gute Haftung tritt auch dann ein, wenn die beiden Stoffe keine gegenseitige Löslichkeit besitzen, wie etwa beim *homogenen Verbleien* von Stahl. In ähnlicher Weise erfolgt das *Bad- und Feuerverzinken*, das *Verzinnen* (Weißblech) oder *Alitieren*. Die Gefahr der Bildung spröder Zwischenschichten zwischen Grundwerkstoff und Überzugsmetall ist zu beachten.

Walzplattieren. Durch Walzplattieren werden Verbundwerkstoffe hergestellt. Der Grundwerkstoff soll die mechanische, die Plattierung soll die chemische oder die Verschleißbeanspruchung aufnehmen.

Warmwalzplattieren. Anwendung z. B. zur Herstellung korrosionsbeständiger Überzüge aus hochlegiertem Stahl auf unlegierten oder niedriglegierten Baustählen.

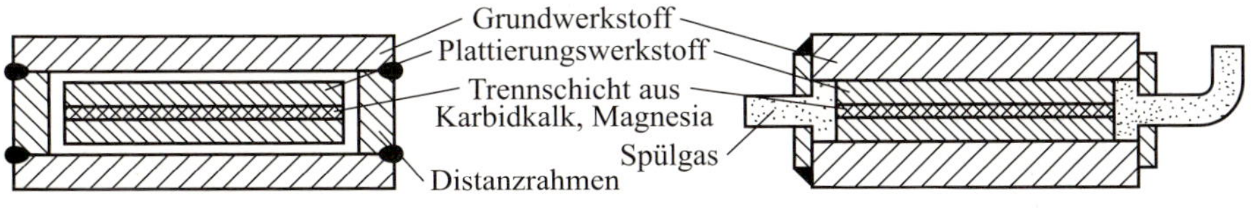

Bild 8.100 Walzplattieren.
links: amerikanisches Verfahren: zu verbindende Oberflächen galvanisch vernickelt
rechts: Spülgasverfahren

Die Bindung zwischen den Blechen darf nicht durch Oxidschichten beeinträchtigt werden, daher Oberflächenvorbereitung durch Schleifen. Z. T. werden die gesäuberten Platinen galvanisch vernickelt. Die Plattierungswerkstoffe werden gemäß Bild 8.100 mit unlegiertem Stahl umhüllt und warm ausgewalzt. Beim „Spülgasverfahren" tritt an dic Stelle des Vernickelns die Zufuhr eines die Oxidation verhindernden inerten oder reduzierenden Gases. Die Bindung erfolgt in beiden Fällen über Diffusionsvorgänge.

Kaltwalzplattieren. Gut verformbare Werkstoffe (Aluminium auf Stahl oder Kupfer, Silber auf Kupfer) können auch bei Raumtemperatur oder mäßig erhöhten Temperaturen plattiert werden. Für den Bindungsvorgang ist Diffusion von untergeordneter Bedeutung, aber eine starke Plastifizierung wichtig, ebenso eine einwandfreie Reinigung der Blechoberflächen vor dem Plattieren.

Schweißplattieren. Zu dieser Verfahrensgruppe gehören das *Unterpulver- (UP-) Bandplattieren*, das *Plasma-Heißdraht-Auftragschweißen* und das *Sprengplattieren* (Schockschweißen). Beim UP-Bandplattieren werden Bänder des Plattierungswerkstoffs von z. B. 60 mm Breite unter der Aufschüttung eines mineralischen Pulvers im Lichtbogenverfahren auftraggeschweißt (vgl. UP-Schweißen, Bild 8.26).

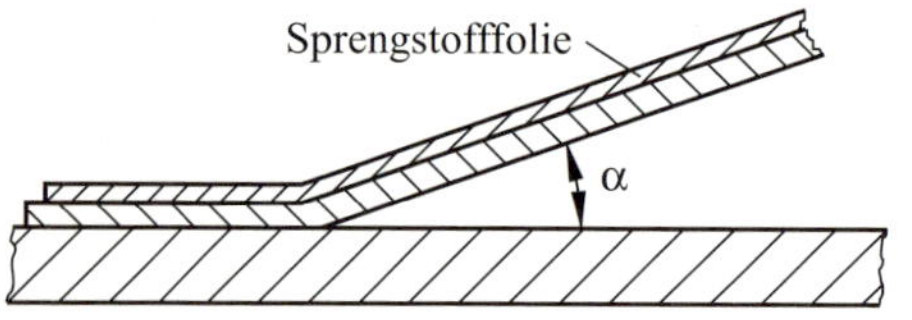

Bild 8.101 Sprengplattieren

Das Sprengplattieren ist abgeleitet vom Explosivumformen. Eine Möglichkeit der gegenseitigen Anordnung von Grundwerkstoff, Plattierungswerkstoff und Sprengstofffolie zeigt Bild 8.101. Zahlreiche Werkstoffkombinationen sind möglich, die auf andere Weise nicht in gleicher Güte hergestellt werden können, z. B. Titan auf Stahl.

Elektroplattieren (Galvanisieren). Metallüberzüge werden aus wässrigen Lösungen bei Gleichstromdurchgang abgeschieden. Für Eisenwerkstoffe verwendet man Kupfer, Nickel, Chrom, Zinn, Zink, Blei, Cadmium. Es bilden sich keine spröden Zwischenschichten. Die Deckschichten sind nicht in jedem Falle dicht, was bei Korrosionsbeanspruchung zu beachten ist.

8.6.1.2 Metallspritzen

Flammspritzen (DIN EN ISO 14 919:01)

Das zu verspritzende Metall wird der Flamme (z. B. C_2H_2 / O_2) in Draht- oder Pulverform zugeführt. Das in kleine Tropfen zerstäubte Schmelzprodukt wird durch Pressluft auf die Oberfläche des Grundwerkstoffs geschleudert. Beim Aufprall der Spritzer auf die Oberfläche zerreißt die Oxidhaut. Durch das Einpressen in die Rauhigkeiten des Grundwerkstoffs entstehen beim Erkalten mechanische Verklammerungen, außerdem verschweiße Teilbereiche. Die Bindung erfolgt durch ein Zusammenwirken mechanischer Haft- und atomarer Bindekräfte. Ein Sandstrahlen ist als Vorbereitung des Haftgrundes üblich. Spritzwerkstoffe: Stähle (z. B. auch 13 % Chromstähle, austenitische Chrom-Nickel-Stähle), NE-Metalle (Zink, Aluminium, Bronzen, Lagermetalle) als Draht, Nickel-Chrom-Bor-Legierungen als Pulver (DIN EN 1395).

Lichtbogenspritzen mit Drahtelektrode (DIN EN ISO 14 919:01)

Ein elektrischer Lichtbogen brennt zwischen zwei Drahtelektroden als Spritzwerkstoff. Bei kontinuierlichem Vorschub der Elektroden wird der schmelzende Spritzwerkstoff durch einen Druckluftstrom zerstäubt und die Spritzer auf die vorbehandelte Werkstoffoberfläche aufgeschleudert. Werkstoffe: alle in Drahtform herstellbaren Stahl- und NE-Metallsorten.

Plasmaspritzen

Im Lichtbogenplasma werden besonders hohe Temperaturen erreicht. Damit sind auch in Draht- oder Pulverform zugeführte hochschmelzende Werkstoffe spritzbar, z. B. keramische Werkstoffe wie Aluminiumoxid als Pulver. Die Teilchen werden im Plasmastrahl verflüssigt und beschleunigt, treffen mit hoher Geschwindigkeit auf die aufgeraute Oberfläche und verankern sich dort unter teilweisem Verschweißen. Spritzwerkstoffe: weiche Metalle wie Zink, Blei. Harte Hochtemperaturwerkstoffe Wolframcarbid, Hafniumcarbid, Zirconium- und Aluminiumoxide.

8.6.1.3 CVD- und PVD-Beschichtung

Beide Verfahren dienen zur Erzeugung dünner Oberflächenschichten im Mikrometerbereich. Als CVD (Chemical Vapor Deposition) bezeichnet man das Abscheiden von Feststoffen aus der Gasphase, wobei die Bildung dieser Stoffe durch chemische Reaktionen bewirkt wird. Die hierfür erforderliche Energie kann durch Induktionserwärmung, Strahlung oder ein Plasma bereitgestellt werden. Auf diese Weise werden vor allem Schichten aus Titancarbid, Titannitrid und Titancarbonitrid erzeugt, aber auch andere Hartstoffe wie Chromcarbid, Wolframcarbid und Aluminiumoxid spielen eine Rolle. Die Schichtdicken liegen um 10 µm. Als Reaktionen kommen z. B. in Betracht:

$$TiCl_4 + CH_4 \rightarrow TiC + 4\,HCl$$

$$2\,TiCl_4 + N_2 + 4\,H_2 \rightarrow 2\,TiN + 8\,HCl$$

$$2\,AlCl_3 + 3\,H_2O \rightarrow Al_2O_3 + 6\,HCl$$

Mit PVD (Physical Vapor Deposition) werden Schichten im Vakuum nach physikalischen Prinzipien aufgebracht. Folgende Verfahren haben sich hierfür durchgesetzt:

- Aufdampfen von auf dem Substrat kondensierenden Metalldampfschichten.
- Kathodenzerstäubung, wobei Platten (Targets) mit Inertgasionen, meist Argon, beschossen werden. Die dabei zerstäubten Atome kondensieren auf dem zu beschichtenden Substrat und bilden die Schicht.
- Ionenplattieren ist eine Kombination von Aufdampf- und Zerstäubungstechnik. Unter der Einwirkung eines Plasmas (Glimmentladung in Argon) werden bei einem Druck von 10^{-2} bis 10^{-3} mbar Ionen eines Trägergases und / oder des Schichtmaterialdampfes auf die Werkstückoberfläche gerichtet, wo die Schicht durch Adhäsion und Diffusion gebildet wird. Das Werkstück befindet sich dabei auf negativem Potential.

8.6.2 Nichtmetallische Überzüge

Emaillieren

Email ist eine durch Schmelzen natürlicher Mineralien wie Feldspat und Quarz gewonnene glasartige, also nicht kristalline Masse. Bei der herkömmlichen Nassemaillierung wird eine mit Wasser versetzte Dispersion feingemahlenen Emails auf die zu beschichtende Fläche aufgetragen oder aufgespritzt, getrocknet und bei Temperaturen zwischen 800 und 900 °C eingebrannt.

Die Überzüge besitzen die mechanische Festigkeit der Eisenwerkstoffe und die chemische Beständigkeit des Glases, sind aber sehr spröde und stoßempfindlich.

Phosphatieren (Bondern)

Durch Phosphatieren werden auf Stählen, z. B. durch Eintauchen in eine heiße Lösung aus Phosphorsäure und Schwermetallphosphaten (Mangan, Zink, Eisen, Chrom), Phosphatüberzüge mit Schichtdicken von z. B. ca. 15 µm erzeugt. Diese Überzüge bieten als Vorbehandlung zum Lackieren vielfach einen zusätzlichen Korrosionsschutz durch das Erzeugen einer Dampfsperre unter den dampfdurchlässigen Anstrichen. Außerdem dienen solche Überzüge auch als Trägerschicht für das Schmiermittel bei der Kaltumformung von Stahl.

Kunststoff-Überzüge

Kunststoffe können auf Metalle durch Flammspritzen oder durch Wirbelsintern aufgebracht werden. Im ersten Falle verwendet man eine flammenbeheizte Pulverspritzpistole, im zweiten werden die zu beschichtenden Teile auf ca. 200 °C erwärmt und in einen mit thermoplastischem Kunststoffpulver gefüllten Behälter getaucht. Ein gleichmäßiger Überzug wird dadurch erreicht, dass man das Pulver durch von unten zugeführte Druckluft in der Schwebe hält. Beim Kontakt mit dem erwärmten Metall erweicht der Kunststoff, um sich bei der nachfolgenden Abkühlung in eine glasurartige Schicht umzuwandeln.

8.7 Fügen von Metallen: Schweißen, Löten, Kleben, Umformen

Durch Schweißen, Löten, Kleben und geeignetes Umformen lassen sich unlösbare Verbindungen zwischen warm oder kalt geformten, in begrenztem Maße auch zwischen gegossenen Metallen herstellen. Auch Kombinationen geformt / gegossen sind möglich [8.55 – 8.82].

8.7.1 Schweißen von Metallen (DIN ISO 857-1:02, [3.8, 8.55 - 8.72])

Unter Schweißen versteht man das Vereinigen von Werkstoffen oder das Beschichten eines Grundwerkstoffes unter Anwendung von Wärme oder Druck oder von beidem, und zwar mit oder ohne Zugabe von Schweißzusatzwerkstoff mit gleichem oder nahezu gleichem Schmelzbereich (DIN 1910-100:06, DIN EN 14 610:04, DIN EN ISO 15 614-1:04 bis -13:05, DIN 1910-11:79).

Bei fast allen Schweißverfahren wird örtlich Wärme zugeführt oder beim Schweißvorgang erzeugt. Bei den *Schmelzschweißverfahren* erfolgt die Erhitzung durchweg bis zum Aufschmelzen von Grund- und Zusatzwerkstoff. Bei vielen *Pressschweißverfahren*, bei denen die zu verschweißenden Teile grundsätzlich unter Krafteinwirkung zusammengepresst werden, führt die Erhitzung bis auf Temperaturen, bei denen die Formänderungsfestigkeit erheblich herabgesetzt ist (bei Stählen z. B. 1.200 °C), kann aber auch bis zum Aufschmelzen des Grundwerkstoffs gehen. Nur Werkstoffe mit sehr gutem Formänderungsvermögen (Aluminium oder Kupfer) lassen sich Kaltpressschweißen.

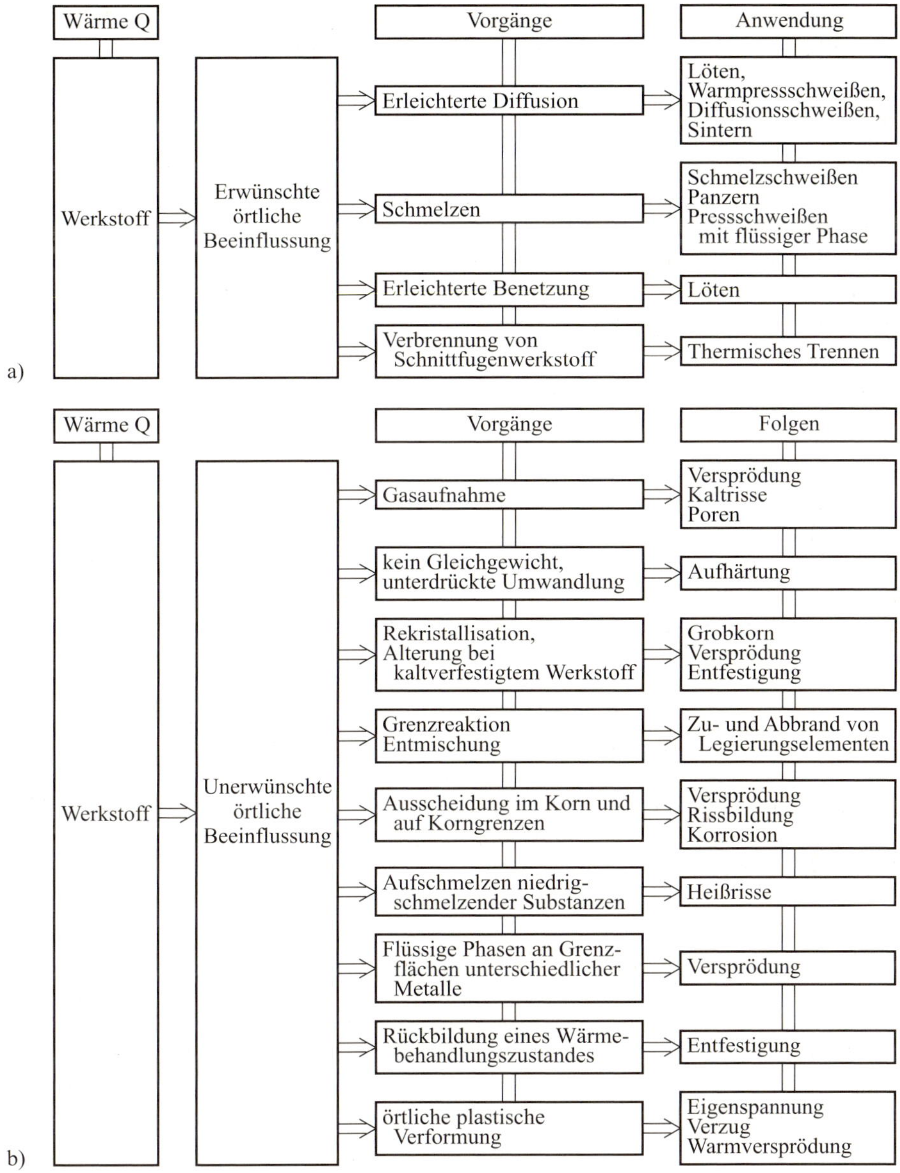

Bild 8.102 Werkstoffbeeinflussung durch örtliche Wärmezufuhr
a) Erwünschte Beeinflussung b) Unerwünschte Beeinflussung

Die örtliche Wärmezufuhr beim Schweißen hat eine Reihe erwünschter und unerwünschter Beeinflussungen der Werkstoffe zur Folge, wie sie in Bild 8.102 zusammengestellt sind. Diese *Beeinflussung der Werkstoffeigenschaften* in der Umgebung der Naht muss berücksichtigt werden, wenn man die *Schweißbarkeit* der Werkstoffe beurteilt (DIN 8528-1:73, [8.59, 8.62, 8.63, 8.65, 8.68, 8.69]). Mit einer unerwünscht starken Härtezunahme (Aufhärtung bis über 350 HV) in der Wärmeeinflusszone (WEZ) ist je nach Schweiß- und Abkühlbedingungen beispielsweise beim Schweißen von unlegierten Stählen mit Kohlenstoffgehalten über 0,25 % und von niedriglegierten Stählen auch mit geringeren Kohlenstoffgehalten zu rechnen. Unter ungünstigen Bedingungen kann der entstehende Martensit auch relativ grobkörnig, also ganz besonders spröde sein. Dies bedeutet, dass die Schweißeignung dieser Stähle auf die entsprechenden Kohlenstoffgehalte begrenzt ist, wenn nicht zusätzliche Maßnahmen ergriffen werden (z. B. Vorwärmen der Schweißteile).

Bei einer raschen Abkühlung aus dem Gebiet der Schmelztemperatur kann es zur *Zwangslösung von Gasen* – besonders auch von Wasserstoff – kommen. Das Schrumpfen der hocherhitzten Bereiche, das durch die weniger hoch oder gar nicht erhitzten Bereiche behindert wird, bewirkt Verspannungen in den Schweißverbindungen und nach vollständiger Abkühlung bleiben z. B. *Zugeigenspannungen* im Nahtbereich zurück. In Verbindung mit einem wenig verformungsfähigen martensitischen Gefüge können aufgenommener Wasserstoff und / oder durch Kerbwirkung noch erhöhte schrumpfungsbedingte Spannungen zur Bildung von *Kaltrissen* führen (vgl. DIN EN ISO 5817:03 + AC:06).

Weiter kann die Wärmeeinwirkung beim Schweißen

– die Rückbildung eines vorherigen Behandlungszustandes (Kaltverfestigung, Wärmebehandlung wie z. B. Vergüten) mit sich bringen sowie
– Ausscheidungen im Korn oder durch Anreicherung von niedrig schmelzenden Substanzen auf den Korngrenzen (Korngrenzenseigerungen der Eisen-Schwefel- oder Eisen-Phosphor-Eutektika)
– und in Verbindung mit dem Schrumpfen Heißrisse bewirken.

Der Schweißingenieur hat demnach die Aufgabe, einen Werkstoff unter Berücksichtigung seiner Schweißeignung, ein Verfahren unter Berücksichtigung der Schweißmöglichkeit und die konstruktive Ausbildung so aufeinander abzustimmen, dass eine funktionsfähige und sichere Schweißkonstruktion entsteht.

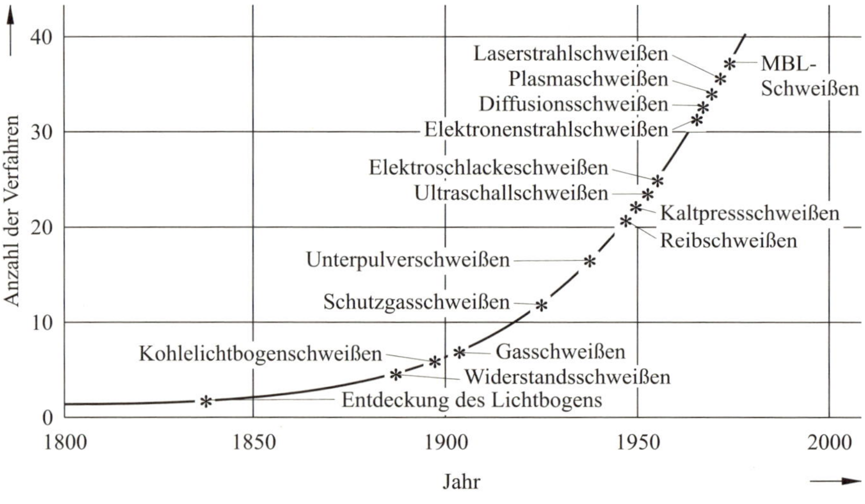

Bild 8.103 Zeitliche Entwicklung der Schweißverfahren (MBL = magnetisch bewegter Lichtbogen)

Zur Lösung dieser Aufgabe stehen heute sowohl zum Schweißen geeignete Werkstoffe als auch zahlreiche, dem jeweiligen Anwendungszweck angepasste, *Schweißverfahren* zur Verfügung. Die zeitliche Entwicklung der Verfahren geht aus Bild 8.103 hervor, eine Zusammenstellung der heute üblichen Schweißverfahren ist Bild 8.104 bis 8.106 zu entnehmen. Einige von ihnen wurden in vorhergehenden Kapiteln bereits erwähnt (Unterpulverschweißen und Widerstandsschweißen für Rohrlängsnähte, Sprengschweißen für das Plattieren).

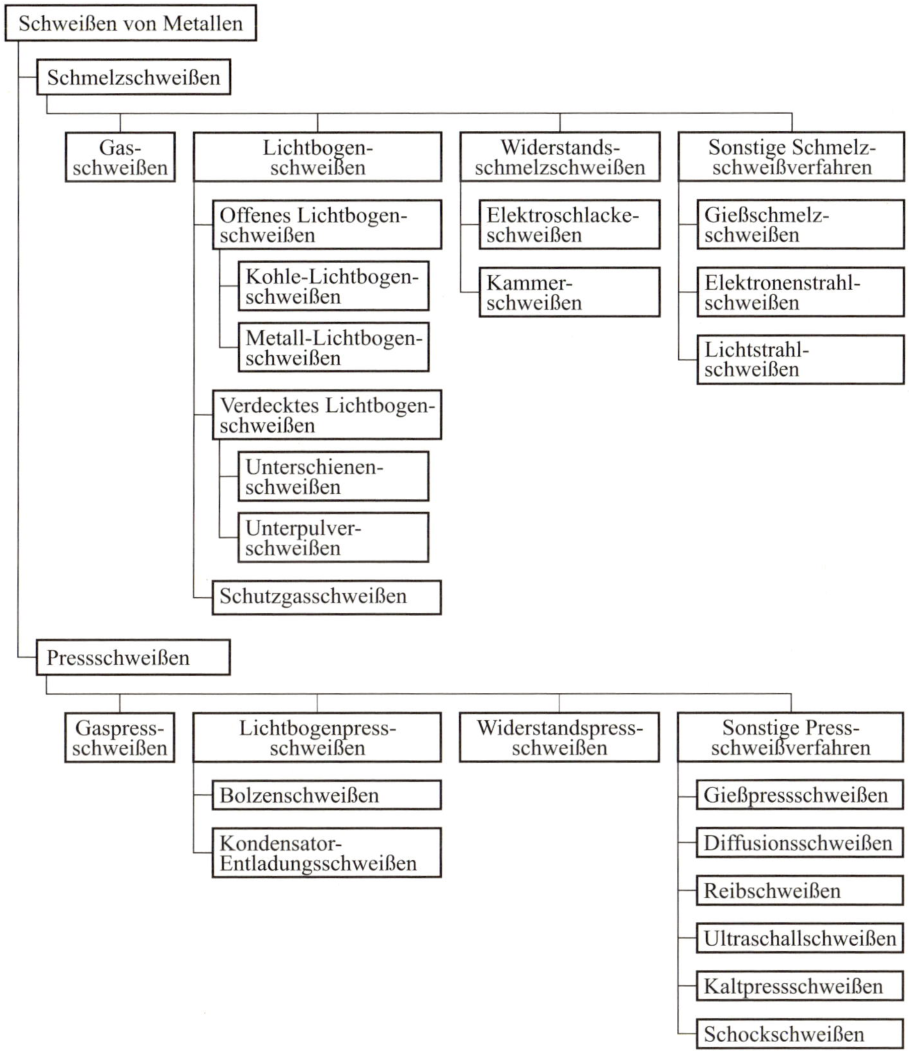

Bild 8.104 Metall-Schweißverfahren

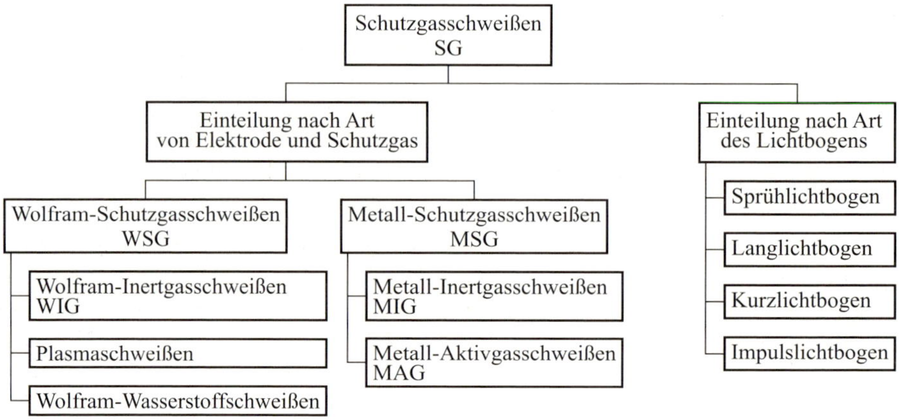

Bild 8.105 Schutzgas-Schweißverfahren

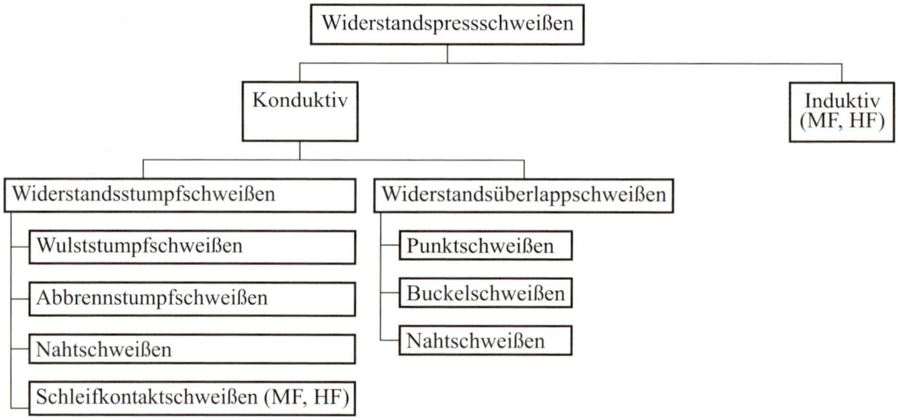

Bild 8.106 Widerstands-Schweißverfahren (MF = Mittefrequenz, HF = Hochfrequenz)

8.7.1.1 Schmelzschweißverfahren

Bei den Schmelzschweißverfahren ist der Schutz des schmelzflüssigen Werkstoffs vor *Reaktionen mit der umgebenden Atmosphäre* besonders wichtig. Um sie zu verhindern, verwendet man Schutzgase, die entweder bei Schutzgas-Schweißverfahren (Argon, Helium, CO_2 oder Gasgemische) unmittelbar zugeführt werden, oder mittelbar aus der Elektrodenumhüllung oder dem Schweißpulver. Die Wärme wird bei den Lichtbogenschweißverfahren in einem elektrischen Lichtbogen erzeugt (DIN prEN 1011-1:07, DIN EN 1011-2:01 bis -5:03, -8:04, DIN EN ISO 15 614-1, -2:05). Dieser kann zwischen einer abschmelzenden Stabelektrode (DIN EN ISO 2560:05, DIN EN 757:97, DIN EN 1599:97, DIN EN 1600:97, DIN EN ISO 1071:03), die gleichzeitig Zusatzwerkstoff ist, und dem Werkstück brennen. Die abschmelzende Elektrode muss dann entweder von Hand nachgeführt werden, wie beim Lichtbogenhandschweißen mit mineralisch umhüllten Stabelektroden, oder sie wird mechanisiert von einer Drahtrolle aus gefördert, wie beim Metall-Inertgas- und beim Metall-Aktivgas-Schweißen oder beim Unterpulverschweißen (DIN EN 440:94, DIN EN 756:04, DIN EN 12 070:99, DIN EN 14 295:03, DIN EN ISO 14 343:07, DIN EN ISO 16 834:07). Bei anderen Verfahren, wie beim Wolfram-Inertgas- oder beim Wolfram-Plasmaschweißen, brennt der Lichtbogen zwischen einer nicht abschmelzenden Wolframelektrode (DIN EN ISO 6848:04) und dem Werkstück, so dass der Zusatzwerkstoff gegebenenfalls getrennt zugeführt werden muss. Besonders die Schutzgasschweißverfahren haben heute eine sehr weite Verbreitung in allen Bereichen der Technik und für praktisch alle technisch relevanten Werkstoffe gefunden.

Verfahren mit besonders hoher Leistungsdichte gestatten eine sehr konzentrierte Wärmezufuhr. Dadurch können die Breite der Naht und der WEZ und damit auch der schweißbedingte Verzug (endkonturnahe Fertigung z. B. von Zahnrad mit Welle) klein gehalten werden. Beispiele hierfür sind das Elektronenstrahl-, das Laserstrahl- (DIN EN 1011-7:04, -6:05, DIN 32 532:07, DIN EN ISO 13 919-1:96, -2:01, [8.71]) und auch das Wolfram-Plasma-Schweißen. Dabei gewinnt das Laserstrahlschweißen mit der Verfügbarkeit leistungsfähiger Laser (z. B. 15 kW bei CO_2-Gaslasern und bis zu 5 kW bei Nd:YAG-Festkörperlasern) und der Möglichkeit der flexiblen Strahlführung über Lichtleiter bei den Festkörperlasern eine immer breitere Anwendung in der Serienfertigung.

8.7.1.2 Pressschweißverfahren

Bei den Pressschweißverfahren, die meist ohne Zusatzwerkstoff auskommen, wird vielfach der Grundwerkstoff nicht aufgeschmolzen, sondern nur hoch erhitzt. Bei solchen Verfahren ist die Beseitigung von Oberflächendeckschichten (Oxide, Fett) durch Reinigung (z. B. auch mit Flussmitteln, die Oxide reduzieren), mechanische Bearbeitung, Temperatureinwirkung und insbesondere hinreichend starke plastische Verformung vorrangig wichtig, um einwandfreie Verbindungen zu erzielen. Wenn Bereiche frischen unbedeckten Materials unter hinreichendem Druck – und damit der Einebnung von Rauhigkeitsspitzen – sich nahe genug kommen, tritt durch die metallische Bindung der Atome beider Oberflächen ein Verschweißen ein.

Die örtliche Erhitzung der zu verschweißenden Werkstückbereiche kann auch bei den Pressschweißverfahren durch einen elektrischen Lichtbogen erfolgen (Bolzenschweißen zum Aufschweißen von Stiften, DIN EN ISO 14 555:06, [8.71]. Schweißen mit magnetisch bewegtem Lichtbogen zum stirnseitigen Rohrschweißen). Häufig wird aber die Widerstandserwärmung der Schweißstelle angewandt (Pressstumpfschweißen und Abbrennstumpfschweißen für rotationssymmetrische Teile und Profile, DIN EN ISO 15 614-13:05, [8.72]. Schweißen mit mittel- oder hochfrequentem Wechselstrom z. B. für Rohrlängsnähte. Punktschweißen überlappt angeordneter Bleche zwischen Stiftelektroden oder als Rollennahtschweißen zwischen Rollenelektroden, Buckelschweißen von Blechen mit angearbeiteten Buckeln zwischen großflächigen Elektroden, DIN EN ISO 15 614-12:04). Beim Reibschweißen (DIN EN ISO 15 620:00, [8.71]), das seine praktische Bedeutung mit neuen Varianten (Rührreibschweißen) noch vergrößern wird, erfolgt die Erhitzung der Stoßflächen durch Umsetzen von Bewegungs- / Rotationsenergie über Reibung in Wärme. Das Ultraschallschweißen, das in der Feinwerk- und Elektrotechnik eingesetzt wird, nutzt die örtliche Erwärmung und das Aufreißen von Deckschichten infolge einer reibenden Relativbewegung, die durch einen Ultraschallschwinger zwischen den zu verschweißenden unter hinreichendem Druck zusammengepressten Teilen erzeugt wird. Das Sprengschweißen und das Kaltpressschweißen wurden zuvor schon erwähnt.

Zur Erhöhung der Wirtschaftlichkeit kann bei der Herstellung vieler gleichartiger Verbindungen oder bei langen Nähten (Stahlbau, Schiffbau) auf eine mechanisierte oder automatisierte

Fertigung übergegangen werden, gegebenenfalls unter Verwendung von rechnergesteuerten Manipulatoren.

8.7.2 Löten von Metallen (DIN ISO 857-2:07, [8.73 - 8.77])[16]

Beim Metalllöten werden die erwärmten und im Gegensatz zum Schmelzschweißen im festen Zustand verbleibenden Metalle durch schmelzende, metallische Zulegestoffe (Lote) vereinigt, deren Schmelztemperatur oder Schmelztemperaturbereich unterhalb der Solidustemperatur der zu vereinigenden Teile liegt.

Die Werkstücke müssen benetzt werden (vgl. Kapitel 8.7.3.3), jedoch nicht angeschmolzen. Dazu müssen sie an der Lötstelle mindestens auf *Arbeitstemperatur* erwärmt sein, das ist die untere Grenztemperatur des für die Benetzung und Ausbreitung des Lotes günstigen Temperaturbereiches. Diese Temperatur kann unterhalb der Liquidustemperatur des jeweiligen Lotes liegen.

Lote sind reine Metalle oder Legierungen mit sehr unterschiedlichen Schmelztemperaturen oder -temperaturbereichen, also sehr unterschiedlichen Arbeitstemperaturen. Je nach *Arbeitstemperatur* unterscheidet man zwischen *Weichlöten* (weniger als 450 °C), *Hartlöten* (mehr als 450 °C) und *Hochtemperaturlöten* (mehr als 900 °C). Das Lot soll die zum Erreichen der Arbeitstemperatur benötigte Wärme in der Regel indirekt, also über eine Erwärmung des Fügeteils, beziehen. Im Gegensatz zum Schweißen ist die Erwärmung flächenhaft.

Damit flüssige Lote die Werkstückoberflächen benetzen und fließen können, müssen diese beim Erreichen der Arbeitstemperatur metallisch rein sein. Dazu werden dicke Oxidschichten mechanisch entfernt und dünne Schichten, wie sie auch während der Erwärmung auf Löttemperatur noch entstehen können, durch Flussmittel gelöst bzw. durch Flussmittel oder Gase (H_2) reduziert. Flussmittel müssen bei niedrigeren Temperaturen schmelzen als die Lote (~ 50 °C unter T_{lot}). Je nach Arbeitstemperatur der obgenannten Verfahren sind deshalb unterschiedliche Flussmittel zu benutzen. Diese sollen so zäh sein, dass sich ein gleichmäßiger Flussmittelüberzug einstellt und das Metall vor Luftzutritt geschützt wird. Andererseits müssen die Flussmittel möglichst rückstandslos vom vordringenden Lot verdrängt werden.

Der unmittelbare Kontakt metallisch blanker Flächen ermöglicht das Wirksamwerden atomarer Bindekräfte zwischen Lot und Grundwerkstoff. Wechselseitige Diffusion sowie Legierungsbildung zwischen Grundwerkstoff und Lot können wesentlich am Bindungsvorgang beim Löten mit beteiligt sein.

Die Festigkeit der Lötverbindungen hängt außer vom Grundwerkstoff, der Zusammensetzung der Lote und der Bauteilgeometrie auch von der Spaltbreite zwischen stumpf zu verbindenden Teilen ab (Spaltlöten). Da das Lot aufgrund von Kapillarwirkung in den Spalt eindringt, ist für eine gute Spaltfüllung ein möglichst schmaler Spalt mit großem Fülldruck zu wählen. Mit abnehmender Spaltbreite steigt aber die Gefahr von Einschlüssen nicht verdrängter Flussmittelreste und von Bindefehlern. Die Spaltweiten sollten deshalb 0,02 mm nicht unter- und 0,5 mm nicht überschreiten. Werte von 0,05 bis 0,2 mm haben sich als besonders günstig erwiesen.

[16] Kapitel zum Löten von Metallen finden sich auch in den zitierten Lehrbüchern der Schweißtechnik, z. B. in [8.58] oder [8.65]

Die zum *Weichlöten* benutzten Weichlote sind Legierungen niedrigschmelzender Metalle wie Blei, Zinn oder Zink (DIN 1707-100:01, DIN EN ISO 9453:06). Die Erwärmung erfolgt durch einen warmen Kupferlötkolben, einen Brenner oder im Schmelzbad des Lotes. Die benutzten Flussmittel sind z. B. Metallchloride für Schwermetalle (DIN EN 29 454-1:93). Die Festigkeit der Verbindungen wird durch die Festigkeit der Lote mitbestimmt, kann durch die Verformungsbehinderung in engen Lötspalten aber die reine Lotfestigkeit übersteigen und ist andererseits wegen des Kriechen der Lote von der Belastungsdauer abhängig.

Beim *Hartlöten* wird vorwiegend eine Erwärmung mit der Flamme, im Schutzgasofen, im Salzbad oder Widerstandserwärmung angewandt (DIN 65 169:86, DIN 65 170:97). Die Lote, Legierungen mit unterschiedlichen Gehalten an Ag, Cu, Zn oder Cd (DIN prEN 1044:06), haben eine höhere Solidustemperatur als die Weichlote und meist auch eine höhere Festigkeit, was die Verbindungsfestigkeit gegenüber dem Weichlöten steigert. Als Flussmittel mit zu den Arbeitstemperaturen der Lote passenden Wirktemperaturen eignen sich Borverbindungen (z. B. Borax $NaO \cdot B_2O_3$) und komplexe Fluoride oder Chloride (DIN EN 1045:97).

Das *Hochtemperaturlöten* (DIN 65 169, DIN 65 170) erfolgt im Vakuum oder im Schutzgasofen und findet vielfach Anwendung für hochwertige oder komplizierte Bauteile, die sich nicht schweißen lassen, insbesondere aus hochwarmfesten Legierungen auf Eisen-, Nickel- oder Cobaltbasis oder auch für Verbindungen zwischen Keramik und Hartmetallen. Als Lote dienen Legierungen die Ni, Co, Au oder andere Edel- bzw. hochschmelzende Metalle als wesentliche Elemente enthalten. Die Festigkeit der Verbindungen liegt im Allgemeinen über der vergleichbarer Hartlötungen.

8.7.3 Kleben von Metallen (K. Dilger, M. Frauenhofer) [8.73, 8.78 – 8.81][17]

Unter Metallkleben versteht man das Fügen gleichartiger oder ungleichartiger Metalle mit Hilfe organischer oder anorganischer Klebstoffe bei Raumtemperatur oder unter mäßiger Erwärmung. Mit Klebprozessen sind auch Verbindungen zwischen Metallen und nichtmetallischen Werkstoffen, z. B. Metall mit Glas, herstellbar. Hinweise für Konstruktion und Fertigung finden sich in VDI 2229:79.

Die nachfolgenden grundlegenden und allgemeinen Ausführungen beziehen sich zunächst sowohl auf das Kleben von Metallen als auch von Kunststoffen. Spezielle Angaben zum Metallkleben werden am Ende dieses Kapitel, spezielle Angaben zum Kunststoffkleben in Kapitel 9.3.2 gemacht.

8.7.3.1 Einordnung des Klebens, Definitionen, Vor- und Nachteile

Das Kleben gehört nach DIN 8593 zu den stoffschlüssigen Fügeverfahren. Als Zusatzwerkstoff wird ein *Klebstoff*, meist auf polymerer Basis, eingesetzt. Nach DIN 16 920/Z wird unter einem Klebstoff ein nichtmetallischer Stoff verstanden, der die Fügeteile durch Flächenhaftung (Adhäsion) und innere Festigkeit (Kohäsion) verbinden kann.

[17] Kapitel zum Kleben finden sich auch in den zitierten Lehrbüchern der Schweißtechnik, z. B. in [8.65]

Gegenüber den konkurrierenden Fügeverfahren Schweißen, Löten und mechanisches Fügen besitzt das Kleben insbesondere aufgrund des kalten Prozesses und der flächigen Krafteinleitung eine Reihe von Vorteilen [8.79]:

- Die Fügeteile werden nicht durch Bohrungen wie z. B. beim Schrauben und Nieten geschwächt. Dadurch kann eine Kraftübertragung gleichmäßiger erfolgen.
- Die Fügeteile werden nicht durch hohe Temperaturen beansprucht wie z. B. beim Schweißen und z. T. auch beim Löten. Somit kommt es nicht zu Veränderungen der Materialeigenschaften.
- Durch das Kleben besteht die Möglichkeit, sehr verschiedenartige Werkstoffe mit sich selbst oder mit anderen Werkstoffen zu verbinden, z. B. Metalle, Kunststoffe, Gläser, Holz, Papierprodukte, Keramik, Gummi.
- Beim Kleben entstehen im Vergleich zum Schrauben, Nieten und Falzen gegenüber Gasen und Flüssigkeiten dichte Verbindungsflächen, so dass mögliche Korrosionsangriffe stark reduziert werden.
- Das Kleben ermöglicht als einziges Verfahren großflächige Verbindungen sehr dünner Fügeteile, z. B. Folienverbunde.

Diesen Vorteilen stehen die folgenden Nachteile gegenüber:

- Klebungen verfügen nicht über höhere Warmfestigkeiten, wie dies bei Schweißungen und Lötungen der Fall ist, daher können Klebungen keinen Dauerbeanspruchungen bei hohen Temperaturen ausgesetzt werden.
- Klebschichten und deren Grenzschichten zu den Fügeteiloberflächen können durch Umwelteinflüsse, z. B. Feuchtigkeit, geschädigt werden, so dass es zu einer Verminderung der Festigkeit kommt.
- Die Herstellung von Klebungen erfordert als zusätzlichen Arbeitsgang eine Oberflächenvorbehandlung der Fügeteile.
- Bei der Herstellung von Klebungen ist in Abhängigkeit von der Klebstoffart eine bestimmte Zeit zum Aushärten der Klebschicht zu berücksichtigen.
- Zerstörungsfreie Prüfungen stehen nur in sehr begrenztem Umfang zur Verfügung.

8.7.3.2 Klebstoffarten (ISO 15 509:01)

Eine Einteilung der Klebstoffe kann nach den unterschiedlichsten Kriterien erfolgen. So unterscheidet man Klebstoffe hinsichtlich ihrer Komponentenzahl, ihrer Festigkeit, der chemischen Basis, der Polymerart des abgebundenen Klebstoffes (Bild 8.107 und nach dem Verfestigungsmechanismus des Klebstoffes (Bild 8.108). Der Abbindemechanismus der chemisch härtenden Klebstoffe wird als Aushärten bezeichnet. Während dieses Prozessschrittes reagieren die einzelnen Komponenten zu dem verfestigen Klebstoff, der dann thermoplastisch, elastomer oder duromer vorliegen kann. Diese Vernetzung, teilweise durch Zugabe von Härtern oder Beschleunigern unterstützt, erfolgt je nach Klebstoff über Polymerisation, Polyaddition oder Polykondensation.

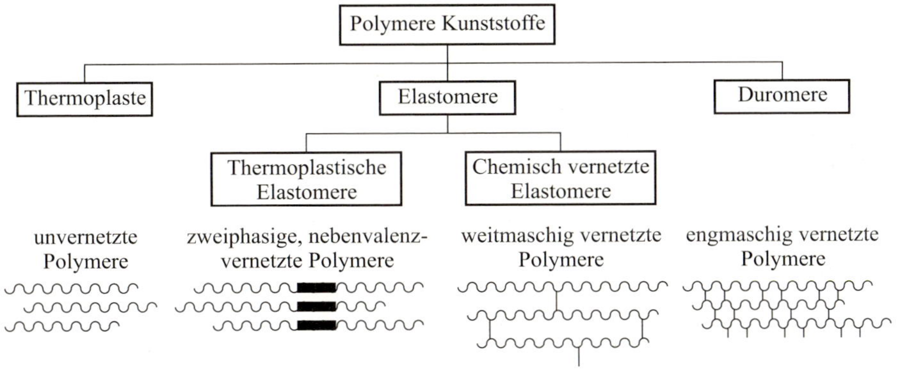

Bild 8.107 Einteilung der Klebstoffe nach [8.81]

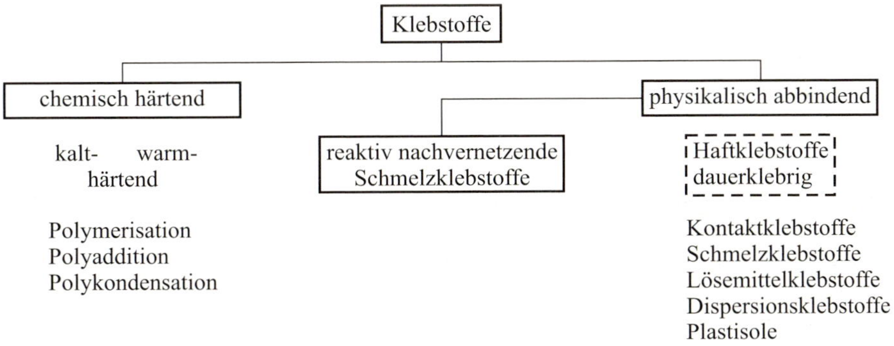

Bild 8.108 Einteilung der Klebstoffe nach dem Abbindemechanismus

Die als *Klebstoffe* verwendeten hochmolekularen synthetischen Stoffe können – je nach Anwendungsfall – durch flüchtige Lösungsmittel, Verdünner oder durch niedermolekulare Weichmacher und Füllstoffe modifiziert werden. Dadurch lassen sich ihr elastisch-plastisches Verhalten sowie ihre Verarbeitungs- und Stoffeigenschaften beeinflussen.

Tabelle 8.8 Wichtige handelsübliche Klebstofftypen, Gesamtübersicht

Klebstoffe			
Physikalisch abbindend			
Name	Polymerart	Zustand	Prozess
Schmelzklebstoff	Thermoplast, 1K	fest	Schmelzen
Lösemittelklebstoff	Thermoplast, 1K	Klebstoff, gelöst im Lösemittel	Abdampfen
Dispersionsklebstoff	Thermoplast, 1K	wässrige Dipersion	Abdampfen
Plastisole	Thermoplast, 1K	Sol in Weichmacher	Gelierung
Hartklebstoffe	Thermoplast, 1K	Klebebänder	dauerhaft klebrig
Butylkautschuke	Thermoplast, 1K	Profil, Band, Masse	dauerhaft klebrig
Nachvernetzende Klebstoffe	Thermoplast -> Duromer	flüssig, fest	Härtung initiiert durch: Feuchte, Wärme

Tabelle 8.8 Fortsetzung

Klebstoffe				
Chemisch härtend				
Polyreaktion	Name	Polymerart	Komp.-zahl	Initiator
Polymerisation	Cyanacrylat	(Duromer) Thermoplast	1K	Luftfeuchtigkeit
	Methacrylate (MMA)	Thermoplast (Duromer)	2K	Paste, Flüss., Pulver
			Nomix	AB-Verfahren, Härter-lack
	Anaerobe Klebstoffe	Duromer	1K	Sauerstoffabschluss Fe oder Cu-Ionen
	Strahlungshärtende Klebstoffe	Thermoplast (Duromer)	1K	Licht, UV, (Laser, Elektronen
	Polyesterharz	Duromer	2K	Härter-Paste
Polyaddition	Epoxidharze	Duromer	1K	Temp. (120 - 180 °)
			2K	2K
	Polyurethane (PU)	Elastomer	1K	Luftfeucht. (2 - 4 mm/Tag)
		Duromer	2K	2K (Isocyanat)
Polykondensation	Phenolharze	Duromer	2K (1K vorgemischt)	Temp. und Druck
		Spaltprod.: Wasser		
	Silikone	Elastomer	1K	Luftfeuchtigkeit
		Spaltprodukte: *sauer*: Essigsäure *neutr*: Alkohol, Oxim *basisch*: Amin		
			2K	
	MS-Polymere	Elastomer	1K	Luftfeuchtigkeit
		Spaltprod.: Alko-hol	2K	
	Polysulfide	Elastomer	1K	Luftfeuchtigkeit
		Spaltprod.: Wasser	2K	

Tabelle 8.8 gibt eine Gesamtübersicht der wichtigsten handelsüblichen Klebstoffe geordnet nach chemisch härtenden und physikalisch abbindenden Typen mit der jeweiligen Komponentenzahl und dem nötigen Initiator.

8.7.3.3 Benetzungsbedingung, Adhäsion und Kohäsion (ISO 15 509:01)

Eine Klebung besteht nach DIN 16 920/Z grundsätzlich aus zwei Fügeteilen und dem Klebstoff. Bild 8.109 zeigt den Aufbau einer Klebung aus einem Schichtverbund.

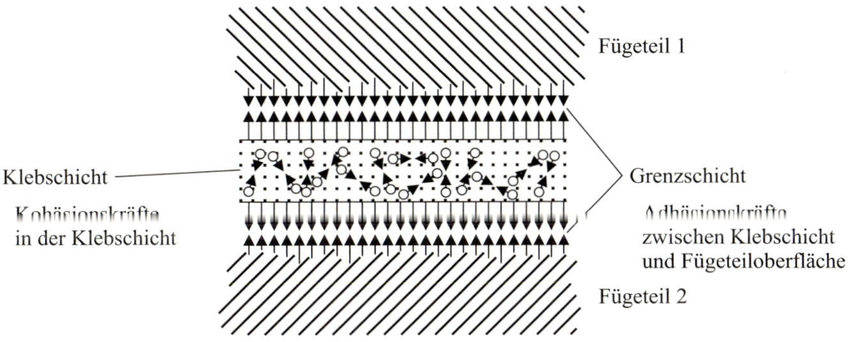

Bild 8.109 Schematische Darstellung des Aufbaus einer Klebung

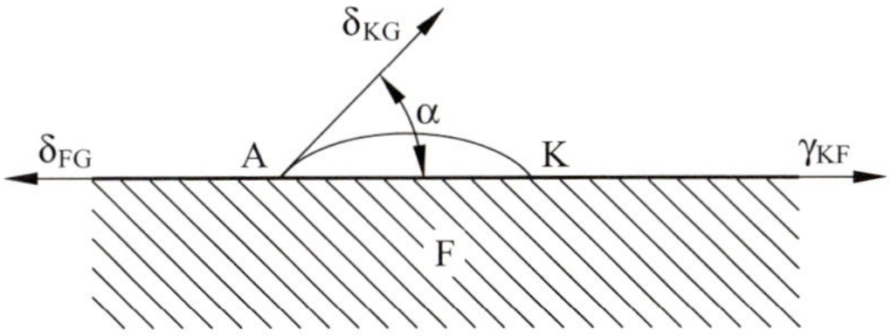

Bild 8.110 Benetzung einer Festkörperoberfläche (Fügeteil) durch den Klebstoff

Notwendige aber nicht hinreichende Voraussetzung für die Ausbildung dieses Schichtverbundes ist eine ausreichende Benetzung des Fügeteils durch den Klebstoff vor dem Abbinden, um eine gute Haftung zu erreichen.

Die Bedingungen für die Benetzung eines Festkörpers (Fügeteils) sind schematisch in Bild 8.110 dargestellt. Als Maß für die Benetzung gilt der Randwinkel α, der in der Young'schen Gleichung

$$\delta_{FG} \;=\; \gamma_{KF} + \delta_{KG} \cdot \cos\alpha \qquad \text{beschrieben wird.}$$

In der Young´schen Gleichung ist:

> α: Benetzungswinkel; δ_{FG}: Oberflächenspannung des Fügeteils, γ_{KF}: Oberflächenspannung des flüssigen Klebstoffes, δ_{KG}: Grenzflächenspannung zwischen Fügeteiloberfläche und dem flüssigen Klebstoff

Für eine Spreitung (= vollständige Benetzung der Oberfläche durch den Klebstoff) muss der Randwinkel $\alpha = 0\,°$ sein und somit $\cos\alpha = 1$. Eingesetzt in die Young'sche Gleichung ergibt sich:

$$\delta_{FG} \;=\; \gamma_{KF} + \delta_{KG}$$

Daraus folgt, dass ein Klebstoff eine Oberfläche nur gut benetzen kann, wenn die Oberflächenspannung des Klebstoffes kleiner ist als die des Fügeteils. Da die Oberflächenenergie der meisten Klebstoffe im Bereich zwischen 20 und 30 mJ/mm^2 liegt, ist das Kleben insbesondere von vielen Kunststoffen, deren Oberflächenenergien in einem ähnlichen Bereich liegen, ohne eine spezielle Oberflächenvorbehandlung nicht möglich.

Neben der für die Festigkeit in der Grenzschicht zwischen Substrat und Klebstoff verantwortlichen Adhäsion, ist die Kohäsion für die Festigkeit der Klebschicht entscheidend. Die Kohäsionsfestigkeit ist außer von der eingesetzten Klebstoffchemie von den Verarbeitungs- und Aushärtungsbedingungen, d. h. von der Herstellung der Klebung abhängig.

8.7.3.4 Herstellung von Klebungen (DIN EN 13 887:03, ISO 17 212:04)

Wie im vorherigen Kapitel beschrieben, ist für die Eigenschaften einer Klebung die Kohäsion und Adhäsion im Schichtverbund verantwortlich. Die Verfahrensschritte, die für die Ausbildung der Adhäsions- und Kohäsionseigenschaften notwendig sind, können in die Schritte Oberflächenbehandlung, Klebstoffverarbeitung, Klebstoffapplikation und Härten bzw. Abbinden des flüssigen Klebstoffs unterteilt werden. Im Folgenden werden die wichtigsten Prozessschritte näher beschrieben.

Oberflächenbehandlung

Ziel der Oberflächenvorbehandlung ist es, adhäsionshemmende Schichten von der Fügeteiloberfläche zu entfernen, und so eine möglichst gute Benetzung des Klebstoffs zu erreichen bzw. gut benetzbare oder chemisch reaktive Oberflächenschichten zu erzeugen. Es wird im Allgemeinen zwischen Oberflächenvorbereitung (säubern, passend machen und entfetten), Oberflächenvorbehandlung (mechanische Vorbehandlung, physikalische Vorbehandlung und chemische Vorbehandlung) und einer Oberflächennachbehandlung (Auftrag von Primern, Auftrag von Schutzschichten mit Klimatisierung zum Erhalt der zuvor erzeugten Oberflächenmodifikationen) unterschieden (DIN EN 13 887, ISO 17 212).

Klebstoffverarbeitung

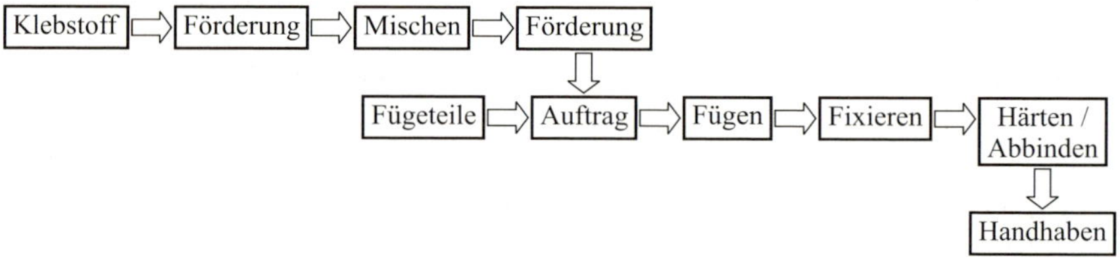

Bild 8.111 Prozessschritte bei der Klebstoffverarbeitung

Der Prozessablauf der Klebstoffverarbeitung lässt sich in die in Bild 8.111 dargestellten Prozessschritte unterteilen.

Einen besonderen Stellenwert in der Prozesskette der Klebstoffverarbeitung hat im Bereich der 2-Komponenten Reaktivklebstoffe (z. B. 2-K PUR, 2-K Epoxidharzklebstoff) das Mischen des Klebstoffes. Hier ist es wichtig, sicherzustellen, dass der Klebstoff im richtigen Komponentenverhältnis homogen und blasenfrei gemischt wird und innerhalb der im Datenblatt angegebenen Topfzeit (= maximale Verarbeitungszeit des Klebstoffes) appliziert und verarbeitet wird.

Klebstoffauftrag

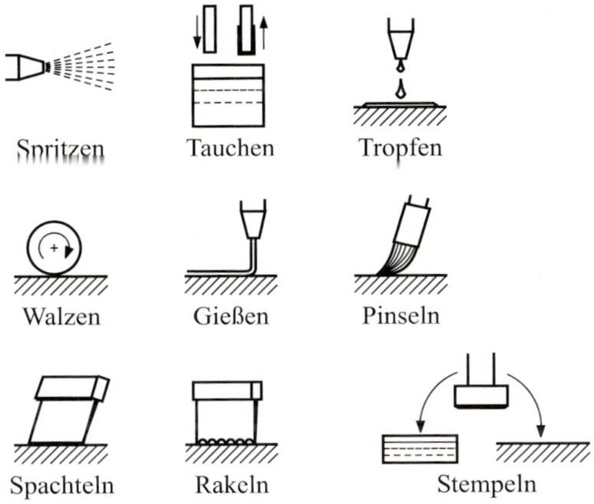

Bild 8.112
Auftragverfahren für Klebstoffe nach [8.79]

Dem Anwender steht eine Reihe von unterschiedlichen Applikationsmöglichkeiten zur Verfügung. Abhängig von der Art des Klebstoffes, der Klebstoffviskosität, der aufzutragenden Klebstoffmenge, dem Automatisierungsgrad, der Form der Füge-teiloberfläche, dem Substratmaterial und der Genauigkeit der zu dosierenden Menge muss das passende Auftragverfahren ausgewählt werden. Die wichtigsten Auftragverfahren sind nach [8.79] in Bild 8.112 dargestellt.

Klebstoffhärtung, Abbinden

Bei den Prozessschritten zum Ausbilden der Kohäsionskräfte wird zwischen Klebstoffabbinden (physikalische abbindende Klebstoffe) und Klebstoffaushärten (chemisch härtbare Klebstoffe) unterschieden. Der Begriff „Abbinden“ bezeichnet das Erstarren der thermoplastischen Klebstoffe oder das Trocknen von Dispersions- und Lösemittelklebstoffen. Nach Verdunstung der Lösemittel oder des Wassers bleibt die thermoplastische Klebstoffmatrix in der Klebefuge zurück und bildet so die Klebschicht aus. Der Begriff „Aushärten“ bezeichnet die Überführung des flüssigen Klebstoffs in einen festen Zustand durch die Polymerisation der Monomere oder Oligomere zu einem Polymer. Hierfür sind die im Technischen Datenblatt, das vom Klebstoffhersteller bereitgestellt wird, angegebenen Prozessparameter genau einzuhalten, um optimale Rahmenbedingungen für die jeweilige Polyreaktion zu erreichen. Um genauere Daten über die temperaturabhängige Reaktionskinetik eines Klebstoffes zu erhalten, werden im Allgemeinen reaktionskinetische Versuche durchgeführt. Die zur Aushärtung der Klebstoffe notwendige Energie kann z. B. mittels Wärme (Wärmequellen: Ofen, Induktion, Infrarotlampe), UV-Strahlen oder Elektronenstrahlung zugeführt werden.

8.7.3.5 Eigenschaften von Klebungen

Bezüglich der Eigenschaften von Klebungen ergibt sich je nach Substratwerkstoff und Anwendung infolge des erheblichen Eigenschaftsspektrums der einsetzbaren Klebstoffe ein eher diffuses Bild. Hier bietet die Gliederung nach den verschiedenen Substratwerkstoffklassen eine Möglichkeit der Systematisierung, da jede Werkstoffklasse Klebungen mit durchaus spezifischen Eigenschaften aufweist. Im Folgenden werden dementsprechend das Metallkleben und das Kunststoffkleben separat behandelt.

Metallkleben

Beim Metallkleben müssen die folgenden klebspezifischen Eigenschaften von Metallen und Metalloberflächen beachtet werden, um eine optimale Verklebung zu erreichen und auch auszunutzen.

- Korrosionsanfälligkeit: Gefahr der Unterwanderungskorrosion
- Diffusionsdichtheit und Unlöslichkeit: Verwendung von Lösemittelklebstoffen und Dispersionsklebstoffen ist nicht möglich
- Temperaturbeständigkeit: Klebstoffe können auch unter erhöhter Temperatur ausgehärtet und verklebte Strukturen unter erhöhten Temperaturen belastet werden
- relativ hohe Wärmeleitfähigkeit: Schmelzklebstoffe binden sehr schnell ab, deshalb ist ein schnelles Fügen und Fixieren der metallischen Substrate notwendig
- relativ hohe Oberflächenenergien: bewirken im Allgemeinen eine gute Benetzung
- Oxid- und Ölschichten an der Oberfläche: bedingen eine undefinierte Oberfläche mit Adhäsionsbeeinträchtigung, Bild 8.113.

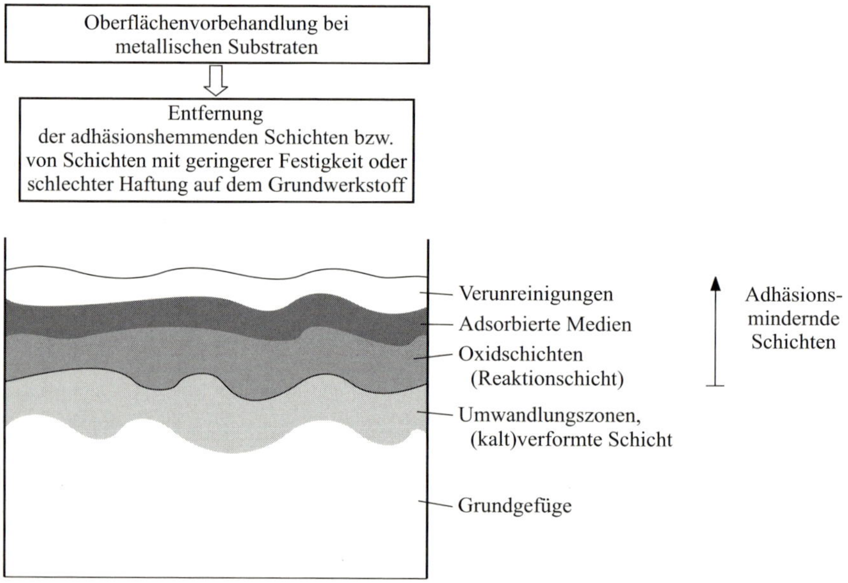

Bild 8.113 Oberflächenschichten metallischer Werkstoffe

Aufgrund der aufgeführten Eigenschaften gelten Metalle als relativ gut klebbar. Um eine optimale Verbindung zu erzeugen, ist jedoch auch hier eine Oberflächenbehandlung zur Erzeugung einer Oberfläche definierter Größe und Beschaffenheit ratsam. Übliche Vorbereitungsmethoden für das Metallkleben sind:

- mechanische Verfahren: Strahlen, Schleifen
- chemische Verfahren: Beizen, Primern
- physikalische Verfahren: Laserbehandlung.
- kombinierte Verfahren: Strahlsilikatisierung.

Als empfohlene Klebstoffarten für Metallklebungen gelten lösemittelfreie, bei Raumtemperatur oder erhöhten Temperaturen aushärtende Reaktionsklebstoffe (z. B. Epoxidharzklebstoffe, Acrylatklebstoffe und Silicone) sowie – bei geringen Beanspruchungen – physikalisch abbindende Klebstoffe wie Plastisole, Kontaktklebstoffe und Haftklebebänder.

8.7.3.6 Anwendungen des Metallklebens

Die Anwendungen des Metallklebens betreffen heute das gesamte leichtbauorientierte Transportwesen. Im Flugzeugbau werden unter anderem geklebte Sandwichstrukturen und Blechpaketverklebungen eingesetzt. Im Fahrzeugbau wurde die Klebtechnik als für unterschiedliche Werkstoffe und unterschiedliche Beanspruchungen gut geeignetes Fügeverfahren zwingend erforderlich. Die aufgrund verschärfter Umweltanforderungen und dem hiermit verbundenen Zwang zum Leichtbau zunehmende Werkstoffvielfalt kann mit den konventionellen Fügeverfahren – unter Beachtung der hohen Sicherheitsanforderungen und der geforderten hohen Werkstoffausnutzung – häufig nicht mehr verarbeitet werden. Neben der Anwendung in der Fahrzeugstruktur zur Herstellung struktureller, crash-tauglicher Klebungen sind die Hauptanwendungsgebiete der Klebtechnik im Automobil-Karosseriebau die Direktverglasung, Bördelfalz- und Unterfütterungsklebungen sowie das Kleben von Kunststoffteilen im Innenraum. Die Direktverglasung stellt eine der mengenmäßig größten Applikationen dar und wird zunehmend auch bei Eisenbahnfahrzeugen und im Bauwesen angewandt.

Als Direktverglasung wird das Einkleben von feststehenden Scheiben mittels elastischer, meist feuchtigkeitshärtender, einkomponentiger Polyurethanklebstoffe bezeichnet. Dabei fungiert in den meisten Fällen die Feuchtigkeit aus der Umgebung als zweite Härtungskomponente. Die Härtungsgeschwindigkeit ist somit abhängig von der Umgebungsfeuchte und der Temperatur. Neben der Möglichkeit der starken Automatisierung hat das Scheibenkleben insbesondere den Vorteil einer deutlichen Erhöhung der Torsionssteifigkeit der Karosseriestruktur.

Im Bauwesen gewinnen Metallklebungen bei der Befestigungstechnik und im Fassadenbau Bedeutung.

8.7.4 Fügen durch Umformen [8.5, 8.73, 8.82, 8.83]

Beim Fügen durch Umformen wird die Verbindung zwischen überlappt angeordneten Fügeteilen durch örtliche plastische Verformung der Fügeteile selbst oder geeigneter Hilfsfügeteile geschaffen. Im Zusammenhang mit modernen Leichtbaukonzepten haben neu entwickelte umformtechnische Fügeverfahren wie Stanznieten oder Clinchen große Bedeutung gewonnen.

8.7.4.1 Nieten

Beim herkömmlichen Nieten muss in die genau positionierten Fügeteile eine gemeinsame Vorbohrung eingebracht werden, durch die das Hilfsfügeteil, der Niet (DIN 101:93), gesteckt werden kann. Auf der dem vorhandenen Nietkopf entgegengesetzten Seite wird der überstehende Nietschaft zu einem Schließkopf umgeformt – entweder bei einem massiven *Vollniet* durch axiales Stauchen mit einem Döpper, bei einem *Hohlniet* durch Anbördeln oder Aufweiten seines Schafts oder durch Stauchen eines Schließrings um den *Schließringbolzen* eines zweiteiligen Nietverbindungselements.

Vollniete gibt es in zahlreichen Ausführungen mit unterschiedlichen Formen des Nietkopfes, als Halbrundniete (DIN 124, DIN 660), Senkniete (DIN 302, DIN 661), Linsenniete (DIN 662), Flachrundniete (DIN 674) oder Flachsenkniete (DIN 675). Diese Nietformen und die Halbhohlniete (DIN 6791, DIN 6792) bedingen eine Zugänglichkeit zur Fügestelle von beiden Seiten. Die mit einem speziellen Verbindungswerkzeug ausgeführten Schließringbolzen-Verbindungen setzen ebenfalls beidseitige Zugänglichkeit zur Fügestelle voraus.

Blindniete können dagegen von einer Seite in die Bohrung eingesteckt und angeschlossen werden [8.81]. Das einseitige Anschließen ist bei Hohlnieten (DIN 7331:93, DIN 7339:93) z. B. mit einem Durchziehdorn möglich, der durch eine Zugkraft auf den hohlen Nietschaft diesen umformt und danach selbst an einer Sollbruchstelle abbricht.

Als dichte und kraftübertragende Verbindung sind Nietverbindungen bei Kesseln oder Behältern heute meist durch Schweißverbindungen ersetzt worden. Von großer Bedeutung ist dieses Fügeverfahren aber nach wie vor in der Luft- und Raumfahrttechnik, wo die meisten größeren Leichtbaustrukturen genietet werden (DIN 9119-2:85). Ganz neue Bedeutung hat die Niettechnik mit der Entwicklung des *Stanznietens* für die Blechkonstruktionen im leichtbauorientierten Fahrzeugbau gewonnen.

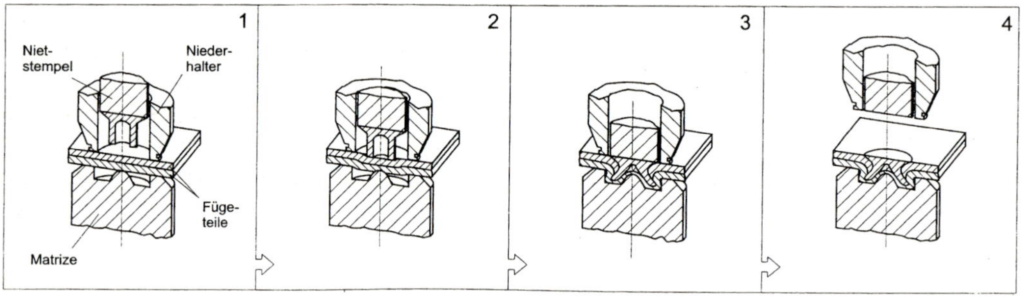

Bild 8.114 Arbeitsfolge beim Stanznieten mit Halbhohlniet [8.5]

Bei diesem Nietverfahren ist kein Vorbohren der Fügeteile nötig. Die verwendeten Halbhohl- oder Vollniete dienen als Schneidwerkzeuge, die unter Stempeldruck in einem Arbeitsgang die Bohrung stanzen und eine unlösbare Verbindung schaffen. Halbhohlniete durchtrennen dabei nur das obere Blech und formen das untere Blech durch Spreizung und Kragenbildung zu einem Schließkopf um. Die Kragenform wird wesentlich durch die Gravur der den Gegendruck ausübenden Matrize bestimmt. Der Stanzbutzen aus dem oberen Blech wird im hohlen Nietschaft unverlierbar eingeschlossen (Bild 8.114).Vollniete durchtrennen dagegen beide Bleche und die Matrize muss den Stanzbutzen aufnehmen können. Die unlösbare Verbindung kommt dadurch zustande, dass durch den Druck des Stempels mit ringförmigem Wulst Werkstoff beider Blechteile plastisch verformt in den Freiraum des konkav geformten Vollniets fließt.

8.7.4.2 Clinchen (Durchsetzfügen)

Beim Clinchen entsteht eine Verbindung zwischen dem Werkstoff der Blechfügeteile aufgrund gemeinsamen Durchsetzens (DIN 8587:03) an der Fügestelle in Verbindung mit oder auch ohne Einschneiden (DIN 8588:03) und nachfolgendem Kaltstauchen (DIN 8583-1, -3:03). Ein Hilfsfügeteil ist dazu nicht nötig.

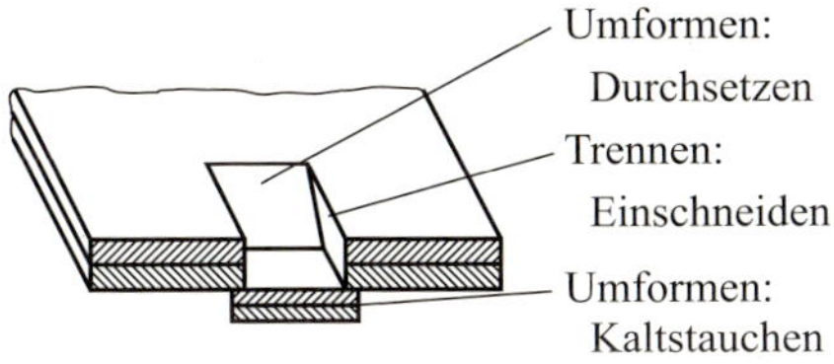

Bild 8.115
Bleche nach dem Clinchen mit Einschneiden

Beim Clinchen mit Schneidanteil werden die Blechteile im Fügebereich durch den Stempeldruck gegen Schnittkanten der Matrize durchgetrennt und durchgesetzt. Wie in Bild 8.115 gezeigt, bleibt der Werkstoffzusammenhang außerhalb des durch das Einschneiden und Durchsetzen begrenzten Fügebereichs gewahrt. Der aus der Blechebene heraus verschobene durchgesetzte Blechwerkstoff wird durch weiteren Stempeldruck gegen den tiefer angeordneten Amboss der Matrize gepresst und kaltgestaucht. Das Spreizen der federnd gelagerten Schneidbacken der Matrize ermöglicht ein Breiten des kaltgestauchten Werkstoffs und damit eine kraft- und formschlüssige Verbindung. Einstufiges Clinchen liegt vor, wenn die Verbindung mit dem ununterbrochenen Hub eines einzigen Werkzeugteils entsteht. Diese Verfahrensart lässt sich mit einfachen Fügepressen ausführen. Bei mehrstufigem Clinchen werden der obere Schneidstempel und der untere Stauchstempel in geeigneter Weise nacheinander bewegt. Diese kompliziertere Verfahrensvariante benötigt ein aufwendiges Einstellen der Werkzeuge, weshalb sie in der Praxis seltener Anwendung findet.

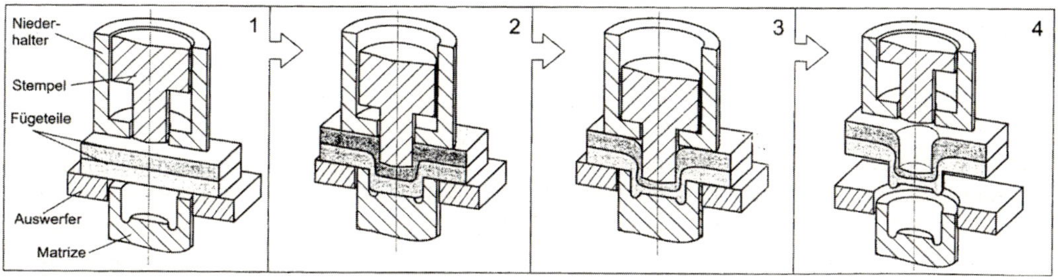

Bild 8.116 Arbeitsfolge beim Clinchen ohne Einschneiden [8.5]

Das Clinchen ohne Schneidanteil erfolgt, wie in Bild 8.116 dargestellt, durch ein Einsenken und Durchsetzen unter Stempeldruck mit anschließendem Kaltstauchen und Breiten der durchgesetzten Blechbereiche. Es entsteht so ebenfalls eine kraft- und formschlüssige Verbindung.

Das Clinchen ist, wie auch das Stanznieten, ein wärmearmes Fügeverfahren ohne thermische Beeinflussung der Fügestelle, mit dem sich wasser- und luftdichte Verbindungen von unbeschichteten und beschichteten Blechen aus unterschiedlichen Werkstoffen ohne zusätzliche

Oberflächenbehandlungen herstellen lassen. Bei hohen Standzeiten der Werkzeuge und geringen Investitionskosten ergeben sich für beide Verfahren auch wirtschaftliche Vorteile z. B. gegenüber dem Punktschweißen.

Das Clinchen wird in vielen Bereichen der blechverarbeitenden Industrie angewandt. Mit der im modernen Automobilbau breiter werdenden Werkstoffvielfalt wächst die Bedeutung dieses Verfahrens. Es wird einerseits auch in Kombination mit dem Kleben angewandt, z. B. um das bei Beanspruchung von Clinchverbindungen mögliche „Ausknöpfen“ (Herausreißen) der Fügestellen zu vermeiden. Andererseits ermöglicht es im Zusammenwirken mit eingeführten Fügeverfahren neue und günstige Fertigungsabläufe, z. B. wenn es die für das Widerstandspunktschweißen erforderlichen Heftoperationen übernimmt oder wenn es beim Kleben zum Fixieren der Teile bzw. zum Anpressen während der Aushärtezeit dient.

9 Verarbeitung der Polymerwerkstoffe

9.1 Formgebung

9.1.1 Umformverfahren für Thermoplaste [9.1 - 9.3]

Gleichmäßige Erwärmung (Gas, Luft, Flüssigkeiten, Heizelemente, Strahlung) bis in den thermoelastischen Zustand. Die Umformkräfte müssen wegen der Rückstellwirkung bis zur Abkühlung in den Bereich FEST (Bild 6.9) aufrechterhalten werden, bei PVC hart z. B. bis ca. 50 °C.

Abkanten und Biegen (Bild 9.1)

Die Abkantradien sollten den Wert r ≈ 2 · s nicht unterschreiten.

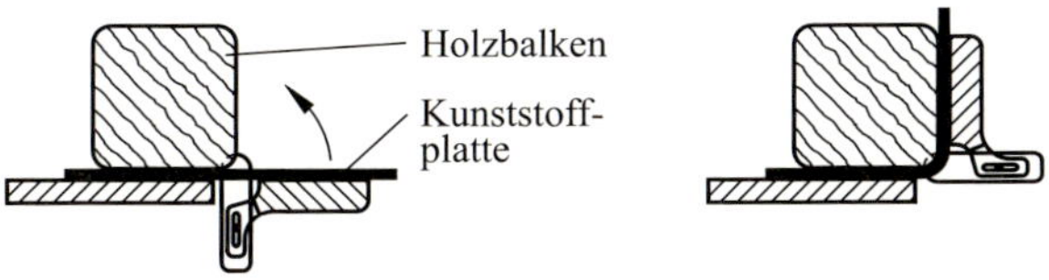

Bild 9.1
Abkanten von Kunststoffen [8.21]

Ziehformen (Bild 9.2 und 9.3)

Man unterscheidet zwischen

- Tiefziehen und
- Formstanzen.

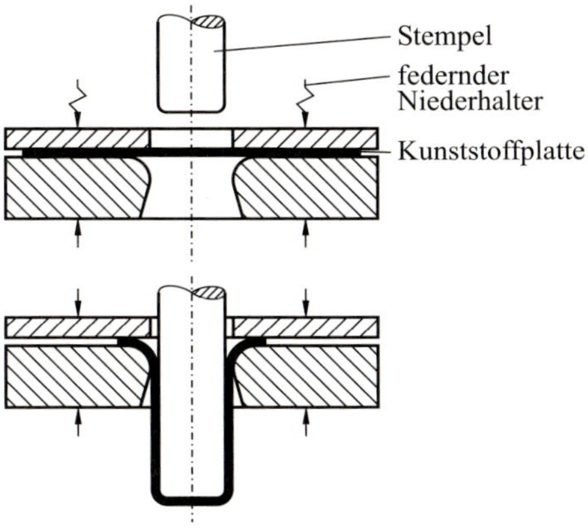

Bild 9.2 Tiefziehen von Kunststoffen [8.21]

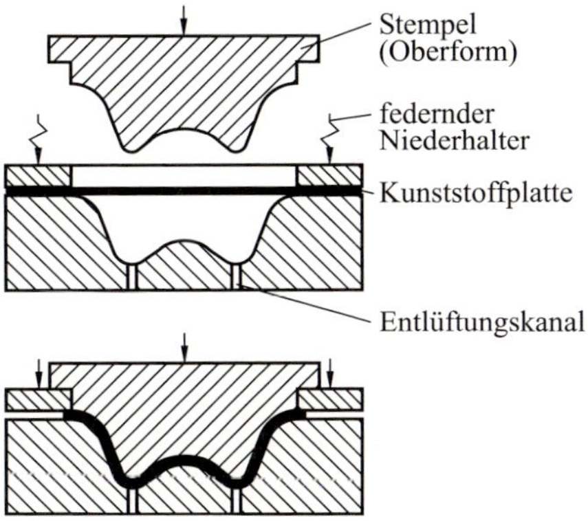

Bild 9.3 Formstanzen von Kunststoffen [8.21]

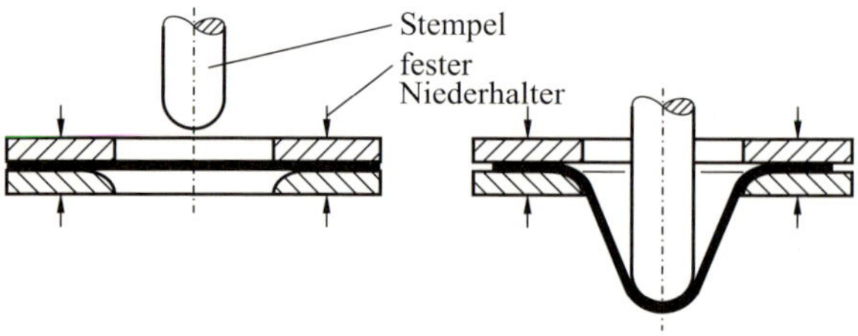

Bild 9.4
Mechanisches Streckformen

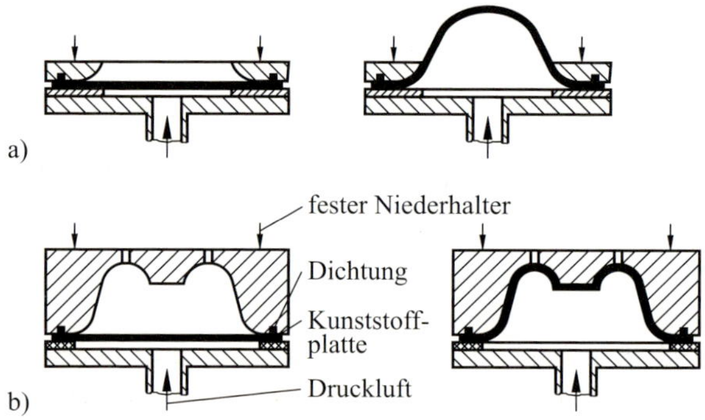

Bild 9.5 Blasformen
a) Blasen in den freien Raum
b) Blasen in eine Gegenform

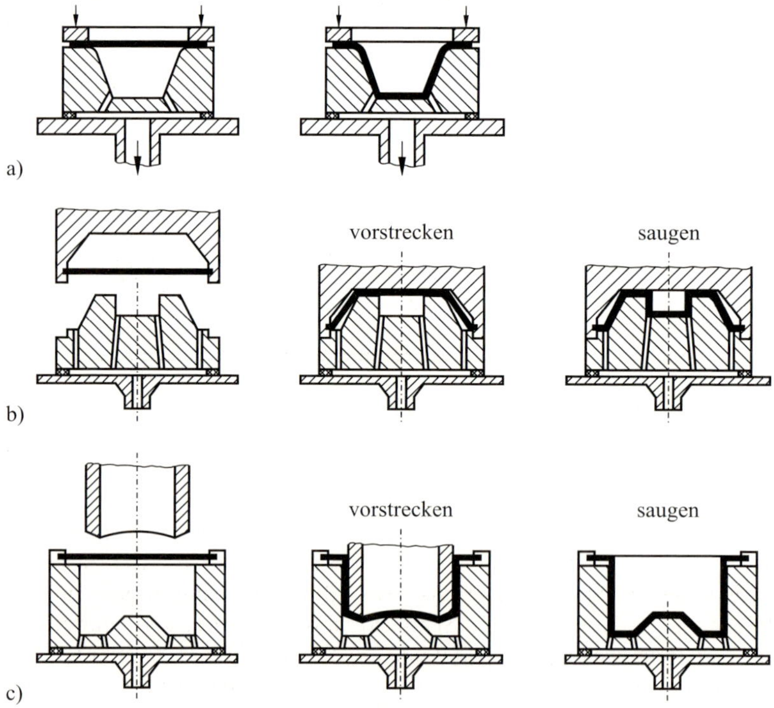

Bild 9.6 a) Saugen in Negativform ohne Vorstrecken b) Saugen in Positivform mit Vorstrecken
c) Saugen in Negativform mit Vorstrecken

Streckformen (Bilder 9.4 bis 9.6)

Die Methoden des Streckformens gliedern sich in

- Mechanisches Streckformen
- Blasen
  - in den freien Raum
  - in eine Gegenform
- Saugen mit und ohne Vorstrecken in Negativform, mit Vorstrecken in Positivform.

9.1.2 Urformverfahren für Thermoplaste [9.1, 9.4 – 9.10]

Nach Erwärmen bis in den thermoplastischen Bereich lassen sich Kunststoffe verarbeiten durch:

Kalandrieren (Bild 9.7)

Das dem Walzen ähnliche Kalandrieren wird angewandt zur Herstellung von Platten oder Folienbahnen mit guter Oberflächenqualität und zum Aufbringen von Beschichtungen auf durchlaufende Trägerbahnen aus Kunststoff oder Papier. Das zu verarbeitende und zum Teil mit Zusätzen vermischte Material wird als plastifizierte Rohmasse eingegeben. Die Anordnung der verschiedenen Kalanderwalzen bestimmt die Dicke des Endprodukts und kann zur Festigkeitssteigerung durch Strecken des Materials dienen.

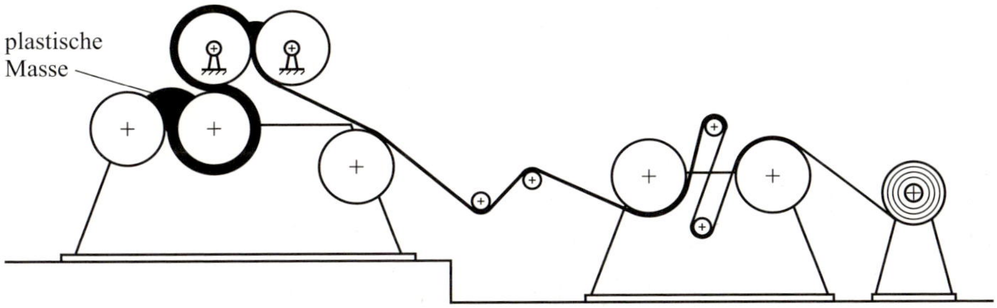

Bild 9.7 Herstellung von Folien im Kalander

Spritzgießen (Bilder 9.8 bis 9.10)

Das Spritzgießen ist ein wichtiges Verfahren zur Herstellung von Kunststoff-Formteilen in großer Stückzahl und mit guter Maßgenauigkeit. Das Rohstoffgranulat (DIN EN ISO 1874 -2:06) wird von einer rotierenden Förderschnecke aus dem Fülltrichter eingezogen, in dem beheizten Schneckenzylinder plastifiziert, durch die Schnecke in den vorderen Zylinderteil vor die Düse transportiert und dort angesammelt. Die axial verschiebbare Schnecke presst die plastische Masse dann in die Form (Werkzeug, Bilder 9.8 und 9.9), die bei der Verarbeitung von Thermoplasten gekühlt ist (DIN 24 450:87, DIN EN 201:97 + A2:05). Nach Erstarrung der Schmelze wird das fertige Teil aus der Form ausgeworfen und das nächste Teil kann in diesem diskontinuierlichen Fertigungsprozess gespritzt werden.

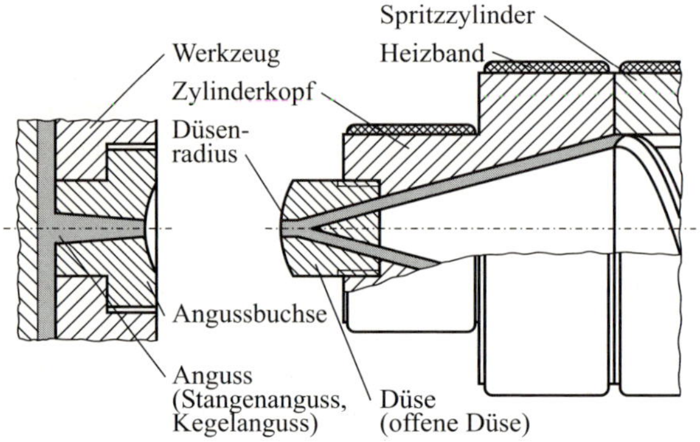

Bild 9.8 Spritzgießdüse und Spritzgießform (Werkzeug)

Während der Formfüllung steigt der Druck im Werkzeug bis zu einem Maximalwerte an, Bild 9.10. Beim Abkühlen wird ein etwas geringerer Nachdruck aufrechterhalten (Bild 9.10), um die erstarrende Schmelze beim Schrumpfen zu verdichten und Einfallstellen und Lunker am Formteil zu vermeiden. Der Nachdruck beeinflusst somit die Eigenschaften, die von der Dichte bzw. vom spezifischen Volumen abhängen. Zwischen dem Druckverlauf im Werkzeug und der Formteilqualität besteht also ein enger Zusammenhang (DIN EN ISO 294-1, -2:98, -3, -4:03).

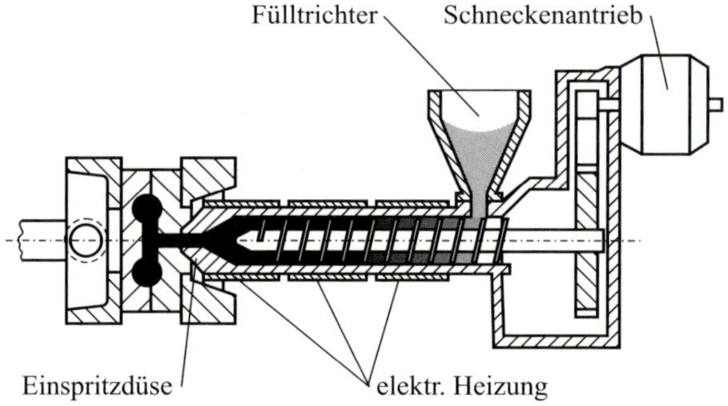

Bild 9.9 Einschnecken Spritzgießmaschine

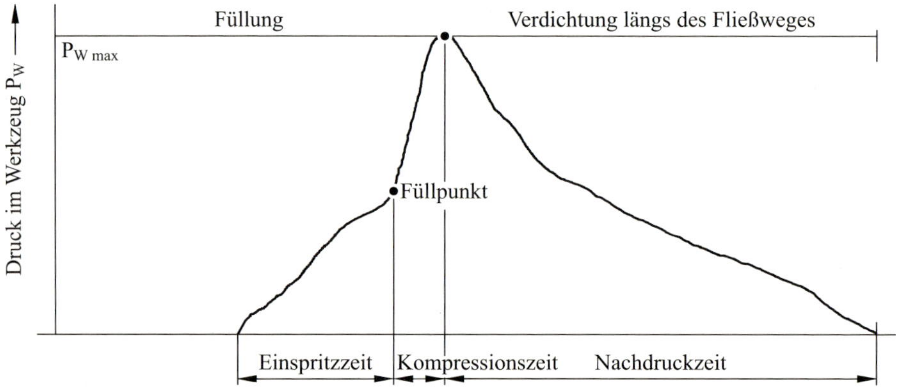

Bild 9.10 Druckverlauf im Werkzeug beim Spritzgießen [9.8]

Reaktionsgießen (Bild 9.11)

Beim Reaktionsgießen gelangen die beiden (oder mehr) Komponenten in einen Mischkopf und von dort nach intensiver Durchmischung über eine Düse in das mit Trennmittel versehene Werkzeug, wo die Reaktion, beim für dieses Verfahren meist eingesetzten Polyurethan, die Polyaddition, erfolgt. Als Mischprinzip dient die Gegenstrominjektionsvermischung gemäß Bild 9.11

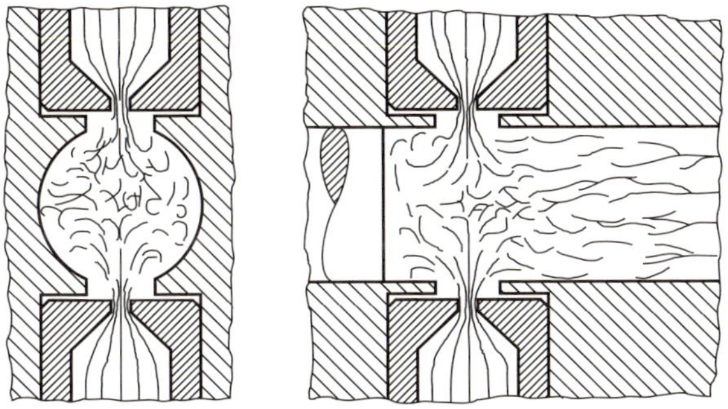

Bild 9.11 Gegenstrominjektionsvermischung (Schema)

Da auf den Umweg über das zum üblichen Spritzgießen verwendete Granulat verzichtet wird, benötigt man für das Reaktionsgießen (RSG) weniger Energie. Das Verfahren wird häufig mit RIM (reaction-injection-molding), bei Einsatz von mit Füllstoffen oder Glasfasern verstärkten Kunststoffen mit RRIM (reinforced RIM), bezeichnet. Es wird sowohl für kompakte als auch für geschäumte Produkte verwendet.

Extrudieren (Bild 9.12)

Etwa zwei Drittel aller Kunststoffe werden durch Extrudieren verarbeitet, ein Verfahren, das dem Spritzgießen nahe verwandt ist. Das Kunststoffpulver oder Kunststoffgranulat wird, ähnlich wie beim Spritzgießen, durch eine Förderschnecke von einem Fülltrichter in einen beheizten Zylinder gezogen, dort unter Mithilfe von Reibungswärme plastifiziert und aufgeschmolzen und schließlich von einem Kolben oder meist von einer Förderschnecke (Schneckenextruder, vgl. Bild 9.9, DIN 24 450:87) durch eine Matrize gepresst.

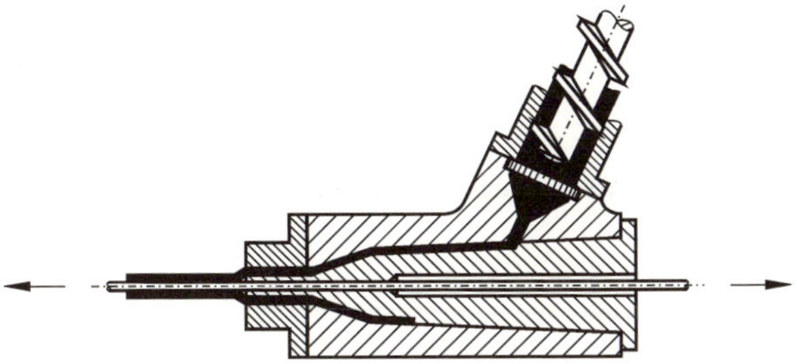

Bild 9.12
Ummanteln von Draht durch Extrudieren

Deren Form bestimmt die Gestalt des erzeugten Halbzeuges. Das nur für Thermoplaste angewandte, kontinuierlich arbeitende Verfahren entspricht demnach weitgehend dem von der Metallverarbeitung her bekannten Strangpressen. Gefertigt werden Platten und Stangen, Profile und Hohlprofile aller Art, insbesondere Rohre, in Breitschlitzextrudern auch Folien. Rohre können dann unmittelbar anschließend durch Blasformen zu Hohlkörpern (z. B. Benzintanks) weiterverarbeitet werden (Extrusionsblasformen).Ein weiteres Beispiel für die Anwendung des Extrudierens ist das Umhüllen von Draht mit einem thermoplastischen Mantel. (Bild 9.12).

9.1.3 Umformverfahren für Duroplaste [9.1]

Pressen (Bild 9.13)

- Formpressen
- Spritzpressen
- Strangpressen
- Spritzgießen

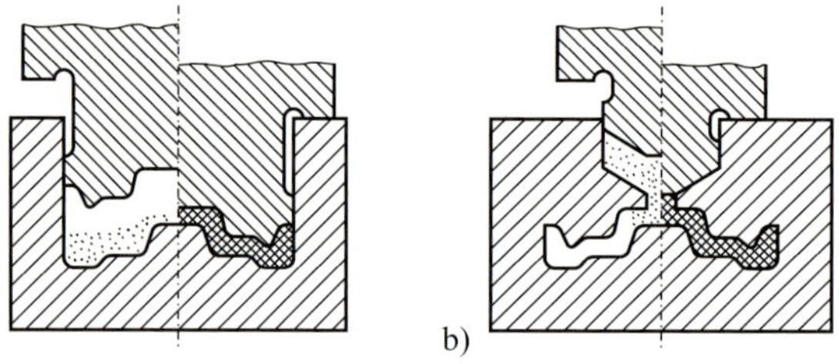

Bild 9.13
Pressen von Duroplasten
a) Formpressen
b) Spritzpressen

Beim Form- und Spritzpressen härtet die genau dosiert in die temperierte Form (140 bis 170 °C) eingebrachte und plastifizierte Masse in der Pressform irreversibel aus (Bild 9.13). Beim Spritzgießen von Duroplasten wird die Temperatur zur Plastifizierung im beheizten Zylinder mit Förderschnecke niedriger gehalten als bei Thermoplasten, um ein Aushärten im Zylinder zu vermeiden. Das Spritzteil härtet in der ebenfalls erwärmten Form (z. B. 160 °C) rasch aus.

Regeln für die Gestaltung von Pressteilen

Neigung von Innen- und Außenflächen zur Erleichterung des Entfernens der Teile aus dem Werkzeug. Wanddicken größer als 1 mm, mit größer werdender Pressteiltiefe ansteigend. Abrundungen zur Schonung der Werkzeuge und für besseres Fließen. Versteifungen durch Rippen und Wölbungen, da der E-Modul von Kunststoffen niedrig liegt (1/15 bis 1/20 von Stahl).

9.2 Spanen

Eine Fertigung durch Spanen wird bei Kunststoffen wegen der guten Möglichkeiten für eine spanlose Erzeugung von Teilen mit genauen Abmessungen und guter Oberfläche weitgehend vermieden. Bei Bearbeitung durch Spanen sind im Übrigen die dem Werkstoff angepassten Werkzeuge, Schnittgeschwindigkeiten usw. zu wählen. Zusetzen von Kunststoff als Zusatzwerkstoff.

9.3 Schweißen und Kleben von Polymerwerkstoffen

9.3.1 Schweißen von Polymerwerkstoffen (DIN 1910-3:77, [9.11 – 9.13])

Kunststoffschweißen ist ein Vereinigen von thermoplastischen, d. h. nicht härtbaren Kunststoffen gleicher oder ähnlicher Art, unter Anwendung von Wärme und Druck mit oder ohne Zusetzen von Kunststoff als Zusatzwerkstoff.

Vor dem Schweißen von Kunststoffen ist als Fügeflächenvorbereitung ein gründliches Beseitigen von Schmutz- und Fettschichten, beim Schweißen eine Erwärmung auf die Temperatur des viskosen Fließens nötig. Zum Erzielen einer einwandfreien Schweißnaht ist neben Wärme auch Druck zwingend erforderlich. Die schlechte Wärmeleitung bringt die Gefahr der Überhitzung mit sich. Eine kontrollierte Temperaturführung mit Einhaltung genau definierter, kurz gehaltener Schweißzeiten ist daher eine Voraussetzung für einwandfreie Schweißungen unter Vermeidung von Zersetzungen. Eine weitere Voraussetzung für einwandfreie Verbindungen sind artgleiche Fügepartner mit vergleichbaren Viskositäten.

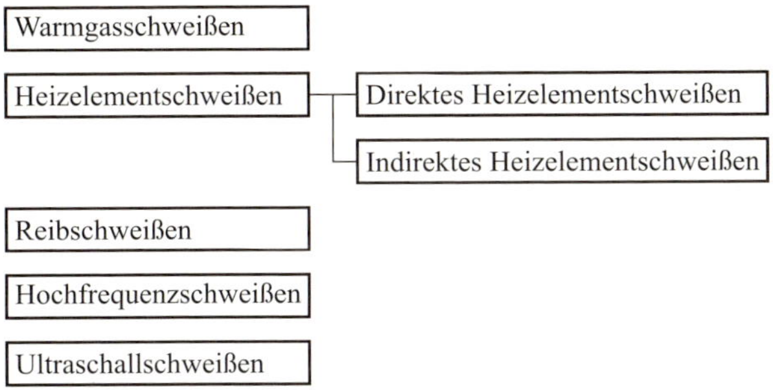

Je nach Art der Wärmezuführung oder -erzeugung ergibt sich die in Bild 9.14 aufgeführte Reihe von Verfahrensvarianten.

Bild 9.14
Verfahren zum Kunststoffschweißen

Beim *Warmgasschweißen* erfolgt die Wärmezufuhr über Konvektion vom Wärmeträger *heiße Druckluft* oder bei oxidationsempfindlichen Kunststoffen (z. B. Polyolefine) vom Wärmeträger *Inertgas*. Die erwärmten plastizierten Fügeflächen werden unter Druck und meist unter Verwendung von Zusatzwerkstoff verschweißt. Anwendung findet das Verfahren in der Einzelteilfertigung, bei großen Teilen und im Handwerk.

Beim *Heizelementschweißen* wird die Wärme durch Andrücken elektrisch aufgeheizter Heizelemente über Wärmeleitung entweder direkt der Kunststofffügefläche zugeführt oder indirekt einer Außenfläche, von der aus die Wärme durch das Kunststoffteil hindurch zur Fügefläche strömt. Aufgrund der schlechten Wärmeleitfähigkeit der Polymerwerkstoffe ist die indirekte Erwärmung nur bei hinreichend dünnen Folien anwendbar.

Das Verfahrensprinzip des *Reibschweißens* von Kunststoffen entspricht dem bei Metallen: die Erhitzung der Stoßflächen erfolgt durch Umsetzen von Bewegungsenergie über die Reibung der sich berührenden Stoßflächen in Wärme. Je nach der Relativbewegung der Fügeteile zueinander liegt *Rotationsreibschweißen* oder *Vibrationsreibschweißen* vor. Bei letztgenannter Verfahrensvariante werden die durch elektromagnetische Schwinger angeregten Fügeteile linear oder um wenige Winkelgrade angular gegeneinander gerieben. Damit lassen sich größere Bauteile, wie Kraftstofftanks oder Stoßfänger im Automobilbau, miteinander verschweißen.

Das *Hochfrequenz- (HF-) Schweißen* setzt das Vorhandensein polarer Gruppen in den Polymerwerkstoffmolekülen voraus. Solche Gruppen können in einem hochfrequenten elektrischen Wechselfeld zu Schwingungen angeregt werden, wobei über innere Reibung der Makromoleküle eine Erwärmung eintritt. Hauptanwendungsgebiet des HF-Schweißens sind flächige Schweißungen bei PVC-Folien und -produkten.

Beim *Ultraschallschweißen* werden die in einem piezoelektrischen oder magnetostriktiven Wandler generierten Ultraschallschwingungen (20 bis 75 kHz) über eine Sonotrode, die eine Amplitudenanpassung an das jeweilige Werkstück vornimmt, in die Schweißteile eingeleitet.

Das Verfahren ermöglicht sehr kurze Schweißzeiten und ist daher in der Serienproduktion von Kunststoffteilen und -folien in der Kfz-, Elektro- und Verpackungsindustrie anzutreffen.

Beim Strahlungsschweißen wird die Absorption zugeführter Laser- oder Lichtstrahlenergie zur Fügeteilerwärmung genutzt.

9.3.2 **Kleben von Polymerwerkstoffen** (K. Dilger, M. Frauenhofer) (VDI 3821:78, [8.78 - 8.80, 9.11 - 9.15])

Durch Kunststoffkleben können Verbindungen gleichartiger oder ungleichartiger Kunststoffe mit Hilfe eines Klebmittels hergestellt werden. Die Vereinigung erfolgt über physikalische oder chemische Bindung. Mit steigendem Anteil an chemischer Bindung nimmt die Bindungsfestigkeit zu.

9.3.2.1 Benetzungsbedingungen, Klebmöglichkeiten für Kunststoffe

Wie in Kapitel 8.7.3.3 ausgeführt, kann ein Klebstoff eine Oberfläche nur gut benetzen, wenn die Oberflächenspannung des Klebstoffes kleiner ist als die des Fügeteils. Im Vergleich zu Metallen weisen Kunststoffe im Allgemeinen erheblich geringere Oberflächenspannungen auf, die - wie aus Tabelle 9.1 hervorgeht - in der Größenordnung der Oberflächenspannungen von Klebstoffen liegen. Aufgrund dessen sind Kunststoffe durch den Klebstoff schlechter benetzbar als Metalle.

Man erkennt, dass beispielsweise Polyfluorethylen wegen seiner niedrigen Oberflächenspannung besonders schwer klebbar sein muss. Durch eine geeignete Vorbehandlung der zu fügenden Flächen (z. B. Beizen) lässt sich deren Oberflächenspannung bis zu dem kritischen Wert anheben, bei dem Benetzbarkeit gerade erreicht wird. Die Benetzbarkeit durch Klebstoffe wird so wesentlich verbessert.

Tabelle 9.1 Oberflächenspannungen von Klebstoffen und von Fügeteilwerkstoffen

Klebstoff	γ_{KF} in N/cm	Fügeteilwerkstoff	δ_{FG} in N/cm
Phenolharz	$78 \cdot 10^{-5}$	Polyfluorethylen	$16 \cdot 10^{-5}$
Polyurethan	$71 \cdot 10^{-5}$	Polyethylen	$31 \cdot 10^{-5}$
Epoxidharz	$45 \cdot 10^{-5}$	Polystyrol	$33 \cdot 10^{-5}$
Polyvinylacetat	$38 \cdot 10^{-5}$	Epoxidharz	$45 \cdot 10^{-5}$
Nitrozellulose	$26 \cdot 10^{-5}$	Holz	$(200 - 300) \cdot 10^{-5}$

Die Haftung des Klebstoffes auf einem Kunststoffsubstrat wird insgesamt durch die in Bild 9.15 dargestellten Einflussfaktoren bestimmt.

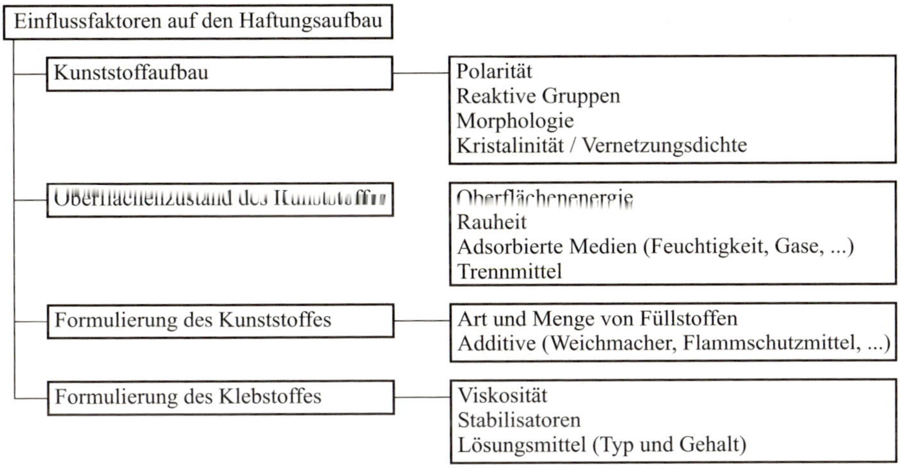

Bild 9.15 Einflussfaktoren auf den Haftungsaufbau im Bereich des Kunststoffklebens

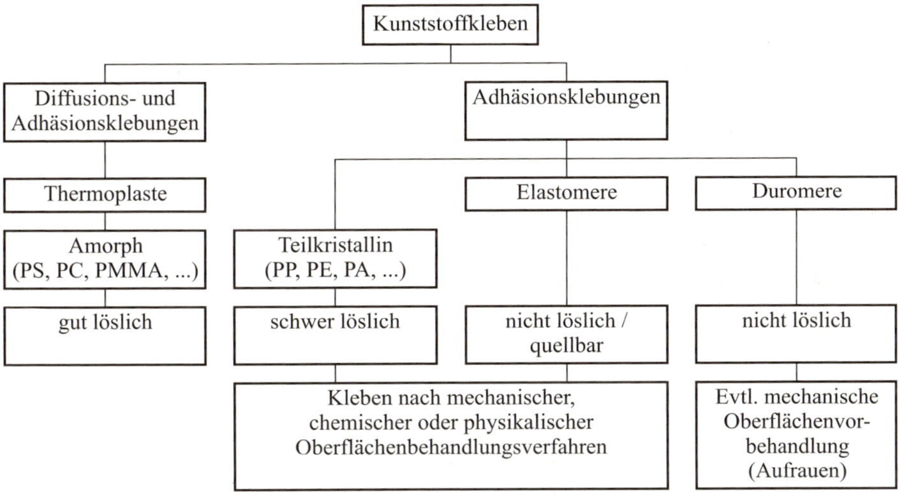

Bild 9.16 Klebmöglichkeiten für Kunststoffe

Ein weiterer wesentlicher Unterschied hinsichtlich der Klebbarkeit von Kunststoffen im Vergleich zu Metallen besteht darin, dass Metalle grundsätzlich in organischen Lösemitteln unlöslich sind. Verschiedene Kunststoffe, insbesondere Thermoplaste sind durch Lösemittel quellbar oder löslich. Dies ermöglicht es, zusätzlich zum Adhäsionskleben (Kleben mittels eines Klebstoffes unter Ausbildung von Kohäsion und Adhäsion) auch Diffusionsklebungen durchzuführen. Zusammenfassend ergeben sich im Bereich des Kunststoffklebens folgende in Bild 9.16 dargestellte Möglichkeiten.

Wie in Bild 9.16 aufgeführt, müssen beim Adhäsionskleben von Thermoplasten die Substrate meist vorbehandelt werden, um die Oberflächenenergie der Substrate zu erhöhen. Übliche Vorbereitungsmethoden im Bereich des Kunststoffklebens sind (VDI 3821):

– mechanische Verfahren (Schleifen, Peel-Ply)

- chemische Verfahren (Beizen, Primern, Fluorieren, Ozonieren)
- physikalische Verfahren (Beflammen, Corona, Atmosphären-, Niederdruckplasma)
- kombinierte Verfahren (Flammsilikatisierung).

Bei vielen Thermoplasten haben sich die Beflammung und die Coronabehandlung in der Praxis bewährt.

Bei der Klebstoffauswahl muss zwischen dem Diffusionskleben und dem Adhäsionskleben unterschieden werden. Beim Diffusionskleben muss ein Lösemittel ausgewählt werden, das den zu fügenden Kunststoff anzulösen vermag. Generell gilt hier die Grundregel – polares löst polares und unpolares löst unpolares. Zu beachten ist, dass einige Kunststoffe bei Lösemittelkontakt zur Spannungsrissbildung neigen, so dass hier nur gering belastbare Klebungen mittels Diffusionskleben hergestellt werden können. Im Bereich des Adhäsionsklebens werden insbesondere kalthärtende Epoxide und Acrylate, Polyurethane, Cyanacrylate, Lösemittelklebstoffe und Kontaktklebstoffe empfohlen.

9.3.2.2 Anwendungen des Kunststoffklebens

Die Anwendung der Klebtechnik hat in den letzten Jahren stetig zugenommen. Einerseits wurden der Klebtechnik durch neuartige Produkte neue Anwendungsfelder erschlossen und andererseits eröffneten Innovationen in der Klebtechnik ganz neue Anwendungsmöglichkeiten. Die wichtigsten Innovationen in der Klebtechnik sind in Bild 9.17 dargestellt. Anhand der Grafik ist zu erkennen, dass die Innovationen zunehmend aus dem Konsumer- und „Low-Tech" Bereich zu hoch industrialisierten Anwendungen gehen.

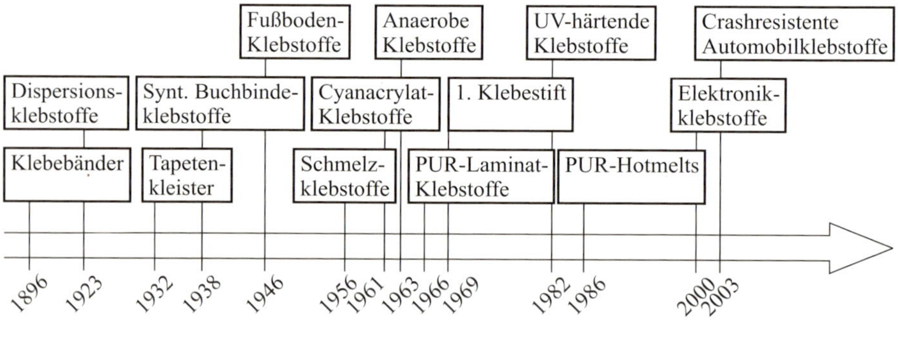

Bild 9.17 Innovationen in der Klebtechnik [9.15]

Typische Anwendungen findet die Klebtechnik heute – außer bei Metallen und Kunststoffen – auch bei allen Arten von Werkstoffen und Bauteilen im Transportwesen (Flugzeugbau, Fahrzeugbau, Schiffbau, Eisenbahnwesen), Maschinen- und Apparatebau, Bauwesen (Befestigungstechnik, Fassadenbau, Bauwerksverstärkung), Holzbau (Holzverbunde, Möbel, Holzleimbau), in der Papier- und Verpackungsindustrie, Elektronikindustrie, optischen Industrie, Textilindustrie und im Konsumermarkt.

Eine detaillierte Darstellung der Anwendungen der Klebtechnik ist unter anderem in [8.80] und [9.14] zu finden. Im Folgenden sollen zwei ausgewählte Beispiele einen Eindruck von der Bandbreite der möglichen Klebstoffapplikationen geben.

In der Elektronikindustrie kommen Klebstoffe beim Anbringen und Verbinden von Komponenten (Transistoren, Widerstände) für Produktsicherheit und Produktschutz (z. B. RFID-Chips) sowie bei der Produktidentifikation und der Abschirmung zum Einsatz [9.15]. Neben der eigentlichen Verbindungsfunktion hat der Klebstoff bei solchen Anwendungen weitere Funktionen zu übernehmen, wie der elektrischen Leitung und der Wärmeleitung, Isolierung, Dichtung, Schutz und Geräuschdämpfung. Aufgrund der häufig sehr geringen Abmessungen der zu fügenden Komponenten und der kurzen Prozesszeiten muss der Klebstoff leicht und schnell zu verarbeiten und hochgenau applizierbar sein. Als Klebstoffe werden besonders Schmelzklebstoffe und UV-härtende Acrylat-Klebstoffe mit hoher Applikationsgenauigkeit und kurzen Prozesszeiten eingesetzt.

Klebstoffe, die in der Papier- und Verpackungsindustrie eingesetzt werden, müssen unterschiedlichste Materialien bei hohen Verarbeitungsgeschwindigkeiten und niedrigen Kosten verbinden. Lebensmittelrechtliche Fragen spielen dabei eine Rolle und zunehmend auch das Verpackungsdesign. Häufiger Wunsch ist, dass Verpackungen beliebig oft wiederverschließbar sind. Diese Funktion soll mit hohem gestalterischem Wert kombiniert werden. Als Klebstoffe werden insbesondere Schmelzklebstoffe, Dispersionsklebstoffe aber in zunehmendem Maße auch Haftklebstoffe in Form von doppelseitigen Klebebändern verwendet.

Weiterführende Literatur

Lehr- und Handbücher, Fachbücher, DIN-Taschenbücher, Konferenzberichte, Quellen

Neben allgemeinen Lehrbüchern zu den verschiedenen Werkstoffklassen und Verarbeitungsverfahren enthält diese Literaturübersicht umfassende Handbücher mit dem einschlägigen aktuellen Wissensstand sowie weiterführende monograhische Fachbücher und Konferenzberichte zu einzelnen Fachgebieten, deren Inhalte weniger auf das Grundstudium ausgerichtet sind als vielmehr auf das Vertiefungsstudium oder auf die berufliche Praxis. Bei den Lehrbüchern lassen inhaltsbeschreibende Unterüberschriften eine mehr grundlagen- oder mehr technologieorientierte Ausrichtung erkennen und geben so den Studierenden Hinweise zur Auswahl für ergänzende Studien. Bei den Monographien und Handbüchern werden einige mit besonderer Bedeutung für das spezielle Fachgebiet durch Fettdruck hervorgehoben. Die genannten DIN Taschenbücher sind geeignet zum Einsehen zitierter Einzelnormen. In Anbetracht der rasch fortschreitenden Werkstoffentwicklung wurden Titel mit neuerem Erscheinungsjahr bevorzugt. Quellennachweise belegen die Herkunft von Bildern, Tabellen und speziellen Daten aus älteren Publikationen.

Zum Kapitel 2 Aufbau der Werkstoffe

[2.1] Macherauch, E. und H.-W. Zoch: Praktikum in Werkstoffkunde. 11. Auflage. Vieweg Verlag, Wiesbaden 2008

[2.2] Ashby, M. F. und D. R. H. Jones: Werkstoffe 2: Metalle, Keramiken und Gläser, Kunststoffe und Verbundwerkstoffe. 3. Auflage. Hrsg. der deutschen Ausgabe: M. Heinzelmann. Elsevier, Spektrum Akademischer Verlag, Heidelberg 2007

[2.3] Ashby, M. F. und D. R. H. Jones: Werkstoffe 1: Eigenschaften, Mechanismen und Anwendungen. 3. Auflage. Hrsg. der deutschen Ausgabe: M. Heinzelmann. Elsevier, Spektrum Akademischer Verlag, Heidelberg 2006

[2.4] Hornbogen, E: Werkstoffe. Aufbau und Eigenschaften von Keramik-, Metall-, Polymer- und Verbundwerkstoffen. 8. Auflage. Springer-Verlag, Berlin 2006

[2.5] Hornbogen, E. und N. Jost: Fragen und Antworten zu Werkstoffe. 4. Auflage. Springer-Verlag, Berlin 2005

[2.6] Hornbogen, E. und H. Warlimont: Metallkunde – Struktur und Eigenschaften von Metallen und Legierungen. 5. Auflage. Springer-Verlag, Berlin 2006

[2.7] Seidel, W.: Werkstofftechnik. Werkstoffe, Eigenschaften, Prüfung, Anwendung. 7. Auflage. Hanser Verlag, München 2006

[2.8] Bargel, H.-J. und G. Schulze (Hrsg): Werkstoffkunde. 9. Auflage. Springer-Verlag Berlin 2005

[2.9] Ilschner, B. und R. F. Singer: Werkstoffwissenschaften und Fertigungstechnik. Eigenschaften, Vorgänge, Technologien. 4. Auflage. Springer-Verlag, Berlin 2005

[2.10] Jacobs, O.: Werkstoffkunde. 1. Auflage. Vogel Verlag, Würzburg 2005

[2.11] Roos, E. und K. Maile: Werkstoffkunde für Ingenieure. Grundlagen, Anwendung, Prüfung. 2. Auflage. Springer-Verlag, Berlin 2005

[2.12] Weißbach, W.: Werkstoffkunde und Werkstoffprüfung. 16. Auflage. Vieweg Verlag, Wiesbaden 2007

[2.13] Weißbach, W.: Aufgabensammlung Werkstoffkunde und Werkstoffprüfung. 7. Auflage. Vieweg Verlag, Wiesbaden 2006

[2.14] Bergmann, W.: Werkstofftechnik. Teil 1 Grundlagen. 5. Auflage. Hanser Verlag München 2003

[2.15] Bergmann, W.: Werkstofftechnik. Teil 2 Anwendungen. 3. Auflage. Hanser Verlag, München 2001

[2.16] Fuhrmann, E.: Einführung in die Werkstoffkunde und Werkstoffprüfung. Bd. 1. Werkstoffe: Aufbau – Behandlung – Eigenschaften. Expert Verlag, Renningen 2003

[2.17] Merkel, M. und K.-H. Thomas: Taschenbuch der Werkstoffe. 6. Auflage. Fachbuchverlag Leipzig 2003

[2.18] Schatt, W. und H. Worch: Werkstoffwissenschaft. 9. Auflage. Wiley-VCH Verlag, Weinheim 2002

[2.19] Gottstein, G.: Physikalische Grundlagen der Materialkunde. 2. Auflage. Springer-Verlag, Heidelberg 2001

[2.20] Schumann, H. und H. Oettel: Metallografie. 14. Auflage. Wiley-VCH Verlag, Weinheim 2005

[2.21] Bramfitt, B. L. und A. O. Benscoter: Metallographer´s guide: practices and procedures for iron and steels. 1. print. Materials Park Ohio. ASM International 2002

Zum Kapitel 3 Eigenschaften der Werkstoffe

[3.1] Czichos, H. (Hrsg.): Springer handbook of materials measurement methods. Springer-Verlag, Berlin 2006

[3.2] Fuhrmann, E.: Einführung in die Werkstoffkunde und Werkstoffprüfung. Bd. 2. Werkstoff- und Werkstückprüfung auf Qualität, Fehler, Dimension und Zuverlässigkeit. Expert Verlag, Renningen 2003

[3.3] Heine, B.: Werkstoffprüfung: Ermittlung von Werkstoffeigenschaften. Fachbuchverlag Leipzig im Carl Hanser Verlag, München 2003

[3.4] Schmidt, W. und H. Dietrich: Praxis der mechanischen Werkstoffprüfung: was nicht in Normen und Lehrbüchern steht. Expert Verlag, Renningen 1999

[3.5] Dinger, D. R.: Characterization techniques for ceramics. 1. print. Clemson 2005

[3.6] Grellmann, W. (Hrsg.) und V. Altstädt: Kunststoffprüfung. Hanser Verlag München 2005

[3.7] DIN Deutsches Institut für Normung e.V. (Hrsg.): DIN Taschenbuch 19. Materialprüfnormen für metallische Werkstoffe 1 – Mechanisch-technologische Prüfverfahren (erzeugnisformunabhängig), Prüfmaschinen, Bescheinigungen. 15. Auflage, Beuth Verlag, Berlin 2006

[3.8] DIN Deutsches Institut für Normung e.V. (Hrsg.): DIN Taschenbuch 205. Materialprüfnormen für metallische Werkstoffe 3 – Mechanisch-technologische Prüfverfahren (erzeugnisformabhängig), Schweißverbindungen, Metallklebungen. CD ROM. 5. Auflage. Beuth Verlag, Berlin 2006

[3.9] Verein dt. Eisenhüttenleute (Hrsg.): Taschenbuch der Stahl-Eisen-Prüfblätter. 2. Auflage, Stahleisen, Düsseldorf 2003

[3.10] Menges, G.: Abschätzen der Tragfähigkeit mäßig beanspruchter Kunststoff-Formteile. Kunststoffe 57 (1967), H. 6, S. 476 bis 484

[3.11] Siebel, E.: Handbuch der Werkstoffprüfung, Bd. II. Die Prüfung der metallischen Werkstoffe. 2. Auflage. Springer-Verlag, Berlin 1955

[3.12] Herrmann, K.: Härteprüfung an Metallen und Kunststoffen. Grundlagen und Überblick zu modernen Verfahren. Expert Verlag, Renningen 2007

[3.13] Lienhard, E. W.: Neue Prüfmethoden zur Bestimmung der Festigkeit und der Sprödbruchanfälligkeit metallischer Werkstoffe. Oerlikon Schweißmitteilungen 11 (1965), H. 32, S. 4 bis 12

[3.14] Naubereit, H.: Einführung in die Ermüdungsfestigkeit: ein Lehr- und Übungsbuch mit Beispielen und Aufgaben sowie dem PC-Programm Fatigue 1.1 zur Berechnung der Ermüdungsfestigkeit. Hanser Verlag, München, 1999

[3.15] Radaj, D. und M. Vormwald: Ermüdungsfestigkeit. Grundlagen für Leichtbau, Maschinen- und Stahlbau. 2. Auflage. Springer-Verlag, Berlin 2003

[3.16] DV 952: Vorschrift für das Schweißen metallischer Werkstoffe in Privatwerken. Anhang II: Richtlinie für die Berechnung der Schweißverbindungen. Deutsche Bundesbahn 1977

[3.17] Neuber, H.: Kerbspannungslehre. 4. Auflage. Springer-Verlag, Berlin 1999

[3.18] Haibach, E.: Betriebsfestigkeit. Verfahren und Daten zur Bauteilberechnung. 3. Auflage. Springer-Verlag, Berlin 2006

[3.19] Gudehus, H. und H. Zenner: Leitfaden für eine Betriebsfestigkeitsrechnung. Empfehlungen zur Lebensdauerabschätzung von Maschinenbauteilen. 4. Auflage. Verlag Stahleisen 1999

[3.20] Gaßner, E.: Betriebsfestigkeit: Eine Bemessungsgrundlage für Konstruktionsteile mit statistisch wechselnden Betriebsbeanspruchungen. Konstruktion 6 (1954), H. 3, S. 97 bis 104

[3.21] DIN Deutsches Institut für Normung e.V. (Hrsg.): DIN Taschenbuch 56. Materialprüfnormen für metallische Werkstoffe 2 – Zerstörungsfreie Prüfungen: Volumenverfahren, Durchstrahlungsprüfung, Ultraschallprüfung. 7 Auflage, Beuth Verlag, Berlin 2006

[3.22] DIN Deutsches Institut für Normung e.V. (Hrsg.): DIN Taschenbuch 370. Materialprüfnormen für metallische Werkstoffe 4 – Zerstörungsfreie Prüfungen: Allgemeine Regeln, Oberflächenverfahren und andere Verfahren. 1. Auflage, Beuth Verlag, Berlin 2006

[3.23] Steeb, S.: Zerstörungsfreie Werkstück- und Werkstoffprüfung: die gebräuchlichsten Verfahren im Überblick. 3. Auflage. Expert Verlag, Renningen 2005

Zum Kapitel 4 Veränderung von Aufbau und Eigenschaften metallischer Werkstoffe

[4.1] Pfeiler, W.: Alloy Physics: A Comprehensive Reference. 1. Auflage. Wiley-VCH Verlag Weinheim 2007

[4.2] Predel, B., M. Hoch und M. Pool: Phase Diagrams and Heterogeneous Equilibria: A Practical Introduction. 1. Auflage. Springer-Verlag, Berlin 2004

[4.3] Hansen, M. und K. Anderko: Constitution of Binary Alloys. 2nd edition. Genium Publ. Corporation 1988. 1st edition. McGraw-Hill Book Company, New York 1958

[4.4] Horstmann, D.: Das Zustandsschaubild Eisen-Kohlenstoff und die Grundlagen der Wärmebehandlung der Eisenkohlenstoff-Legierungen. 5. Auflage. Verlag Stahleisen, Düsseldorf 1985

[4.5] Liedtke, D. und R. Jönsson: Wärmebehandlung. Grundlagen und Anwendungen für Eisenwerkstoffe. 6. Auflage. Expert Verlag, Renningen 2004

[4.6] DIN Deutsches Institut für Normung e.V. (Hrsg.): DIN Taschenbuch 218. Werkstofftechnologie 1. Wärmebehandlungstechniken. Normen. 4. Auflage. Beuth Verlag, Berlin 2001

[4.7] Verein Deutscher Eisenhüttenleute: Werkstoffhandbuch. Stahl und Eisen. 4. Auflage. Verlag Stahleisen, Düsseldorf 1965

[4.8] Max-Planck-Institut für Eisenforschung (Hrsg.): Atlas zur Wärmebehandlung der Stähle. Bd. 1 bis 4. 2 CD-ROMs. Verlag Stahleisen, Düsseldorf 2005

[4.9] Grosch, J.: Einsatzhärten. Grundlagen – Verfahren – Anwendung – Eigenschaften einsatzgehärteter Gefüge und Bauteile. 2. Auflage. Expert Verlag, Renningen 2007

[4.10] Liedtke, D.: Wärmebehandlung von Eisenwerkstoffen. Nitrieren und Nitrocarburieren. 3. Auflage. Expert Verlag, Renningen 2005

[4.11] Schulze, V. Modern Mechanical Surface Treatment – Surface Layer States, Stabilities and Effects. Wiley-VCH Verlag, Weinheim 2006

[4.12] Baiker, S. (Ed.): Shot Peening – A dynamic Application and its Future. MFN Publishing House, Wetzikon, Schweiz, 2006

[4.13] Schulze, V. und A. Niku-Lari: Shot Peening and other Mechanical Surface Treatments. Proc. 9th Int. Conference on Shot peening, Paris 2005. Institute for Industrial Technology Transfer, IITT-International, Noisy-le-Grande, France, 2005

[4.14] Wohlfahrt, H. und P. Krull (Hrsg).: Mechanische Oberflächenbehandlungen. Grundlagen – Bauteileigenschaften – Anwendungen. Wiley-VCH Verlag, Weinheim 2000

Zum Kapitel 5 Metallische Werkstoffe

Bezeichnungssysteme

[5.1] Friederici, I.: Metallische Werkstoffe und Erzeugnisse. Europäische und deutsche Bezeichnungssysteme – Technische Lieferbedingungen – Qualitätsnachweise. 3. Auflage. Expert Verlag, Renningen 2005

[5.2] DIN Deutsches Institut für Normung e.V. (Hrsg.): DIN Taschenbuch 401. Stahl und Eisen Gütenormen 1. Allgemeines. 4. Auflage. Beuth Verlag, Berlin 2005

[5.3] DIN Deutsches Institut für Normung e.V. (Hrsg.): DIN-Normenheft 3. Werkstoff-Kurznamen und Werkstoff-Nummern für Eisenwerkstoffe. Neubearbeitet von H. Langehenke. 9. Auflage. Beuth Verlag, Berlin 2000

[5.4] Stahlinstitut VDEh (Hrsg.): Taschenbuch der Stahl-Eisen-Werkstoffblätter. 10. Auflage. Verlag Stahleisen, Düsseldorf 2006

[5.5] Stahlschlüssel. 21. Auflage. Verlag Stahlschlüssel Wegst, Marbach 2007

[5.6] Marks, P.: Europäische Gusseisensorten. Bezeichnungssystem und DIN-Vergleich. Beuth Verlag, Berlin 2001

[5.7] Hesse, W.: Aluminium-Schlüssel. Key to Aluminium Alloys. 7. Auflage. Aluminium Verlag, Düsseldorf 2006

[5.8] Wenglorz, H.-W.: Europäische Aluminiumwerkstoffe – Umschlüsselung DIN zu EN. Beuth Verlag, Berlin 2006

Eisenwerkstoffe

[5.9] Berns, H. und W. Theisen: Eisenwerkstoffe – Stahl und Gusseisen. 3. Auflage. Springer-Verlag, Berlin 2006

[5.10] DIN Deutsches Institut für Normung e.V. (Hrsg.): Praxishandbuch Stahlnormen. Bearbeitet von J. Eube, R. Kästner. 2. Auflage. Beuth Verlag, Berlin 2006

[5.11] Stahlinstitut VDEh (Hrsg.): Stahl im Automobilbau. Verlag Stahleisen, Düsseldorf 1999

[5.12] DIN Deutsches Institut für Normung e.V. (Hrsg.): DIN Taschenbuch 402. Stahl und Eisen Gütenormen 2. Bauwesen, Metallverarbeitung. 4. Auflage. Beuth Verlag, Berlin2005

[5.13] DIN Deutsches Institut für Normung e.V. (Hrsg.): DIN Taschenbuch 403. Stahl und Eisen Gütenormen 3. Druckgeräte, Rohrleitungen. 4. Auflage. Beuth Verlag, Berlin2005

[5.14] DIN Deutsches Institut für Normung e.V. (Hrsg.): DIN Taschenbuch 404. Stahl und Eisen Gütenormen 4. Maschinenbau, Werkzeugbau. 4. Auflage. Beuth Verlag, Berlin2005

[5.15] DIN Deutsches Institut für Normung e.V. (Hrsg.): DIN Taschenbuch 405. Stahl und Eisen Gütenormen 5. Nichtrostende und andere hochlegierte Stähle. 4. Auflage. Beuth Verlag, Berlin 2005

[5.16] Gümpel, P.: Rostfreie Stähle. Grundwissen, Konstruktions- und Verarbeitungshinweise. 3. Auflage. Expert Verlag, Renningen 2001

[5.17] Nickel-Informationsbüro. Physikalische Eigenschaften der Eisen-Nickel-Legierungen. Düsseldorf 1964

[5.18] DIN Deutsches Institut für Normung e.V. (Hrsg.): DIN Taschenbuch 454. Gießereiwesen 1 – Stahlguss und Gusseisen. 2. Auflage. Beuth Verlag, Berlin 2004

[5.19] Steidl, G.: Guss im konstruktiven Ingenieurbau. Bauteile aus Eisen- und Aluminiumwerkstoffen in Tragwerken. 1. Auflage. DVS-Verlag, Düsseldorf 2006

[5.20] Neumann, F.: Gusseisen. Schmelztechnik, Metallurgie, Schmelzbehandlung. 2. Auflage. Expert-Verlag, Renningen 1999

[5.21] Hasse, S.: Duktiles Gusseisen. Handbuch für Gusserzeuger und Gussverwender. 1. Auflage. Fachverlag Schiele & Schön, Berlin 1996

Nichteisenmetalle

[5.22] Aluminium-Zentrale Düsseldorf (Hrsg.): Aluminium Taschenbuch, Bd. 1, Grundlagen und Werkstoffe, bearbeitet von C Kammer. 16. Auflage. Aluminium-Verlag, Düsseldorf 2002

[5.23] Aluminium-Zentrale Düsseldorf (Hrsg.): Aluminium Taschenbuch, Bd. 2, Umformen, Gießen, Oberflächenbehandlung, Recycling und Ökologie. 15. Auflage. Aluminium-Verlag, Düsseldorf 1999

[5.24] Aluminium Zentrale Düsseldorf (Hrsg.): Aluminium Taschenbuch Bd. 3, Weiterverarbeitung und Anwendung, bearbeitet con C. Kammer. 16. Auflage. Aluminium-Verlag, Düsseldorf 2003

[5.25] DIN Deutsches Institut für Normung e.V. (Hrsg.): DIN Taschenbuch 450. Aluminium 1. Bänder, Bleche, Platten, Folien, Butzen, Ronden, geschweißte Rohre, Vormaterial. 2 Auflage. Beuth Verlag, Berlin 2005

[5.26] DIN Deutsches Institut für Normung e.V. (Hrsg.): DIN Taschenbuch 451. Aluminium 2. Stangen, Rohre, Profile, Drähte, Vormaterial. 1. Auflage. Beuth Verlag, Berlin 2002

[5.27] Ostermann, F.: Anwendungstechnologie Aluminium. Springer-Verlag, Berlin 1998

[5.28] DIN Deutsches Institut für Normung e.V. (Hrsg.): DIN Taschenbuch 452. Aluminium 3. Hüttenaluminium, Aluminiumguss, Schmiedestücke, Vormaterial. 2. Auflage. Beuth Verlag, Berlin 2005

[5.29] DIN Deutsches Institut für Normung e.V. (Hrsg.): DIN Taschenbuch 455. Gießereiwesen 2 – Nichteisenmetallguss. 2. Auflage. Beuth Verlag, Berlin 2005

[5.30] Klos, R.: Aluminium-Gusslegierungen. Bibliothek der Technik Bd. 116. Verlag moderne Industrie, Landsberg/Lech 1995

[5.31] DIN Deutsches Institut für Normung e.V. (Hrsg.): DIN Taschenbuch 459. Blei, Magnesium, Nickel, Titan, Zink, Zinn und deren Legierungen. 2. Auflage. Beuth Verlag, Berlin 2007

[5.32] Aluminium-Zentrale Düsseldorf (Hrsg.): Magnesium-Taschenbuch., bearbeitet von C. Kammer. 1. Auflage. Aluminium-Verlag, Düsseldorf 2000

[5.33] Kainer, K. U. (Ed.): Magnesium Alloys and their Applications. Proc. 7th Int. Conf. on Magnesium Alloys and their Applications. 1st. edition. Wiley-VCH Verlag, Weinheim 2006

[5.34] Kainer, K. U.: Magnesium Alloys and Technology. 1st edition. Wiley-VCH, Weinheim 2002

[5.35] Beck, A. (Hrsg.): Magnesium und seine Legierungen. 2. Auflage. Springer-Verlag, Berlin 2001

[5.36] Kainer, K. U (Hrsg.): Magnesium. Eigenschaften, Anwendungen, Potenziale. 1. Auflage. Wiley-VCH Verlag, Weinheim 2000

[5.37] Peters, M. und C. Leyens (Hrsg.): Titan und Titanlegierungen. 3. Auflage. Wiley-VCH Verlag, Weinheim 2002

[5.38] DIN Deutsches Institut für Normung e.V. (Hrsg.): DIN Taschenbuch 456 Kupfer 1 – Walzprodukte und Rohre. 2. Auflage. Beuth Verlag, Berlin 2004

[5.39] DIN Deutsches Institut für Normung e.V. (Hrsg.): DIN Taschenbuch 457 Kupfer 2 – Stangen, Drähte, Profile, Gussstücke und Schmiedestücke.. 2. Auflage. Beuth Verlag, Berlin 2004

[5.40] Davis, J. R. (Ed.): ASM Specialty Handbook: Copper and Copper Alloys. Publ. ASM International 2001

[5.41] Dies, K.: Kupfer und Kupferlegierungen in der Technik. Springer-Verlag, Berlin 1967

[5.42] Heubner, U. und J. Klöwer: Nickelwerkstoffe und hochlegierte Sonderedelstähle. Eigenschaften, Verarbeitung, Anwendungen. 3. Auflage. Expert-Verlag, Renningen 2002

[5.43] Davis, J. R. (Ed.): ASM Specialty Handbook: Nickel, Cobalt and their Alloys. Publ. ASM International 2000

Zum Kapitel 6 Nichtmetallische Werkstoffe

[6.1] Tönshoff, H. K. und F. Hollmann (Hrsg.): Hochgeschwindigkeitsspanen metallischer Werkstoffe. Wiley-VCH Verlag, Weinheim 2005, S. 17, S. 4

Keramische Werkstoffe

[6.2] Rahaman, M. N.: Sintering of Ceramics. Publ. CRC Taylor & Francis, London 2007

[6.3] Rahaman, M. N.: Ceramic processing. Publ. CRC Taylor & Francis, London 2006

[6.4] Rice, R. W.: Ceramic fabrication technology. Publ. CRC, New York 2002

[6.5] Salmang, H. und H. Scholze, Hrsg. R. Telle: Keramik. 7. Auflage. Springer-Verlag, Berlin 2007

[6.6] Kollenberg, W.: Technische Keramik: Grundlagen, Werkstoffe, Verfahrenstechnik. Vulkan-Verlag, Essen 2004

[6.7] Somiya, S. (Ed. in Chief) et al.: Handbook of Advanced Ceramics. Vol. 1. Materials Science. Vol. 2. Processing and their Application. Elsevier Academic Press, London 2003

[6.8] Heinrich, J. G. (Hrsg): Symposium Keramik im Fahrzeugbau. Stuttgart 6./.7 Mai 2003. Dt. Keramische Gesellschaft, Köln 2003

[6.9] Jansen, M. (Vol. Ed.), Mingos, D. M. P. (Managing Ed.): High Performance Non-Oxide Ceramics. Structure and Bonding. I and II. 1st edition. Springer-Verlag, Berlin 2002

[6.10] Bengisu, M.: Engineering Ceramics. Springer-Verlag, Berlin 2001

[6.11] Munz, D. und Th. Fett: Ceramics: mechanical properties, failure behaviour, materials selection. 2nd print. Springer-Verlag, Berlin 2001

[6.12] Riedel, R.: Handbook of Ceramic Hard Materials. Vol. 1, Vol. 2. 1. Auflage. Wiley-VCH Verlag, Weinheim 2000

[6.13] Gadow, R. (Hrsg.): Advanced ceramics and composites / Neue keramische Werkstoffe und Verbundwerkstoffe. 6th Interregional European Colloquium on Ceramics and Composites. Expert-Verlag, Renningen, 2000

[6.14] Tietz, H.-D. (Hrsg.): Technische Keramik: Aufbau, Eigenschaften, Herstellung, Bearbeitung, Prüfung. 1. Auflage. VDI-Verlag, Düsseldorf 1994 und Springer-Verlag, Berlin 1994

Kunststoffe

[6.15] Osswald, T. A., S. Brinkmannn, E. Schmachtenberg, K. Oberbach und E. Baur: International Plastics Handbook. The Resource for Plastic Engineers. 4th edition. Hanser Gardener Publications, Cincinnatti 2006

[6.16] Kaiser, W.: Kunststoffchemie für Ingenieure. Hanser Verlag, München 2006

[6.17] Domininghaus, H. (Begr.), P. Eyerer, P. Elsner und Th. Hirth (Hrsg.): Die Kunststoffe und ihre Eigenschaften. 6. Auflage. Springer-Verlag, Berlin 2005

[6.18] Schwarz, O. und F.-W. Ebeling (Hrsg.): Kunststoffkunde. Aufbau, Eigenschaften, Verarbeitung, Anwendungen der Thermoplaste, Duroplaste und Elastomere. 8. Auflage. Vogel Verlag, Würzburg 2005

[6.19] Oberbach, K., E. Baur, S. Brinkmann und E. Schmachtenberg: Saechtling Kunststoff Taschenbuch. 29. Ausgabe. Hanser Verlag, München, 2004

[6.20] Hellerich, W., G. Harsch und S. Haenle: Werkstoff-Führer Kunststoffe. 9. Auflage. Hanser Verlag, München 2004

[6.21] Harper, Ch. A.: Handbook of Plastics, Elastomers and Composites. 4th edition. Mcgraw-Hill Publ. Company, 2002

[6.22] Rosato, D. V. et al. (Hrsg.): Plastics Institute of America. Plastics Engineering, Manufacturing and Data Handbook. Vol. 1 and Vol. 2. Kluwer Academic Publishers, Boston 2001

[6.23] Menges, G., E. Haberstroh, W. Michaeli und E. Schmachtenberg: Werkstoffkunde Kunststoffe. 5. Auflage. Hanser Verlag, München 2000

[6.24] Ehrenstein, G. W.: Polymer-Werkstoffe. Struktur – Eigenschaften – Anwendung. 2. Auflage. Hanser Verlag, München 1999

[6.25] Braun, D., H. Cherdron, M. Rehahn, H. Ritter und B. Voit: Polymer Synthesis: Theory and Practice. Fundamentals, Methods, Experiments. 4th edition. Springer-Verlag, Berlin 2005

[6.26] Utracki, L. A. (Hrsg.): Polymer Blends Handbook. Volume 1 and 2. 1st edition. Springer Netherland 2003

[6.27] Strobl, G. R.: The Physics of Polymers: Concepts for Understanding their Structures and Behavior. 3rd edition. Springer-Verlag, Berlin 2007

[6.28] Nicholson, J. W.: The Chemistry of Polymers. Series RSC Paperbacks. 3rd edition. Publ. Royal Society of Chemistry. Springer-Verlag, Berlin 2006

[6.29] Ehrenstein, G. W., Schmachtenberg, E. und Z. Brocka (Hrsg.): Strahlenvernetzte Kunststoffe. Verarbeitung, Eigenschaften, Anwendung. Springer-VDI-Verlag, Düsseldorf 2006

[6.30] Pongratz, S. und G. W. Ehrenstein: Die Beständigkeit von Kunststoffen. 1. Auflage. Hanser Fachbuchverlag, München 2007

[6.31] Peacock, A. J. und A. Calhoun: Polymer Chemistry. Properties and Applications. 1. Auflage. Hanser Verlag, München 2006

[6.32] Mark, J. (Ed.): Physical Properties of Polymers Handbook. 2nd edition. Springer-Verlag, Berlin 2006

[6.33] DIN Deutsches Institut für Normung e.V. (Hrsg.): Handbuch Kunststoffe – Band 1: Mechanische und thermische Eigenschaften. Prüfnormen – Grundwerk. – Loseblattwerk. 1. Auflage. Beuth Verlag, Berlin 2004

[6.34] DIN Deutsches Institut für Normung e.V. (Hrsg.): Handbuch Kunststoffe – Band 2: Chemische und optische Gebrauchseigenschaften, Verarbeitungseigenschaften. Prüfnormen – Grundwerk. – Loseblattwerk. 1. Auflage. Beuth Verlag, Berlin 2004

[6.35] Ehrenstein, G. W., G. Riedel und P. Trawiel: Praxis der thermischen Analyse. 2. Auflage. Hanser Verlag, München 2003

[6.36] BASF Werkstoffblätter: Kunststoffe in der Prüfung

[6.37] DIN 8075

[6.38] DIN Deutsches Institut für Normung e.V. (Hrsg.): Handbuch Kunststoffe – Band 3 – Thermoplastische Kunststoff-Formmassen – Grundwerk – Loseblattwerk. Beuth Verlag, Berlin 2004

[6.39] DIN Deutsches Institut für Normung e.V. (Hrsg.): Handbuch Kunststoffe – Band 4 – Duroplastische Kunststoff-Formmassen und verstärkte Kunststoffe – Grundwerk – Loseblattwerk. Beuth Verlag, Berlin 2004

[6.40] DIN Deutsches Institut für Normung e.V. (Hrsg.): DIN Taschenbuch 52. Kunststoffe 5. Rohre, Rohrleitungsteile und Rohrverbindungen aus thermoplastischen Kunststoffen, Grundnormen. 5. Auflage. Beuth Verlag, Berlin 2003

[6.41] DIN Deutsches Institut für Normung e.V. (Hrsg.): DIN Taschenbuch 51, Kunststoffe 8. Halbzeuge aus thermoplastischen Kunststoffen. 5. Auflage. Beuth Verlag, Berlin 2001

[6.42] Gardziella, A.: Duroplastische Harze, Formmassen und Werkstoffe. Expert-Verlag, Renningen 2000

[6.43] Ehrenstein, G. W. und E. Bittmann: Duroplaste – Aushärtung, Prüfung, Eigenschaften. 1. Auflage. Hanser Verlag, München 1997

[6.44] Ehrenstein, G. W. und R. Künkel: Maschinenelemente aus Kunststoffen. Springer-VDI-Verlag, Düsseldorf 2005

[6.45] Ehrenstein, G. W.: Mit Kunststoffen konstruieren: 2. Auflage. Hanser Verlag München, 2002

[6.46] NN: Verbrauchsprognosen für Kautschukrohstoffe nach unten korrigiert. Kunststoffe 72 (1982) H. 11, S. 738

[6.47] Ehrenstein, G. W. und D. Drummer (Hrsg.): Hochgefüllte Kunststoffe mit definierten magnetischen, thermischen und elektrischen Eigenschaften. Springer-VDI-Verlag, Düsseldorf 2002

[6.48] Ehrenstein, G. W.: Faserverbund-Kunststoffe. 2. Auflage. Hanser Verlag, München 2006

[6.49] Schürmann, H.: Konstruieren mit Faser-Kunststoff-Verbunden. Reihe VDI Buch. Springer-Verlag, Berlin 2005

[6.50] Rosato, D. V. und D. V. Rosato: Reinforced Plastics Handbook. 3rd edition. Elesevier Advanced Technology, Oxford 2004

Zum Kapitel 7 Herstellung von Eisen und Stahl

[7.1] Verein deutscher Eisenhüttenleute (VDEh, Hrsg.): Stahlfibel. Verlag Stahleisen, Düsseldorf 2002

[7.2] Taube, K.: Stahlerzeugung kompakt. Grundlagen der Eisen und Stahlmetallurgie. Vieweg Verlag, Braunschweig/Wiesbaden 1998

[7.3] Oeters, F.: Metallurgie der Stahlherstellung. Verlag Stahleisen, Düsseldorf 1989

[7.4] Hofmann, E. und A. Kappelmeyer: Wärmetechnisches Verhalten einer neuzeitlichen Winderhitzergruppe für höchste Windtemperaturen im Zwei- und Drei-Erhitzerbetrieb. Stahl und Eisen (1966), H. 24, S. 1.594 bis 1.601

[7.5] Baukloh, W.: Scientia Chemica, Bd. 1, Die physikalisch-chemischen Grundlagen der Metallurgie. Akademie-Verlag, Berlin 1949

[7.6] Baur, E. und A. Glassner: Gleichgewicht der Eisenoxide mit Kohlenoxid und Kohlensäure. Z. phys. Chemie 43 (1903), S. 354 bis 368

[7.7] Schulz, H.-P.: Erfahrungen bei der Nachentschwefelung von Roheisen. Stahl und Eisen 89 (1969), H.6, S. 249 bis 262

[7.8] Zeisel, H. Mathematische Modellierung und numerische Simulation der Vorgänge im Hochofen. Trauner, Linz 1995, zugl. Diss. Universität Linz 1995

[7.9] Fineman, J. R. and D. R. MacRae (Ed.): Direct Reduced Iron. American Iron and Steel Institute (AISI), Washington D.C. 1999

[7.10] Akademischer Verein Hütte e. V.: Hütte, Taschenbuch für Eisenhüttenleute. 5. Auflage. Verlag von Wilhelm Ernst u. Sohn, Berlin 1961

[7.11] Heinen, K. H. (Hrsg. im Auftrag des Stahlinstituts VDEh): Elektrostahl-Erzeugung. 4. Auflage. Verlag Stahleisen, Düsseldorf 1997

[7.12] Jellinghaus, M.: Stahlerzeugung im Lichtbogenofen. 3. Auflage. Verlag Stahleisen, Düsseldorf, 1994

[7.13] Scheel, R., W. Pluschkell, R. Heinke und R. Steffen: Sekundärmetallurgie zur Erzielung niedrigster Gehalte an Begleitelementen in Stahlschmelzen. Krupp Tech. Ber.(1980), S. 607 bis 615

[7.14] Stolte, G.: Secondary Metallurgy. Fundamentals, Processes, Applications. Verlag Stahleisen, Düsseldorf 2002

[7.15] Graf, H., R. Baum,G. Kröncke und H. W. Kreutzer: Aktuelle Fragen des Elektrowärmeeinsatzes in der Eisen- und Stahlindustrie. Krupp Tech. Ber. (1980), H. 9, S. 2 bis 10

[7.16] International Iron and Steel Institute (IISI): Energy Use in the Steel Industry. IISI Committee on Technology, Brussels 1998

[7.17] Müller, H. R.(Hrsg.): Continuous Casting 2005. 1. Auflage. Wiley-VCH, Weinheim 2005

[7.18] Marti, H.: Innovation and Excellence in Continuous Casting. Verlag Stahleisen, Düsseldorf 2003

[7.19] Schwerdtfeger, K. (Hrsg.): Metallurgie des Stranggießens. Gießen und Erstarren von Stahl. Verlag Stahleisen, Düsseldorf 1992

[7.20] V. Ende, H. und K. G. Speith: Stranggießen von Stahl. Z. f. Metallkunde 60 (1969), H. 4, S. 258 bis 266

[7.21] Gerling, W. und K.-H. Bauer: Betriebserfahrungen beim Strangguss von Brammen aus kohlenstoffarmen Stählen. Stahl und Eisen 82 (1962) H. 20, S. 1.349 bis 1.356

Zum Kapitel 8 Verarbeitung metallischer Werkstoffe

Umformtechnik

[8.1] Siegert, K. (Hrsg.): Blechumformung: Werkstoffe, Verfahren, Werkzeuge und Maschinen. Springer-Verlag, Berlin 2007

[8.2] Fritz, H.-A. und G. Schulze: Fertigungstechnik, VDI-Buch. 7. Auflage. Springer-Verlag, Berlin 2006

[8.3] Doege, E. und B.-A. Behrens: Handbuch Umformtechnik. Grundlagen, Technologien, Maschinen. 1. Auflage. Springer-Verlag, Berlin 2006

[8.4] Klocke, F. und W. König: Fertigungsverfahren 4. Umformtechnik: Umformen. 5. Auflage, Springer-Verlag, Berlin 2006

[8.5] Tschätsch, H. und J. Dietrich: Praxis der Umformtechnik. Arbeitsverfahren, Maschinen, Werkszeuge. 8. Auflage. Vieweg Verlag, Wiesbaden 2005

[8.6] Taube, K.: Umformtechnik der Metalle. Lehrbuch für Produktionstechnik und Fertigungsverfahren. 1. Auflage. Christiani-Verlag, Konstanz 2004

[8.7] Lange, K. (Hrsg.): Umformtechnik I. Grundlagen „Studienausgabe". (Ursprünglich: Handbuch für Industrie und Wissenschaft. 2. Auflage. 1984). Nachdruck Springer-Verlag, Berlin 2002

[8.8] Lange, K. (Hrsg.): Umformtechnik II. Massivumformung. Handbuch für Industrie und Wissenschaft. 2. Auflage. Springer-Verlag, Berlin 1999

[8.9] Lange, K. (Hrsg.): Umformtechnik III. Blechbearbeitung. Handbuch für Industrie und Wissenschaft. 2. Auflage. Springer-Verlag, Berlin 1990

[8.10] Lange, K. (Hrsg.): Umformtechnik Bd. 4 Sonderverfahren, Prozesssimulation. Handbuch für Industrie und Wissenschaft. 2. Auflage. Springer-Verlag, Berlin 2000

[8.11] Pawelski, H. und O. Pawelski: Technische Plastomechanik. 1. Auflage. Verlag Stahleisen, Düsseldorf 2000

[8.12] Dahl, W., R. Kopp und O. Pawelski: Umformtechnik. Plastomechanik und Werkstoffkunde. Verlag Stahleisen, Düsseldorf, Springer-Verlag, Berlin 1998

[8.13] Krause, E.: Untersuchungen über das Kaltpressschweißen von Verbundkörpern verschiedener Werkstoffpaarungen in Vorwärtsvollfließ-Pressvorgängen. Diplomarbeit, TU Braunschweig 1968

[8.14] Altan, T. (Hrsg.): Cold and Hot Forging. Fundamentals and Applications. 1st print. ASM International, Metals Park, Ohio 2005

[8.15] Schröder, G. und H. Rystad: Isothermschmieden – ein neuer Weg zum Präzisions-Umformen. Werkstatt und Betrieb 118 (1985), H. 6, S. 314 bis 320

[8.16] Phoenix-Rheinrohr AG: Herstellung von Rohren. Düsseldorf 1963

[8.17] Müller, K. Grundlagen des Strangpressens. Verfahren, Anlagen, Werkstoffe, Werkzeuge. 2. Auflage. Expert-Verlag, Renningen, 2003

[8.18] Bauser, M., G. Sauer und K. Siegert: Strangpressen. Aluminium Fachbuchreihe. 2. Auflage. Verlag Aluminium, Düsseldorf 2001

[8.19] Pöhlandt, K., M. Meidert und A. Ruf: Werkzeuge der Kaltmassivumformung. 2. Auflage. Expert-Verlag, Renningen 2002

[8.20] Meuthen, B. und A.-S. Jandel: Coil Coating. Bandbeschichtung: Verfahren, Produkte und Märkte. JOT-Fachbuch. 1. Auflage. Vieweg Verlag, Wiesbaden 2005

[8.21] Schimpke, P., H. Schropp und R. König: Technologie der Maschinenbaustoffe. 18. Auflage. S. Hirzel Verlag, Stuttgart 1977

[8.22] Akademischer Verein Hütte e.V.: Taschenbuch für Betriebsingenieure (Betriebshütte), Bd. I. Fertigungsverfahren. Verlag von Wilhelm Ernst und Sohn, Berlin 1964

[8.23] Beratungsstelle für Stahlverwendung: Falzen von Stahlblech. Merkblatt über sachgerechte Stahlverwendung Nr. 174

[8.24] Schulz, J.: Geschwindigkeitskontrolliertes Kugelstrahlen und Kugelstrahlumformen, Shaker-Verlag, Aachen 2003

[8.25] Neugebauer, R. (Hrsg.): Hydro-Umformung. 1. Auflage. Springer-Verlag, Berlin 2007

[8.26] Mertes, P. und M. Schroeder: Anwendung des Innenhochdruckumformens in der Automobilindustrie. S. 47 bis 66 in „Endeigenschaftsnahe Formgebung – Fertigung und Bauteilprüfung. Shaker-Verlag, Aachen 2000

Gießereitechnik, Pulvermetallurgie und Sprühkompaktieren

[8.27] Klocke, F. und W. König: Fertigungsverfahren 5. Urformtechnik, Gießen, Sintern, Rapid prototyping. 4. Auflage. Springer-Verlag, Berlin 2007

[8.28] Hasse, S. (Hrsg.): Taschenbuch der Gießereipraxis 2007. Fachverlag Schiele & Schön, Berlin 2006

[8.29] Döpp, R.: Beiträge zur Giessereitechnik. Verlag Papierflieger, Clausthal-Zellerfeld 2006

[8.30] Herfurth, K., N. Ketscher und M. Köhler: Gießereitechnik kompakt. 1. Auflage. Verlag Stahleisen, Düsseldorf 2003

[8.31] Campbell, J.: Castings: the New Metallurgy of Cast Metals. 2nd edition. Butterworth-Heinemann, Oxford 2003

[8.32] Beeley, P. R.: Foundry Technology. 2nd edition. Butterworth-Heinemann, Oxford 2001

[8.33] Hasse, S.: Gießerei-Lexikon 2001. 18. Auflage. Fachverlag Schiele & Schön, Berlin 2000

[8.34] Hasse, S.: Guss- und Gefügefehler. 2. Auflage. Fachverlag Schiele & Schön, Berlin 2002

[8.35] Verein Deutscher Gießerei-Fachleute: Das Gießereiwesen. 3. Auflage. Gießerei-Verlag, Düsseldorf 1953

[8.36] Verein deutscher Eisenhüttenleute: Die Technik des Eisenhüttenwesens. 14. Auflage. Verlag Stahleisen, Düsseldorf 1937

[8.37] Verein Deutscher Gießerei-Fachleute und Verein Deutscher Ingenieure. Konstruieren mit Gusswerkstoffen.. Gießerei-Verlag, Düsseldorf 1966

[8.38] Fachausschuss Feinguss im Verein Deutscher Gießerei-Fachleute e.V. und Zentrale für Gießereiverwendung: Feinguss. Düsseldorf 1964

[8.39] Nägele, R.: Erfahrungen mit dem Gas-Nebel-Verfahren (Cold-Box-Verfahren) zur Kernherstellung. Gießerei 56 (1969), H. 11, S. 298 bis 304

[8.40] Andresen, W.: Die Cast Engineering: A Hydraulic, Thermal and Mechanical Process. M. Dekker, New York 2005

[8.41] Eigenfeld, K.: Praxis der Druckgussfertigung. Fachverlag Schiele & Schön, Berlin 2004

[8.42] Vinarcik, E. J.: High Integrity Die Casting Processes. Publ. Wiley-Intersciences, New York 2003

[8.43] Wincierz, P.: Entwicklungslinien der Metallhalbzeug-Technologie. Metallkunde 66 (1975), H. 5, S. 235 bis 248

[8.44] Slevolden, S.: Metals and Materials 6 (1972), S. 94

[8.45] Zeuner, H.: Guss-Verbund Schweißung. Heft 9 der Schriftenreihe Guss und seine Verwendung. Zentrale für Gussverwendung, Düsseldorf 1968

[8.46] Beckert, M. und H. Klemm: Handbuch der metallographischen Ätzverfahren. 2. Auflage. VEB Deutscher Verlag für Grundstoffindustrie, Leipzig 1966

[8.47] Schatt, W. und K.-P. Wieters: Pulvermetallurgie. Technologie und Werkstoffe. Springer-Verlag, Berlin 2006

[8.48] Esper, F. J.: Pulvermetallurgie. Expert-Verlag, Renningen 1996

[8.49] Bauckhage, K. et al. (Hrsg.): Proc. 2nd Int. Conference on Spray Deposition and Metal Atomization and 5th Int. Conference on Spray Forming. Volume 1.Universität Bremen 2003. Druck Books on Demand, Norderstedt

Beschichten

[8.50] Bach, F.-W., K. Möhwald und Th. Wenz: Moderne Beschichtungsverfahren. 2. Auflage. Wiley-VCH Verlag, Weinheim 2004

[8.51] Müller, K.-P.: Praktische Oberflächentechnik. Vorbehandeln – Beschichten – Beschichtungsfehler – Umweltschutz. 4. Auflage. Vieweg Verlag, Wiesbaden 2003

[8.52] Pietschmann, J.: Industrielle Pulverbeschichtung. Grundlagen, Anwendungen, Verfahren. 2. Auflage. Vieweg Verlag, Wiesbaden 2003

[8.53] Lugscheider, E.: Handbuch der thermischen Spritztechnik. Technologien – Werkstoffe – Fertigung. Fachbuchreihe Schweißtechnik Bd. 139. DVS-Verlag, Düsseldorf 2002

[8.54] Steffens, H.-D. und J. Wilden: Moderne Beschichtungsverfahren. 2. Auflage. DGM-Informationsgesellschaft Verlag 1996

Fügen von Metallen: Schweißen, Löten, Kleben, Umformen

[8.55] DVS e.V. (Hrsg.): Fügetechnik – Schweißtechnik. Lehrunterlage. 7. Auflage. DVS Verlag, Düsseldorf 2007

[8.56] Fahrenwaldt, H. und V. Schuler: Praxiswissen Schweißtechnik. Werkstoffe, Verfahren, Fertigung. 2. Auflage. Vieweg Verlag, Wiesbaden 2006

[8.57] Matthes, K.-J. und E. Richter: Schweißtechnik. Schweißen von metallischen Konstruktionswerkstoffen. 3. Auflage. Fachbuchverlag Leipzig im Hanser Verlag, München 2006

[8.58] Dilthey, U: Schweißtechnische Fertigungsverfahren: Bd. 1. Schweiß- und Schneidtechnologien. 3. Auflage. Springer-Verlag, Berlin 2006.

[8.59] Dilthey, U: Schweißtechnische Fertigungsverfahren: Bd. 2: Verhalten der Werkstoffe beim Schweißen. 3. Auflage. Springer Verlag, Berlin 2005.

[8.60] Dilthey, U. und A. Brandenburg: Schweißtechnische Fertigungsverfahren, Bd. 3: Gestaltung und Festigkeit von Schweißkonstruktionen. 2. Auflage. Springer-Verlag, Berlin 2002

[8.61] Killing, R. und U. Killing: Kompendium der Schweißtechnik, Bd. 1: Verfahren der Schweißtechnik. Fachbuchreihe Schweißtechnik Bd 128/1. DVS-Verlag, Düsseldorf 2002

[8.62] Probst, R. und H. Herold: Kompendium der Schweißtechnik, Bd. 2: Schweißmetallurgie. Fachbuchreihe Schweißtechnik Bd. 128/2. DVS-Verlag, Düsseldorf 2002

[8.63] Beckert, M. und H. Herold: Kompendium der Schweißtechnik, Bd. 3: Eignung metallischer Werkstoffe zum Schweißen. Fachbuchreihe Schweißtechnik Bd. 128/3. DVS-Verlag, Düsseldorf 2002

[8.64] Neumann, A. und R. Neuhoff: Kompendium der Schweißtechnik, Bd. 4: Berechnung und Gestaltung von Schweißkonstruktionen. Fachbuchreihe Schweißtechnik Bd. 128/4. DVS-Verlag, Düsseldorf 2002

[8.65] Ruge, J.: Handbuch der Schweißtechnik. Bd. I. Werkstoffe. Bd. II. Verfahren und Fertigung. 3. Auflage. Springer-Verlag, Berlin 1991 (Bd. 1) und 1993 (Bd. 2)

[8.66] Ruge, J.: Handbuch der Schweißtechnik. Bd. III. Konstruktive Gestaltung der Bauteile. Unter Mitarbeit von H. Wösle. Springer-Verlag, Berlin 1985

[8.67] Ruge, J.: Handbuch der Schweißtechnik. Bd. IV. Berechnung der Verbindungen. Unter Mitarbeit von K. Thomas. Springer-Verlag, Berlin 1988

[8.68] Schulze, G.: Metallurgie des Schweißens. Eisenwerkstoffe – Nichteisenmetallische Werkstoffe. 3. Auflage. Springer-Verlag, Berlin 2004

[8.69] Boese, U. und F. Ippendorf: Das Verhalten der Stähle beim Schweißen. Tl.1. Grundlagen. Tl.2. Anwendung. 4. Auflage. DVS-Verlag, Düsseldorf 1995 (Tl.1) und 2001 (Tl.2)

[8.70] Deutsches Institut für Normung e.V. und Deutscher Verband für Schweißen und Verwandte Verfahren e.V. (Hrsg): DIN-DVS-Taschenbuch 290, Schweißtechnik 8. Europäische Normung. 5. Auflage. DVS-Verlag, Düsseldorf 2007

[8.71] DIN-DVS (Hrsg.): DIN-DVS-Taschenbuch 312, Schweißtechnik 9. Widerstandsschweißen: Grundlagen, Verfahren, Geräte. CD-ROM. 2. Auflage. DVS-Verlag, Düsseldorf 2006

[8.72] DIN, DVS (Hrsg.): DIN Taschenbuch 369, Schweißtechnik 10. Zerstörungsfreie und zerstörende Prüfung von Schweißverbindungen. 1. Auflage. DVS-Verlag, Düsseldorf 2005

[8.73] Matthes, K-J. und F. Riedel (Hrsg.); Fügetechnik. Überblick, Löten, Kleben, Fügen durch Umformen. 1. Auflage. Fachbuchverlag Leipzig im Hanser Verlag, München 2003

[8.74] DVS-Berichte Bd. 231: Hart- und Hochtemperaturlöten und Diffusionsschweißen. DVS-Verlag, Düsseldorf 2004

[8.75] Schwartz, M. M.: Brazing. 2nd edition. ASM International. Materials Park Ohio, 2003

[8.76] DIN-DVS (Hrsg.): DIN-DVS Taschenbuch 196. Schweißtechnik 5. Hartlöten, Weichlöten, gedruckte Schaltungen. DVS-Verlag, Düsseldorf 2001

[8.77] Müller, W. und J.-W. Müller: Handbuch der Löttechnik. DVS-Verlag, Düsseldorf 1998

[8.78] Habenicht, G.: Kleben erfolgreich und fehlerfrei. Handwerk, Praktiker, Ausbildung, Industrie. 4. Auflage. Vieweg Verlag, Wiesbaden 2006

[8.79] Habenicht, G.: Kleben. Grundlagen, Technologien, Anwendungen. 5. Auflage. Springer-Verlag, Berlin 2006

[8.80] Müller, B. und W. Rath: Formulierungen von Kleb- und Dichtstoffen. Vincentz Network 2004

[8.81] Brandenburg, A.: Kleben metallischer Werkstoffe. Fachbuchreihe Schweißtechnik Bd. 144. DVS-Verlag, Düsseldorf 2001

[8.82] Grandt, J.: Blindniettechnik. Die Bibliothek der Technik, Bd. 97. Verlag moderne Industrie, Landsberg/Lech 1994

[8.83] Budde, L. und R. Pilgrim: Stanznieten und Durchsetzfügen. Die Bibliothek der Technik, Bd. 115. Verlag moderne Industrie, Landsberg/Lech 1995

Zum Kapitel 9 Verarbeitung der Polymerwerkstoffe

[9.1] Michaeli, W.: Einführung in die Kunststoffverarbeitung. 5. Auflage. Hanser Verlag, München

[9.2] Schwarzmann, P. und A. Illig: Thermoformen in der Praxis. Hanser Verlag, München 1997

[9.3] Rosato, D. V. (Hrsg.): Blow Molding Handbook. 2. Auflage. Hanser Verlag, München 2003

[9.4] Johannaber, F.: Sonderverfahren des Spritzgießens. Hanser Verlag, München 2007

[9.5] Johannaber, F. und W. Michaeli: Handbuch Spritzgießen. 2. Auflage. Hanser Verlag, München 2004

[9.6] Stitz, S. und W. Keller: Spritzgießtechnik. Verarbeitung – Maschine – Peripherie. 2. Auflage. Hanser Verlag, München 2004

[9.7] Ehrenstein, G. W., D. Drummer und K. Kuhmannn; Mehrkomponentenspritzgießtechnik 2000 – Stand., Anwendung und Perspektiven. 2. Auflage. Springer-Verlag, Berlin 2000

[9.8] Rheinfeld, D.: Vollautomatische und flexible Spritzgusstechnik. Kunststoffe 75 (1985), S. 716 – 721

[9.9] Greif, H., A. Limper, G. Fattman und S. Seibel: Technologie der Extrusion. Lern- und Arbeitsbuch für die Aus- und Weiterbildung. Hanser Verlag, München 2004

[9.10] White, J. L. und H. Potente: Screw Extrusion. Hanser Verlag, München 2002

[9.11] Taschenbuch DVS-Merkblätter und –Richtlinien: Fügen von Kunststoffen. 9. Auflage. Fachbuchreihe Schweißtechnik Bd. 68/IV. DVS-Verlag, Düsseldorf 2006

[9.12] Ehrenstein, G. W. (Hrsg.): Handbuch Kunststoff-Verbindungstechnik. Hanser Verlag, München 2004

[9.13] Rotheiser, J.: Joining of Plastics: Handbook for Designers and Engineers. 2nd edition. Hanser Gardener Publications, 2004

[9.14] Brockmann, W. et al.: Klebtechnik – Klebstoffe, Anwendungen und Verfahren. Wiley-VCH Verlag, Weinheim 2005

[9.15] Informationen des Industrieverbandes Klebstoffe e. V., 2006, http://www.klebstoffe.co

Sachwortverzeichnis

T

Zitierte Normen und Richtlinien